BÜHNENTECHNIK DER GEGENWART

ERSTER BAND

VON

FRIEDRICH KRANICH

TECHNISCHER LEITER DER STÄDTISCHEN BÜHNEN-HANNOVER

UND DES FESTSPIELHAUSES-BAYREUTH

MIT 16 TAFELN UND 442 TEXTBILDERN

MÜNCHEN UND BERLIN 1929

VERLAG VON R. OLDENBOURG

Druck von R. Oldenbourg, München

MEINEM VATER ZUM GEDÄCHTNIS,

MEINEM JUNGEN ZUM ANSPORN!

VORWORT

Die vorliegende Arbeit wird der ein Jahr später erscheinende zweite Band der „Bühnentechnik der Gegenwart" abschließen; er enthält: Raumbühnen, Beleuchtung, Signalwesen, Sicherheitseinrichtungen, Sanitäre Anlagen, Technische Einrichtungen der siebzig größten deutschen Theater und Technische Idealbühnen. Ursprünglich sollte dieser Teil eine Darstellung der geschichtlichen Entwicklung fortsetzen, für die mein verehrter Lehrer und Fachgenosse Geheimrat Fritz Brandt-Berlin viel gesammelt hatte; leider konnte durch seinen Tod diese Absicht nicht verwirklicht werden. Georg Brandt-Dresden hat mir aber den wissenschaftlichen Nachlaß seines Vaters zur Verfügung gestellt, den wir später mit dem Theaterhistoriker Paul Alfred Merbach-Berlin für eine zweibändige „Bühnentechnik der Vergangenheit" mit verarbeiten.

Der Verlag R. Oldenbourg-München stimmte in großzügigster Art dem Plan zu, der den vorgesehenen *einen* Band zu einem bisher noch nicht vorhandenen Gesamtbild der Bühnentechnik erweitert; wie ich werden ihm alle danken, die sich aus Beruf oder Neigung mit diesem Ausschnitt des Theaters beschäftigen.

Das Thema wird hier zum erstenmal vom *wirtschaftlichen* Standpunkt aus kritisch behandelt, alle nur denkbaren Bühnenformen werden gegliedert und verglichen, sowie die daraus sich ergebenden Lehrsätze und Forderungen untersucht. Deshalb dürfte das Buch wohl eine oft empfundene Lücke ausfüllen und kann den Theatern und Behörden bei notwendigen Um- und Neubauten der Bühnen als Nachschlagewerk dienen. Den theaterwissenschaftlichen Universitäts-Instituten und technischen Hochschulen, die schon an seinem Entstehen lebhaften Anteil nahmen, möge es ein Lehrbuch sein.

Allen Herren Kollegen und den Vertretern der Theaterindustrie, die mich oft durch Zahlen- oder Bilderunterlagen bereitwilligst unterstützten, danke ich verbindlichst; die es aus mir unbekannten Gründen unterließen, bitte ich, ihre Zurückhaltung um der Sache willen aufzugeben, damit ich mich nicht wieder im wesentlichen nur auf Beispiele aus den mir unterstehenden Bühnen zu beschränken brauche. Ich bin überzeugt, daß noch viele Anregungen, Hinweise, Vorschläge und Wünsche aus Fachkreisen des In- und Auslandes kommen, die es ermöglichen, alles noch Wissenswerte in einem Nachtrag im zweiten Band zu erfassen.

Besonders herzlich danke ich meiner Mitarbeiterin Else Merbach-Berlin für ihre unermüdliche Hilfe beim Sammeln des Stoffes, wertvolle Durchsicht und Abschrift des Manuskriptes sowie verständnisvolles Mitlesen der Korrekturen.

Hannover-Bayreuth, 3. April 1929   FRIEDRICH KRANICH

INHALTSVERZEICHNIS

EINLEITUNG

ABRISS DER BÜHNENTECHNISCHEN ENTWICKLUNG

Bei aller zeitgemäßen Behandlung des theaterwissenschaftlichen Stoffes der Vergangenheit und Gegenwart in Universitätsvorlesung und Seminarübung, in Buch und Dissertation, durch Museen und Institute ist die Bühnentechnik noch nie im Zusammenhang dargestellt worden.[1]) Sie hat sich erst in unserem Jahrhundert den Einfluß auf die Gestaltung der Theatergebäude verschafft, den ihre rasche Entwicklung unbedingt verlangt.

Für die meisten Theaterbesucher ist der sogenannte „Kulissenzauber" in mystisches Dunkel gehüllt; was hinter dem Vorhang geschieht, glaubt vielleicht der eine oder andere vom Puppentheater seiner Jugend her oder von Liebhaber-Aufführungen zu wissen; er ist aufs höchste überrascht, wenn er bei einer gelegentlichen Führung große maschinelle Anlagen und fabrikähnliches Getriebe wahrnimmt. Nicht nur der Allgemeinheit aber sind Forderungen und Tatsachen moderner Bühnentechnik unbekannt, oft wissen kaum Kritiker, die über aufgeführte Werke beruflich berichten, welchen Anteil Bühnenbildner, Spielleiter und Bühnentechniker an einer Aufführung haben. Sogar eine Diplomaufgabe im Hochbaufach, die noch 1927 an einer deutschen technischen Hochschule gestellt wurde, weist diese völlige Unkenntnis in praktischen Fragen moderner Bühnentechnik auf[2]).

---

[1]) Von neueren theaterwissenschaftlichen Abhandlungen, die neben theaterbaulichen Verhältnissen auch die Bühnentechnik streifen, nenne ich die aus der Berliner theaterwissenschaftlichen Schule Max Herrmanns hervorgegangenen Schriften: Adolph Doebber: Lauchstädt und Weimar, eine theaterbaugeschichtliche Studie, Berlin 1908.

Bruno Th. Satori-Neumann: Die Frühzeit des Weimarischen Hoftheaters unter Goethes Leitung (1791—98), Berlin 1922; Schriften der Gesellschaft für Theatergeschichte, Band 31. Kurt Sommerfeld: Die Bühneneinrichtungen des Mannheimer Nationaltheaters unter Dalbergs Leitung (1778—1803); Schriften der Gesellschaft für Theatergeschichte, Band 36.

Außerdem die beiden nicht gedruckten Dissertationen: Alfred Wedemeyer: Die moderne Bühne. Ihre Entwicklung und der Einfluß der Bühnenbildkunst auf die Entwicklung der Bühnentechnik. Zwei Bände. Diss. der Techn. Hochschule Berlin 1916 (1923). C. Freund: Die Churfürstlichen Schloß- und Hoftheater; Karlsruhe 1924.

Auch sei hingewiesen auf: Goethe und das Komödienhaus in Weimar 1779—1825. Ein Beitrag zur Theaterbaugeschichte von Alexander Weichberger (Band 39 der von Julius Petersen herausgegebenen Theatergeschichtlichen Forschungen), Leipzig 1928 (besprochen in der Bühnentechnischen Rundschau 1928, Nr. 2).

[2]) Es heißt dort in einem „Entwurf zu einem Theater für volkstümliche Schauspiele":
„Rechts und links der Bühne sind die Ankleidezimmer (Solisten und Statisten) unterzubringen und bequem zur Bühne zugänglich zu machen."
Diese Forderung ist bei einer modernen Bühnenhaus-Anlage nicht mehr haltbar, da rechts und

Noch vor siebzig Jahren war es allgemein üblich, daß die Baumeister an der Stelle, wo in einem Theater mittlerer Größe die Bühne stehen sollte, einen durch vier Grundmauern begrenzten und mit einer scheunenähnlichen Dachkonstruktion versehenen Raum frei ließen. Keiner fragte, ob er in seinen Ausmaßen den Anforderungen entsprach, ob die Aufbewahrungsräume ausreichten und einer Weiterentwicklung gerecht wurden oder ob die Bildteile[1]) gut an- und abbefördert werden konnten. Menschenalter hindurch vergeudete man in unverantwortlicher Weise

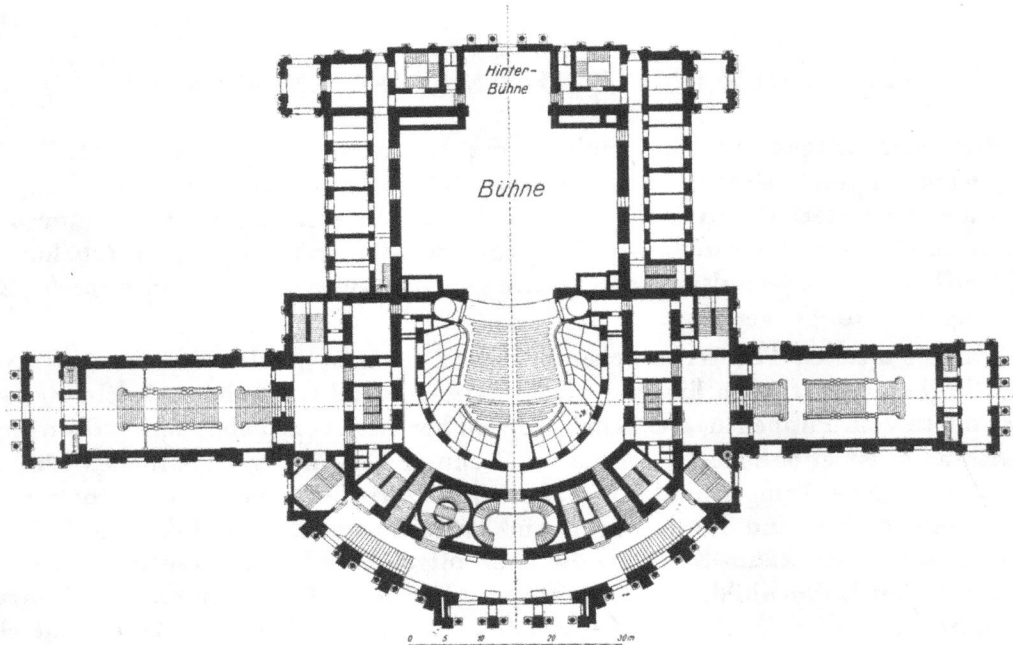

Abb. 1. Burgtheater-Wien, Grundriß Gottfried Semper

links der Bühne technische Vorbereitungsräume unbedingt nötig sind, ganz abgesehen davon, daß die Statisterie überall in weit entfernten Räumen untergebracht wird.

„Das Kulissenhaus" (nach Vorschrift durch den Zuschauerraum von der Bühne zu trennen!) „ist bedeutend niedriger als das Mittelgebäude anzulegen und durch einen Tunnel mit der Bühne zu verbinden."

Jedes Lager für Bildteile in einem Theatergebäude muß so nahe wie möglich bei der Bühne liegen; auf keinen Fall jedoch neben dem Zuschauerraum.

„Im Kellergeschoß sind anzulegen die Maschinen zum Betrieb des Schnürbodens und der Versenkungen."

Maschinen zum Betrieb des Schnürbodens hat es noch nie gegeben; hydraulische Züge, die vielleicht gemeint sein können, sind hier nicht vorgesehen.

„Mit der Bühne in Verbindung steht ein großer Probesaal."

Jeder brauchbare Probesaal muß räumlich von der Bühne so getrennt liegen, daß bei gleichzeitigen Proben in beiden Räumen gegenseitige Störungen vermieden werden.

[1]) Im Einklang mit den Ausdrücken „Bühnenbild", „Bühnenbildner" wird für das bisher übliche Wort „Dekorationen" immer „Bildteile" gesagt. Die „Verdeutschungsvorschläge für das Bühnenwesen", herausgegeben im Auftrag des Deutschen Bühnenvereins, Verlag Oesterheld & Co., Berlin 1915, bei denen scheinbar ebenfalls ein Bühnentechniker nicht zu Rate gezogen wurde, konnten nur teilweise übernommen werden, da viele technische Fachausdrücke nicht sinngemäß wiedergegeben sind. Die z. B. um 1800 gebräuchliche Bezeichnung „Flügel" für Kulisse ist heute nicht mehr anzuwenden.

Baustoffe und Arbeitskräfte. Die Entwürfe und Ausführungen bedeutender Theater des vorigen Jahrhunderts lassen deutlich erkennen, daß der Bühnentechniker beim Entstehen der Grundrisse ausgeschaltet war. Zum Beweis drei bezeichnende Beispiele:

Abb. 1 ist der Grundriß des Wiener Burgtheaters[1]) von Gottfried Semper. Rings um den mit zwei schlichten Worten „Bühne" und „Hinterbühne" bezeichneten Raum ist liebevollstes Versenken des Architekten in Gliederung und architektonische Wirkung des Baues zu spüren. Vorkehrungen für Bequemlichkeit der Zu-

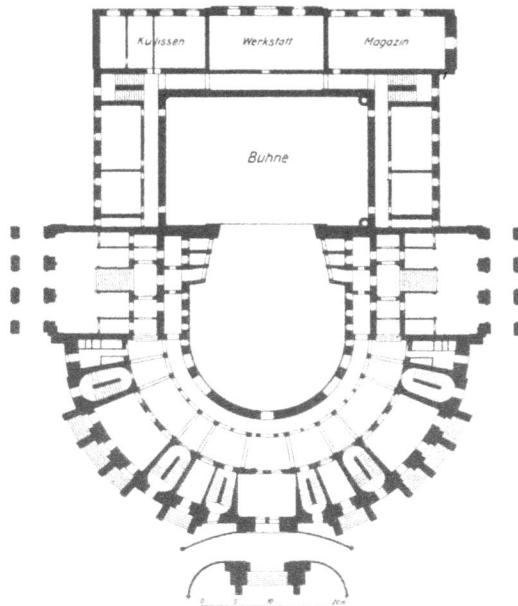

Abb. 2. Stadttheater-Odessa, Grundriß Fellner und Helmer

schauer und Darsteller sind getroffen, Verkehrssicherheit und Feuerfestigkeit eingehend berücksichtigt; nur das Arbeitsfeld der Bühnentechnik gleicht dem auf der Landkarte für Wüstenbezeichnung üblichen weißen Flecken.

Im Grundriß des Stadttheaters-Odessa (Abb. 2) von Fellner und Helmer ist das rein durchgeführte leere „Bühnenrechteck" links, rechts und hinten von Gängen umgeben, um gleichsam einen Verkehr mit der Außenwelt ängstlich zu vermeiden und die Geheimnisse hinter dem Vorhang zu wahren. Die Unkenntnis des wirklichen Verlaufs bühnentechnischer Tätigkeit zeigt sich in der Benennung der drei hinteren Räume: „Kulissen", „Werkstatt', „Magazin", die ohne Zusammenhang mit der Bühne vollkommen wertlos sind.

Zu dauernder Kraftvergeudung bei dem Befördern der Bildteile zwingt in dem 1882 von Daniel erbauten Staatstheater-Schwerin der Weg, den sie zur Bühne nehmen müssen; er heißt beim Personal bezeichnenderweise „Ochsenbrücke" (Abb. 3), wird täglich drei Stunden ununterbrochen benutzt und ist so angelegt, daß der Nordwind durch eine 8 qm große Türe unmittelbar auf die Bühne dringt und das Haus im Winter

[1]) Die Namen der meisten Theater wurden im Laufe der Jahre mehrfach geändert; um Verwechslungen zu vermeiden, sind deshalb bei allen Hinweisen nur die jetzt geltenden gewählt.

in kürzester Zeit vollständig auskühlt. Vierzig Jahre später wurde gelegentlich eines verweigerten Umbaues von mir nachgewiesen, daß allein für den Betrag des unnötigen Kohlenverbrauches dieser Zeit die gesamte Bühne hätte neu gebaut werden können.

Manfred Semper hat durchaus recht, wenn er sagt[1]): „Der Grund, weshalb die durch die glänzende Entwicklung der Technik gebotenen reichen Hilfsmittel so lange nicht vermocht hatten, befruchtend in das Bühnenmaschinenwesen einzudringen, ist in der fast kastenartigen Abgeschlossenheit zu erkennen, in welcher die Theatermaschinisten ihrem Berufe oblagen, und in dem daraus sich ergebenden Mangel an äußerer Anregung."

Wilhelm Ostwalds Forderung und Taylors Grundsatz:

„Vergeude keine Energie!"

gilt für alle technischen Betriebe! Jetzt ist endlich auch im Theater der Bann gebrochen, und Fachingenieure haben — wenigstens an den größeren Bühnen — die technische Leitung.

Damit hat die frühere Geheimniskrämerei und die Weitergabe aller Erfahrungen und Erfindungen nur vom Meister an die Schüler oder, wie es mehrfach vorkam, vom Vater an den Sohn, hoffentlich für immer ein Ende.

Abb. 3. Weg zur Bühne im Staatstheater-Schwerin i. M.

Theaterbau, Bühnenbild und Bühnentechnik sind äußerlich vollkommen voneinander getrennte Gebiete der Architekten, Maler und Ingenieure; sie dienen der Theaterkunst, der sie sich unbedingt als Mittel zum Zweck unterzuordnen haben. In den einzelnen Zeitepochen wurden ihre Dienste verschieden eingeschätzt, je nachdem der eine oder der andere Vertreter hervorragend zur Geltung kam. Es gab Zeiten, in denen nicht die besten Beziehungen zwischen ihnen bestanden; dieser Fehler rächte sich sehr bald: aus der kritischen Untersuchung von Ursache und Wirkung, die immer einzusetzen pflegt, wenn die Kurve der negativen Ergebnisse ansteigt und sich in künstlerischen oder materiellen Mißerfolgen auswirkt, erkannte man, daß ein Nebeneinander- oder gar Gegeneinanderarbeiten zum Verfall oder mindestens zum Stillstand führen muß. Dasselbe Ergebnis zeitigte aber auch die ausgesprochene Herrschaft der einen oder anderen Gruppe; sie vermögen nur durch gegenseitige freiwillige Unterordnung eine ersprießliche Entwicklung durchzumachen.

---

[1]) Handbuch der Architektur. V., 6, 5; 1904. Theater, S. 266.

4

Der Theaterbau bereitet die Stätte,
das Bühnenbild dient den theatralischen Künsten als Rahmen,
die Bühnentechnik schafft die Grundlage und Lebensfähigkeit des Bildes.

Der Laie als „Zuschauer" glaubt meist mit Unrecht an eine Vorherrschaft des Bühnenbildners, ohne zu wissen, daß auch diesem Grenzen gesetzt sind.

Der Bühnenbildner — wenigstens der unerfahrene, theaterbegeisterte Anfänger dieser neuesten, gewiß nicht leichten Bühnenlaufbahn — versucht sich mit einer flüchtigen, möglichst kühnen Skizze in das Herz des Spielleiters einzuschmeicheln, ohne sich auch nur die geringsten Gedanken zu machen, wie das „Bildchen" dreidimensional zu gestalten ist, ob es mit dem wichtigsten Gesetz der Bühnentechnik — rasche Auf- und Abbaumöglichkeit — im Einklang steht, welche Anforderungen es an die Beleuchtung stellt, wieviel seine Ausführung kostet, usw.

Jeder Bildhauer weiß, was er seinem Material zumuten kann: er gestaltet im spröden Marmor anders als in Holz oder Bronze. Im völligen Beherrschen des Stoffes liegt das Geheimnis des Erfolges. Genau so muß der Bühnenbildner vertraut sein mit dem Stand der Technik, den zu Gebote stehenden Mitteln und den Grenzen des Möglichen. Das schließt natürlich nicht aus, daß gelegentlich über diese Grenzen hinaus der Bühnentechnik in neuen Ideen neue Aufgaben gestellt werden, deren Lösung sie versuchen muß.

Also ein gegenseitiges Verstehen und Hand-in-Handarbeiten zwischen Bühnenbildner und Bühnentechniker, ja, schon zwischen Theaterbau und Bühnentechnik!

Im Zeitalter wissenschaftlicher Technik, die an Stelle empirischer Maßbestimmung für rissige, schiefe Eichenbalken (wie sie in kleinen, alten Theatern noch manchmal anzutreffen sind) Festigkeitslehre, statisch errechnete Abmessungen und hochwertige Baustoffe setzt, darf der Baumeister nicht mehr einen fast unzugänglichen und nicht erweiterungsfähigen kleinen Bruchteil des ganzen Baues freilassen, in dem sich die Bühnentechnik schlecht und recht einzurichten hat; der Weg muß umgekehrt sein! Er soll zunächst den Raum schaffen, auf dem „Theater gespielt" wird und dabei auch die unentbehrliche Entfaltung der fortschreitenden Technik nicht durch einengende Schranken hemmen. Dieses Raumbedürfnis der *gebenden Künstler* nach den Gesetzen der Baukunst in Einklang zu bringen mit allen anderen Räumen für die *empfangenden Zuschauer* ist die dankbare Aufgabe der Theaterarchitekten, den Raum richtig zu verwerten, die der Bühnentechniker.

Im 16. Jahrhundert waren Bühnenbildner und Theaterbauer eins, da es bis dahin nur feste Bühnenbilder gab. Die Technik hatte lediglich die Aufgabe, mit Treppen, Wagebalken, Rollen und Tauen die konstruktiven Unterlagen für Erscheinungen aus Wolken, Felsen u. dgl. zu schaffen.

Mit dem Aufkommen veränderlicher Bildteile, die aus Leinwand und Holz bestehen und eine Wirklichkeit vortäuschen, mußte die Bühnentechnik Mittel und Wege finden, sie zaubermäßig rasch zu verwandeln. Alles war auf die Schaulust der Menge eingestellt und immer neue Tricks wurden ersonnen für den einzigen Zweck: „*rascher Bildwechsel*". Die Aufführungen dieser Zeit heißen nicht mit Unrecht „Maschinenkomödien", der ganze Stil „Illusionsbühne". Die Bildteile selbst waren flach und konnten sowohl hinter- wie über- und untereinander zum Ver-

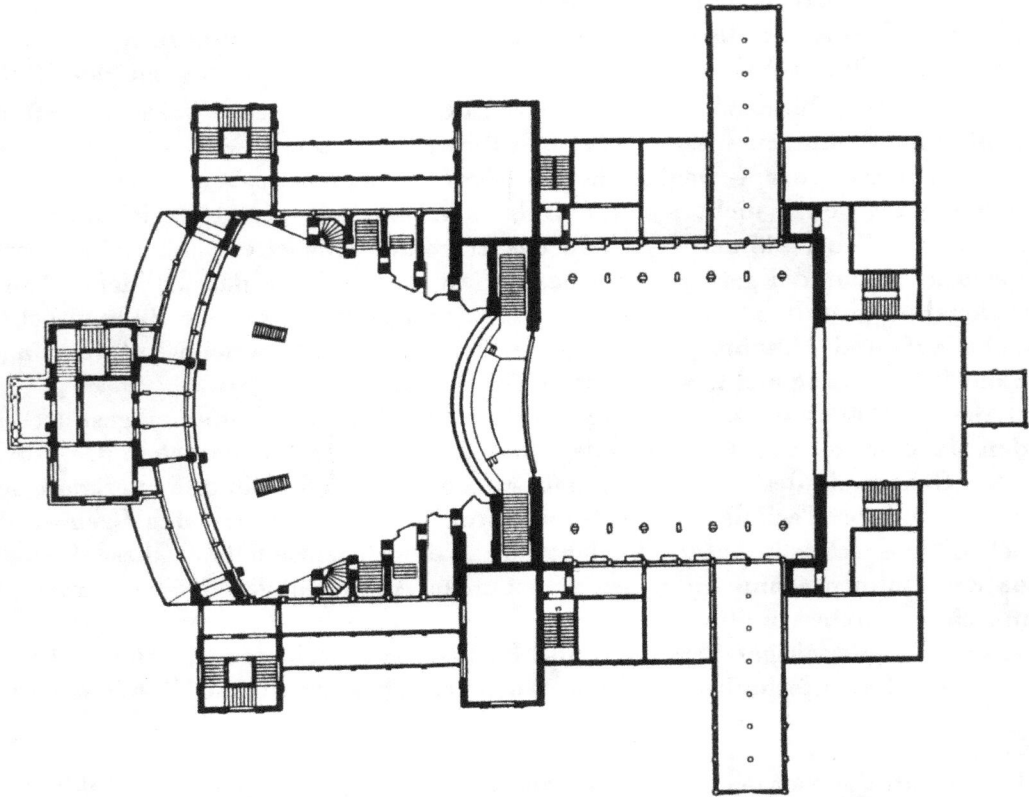

Abb. 4. Festspielhaus-Bayreuth, Grundriß Otto Brückwald

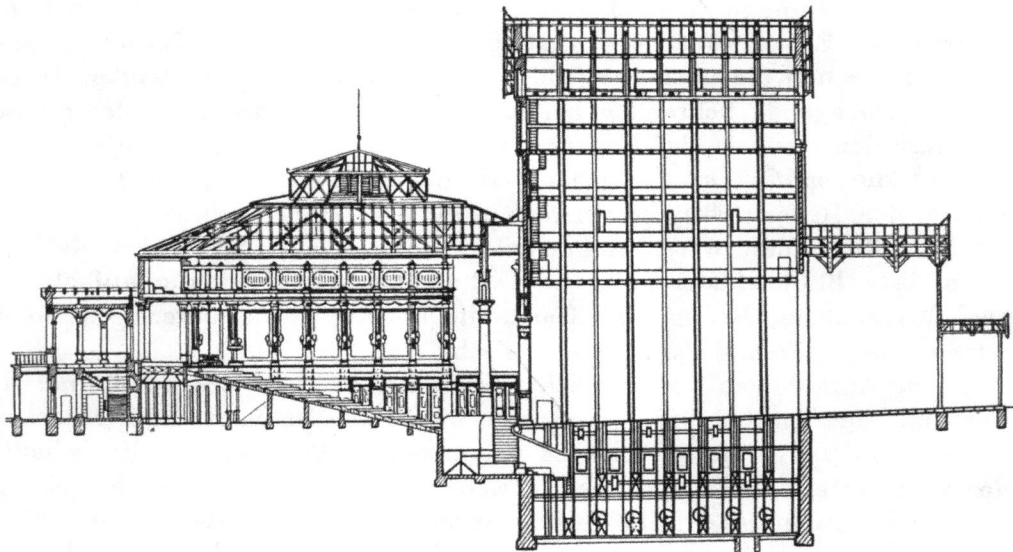

Abb. 5. Festspielhaus-Bayreuth, Schnitt

6

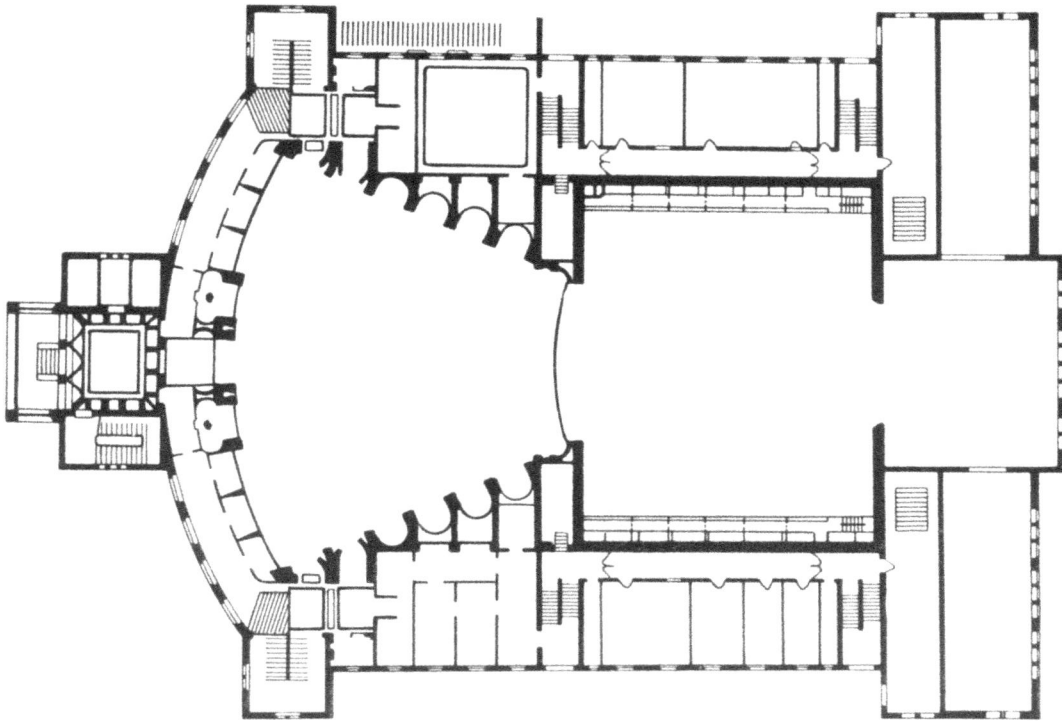

Abb. 6. Prinzregententheater-München, Grundriß Heilmann & Littmann

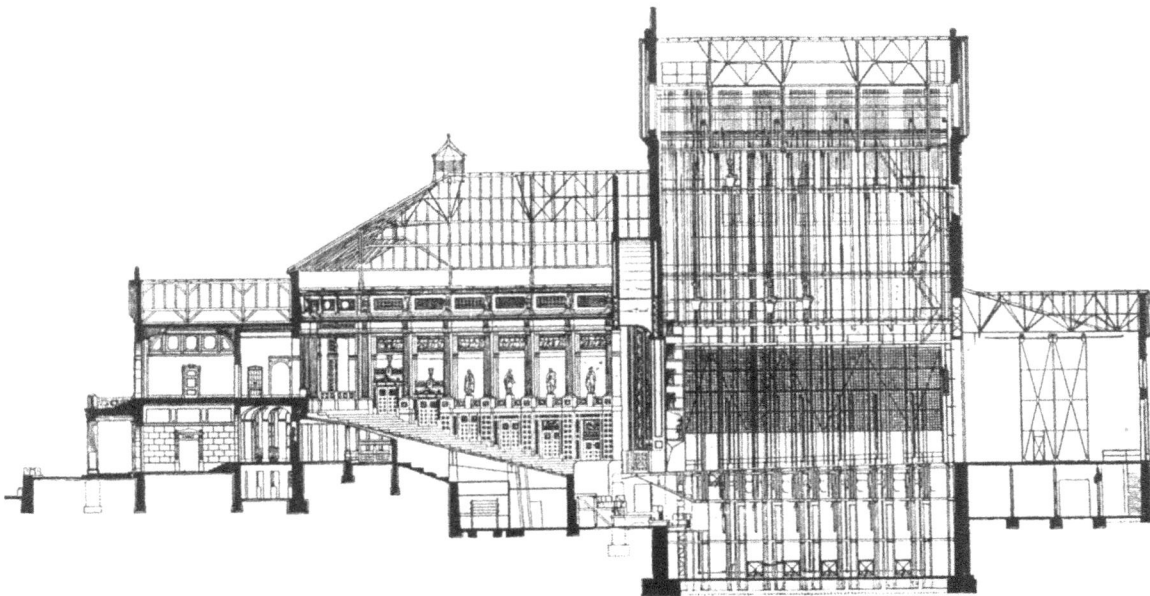

Abb. 7. Prinzregententheater-München, Schnitt

schwinden gebracht werden. Zahllose Schlitze im Bühnenboden (Freifahrten, Kassetten), große und kleine Versenkungen, schieb-, dreh- und klappbare Kulissen bildeten die technischen Hilfsmittel dazu. Haspelwerke, von Hand bedient, waren die Antriebskräfte für die Verwandlungsmaschinen.

So ging es ohne nennenswerte Änderungen bis fast ins 20. Jahrhundert fort. Verbesserungen kamen zwar: was man früher aus Holz hergestellt hatte, entstand aus Eisen; die Menschenkraft wurde durch Elektrizität und Hydraulik ersetzt, ängstlich aber das bewährte „System“ wieder und wieder nachgebildet; vgl. z. B. den Grundriß und Schnitt vom Festspielhaus-Bayreuth 1876 und Prinzregententheater-München 1901 (Abb. 4—7).

Erst mit der „Plastik“ trat ein bedeutender Wandel ein; sie ermöglichte ein getreueres Nachahmen der Natur. Der Bühnenhimmel[1]) löst die Luftsoffitten ab, die Kulissen verschwinden, früher flach gemalte Büsche, Felsen und Säulen werden plastisch. Das Gebundensein der Teile an bestimmte Plätze (Kulissenstand, Soffittenzug) fällt fort, die einzelnen Stücke werden nach Bedarf frei im Raum aufgestellt.

Damit hatte die Technik — von Grund aus schwerfälliger durch die ortsfeste Bindung ihrer Hilfsmittel — zunächst nicht Schritt halten können, bei vielen Theatern hat sie den Vorsprung heute noch nicht eingeholt. Die jetzt entbehrliche Einteilung des Bodens in Friese, Freifahrten, Kassettenklappen, Versenkungen ist daher fast überall noch geblieben und erschwert das Arbeiten. Die Umgestaltung des Bildwesens, das starke Vermehren und Gliedern seiner Hilfsmittel verlangte neue *Abstellräume* und *Beförderungsverhältnisse;* die viel schwierigeren Umbauten angemessene *Vergrößerung des Personals.* Damit hätte man sich zur Not abgefunden, nicht aber mit dem *katastrophalen Raummangel,* der jedem Theater mit verschwindenden Ausnahmen anhaftet. Durch ihn wurde die noch schwerfälligere Baukunst in Mitleidenschaft gezogen. Sie hatte sich im Laufe der Zeit auf den bestehenden Bühnentyp eingestellt und kümmerte sich wenig oder gar nicht um die technischen Einrichtungen, die in den berühmten viereckigen „leeren“ Raum eingebaut wurden.

Aus jener Epoche um 1870 gibt es viele mittlere Theater, auf die das Scherzwort paßt: „Und als der Baumeister das Theater geschaffen hatte, das schöne Vestibül, den prächtigen Zuschauerraum, da bemerkte er plötzlich, daß die Bühne fehlte! — Das macht nichts, meinte er, wir nehmen das Konversationszimmer als Bühne, das ist auch viereckig!“

Es dauerte lange, bis diese Fabrikanten, die ihre Theater fast schablonenmäßig anfertigten, endlich einsahen, daß vor allem eine brauchbare Bühne nötig ist, an die sich die übrigen Räume anschließen sollen, daß also *von innen nach außen* und nicht umgekehrt gebaut werden muß.

Für jede Weiterentwicklung mußte zunächst in unmittelbarer Verbindung mit der Bühne Platz geschaffen werden, um den neuen, jetzt auftauchenden Gedanken verwirklichen zu können: ein ganzes, fest zusammengefügtes Bild vom Platz zu bewegen und ein anderes, fertiges, an seine Stelle zu rollen, nicht aber wie früher das Bühnenbild während eines Umbaues in seine Teile zu zerlegen und das folgende baukastenmäßig wieder aufzubauen.

---

[1]) Die bisherigen Namen „Horizont“, „Rundhorizont“ ersetze ich durch „Bühnenhimmel“; damit sind die für den Bühnenhimmel benutzten Leinwandabdeckungen richtiger bezeichnet.

Nach dem biogenetischen Grundgesetz geht jedes werdende Wesen noch einmal abgekürzt den Weg seiner Ahnen. In eigenartiger Gleichmäßigkeit mit der früheren Entwicklung vollzog sich auch diese neueste Phase der Bühnentechnik; aus den Urformen ihrer Arbeitsweise: drehen, schieben und versenken entstanden die Drehkulissen, die Periakten der Griechen sowie die Telari Furtenbachs. Sie wurden abgelöst durch die Schiebekulissen, die heute noch da und dort herumspuken, und endlich durch die versenkbaren. Das jetzt verlangte schnelle Entfernen eines ganzen Bildes schuf in gesetzmäßiger Folge zuerst die *Dreh-*, dann die *Schiebe-* und zuletzt die *Versenk*bühnen.

War früher mit einem viereckigen Raum auszukommen, wenn er über moderne hydraulische Versenkungsanlagen und genügend große Lagerräume auf Bühnenhöhe verfügte, so wurden nun völlig neue Forderungen an den Bühnenbau gestellt, die alle bisherigen Begriffe von der Gliederung eines Theaters über den Haufen warfen.

Die Entwicklung ist noch keineswegs abgeschlossen. Ein neuer Typ beginnt sich langsam herauszubilden und dürfte voraussichtlich wieder längere Zeit bestehen bleiben. Eins kann jedoch heute schon gesagt werden: alle vorhandenen Bühnenhäuser, die noch nach Art der Versenkungs-Guckkasten-Bühne nur für Bogen und Prospekte gebaut sind, müssen einem Umbau unterzogen werden, wenn sie leistungsfähig bleiben wollen. Die schwierigste Frage dabei ist, die jeweils richtige Form zu finden und sich bei der Auswahl der Art von dem künstlerischen Zweck, den zu Gebote stehenden Mitteln, dem verfügbaren Raum und der Entwicklungsmöglichkeit von Stadt und Haus leiten zu lassen.

Die endgültige Form des kommenden Bühnentyps kann nur durch *gemeinsame* Arbeit dreier Gruppen geschaffen werden:

    die *Theater-Wissenschaft* bereitet die Grundlagen,
    die *Theater-Fachleute* geben die Anregungen,
    die *Theater-Industrien* führen sie aus und stellen dadurch wieder Stoff für
        neue Versuche zur Verfügung.

In diesem Sinne werden Personalverhältnisse und -leistungen, Arbeitsräume und die meist durch falsche Raumgestaltung verursachte, unvorteilhafte Arbeitsweise beschrieben, Werk- und Betriebsstätten, Lager und Förderdienste, Maschinerie- und Bildwirkungen beurteilt, wird also der gesamte technische Bühnenbetrieb kritisch untersucht. Es werden Vorbedingungen zum Umbau der Bühnenhäuser durch schrittweises Beseitigen der Grundfehler gezeigt, Verbesserungsvorschläge für szenische Hilfsmittel (Bühnenboden, Bühnenhimmel, Verwandlungen) gemacht sowie alle Arten des Bühnenbildwechsels erläutert und auf ihre Brauchbarkeit für Personalersparnis miteinander verglichen. Statistisch wird außerdem ermittelt, ob bei der schwierigen finanziellen Lage aller Theater in den einzelnen Abteilungen — bei vollem Erhalten künstlerischer Höchstleistungen — wirtschaftlicher gearbeitet werden kann. Die Konstruktionen der angeführten Hilfsmittel und Apparate sind nur soweit behandelt, als es zur Hauptfrage gehört:

Ist der technische Bühnenbetrieb in seiner gegenwärtigen Form noch haltbar und welche Maßnahmen sind zu seiner technischen und wirtschaftlichen Weiterentwicklung zu empfehlen?

FRÜHERE BEDEUTENDE BÜHNENTECHNIKER

Um 1900 wirkten die Bühnentechniker Fritz Brandt, Brettschneider, Gwinner, Kranich der Ältere, Lautenschläger, Rosenberg der Ältere und Schick dadurch bahnbrechend, daß sie den eingebürgerten Bühnentyp auf seine fernere Brauchbarkeit untersuchten, seine Mängel aufdeckten und eine allmähliche Umwandlung der ganzen Bildbauweise einleiteten. Die Schüler der Genannten, von denen die meisten als technische Leiter an ersten Bühnen tätig sind, bemühen sich, auch ihrerseits Bausteine heranzubringen, damit moderne Technik und wirtschaftliches Arbeiten nach und nach auch auf den kleinsten Bühnen Einzug halten können.

Da die Bühnentechnik der Gegenwart sich auf grundlegenden Errungenschaften der Vergangenheit aufbaut, ist sie so eng mit den Namen Furtenbach, Mühldorfer, Karl Brandt und anderen verbunden, daß deren Entwicklung hier eingeschaltet werden muß.

Paul Alfred Merbach-Berlin[1]) schreibt in einer bisher unveröffentlichten Zusammenstellung über „Bühnentechniker früherer Epochen"[2]): „Vorweg sei eines Mannes gedacht, der nur bedingt als technisch vorgebildeter Vertreter des Faches angesprochen werden kann, dem aber von Goethe ein Denkmal errichtet wurde:

Johann Martin Mieding

Er war der einzige Theatermeister, dem je eine dichterische Schilderung und Verklärung seines Schaffens[3]) zuteil geworden ist; er betreute als „Hofebenist" die Aufführungen des unter Goethes Leitung stehenden Liebhabertheaters der Weimarer Hofgesellschaft. Goethe hat lange und eindringlich mit ihm zusammen gearbeitet und empfand seinen Tod (am 27. Januar 1782) schwer. Anfang Februar wußte Herzog Karl August zu berichten: „Goethe hat angefangen, Miedings Gedenken einen Kranz à la façon zu weihen; es sind treffliche Sachen in diesem angefangenen Werk" und Mitte März meldete Goethe von Schloß Dornburg an Charlotte von Stein: „Mein Mieding ist fertig; mir scheint das Ende des Anfangs nicht unwert und das Ganze zusammenpassend". Einen Monat später erschien das Gedicht „Auf Miedings Tod" im 23. Stück des Journals von Tiefurt, der handgeschriebenen Zeitschrift, die der lebendige Spiegel des Lebens und Treibens jener Weimarer Jahre Goethes ist.

Das umfangreiche Gedicht — eines der längsten, das Goethe geschrieben — schildert das Schaffen hinter den Kulissen des Liebhabertheaters und die unermüdliche Tätigkeit, die Mieding dabei entfaltete:

---

[1]) Schon 1920 veröffentlichte er eine sehr beachtenswerte Studie: „Die Entwicklung der Bühnentechnik". Braunschweiger Monatsschrift (Grimme, Natalis & Co.), Juli- bis Oktoberheft; mit Bildern.

[2]) Auch die Angaben über Furtenbach, Mühldorfer, Familie Brandt, Rudolph, Rosenberg und Lautenschläger hat mir der Verfasser freundlicherweise zur Verfügung gestellt.

[3]) Er war auch der einzige, der je als dramatis persona auf den Brettern erschien. Am 10. April 1832 veranstaltete das Königstädtische Theater-Berlin „Goethes Totenfeier in fünf Abteilungen", die aus lebenden Bildern und Szenenbruchstücken aus Goetheschen Werken bestand. Die Anordnung und der verbindende Text stammte von Carl von Holtei; Mieding war der „Conférencier", der die einzelnen Teile der buntscheckigen Feier zusammenhielt und wurde von dem großen Komiker Friedrich Beckmann dargestellt.

... er ist „der Mann, der nie gefehlt,
Der sinnreich schnell, mit schmerzbeladener Brust,
Den Lattenbau zu fügen wohl gewußt,
Das Brettgerüst, das, nicht von ihm belebt,
Wie ein Skelett an toten Drähten schwebt" ...

Allzugroßen Wert scheint Mieding freilich nicht darauf gelegt zu haben, daß der Betrieb klappte:

... „er war's, der säumend manchen Tag verlor,
So sehr ihn Autor und Akteur beschwor;
Und dann zuletzt, wenn es zum Treffen ging,
Des Stückes Glück an schwachen Fäden hing!" ...

„Oft glückt's ihm; kühn betrog er die Gefahr;
Doch auch ein Bock macht ihm kein graues Haar."

Die ganze Fülle technischer Verrichtungen lag auf ihm, der nach Goethes Andeutungen ein mühsames Leben führte:

„Des Rasens Grün, des Wassers Silberfall,
Der Vögel Sang, des Donners lauter Knall,
Der Laube Schatten und des Mondes Licht,
Ja, selbst ein Ungeheuer schreckt ihn nicht!"

Schon zu Miedings Lebzeiten hat Goethe seiner lobend und ehrenvoll gedacht: im Spätherbst 1777 hatte er die „dramatische Grille: Der Triumph der Empfindsamkeit" geschrieben, in der er die letzten Reste jeglicher Wertherstimmung überwand und der „überhandnehmenden schalen Sentimentalität eine harte realistische Gegenwirkung entgegensetzte". In dem Sechsakter, der unter Goethes und Corona Schröters Mitwirkung am 30. Januar und 10. Februar 1778 gleichfalls im Weimarer Liebhabertheater aufgeführt wurde, sagt Merkulo, der „Kavalier" des Prinzen Oronaro, mit deutlicher Beziehung auf Miedings Tätigkeit: „Weil der Prinz so sehr daran gewöhnt ist, wie er denn in jedem Lustschloß seine Natur hat, so haben wir denn auch eine Reisenatur, die wir auf unsern Zügen überall mit herumführen; unser Hof-Etat ist mit einem sehr geschickten Mann vermehrt worden, dem wir den Titel als Naturmeister, Directeur de la nature, gegeben haben." Und seine eigene Forderung: „Laß auch Miedings Namen nicht vergehen" hat Goethe erfüllt, als er im Intermezzo vom Walpurgisnachtstraum oder Oberons und Titanias goldener Hochzeit, das er fast zwanzig Jahre später in den ersten Teil des Faust einschob, den „Theatermeister" den Dialog beginnen ließ und allen, die seitdem und in Zukunft die Technik der Bühne erlernen und beherrschen wollen, den Ehrentitel „Miedings wackere Söhne" verlieh, gleichsam zur Erinnerung an den tüchtigen Mann, dem „ein Gott in holder, steter Kraft zu seiner Kunst die ew'ge Leidenschaft" schenkte! — — —

Als Goethe[1]) die Oberdirektion des Weimarer Hoftheaters übernahm, behielt er von seinem Vorgänger Joseph Bellomo die beiden Theatermeister bei: den Zimmermann Johann Andreas *Bloes* (1766—1804) sowie den Tischler und Hofpolierer Johann Wilhelm Ernst *Brunquell* (1759—1820). Die Gothaer Theaterkalender 1775 bis 1800

---

[1]) Vgl. Satori-Neumann, a. a. O., S. 35.

führen unter dem Personal der deutschen Bühnen ziemlich regelmäßig die Theatermeister auf, die ebenfalls fast immer Tischler und Zimmerleute waren. Dagegen weist schon Kurt Sommerfeld[1]) für die klassische Zeit des Mannheimer Nationaltheaters 1778—1803 unter Dalberg nach, daß der sogenannte „Dekorateur" dieser Bühne an unseren Verhältnissen gemessen bereits die Stellung und Bedeutung eines „technischen Direktors" hatte.

Schon 150 Jahre früher kannte die deutsche Schaubühne in Furtenbach einen Ahnherrn der heutigen Bühnentechniker, der sich in systematischer Weise mit ihren Fragen beschäftigt hat."

Josef Furtenbach der Ältere

„Josef Furtenbach der Ältere[2]) (geb. 1591 zu Leutkirch, gest. 1667 (Abb. 8) in Ulm) war von seiner Familie zunächst zum Kaufmann bestimmt, zog es aber nach einem zehnjährigen Aufenthalt in Italien vor, seinen architektonischen Neigungen

Con la Patienza
S'aquista Scienza

Abb. 8. Josef Furtenbach der Ältere-Ulm

zu folgen. Im Jahre 1621 machte er sich in Ulm ansässig, wurde Senator und entfaltete als Gartenkünstler, Kriegsingenieur, Feuerwerker und städtischer Beamter eine vielseitige Tätigkeit, die 1641 in der Erbauung eines Komödienhauses gipfelte, dessen Umfassungsmauern heute noch vorhanden sind.

Seine reiche schriftstellerische Tätigkeit begann 1626; in ihr liegt Furtenbachs Bedeutung für uns, da sie das technische Wissen der Zeit umschließt. Es seien hier

---

[1]) a. a. O., S. 146.
[2]) Vgl. die Ausführungen Paul Zuckers in: Thieme-Becker, Lexikon der bildenden Künste, Bd. 12, 1916, S. 604/5.

12

nur die Werke zitiert, in denen er Fragen der Bühnentechnik und der Theaterge-
staltung behandelt: Newes Itinerarium Italiae 1626; Architectura civilis 1628;
Architectura universalis 1635; Architectura privata 1662; Mannhafter Kunstspiegel 1663.

In den einzelnen Werken kehren die textlichen Ausführungen und die beige-
gebenen Kupfer zum großen Teil immer wieder, die in der Hauptsache das italienische
Theater unter besonderer Berücksichtigung der Telari-Bühne behandeln; ein Beweis
für die grundlegenden und richtunggebenden Eindrücke, die Josef Furtenbach in
Italien empfangen hatte."

Josef Mühldorfer

„Franz Josef Mühldorfer (geb. 10. April 1800 in Meersburg am Bodensee; gest.
1863 in Mannheim) (Abb. 9) kam in frühester Jugend mit seinen unbemittelten Eltern
nach München, genoß dort nur den allernötigsten Schulunterricht, bis er durch nicht
mehr erkennbare Zusammenhänge irgendwie sehr zeitig mit dem Theater in Berührung kam. Ein angeborener Trieb zum Basteln ließ ihn zu Hause Kulissen malen,
Vorhänge anfertigen und in kindlicher Betätigung das wiederholen, was ihm im
Großen eine Wunderwelt offenbart hatte.

Abb. 9. Josef Mühldorfer-Mannheim

Mit seiner schönen Handschrift wußte er sich durch Rollenausschreiben manche
Vermehrung seines nur allzu geringen Taschengeldes zu verschaffen und noch als
Schüler wurde er dank seiner hübschen Sopranstimme Chorist am Münchener Isar-
tor-Theater. Dabei kümmerte er sich um die technischen und malerischen Ein-
richtungen der Bühne, legte in den Ateliers der beiden bedeutenden Münchener
Theatermaler Quaglio und Hölzel eifrig mit Hand an und baute in der elterlichen
Wohnung eine Bühne auf, die bei der Aufführung eines selbstgefertigten Schau-
spiels — es stellte die Opferung Isaaks dar — im wahrsten Sinne des Wortes in
Trümmer ging!

Schon mit 16 Jahren hat Josef Mühldorfer in eir m Sommertheater der Münchenner Isarvorstadt eine Bühne eingerichtet. Diesem ersten Versuch des werdenden Meisters folgte ein Auftrag der bayerischen Regierung, im alten markgräflichen Opernhaus in Bayreuth eine neue Maschinerie einzubauen. Später ist er in Würzburg, Bamberg und Nürnberg als Maschinist und Dekorateur tätig gewesen, bis er 1828 als Leiter des Maschinen- und Dekorationswesens an das Aachener Stadttheater berufen wurde. Hier hat er sich sehr bald durch seine für damalige Verhältnisse außerordentlich beachtenswerten Inszenierungen, namentlich des „Oberon" und des „Freischütz", beträchtliche Geltung verschafft; er wurde nach Paris gerufen, um diese Werke auch dort zu inszenieren. Im Jahre 1832 erfolgte seine lebenslängliche Verpflichtung für das Mannheimer Hof- und Nationaltheater, das durch ihn auf die gleiche Höhe gebracht wurde, wie sie die Darmstädter Hofbühne einnahm. An den entscheidenden Neuheiten des damaligen Spielplanes hat er immer wieder sein Können erprobt: „Zauberflöte", „Prophet", „Undine" wurden durch ihn zu viel bewunderten und viel besuchten Aufführungen. In Märchen und Feerien entfaltete auch er sein ganzes Können, das Richard Wagner anerkannte, als er ihm um 1855 die Dichtung des Ringes des Nibelungen zuschickte und ihn um sein Urteil bat, ob die darin enthaltenen technischen Forderungen und Schwierigkeiten zu erfüllen und zu überwinden wären. Josef Mühldorfer hat nach eingehendster Prüfung die ihm vorgelegten Fragen bejaht; der Tod verhinderte ihn, Wagners Ideen in die Wirklichkeit umzusetzen. Das Verdienst Mühldorfers besteht hauptsächlich darin, daß er die Telari-Bühne Furtenbachs durch das weit bessere System der Kulissen-Soffittenbühne ersetzt hat.

Von den vielen Theaterbauten, die er durchführte, steht die Neugestaltung des Mannheimer Hof- und Nationaltheaters an erster Stelle. Hier galt es, etwas ganz Neues zu schaffen, da die Bühne der Iffland-Zeit durchaus unbrauchbar geworden war. Es gelang ihm, die Aufgabe zu lösen, ohne daß das Theater geschlossen wurde; man spielte während des Umbaues auf der im Konzertsaal errichteten Interimsbühne. Die hier durchgeführte Trennung des Logenhauses vom Bühnenrahmen durch einen leeren Zwischenraum zwischen Bühne und Proszeniumslogen hat Richard Wagner als eine ganz besonders geniale Idee bezeichnet; sie galt ihm als ein nachahmenswertes Mittel zur Hebung der Bühnenillusion.

Von Jahr zu Jahr wuchs Mühldorfers Ruhm, und er galt als eine erste Autorität in seinem Fach. Er hat im Laufe der Jahre eine ganze Reihe von Bühnen in technischer Hinsicht eingerichtet und wurde immer wieder für einzelne wichtige oder schwierige Aufführungen nach auswärts berufen, da seine szenischen Schöpfungen überall als mustergültig anerkannt wurden. In einer Zeit, die mit bescheidenenMitteln zu arbeiten gezwungen war, ist er ein Führer auf seinem Gebiet gewesen, dessen Bedeutung ein Nekrolog in die Worte zusammenfaßt: Seine vielen Arbeiten, die fast durch ganz Deutschland auf den Theatern zu finden sind, werden seinen Namen noch lange lebendig erhalten; in der deutschen Theatergeschichte wird er für alle Zeiten seinen dauernden Platz behalten."[1]

---

[1] Vgl. über Josef Mühldorfer den Aufsatz von Prof. Fr. Walter in: Mannheimer Geschichtsblätter 1900, S. 94/6.

Familie Brandt

„Ihr Gründer ist Elias *Friedrich* Brandt (geboren und gestorben in Darmstadt; 1800/1878), der als Tapezierer und Dekorateur in Beziehungen zum Hoftheater seiner Vaterstadt trat. Als Nachfolger Wilhelm Mühldorfers, der zu seinem Vater Josef nach Mannheim ging, war „Vater Brandt" von 1857 bis 1864 als Maschinist und später als Dekorations-Inspektor — wie wohl vorher auch schon in Darmstadt — an der Stuttgarter Hofbühne tätig. Er kehrte dann wieder in die Heimat zurück, scheinbar ohne dort den Zusammenhang mit dem Theater wieder aufzunehmen.

Seine vier Söhne, die den Beruf des Bühnentechnikers ergriffen, waren: Karl, Ludwig, Georg und Fritz.

Johann Friedrich Christoph *Karl* Brandt[1]) (geboren und gestorben in Darmstadt; 1828/1881) (Abb. 10) wurde auf der Darmstädter Gewerbeschule und einem polytechnischen Privatinstitut vorgebildet, arbeitete dann bei dem Theater- und Maschinenmeister Ignaz Dorn in Darmstadt und bei dem „Maschinisten" Schütz vom Münchener Hoftheater und kam bereits 1847 als „Maschinen- und Theatermeister" an das Königstädtische Theater nach Berlin. Hier erregte seine Einrichtung eines Zauberspieles „Lucifers Töchter" beträchtliches Aufsehen, so daß er damals bereits an andere Bühnen, z. B. nach Frankfurt a. M. berufen wurde, um dort das Werk in seiner Bühneneinrichtung „in die Szene zu setzen". Als 1849 Großherzog LudwigIII. das Darmstädter Hoftheater neu organisierte, übertrug er Karl Brandt die Leitung des Maschinenwesens; so kehrte er an die Stätte seiner ersten Ausbildung zurück, der er bis an seinen Tod treu blieb.

Mit dem „Oberon", der „mit Gruppierungen, Tänzen und Maschinerien neu eingerichtet" war, begann Karl Brandt Mitte November 1849 in Darmstadt seine mehr als dreißigjährige Tätigkeit. Anfang April 1850 folgte Meyerbeers „Prophet"; im Oktober Verdis „Nabucodonosor" mit den berühmt gewordenen hängenden Gärten; Anfang Januar 1851 ein Ballett „Der Zauberschleier", in dem er alle Märchenwunder lebendig werden ließ, und Anfang Januar 1853 der Spohrsche „Faust". Im Juni 1852 nahm er an dem unter Emil Devrients Leitung stehenden deutschen Gastspiel im St. James-Theater in London als technischer Berater teil und errang im Oktober des nächsten Jahres mit Wagners „Tannhäuser" einen großen Erfolg. Ende Dezember 1854 konnte er in der längst verschollenen und vergessenen Oper von Peter Müller „Die letzten Tage von Pompeji" beim Vesuvausbruch sicher alle seine Künste spielen lassen! Mitte März 1857 ging Verdis musikstrotzende Oper „Die Sizilianische Vesper" erstmalig in Szene, deren große Balletteinlage „Die vier Jahreszeiten" in Karl Brandts an anderer Stelle dieses Buches geschilderter technischen Einrichtung den Ruhm der Darmstädter Oper weit über Deutschlands Grenzen trug.[2])

---

[1]) Vgl. auch Bühnentechnische Rundschau 1928, Nr. 3.

[2]) Ende Oktober 1857 wurde bereits „Die Sizilianische Vesper" im Hamburger Stadttheater aufgeführt; auf dem Theaterzettel ist zu lesen: „Die dekorativen Arrangements und Maschinerien zum Ballet ‚Die vier Jahreszeiten' im dritten Aufzug sind vom Hoftheater-Maschinenmeister Carl Brandt aus Darmstadt angefertigt und werden von demselben persönlich geleitet".

Am 10. August 1864 fand in dem Dresdener Hoftheater die Premiere statt von „Die vier Jahreszeiten, Großes Tanzdivertissement in einem Aufzuge und vier Tableaux, Musik von Verdi. Die Dekorationen, Arrangement und Maschinerien sind nach Angabe von Herrn Carl Brandt, Darmstadt, angefertigt". Die Oper „Die Sizilianische Vesper" ist nicht gegeben worden, sondern nur das Ballett allein; es wurde noch zwanzigmal wiederholt.

Abb. 10. Karl Brandt-Darmstadt

Abb. 13. Fritz Brandt-Berlin

Abb. 11. Karl Brandts technischer Stab, Bayreuth 1876

Abb. 12. Georg Brandt d. Ältere-Kassel

Abb. 14. Fritz Brandt-Weimar

Es verdient erwähnt zu werden, daß er bereits Anfang Februar 1851 in einem „Phantastischen Original-Märchen" anscheinend eine technische Vorstudie zu dem vielbewunderten Ballett „Die vier Jahreszeiten" in der genannten Verdi-Oper geliefert hatte. Es stammte von dem damaligen Bariton des Darmstädter Hoftheaters Ernst Pasqué[1]), dem späteren bekannten Rezitator und Schiller-Biographen. Mitte Februar 1861 ging — um hier nur die wichtigsten Taten Brandts kurz zu erwähnen! — die deutsche Uraufführung des Gounodschen „Faust" im Darmstädter Hoftheater in Szene: im Schlußbild ließ Brandt den Himmel in allen Herrlichkeiten erstehen und erstrahlen. Mitte Januar 1863 kam die „Königin von Saba" von demselben Komponisten zur Aufführung und Karl Brandt entfesselte wieder in einer unerhörten Weise alle szenischen und technischen Möglichkeiten des Theaters! Der Guß des ehernen Meeres bildete den Höhenpunkt des Werkes; der dirigierende Komponist hat für die Brandtsche Inszenierung in allerletzter Stunde die Musik ausgedehnt, um auch seinerseits den technischen Intentionen gerecht zu werden. Eine zeitgenössische Schilderung[2]) gibt ein anschauliches Bild: „Im zweiten Akt befand sich tief im Hintergrund ein riesiger steinerner Ofen. An ihm arbeiteten Meister und Gesellen zur Vorbereitung des Gusses, wie es in der Bibel im ersten Buch der Könige und im zweiten Buch der Chronika zu lesen ist. Die Mitte der Bühne bildete scheinbar einen freien Platz, der vom Ofen sich bis in die Nähe des Souffleurkastens erstreckte. Einzelne niedere Büsche bedeckten den graubraunen Boden . . . ein fürchterlicher Krach, der Ofen zersprang, die Stücke flogen nach allen Seiten und eine feurige, glühende Masse, von Wolken heißen, roten Dampfes wälzte sich langsam nach vorn und füllte die ganze Bühne bis nahe an die Kulissen. . . . Vom Ofen im Hintergrund der Bühne waren bis zur vorderen Freifahrt zehn mit einer bestimmten Anzahl von Brennern versehene, eiserne Gasrohre, die auf Metallunterlagen ruhten, in gleichen Abständen gelegt. An den beiden Enden jedes Rohres waren Gummischläuche, die die Zuführung von Leuchtgas ermöglichten, befestigt. Auf jedem Rohre waren eiserne Bügel angebracht; über diese zog sich ein eisernes Drahtnetz, das nach dem Zuschauerraum hin auf den Bühnenboden hinabhing, nach dem Hintergrunde hin jedoch etwas in die Höhe ragte, damit die Gasflämmchen genügend atmosphärische Luft erhielten und — für die Zuschauer unsichtbar — durch das Maschinenpersonal bedient werden konnten. Zu diesem Zwecke waren die Versenkungen, soweit erforderlich, geöffnet. Das Drahtnetz war mit einem straff gespannten roten Seidenstoff überzogen und dieser derart bemalt, daß das Ganze bei entsprechender Beleuchtung den Eindruck einer einzigen glühenden Flamme hervorrief. Die einzelnen Flämmchen wurden durch Spiritusflämmchen entzündet, wobei besonders darauf zu achten war, daß sie in gleicher Höhe brannten und nicht den auf dem Drahtnetz ruhenden Seidenstoff erreichten. Über diese ganze Anlage wurde ein als Erdboden bemaltes Leinentuch gebreitet; es reichte in seiner ganzen Breite vorne in die erste Freifahrt der Untermaschinerie und wurde daselbst langsam über das ganze Drahtnetz weg hinabgezogen. Hierdurch wurde das Vorwärtsfließen der glühenden Erzmasse vorgetäuscht und der große Effekt erreicht."[3])

[1]) Er schrieb auch das Buch: Goethes Theaterleitung in Weimar. Leipzig 1863.
[2]) Ludwig Winter: Vor und hinter den Kulissen, 1925, S. 22. Vgl. H. Knispel: Gounod und seine Werke in Darmstadt; in: „Bunte Bilder aus dem Theater- und Künstlerleben", 1901, S. 120/5.
[3]) Vom heutigen feuerpolizeilichen Standpunkt aus war diese Einrichtung wohl das Unglaublichste, was je auf einer Holzbühne mit nur brennbarem Material gewagt wurde (d. Verf.).

Gounods „Königin von Saba" ist ebenso vom Spielplan verschwunden wie Maillarts dreiaktige Oper „Lara", die in Darmstadt Ende April 1865 zur Wiedergabe gelangte. Hier hat Karl Brandt zum erstenmal eine Wandeldekoration angewendet; bei den Worten: Vergesse und gesunde! sinkt Lara in Schlaf, Wolken fallen: „eine Reihe wandelnder Dekorationen führte den Zuschauern den Traum Laras in überraschender und fesselnder Weise vor."[1]

Mitte November desselben Jahres kam Meyerbeers „Afrikanerin" in Darmstadt zur Aufführung; Zeitgenossen haben erklärt, daß die technischen Aufgaben, die dieses Werk stellte, durch Brandt bei weitem zweckdienlicher und effektvoller gelöst wurde, als z. B. in der Großen Oper in Paris.

An fast allen großen und mittleren deutschen Bühnen hat Karl Brandt diese und andere Opern — namentlich „Undine" und „Freischütz" — eingerichtet; für das nicht mehr bestehende Viktoria-Theater in Berlin hat er von 1868 bis 1878 neun Feenmärchen Ernst Pasqués sowie die vielgespielten „Sieben Raben" Emil Pohls dekorativ und maschinell betreut und hat zwischen 1857 und 1881 vierundzwanzig deutsche Bühnen in technischer Beziehung neu eingerichtet. Sicherlich eine Leistung, die kaum je einer seiner Fachgenossen aufzuweisen hat!

In ganz besonderer Weise aber war Karl Brandt für das Bayreuther Festspielhaus tätig. Er hatte 1869 und 1870 „Rheingold" und „Die Walküre" im Münchener Hoftheater mit aufführen helfen. Die damals angeknüpften persönlichen Beziehungen zu Richard Wagner haben ihm nach dessen eigenen Worten neuen Mut gemacht, die Aufführung der ganzen Trilogie mit allen Mitteln zu erreichen. Brandt hat dann 1876 in Bayreuth die schwierigen Aufgaben, die in bühnentechnischer Hinsicht der Ring des Nibelungen bot, in einer für seine Zeit vorbildlichen Weise gelöst; die Bewegung der Rheintöchter und der Feuerzauber waren vielbewunderte Glanzstücke seines Schaffens. Abbildung 11 zeigt den Meister im Kreise seiner Assistenten[2], von denen nur der achtundachtzigjährige Kommissionsrat Hugo Bähr-Dresden[3], heute noch lebt.

Der würdigen Inszenierung des „Parsifal" haben Brandts letzte amtliche Sorgen gegolten; Wagner wußte, welche wahrhaft schöpferische Kraft er in Brandt gewonnen hatte; er fühlte sich in ihm „für Alles, Alles sicher". Mitte November 1881 führte Brandt König Ludwig II. im Thronsaal der Münchener Residenz die Dekorations- und Maschinenmodelle für den Parsifal vor . . . Ende Dezember starb er, ohne Wagners letztem Werk zur Aufführung verholfen zu haben, was seinen Assistenten unter Leitung seines Schülers und Nachfolgers Friedrich Kranich d. Ä. vorbehalten blieb.

Ludwig Brandt, Karls jüngerer Bruder, trat wenig hervor; er hatte die Stelle eines Maschinen-Inspektors in Dresden und Hannover inne.

Georg Brandt, der dritte Sohn Friedrichs (Abb. 12) (geb. 1834 in Darmstadt, gest. 1923 in Berlin) tritt ebenfalls an Bedeutung hinter seinen beiden Brüdern Karl und Fritz zurück. Im Jahre 1863 hat er nach dreijähriger Lehrzeit im Maschinenbau-

---

[1] Signale für die musikalische Welt 1865, S. 377.
[2] Von links nach rechts stehend: Hermann Stohf-Meiningen, Hugo Bähr-Dresden; sitzend: Friedrich Kranich d. Ä.-Darmstadt, Karl Rudolph-Frankfurt a. M., Georg Brandt-Kassel.
[3] s. S. 27/28.

fach als Schüler seines Bruders Karl am Hoftheater seiner Vaterstadt seine Bühnenlaufbahn begonnen. Von 1867 bis 1870 hat er sich an den Bühnen zu Stuttgart,
Prag, Dresden und München einen Überblick über die Bühnentechnik der Zeit verschafft, war dann zwei Jahre am Altenburger Hoftheater tätig und wirkte von 1872
dreißig Jahre am Hoftheater in Kassel. Er hatte die Aufgabe, in dem heute nicht mehr
vorhandenen Haus die Bühneneinrichtung zu erneuern und den technischen Betrieb
neu zu organisieren. Mit bescheideneren Mitteln als sie z. B. seinem Bruder Fritz
zur Verfügung standen, hatte er im wesentlichen die gleichen szenischen und künstlerischen Aufgaben zu lösen, was ihm jederzeit in treuer Ausübung seines Amtes
gut gelungen zu sein scheint, soweit dies das vorliegende Material erkennen läßt.

Fritz Brandt[1]), der jüngste Sohn Friedrichs (Abb. 13) (geb. 1846 in Darmstadt,
gest. 1927 in Berlin) steht seinem Stiefbruder und Lehrmeister Karl an Bedeutung
nicht nach. Schon während seiner Vorbildung auf dem Polytechnikum in Darmstadt
und der Stuttgarter Kunstschule hat er sich, durch die Tätigkeit seines um so viel
älteren Bruders Karl angeregt, mit der Welt hinter den Kulissen eindringlich beschäftigt. Er hat am Darmstädter Hoftheater seine praktische Bühnentätigkeit
begonnen und bereits mit achtzehn Jahren die Bühne des neu erbauten Wallner-
theaters in Berlin eingerichtet. 1865 löste er die gleiche Aufgabe am Gärtnerplatz-
theater in München, wo er drei Jahre blieb, um dann die technisch-artistische Leitung
der neu eingerichteten Bühne des dortigen Hoftheaters zu übernehmen. Seine Leistungen erweckten die Aufmerksamkeit des schon genannten Königs Ludwig II.,
dessen berühmt gewordene Separataufführungen Fritz Brandt bis 1875 in technischer
Hinsicht überwachte; er trug wesentlich mit dazu bei, daß sie als Muster unerhörte-
sten Bühnenprunks angesprochen wurden. Die Darstellung eines „Nachtfestes unter
Ludwig XIV. von Frankreich", dem geradezu vergötterten Vorbild des bayerischen
Herrschers, mit den unterirdisch-farbenprächtigen, beleuchteten Latona-Fontänen,
ein Gewitter mit „echtem" Regen in einer Landschaft mit plastischen Bäumen,
eine aus dem Boden emporsteigende gedeckte Tafel waren etliche szenische Prunk-
stücke Fritz Brandts, der seine Tätigkeit auch auf die Einrichtung der „bayerischen
Königsschlösser" ausdehnte.

An der Münchener Oper hat er bei der oben erwähnten Aufführung des „Rheingold" und der „Walküre" mitgeholfen — 1868 war er in Triebschen bei Richard
Wagner, um mit dem Dichterkomponisten die szenischen Probleme dieser Werke
durchzusprechen — er hat ferner „Armida" und „Undine", „Don Juan" und „Freischütz", zwei „Dornröschen"-Opern (von Langer und von v. Perfall) bühnentechnisch
eingerichtet und für die Gestaltung des Schillerschen „Tell" an Ort und Stelle der
Handlung die nötigen Eindrücke gesammelt und Studien gemacht.

Im Jahre 1870 stellte ihm Franz von Dingelstedt den Antrag, die technische
Oberleitung der neuerbauten Wiener Hofoper und des geplanten neuen Burgtheaters
zu übernehmen. Fritz Brandt lehnte den Ruf ab, da er sich in München lebensläng-
lich gebunden glaubte. Als sich dann aber nach etlichen Jahren ohne seine Schuld
die persönlichen Beziehungen zu Ludwig II. lockerten und er manche Zurücksetzung
erfuhr, siedelte er Anfang 1876 an das Berliner Hoftheater über, dem er dann über
vierzig Jahre all sein Schaffen gewidmet hat.

---

[1]) Vgl. auch Bühnentechnische Rundschau 1915, Nr. 5; 1926, Nr. 1; 1927, Nr. 5.

Fritz Brandt fand in Berlin ein reiches Arbeitsfeld vor. Die technischen Einrichtungen des Schauspiel- und Opernhauses waren sehr veraltet und selbst für bescheidene szenische Anforderungen ungenügend. Eine Erhöhung des Bühnenhauses der Berliner Hofoper wurde von Kaiser Wilhelm I. nicht gestattet; Brandt mußte sich also mit einer teilweisen Verbesserung der Obermaschinerie und der Umgestaltung der Untermaschinerie begnügen. Er erfand die „Doublierungszüge mit Wechselkettengewichten, um die zusammenzuraffenden Gardinen im Gleichgewicht bewegen zu können"[1]). Auch für die Bühnenbeleuchtung wurde er bahnbrechend: das Berliner Opernhaus erhielt bereits am 7. Juni 1882 elektrisches Glühlicht. Eine andere Erfindung war das sogenannte Dreilampen-System, das eine naturgetreue Nachahmung der Farbenübergänge durch Mischung ohne Verdunklung, statt durch Wechsel der Farben ermöglichte.

Auch Fritz Brandt hat außerhalb seines amtlichen Wirkungskreises seine Erfahrungen den Neubauten und der Bühnengestaltung der verschiedensten Theater in deutschen Landen dienstbar gemacht. Neben den Hoftheatern in Karlsruhe und Wiesbaden sei hier die Städtische Oper-Berlin genannt. Doch auch im Ausland hatte man seine Fähigkeiten erkannt, in London schuf er die Bühne der Royal Oper Convendgarden und die der Kaiserlichen Oper in Tokio wurde nach seinen Plänen eingerichtet. Eine Fülle von Erfindungen und Konstruktionen der gegenwärtigen Bühnentechnik, so vor allem die hydraulische Bühnenversenkung mit Parallelführung und das System der seitlichen Schiebebühnen gehen auf ihn zurück. Beleuchtung und Maschinerie danken ihm in gleicher Weise wichtigste Fortschritte und Neuerungen. Sein Leben und Schaffen fiel in die Zeit eines ungeheuren Aufschwunges aller technischen Mittel und Möglichkeiten: als Führer und Meister seines Faches hat er es jederzeit verstanden, diese allgemeine Entwicklung für die Kunst, der er diente, nutzbringend zu verwerten.

Sein Sohn *Georg* (geboren 1889 in Berlin) ist seit 1923 technischer Direktor am Staatlichen Schauspielhaus in Dresden, nachdem er bis 1920 als Schüler, Assistent und Stellvertreter seines Vaters an den Berliner Staatstheatern tätig war.

Fritz Brandt, der Sohn von Karl Brandt (Abb. 14) (geb. 1854 zu Darmstadt, gest. 1895 in Weimar) ist in Hamburg, Teplitz, Altenburg, Prag, Magdeburg, Mannheim und Hannover gewesen, wo er oft Umbaupläne seines Vaters hat durchführen helfen: von 1891 an wirkte er bis an seinen frühen Tod am Weimarer Hoftheater in erster Linie als Regisseur."

Friedrich Kranich der Ältere

Friedrich Kranich (Abb. 15) stammte aus einer alteingesessenen oberhessischen Handwerkerfamilie. Vom Großvater, der als Landschaftsmaler tätig war, hatte er das Künstlerblut, und in der — wie er sagte — harten Schule des Vaters, eines Erfindergeistes und Erbauers der ersten freitragenden Rollschuhbahn in Deutschland, ward ihm die technische Begabung „am Ambos eingehämmert". So vereinigte er aufs glücklichste die beiden unerläßlichen Vorbedingungen für seinen späteren Beruf: künstlerischen Blick und technisches Verständnis[2]).

---

[1]) Bühnentechnische Rundschau 1915, Nr. 5.
[2]) Vgl. Bühnentechnische Rundschau 1924, Nr. 2.

Er wurde am 18. Januar 1857 in Darmstadt geboren, besuchte die Realschule und fühlte sich schon während seiner Studien am damaligen Polytechnikum zur Bühne hingezogen. Als Schüler des Altmeisters Karl Brandt-Darmstadt war er 1888 beim Bau des Deutschen Theaters-Prag, und 1875 beim Entstehen des Festspielhauses in Bayreuth als Assistent tätig; 1880 wurde er als Maschinenmeister sein Nachfolger am Hoftheater in Darmstadt und trat dann 1882 dessen Erbe auch in Bayreuth an. Die technischen Einrichtungen des Volkstheaters und Festspielhauses in Worms sind im Jahre 1889 nach seinen Plänen und unter seiner Leitung ausgeführt. 1894 folgte er einem Ruf als Obermaschinenmeister an die Staatstheater in Dresden.

Abb. 15. Friedrich Kranich der Ältere-Bayreuth

Sein Hauptwirkungsfeld waren bis zu dieser Zeit Verwandlungstricks der alten Kulissenbühne, die er mit meisterhaftem Geschick zu kombinieren verstand, und denen er trotz seiner Jugend hauptsächlich die Wahl zum Nachfolger Brandts verdankte. „Zauberschleier", „Zauberflöte", „Die vier Jahreszeiten", „Undine", „Der Prophet" und viele andere Werke, bei denen die Bühnentechnik Triumphe feierte, sind in mustergültiger Weise in den Jahren 1882 bis 1895 von ihm technisch eingerichtet worden, bis dann 1896 die erste Wiederholung vom „Ring des Nibelungen", die nach 1876 in Bayreuth vor sich ging, sein Können namentlich im Ausland begehrt machte. So wurde er in den folgenden Jahren als Träger Bayreuther Inszenierungstechnik nach London, Amsterdam, Paris und Stockholm gerufen und leitete dort die technischen Einrichtungen der Wagner-Festspiele. 1896 folgte er einem Ruf an das Fürstliche Theater in Monte Carlo, wo er bis zum Ausbruch des Weltkrieges eine vollständige Umgestaltung der Bühne nach deutschem Muster vornahm und die großen Ausstattungsopern der bekanntesten französischen und italienischen Meister, Saint-Saëns, Massenet, Berlioz, Puccini u. a. technisch so löste, wie es in Frankreich vor- und nachher nie der Fall war. Die Bühne des Festspielhauses in Bayreuth baute er bis zum Jahre 1914 von dem alten Brandtschen System zu einem vollkommen modernen technischen Betrieb um. Dort entstanden auch seine meisten

Erfindungen, auf die in den folgenden Kapiteln näher eingegangen ist: Gewichtsführung, Aufhängevorrichtung und Seilsicherung von Zügen; Kassettenklappen-
Zentralverschluß und Sicherung; maschinelle Bewegung der Wandelbilder; Bühnen-
himmel-Zugbahn und -antrieb; Parsifalglocken, geräuschloser Wasserdampf, künst-
licher chemischer Dampf, Rheintöchter-Schwimmapparate und andere.

Als am 1. August 1914 nach einer Parsifal-Aufführung das Festspielhaus in
Bayreuth auf zehn Jahre seine Pforten schließen mußte und das Fürstentum Monaco
kurze Zeit darauf Deutschlands Gegner wurde, verlor Kranich, erst 57 Jahre alt,
plötzlich diese beiden Wirkungskreise, und der Unermüdliche wurde zur Untätigkeit
gezwungen, was er in seinen letzten zehn Lebensjahren nie ganz überwinden konnte.
Er starb am 1. Mai 1924 in Bayreuth.

Karl Lautenschläger

„Karl Lautenschläger (Abb. 16) (11. April 1843 bis 30. Juni 1906) stammte aus
Bessungen bei Darmstadt und war der Sohn eines Bäckermeisters; seine Mutter
heiratete in zweiter Ehe den „Szenerie-Inspektor" *Bormuth*, dessen Namen er auch
bei Beginn seiner Bühnenlaufbahn führte. Emil Devrient, der zu den ständigen Gästen
des Darmstädter Hoftheaters gehörte, soll das Talent des aufgeweckten Jungen ent-
deckt haben, der dann zu Karl Brandt in die Lehre kam und so rasche Fortschritte
machte, daß er schon mit siebzehn Jahren für den abwesenden Meister den ganzen
Dienst versehen konnte. Zwischen 1859 und 1863 begleitete er seinen Lehrer auf dessen
vielfachen Reisen und lernte so alle wichtigen Bühnen Deutschlands aus eigener An-
schauung und unter bester Leitung kennen. Von 1863 ab war er zunächst zwei Jahre

Abb. 16. Karl Lautenschläger-München

in Riga, dann bis 1880 am Stuttgarter Hoftheater tätig. Von da ging Karl Lautenschläger nach München, wo man sich schon vier Jahre um ihn bemüht hatte. In den
zweiundzwanzig Jahren seiner dortigen Tätigkeit wurde er einer der führenden deutschen Bühnentechniker. Seine bemerkenswertesten Leistungen sind: die Einführung

des elektrischen Lichtes *in allen Räumen* des Theaters, die sogenannte „neue Shake-spearebühne" und die Drehbühne.

Kurz nach seinem Münchener Dienstantritt schickte König Ludwig II. im Sommer 1881 Karl Lautenschläger nach Paris zum Studium der „elektrischen Aus-stellung"; er erkannte den Wert der Edisonschen Erfindung, die zum erstenmal in Europa zu sehen war, für die Theaterbeleuchtung und stattete das Münchener Residenztheater sofort damit aus. Das begründete seinen Ruhm und Ruf; nach und nach richteten sämtliche deutschen und ausländischen Bühnen ihre Gesamtbeleuch-tung nach seinen Angaben ein. Die Separatvorstellungen Ludwigs II. hat er in bühnentechnischer Hinsicht als Nachfolger Fritz Brandts geleitet; 1885 zog er sich auf die technische und dekorative Oberleitung der Neuheiten und Neueinstudierungen zurück. Er hat im ganzen an 116 Neuinszenierungen in den Münchener Hoftheatern mitgearbeitet.

Mit dem Oberregisseur Jocza Savits schuf er 1889 die neue Shakespearebühne und 7 Jahre später mit Ernst Possart die Drehbühne, die er, wie an anderer Stelle dieses Buches gezeigt wird, immer weiter auszubauen bemüht war. Dem Münchener Residenztheater gab er um 1900 die gesamte bühnentechnische Einrichtung und zog damit die Summe seines Schaffens, das nicht nur auf München beschränkt war. Aus seinem „Privatatelier für Theatermaschinerie" gingen die Pläne für viele Neu- und Umbauten hervor, die er in Europa und Amerika durchführte.

Anfang Juni 1902 trat er von seinem Amt zurück: schweres körperliches Leiden, dem er in München nach wenigen Jahren erlag, verhinderte ihn, seinen bühnentechnischen Gedanken, Erfahrungen und Leistungen die lange geplante literarische Form zu geben."

Abb. 17. Karl Rudolph-Frankfurt/M.

Karl Rudolph

„Karl Rudolph (Abb. 17) (geb. 1851, gest. 1922 zu Frankfurt a. M.) gehörte auch zum Schülerkreis Karl Brandts. Er ist der Sohn eines Dessauer Hofschlossermeisters und ging zunächst bei seinem Vater in die Lehre. Da dieser im alten Dessauer Hoftheater die Gasbeleuchtung zu betreuen hatte, kam auch sein Sohn mit der Welt der Bühne in Berührung; dessen ältester Bruder Julius war bereits als Assistent bei Karl Brandt in Darmstadt tätig, dem sich auch Karl Rudolph anschloß. Er hat als dessen Vertreter bei der Erbauung des Magdeburger Stadttheaters und des Bayreuther Festspielhauses mitgewirkt. Auch bei dem Frankfurter Opernhaus führte er die technische Einrichtung im Auftrag Karl Brandts durch. Vom Oktober 1880 ab war er dort als Maschinenmeister, zuletzt als Maschineriedirektor verpflichtet und hat es in seiner 32jährigen Tätigkeit an einem der bedeutendsten Theater Deutschlands verstanden, alle Mittel und Möglichkeiten, die ihm die technische Gesamtentwicklung der Zeit bot, in den Dienst der Kunst zu stellen.

Dem Wagnerschen Musikdrama widmete er seine besondere Anteilnahme, getreu den entscheidenden Eindrücken, die er in jungen Jahren empfangen hatte; der Uraufführung des Nibelungenringes konnte er wegen einer schweren Erkrankung leider nicht beiwohnen."

Karl August Schick

Karl August Schick[1]) (Abb. 18), geb. am 9. Juli 1857 zu Dürkheim in der Rheinpfalz, war der Sohn eines Gutsbesitzers. Bis zum dreiundzwanzigsten Jahre war er im bayerischen Staatsdienst als Bauingenieur tätig. In seiner freien Zeit malte und

Abb. 18. Karl August Schick-Wiesbaden

modellierte er mit großem Erfolg. 1880 wurde er als Volontär und später als Assistent von Karl Lautenschläger an die Hofbühnen in München verpflichtet und machte sich dort mit dem technischen Betrieb von Grund aus vertraut. Seine erste selbständige Stellung trat er 1883 bei Angelo Neumann an, auf dessen Tournee mit dem „Ring des Nibelungen" er viele Theater Deutschlands kennenlernte. Neumann

---

[1]) Vgl. Bühnentechnische Rundschau 1925, Nr. 4.

schreibt in seinen Erinnerungen[1]:) „Mein Bühneninspektor Schick war mir von Lautenschläger als sein talentvollster Schüler bezeichnet worden."

Die Schwierigkeiten auf dieser Reise sind bei ähnlichen Veranstaltungen kaum wieder zu bewältigen gewesen. Die verschiedensten Größenverhältnisse der Bühnen machten ein dauerndes Ändern der Bildteile nötig. Oft konnten die szenischen Anforderungen, die Richard Wagner stellt, und die für damals ganz außerordentlich waren, von den einzelnen Häusern gar nicht erfüllt werden. Entweder gingen die Versenkungen für das Verschwinden der Riffe im „Rheingold" nicht tief genug hinab oder die vielen Bogen und Prospekte waren zu lang oder zu breit und nicht unterzubringen. Auch der Beleuchtung mußte dauernd nachgeholfen werden: meist waren für den „Feuerzauber" nicht genügend Gas- oder für die „Rheingold"-Verwandlungen nicht genügend Dampfanschlüsse vorhanden. Auf Schick ruhte die ganze Verantwortung; doch hat er es verstanden, alle Hindernisse zu überwinden und auch seinerseits dazu beigetragen, den „Ring des Nibelungen" rasch bekanntzumachen.

Abb. 19. Landkarte von Angelo Neumanns
Richard Wagner-Tournee, Entwurf Else Merbach-Berlin

Welchen Weg die Tournee mit den Bayreuther Originalbildern von J. Hoffmann nahm, hat Else Merbach-Berlin für die Deutsche Theaterausstellung Magdeburg 1927 zusammengestellt (Abb. 19).

Nicht sein technisches Können allein hat Schick bei dieser großen Aufgabe bewiesen, auch sein später oft gerühmtes Organisationstalent hat dabei die erste Probe glänzend bestanden. Unterstützt wurde er dabei von seinem ersten Theatermeister, dem späteren Maschineriedirektor O. Sperling-Koburg[2]). Nach Beendigung dieser „Neumann"-Reise wirkte Schick dann einige Jahre in Straßburg, bis er durch

---

[1]) A. Neumanns Erinnerungen an R. Wagner, 1907, S. 255.
[2]) Als 1896 der Ring in neuen Bildern von M. Brückner-Koburg und F. Kranich d. Ä. wieder in Bayreuth erstand, konnte Sperling nur seine Person in den Dienst der Sache stellen, der gesamte Fundus von 1876 war (und „ist noch heute, nur teilweise aufgefrischt und wenig verändert") in Prag. (Vgl. H. Teweles: Theater und Publikum, Prag 1927, S. 92). Sperling wurde unter Kranichs Leitung bei den Festspielen in Bayreuth technischer Assistent bis zu seinem Tode.

Georg von Hülsen 1893 als technisch-artistischer Oberinspektor an das Staatstheater-Wiesbaden berufen wurde. In Schick fand Hülsen für den Umbau der Wiesbadener Bühne den technischen Leiter, der seine großzügigen Pläne künstlerisch verwirklichte und auch die technische Kleinarbeit durchführte. In der kurzen Zeit eines Jahres schufen erste Künstler die Bühnenbilder, erstanden neue Theaterwerkstätten, und das gesamte Beleuchtungswesen wurde umgestaltet. Seitdem war Schick maßgebend auf elektro- und maschinentechnischem Gebiet des Bühnenbaues.

Seine Erfindungen und Verbesserungen, die beim Bau des Stadttheaters Freiburg i. B. angewandt wurden, fanden ihren Höhepunkt in dem 1907/09 erbauten Staatstheater Kassel. Sein künstlerisches Empfinden, sein Geschmack, seine Kenntnisse auf allen Gebieten der Kunst und Technik waren ebenso groß wie seine Arbeitsfreudigkeit und sein völliges Aufgehen im Bühnenberuf. Seine Art, die technischen Mittel unauffällig in den Dienst der dramatischen Kunst zu stellen, hat mit dazu beigetragen, die Wiesbadener Maifestspiele der Kaiserzeit berühmt zu machen. Aus der Zahl der Neueinstudierungen seien erwähnt: „Armide", „Königin von Saba", „Aida", „Zauberflöte", „Freischütz", „Maurer und Schlosser" (Auber), „Weiße Dame", „Lohengrin"; vor allem aber „Oberon" mit den bekannten großen Wandelbildern von Tunis bis zum Throne Kaiser Karls in Aachen (s. Abb. 203).

Schick, dem es an Anerkennung und Auszeichnungen nicht fehlte, war auch der Begründer des Verbandes Deutscher Bühnentechniker[1]), der seinen unermüdlichen Leiter und Förderer zum Ehrenmitglied ernannte.

Gesundheitsrücksichten zwangen ihn 1910, von seinem Amt zurückzutreten; er verlebte die späteren ungünstigen Zeiten in Wiesbaden still und zurückgezogen und starb am 31. Juli 1925 nach langer schwerer Krankheit.

Albert Rosenberg der Ältere

„Albert Rosenberg[2]) (Abb. 20) (geb. 16. Juli 1851 in Marienwerder, gest. April 1919 in Köln a. Rh.) wurde durch den Beruf seines Vaters in die bühnentechnische Laufbahn eingeführt: Friedrich Rosenberg kam nach einer 22jährigen Tätigkeit am Danziger Stadttheater mit dessen Direktor Theodor L'Arronge 1858 nach Köln a. Rh., um die technische Leitung des Stadttheaters zu übernehmen. Er ist dort 1887 gestorben. Albert wurde 1870 der Assistent seines Vaters — des „alten Rosenberg" — beim Bau des damaligen neuen Kölner Stadttheaters in der Glockengasse und von 1872 an leiteten beide gemeinsam den technischen Betrieb des neuen Hauses, das sie 1875 zusammen verließen. Albert Rosenberg übernahm einen Umbau der Schauburg in Rotterdam; Friedrich ging an das Stadttheater in Barmen, das wenige Wochen nach seinem Dienstantritt abbrannte. Bei dem sofort in Angriff genommenen Neubau sorgten Vater und Sohn für die technische Einrichtung der Bühne. Friedrich blieb dann in Barmen, während Albert 1876 als technischer Leiter an das Kölner Stadttheater zurückkehrte; diesen Posten hatte er bis 1905 inne. Er hat wie sein Zeit- und Berufsgenosse Fritz Brandt den ungeheuren Aufschwung aller technischen Mittel in den Dienst der Bühne zu stellen gewußt und manchem deutschen wie außer-

---

[1]) s. S. 42.
[2]) Vgl. auch Bühnentechnische Rundschau 1919, Nr. 4/5.

deutschen Theater die technische Einrichtung geschaffen. Das Kölner Opernhaus sowie die Stadttheater in Nürnberg und Freiburg i. B. können als seine bedeutendsten Leistungen gelten.

Abb. 20. Albert Rosenberg der Ältere-Köln/Rh.

Sein Bruder *Fritz* Rosenberg (1838/94) war in Prag und Köln tätig und hat von 1879 bis 1892 am Hamburger Stadttheater unter Pollinis Direktion eine umfassende Wirksamkeit entfaltet. Nach zwei Jahren setzte dann der Tod seinem Schaffen am Straßburger Stadttheater ein Ziel."

Hugo Bähr

Hugo Bähr (Abb. 21), der „Vater des Lichts", wie er mit Recht in Bühnenkreisen heißt, ist mit 88 Jahren der Senior der Beleuchtungstechnik. Er hat alle Lichtarten, die zur künstlichen und künstlerischen Beleuchtung der Bühnenbilder angewandt wurden und werden, vom Öl über das Gas zum elektrischen Licht mit erlebt und war bei fast allen Neuerungen auf dem Gebiete der Effektbeleuchtung tonangebend. Es gibt kaum ein Theater der Welt, das nicht einmal mit einem Bährschen Apparat gearbeitet hat, und noch heute wenden viele mittlere und auch große Häuser immer wieder seine altbewährten, mit dem Daumen gemalten Wolkenscheiben und Regenbogen an, wenn Geldmangel oder sonstige Gründe das Anschaffen moderner Apparate, die doch nur auf seine Ideen zurückgehen, verbieten.

Bähr kam schon sehr früh mit dem Theater in Berührung, das ihn dann nie wieder losgelassen hat. Er ist 1841 in Dresden geboren und besuchte dort die Annenrealschule. Seine Lieblingsfächer waren Mathematik und Physik. Die für seine Experimente notwendigen Apparate baute er sich als Schüler zu Hause selbst und hatte für seinen Fleiß die Genugtuung, daß sie wegen ihrer sauberen Ausführung und angewandten Geschicklichkeit in der Schule ausgestellt wurden. Nach beendeter Lehrzeit trat er zunächst in das väterliche Geschäft als Glasmaler ein, und gerade diese Kunst brachte ihm die Verbindung mit der Bühne. Die Staatsoper Dresden brauchte 1867 einige auf Glas gemalte Bilder, die durch Anwendung von elektrischem Batteriestrom vergrößert werden sollten. Über diese Entwicklungszeit schreibt sein Schüler Kurt Wetzke, Stuttgart, folgendes[1]):

„Da Bähr der einzige Glasmaler am Orte war, fiel die Wahl auf ihn. Bei Anwendung der von ihm gefertigten Arbeiten war er aus Liebe zur Sache stets anwesend und erkannte dabei die Verbesserungsbedürftigkeit der angewendeten Apparate. Er konstruierte nun neue, zweckentsprechendere und dazugehörige Batterien, wodurch diese Effekte zu einem höheren, künstlerischen Ausdruck kamen. Im Jahre 1870 übertrug ihm die Generaldirektion der Dresdner Hoftheater die selbständige Besorgung aller dieses Gebiet berührenden Arbeiten.

Abb. 21. Hugo Bähr-Dresden

Obwohl seine Tätigkeit anfangs eine bescheidene war — im Zeitraum eines Jahres waren es kaum zwanzig Vorstellungen, in denen elektrisches Licht zur Anwendung kam — wurden seine Apparate, die er nach und nach immer mehr vervollkommnete, und seine Glasmalereien bald über Deutschland weit hinaus so bekannt, daß Bähr bereits damals über 500 Bühnen mit denselben auszustatten hatte. Hauptsächlich trugen auch die Gastspiele der Meininger zur Verbreitung seiner Werke bei, da auf deren Theaterzetteln auch sein Name immer mit genannt wurde. Auch die Bayreuther Festspiele, bei denen er von Beginn an mit seinen Apparaten tätig war, trugen seinen Ruf weiter. In seiner langen Theater- und Berufstätigkeit wurde Bähr an 69 verschiedene Bühnen berufen, um seine Apparate persönlich abzuliefern und das betreffende Personal mit denselben vertraut zu machen. Selbst aus New York, Chicago usw. liefen solche Aufträge ein. Seine letzten derartigen Reisen waren an die Theater zu Monte Carlo und Nizza.“

---

[1]) Bühnentechnische Rundschau 1927, Nr. 6.

28

WILHELM BERGMANN
Oldenburg - Landestheater

OTTO BÖZIGER
Dortmund - Stadttheater

GEORG BRANDT d. J.
Dresden - Staatliche Schauspiele

KARL DAUM
Freiburg i. Br. - Stadttheater

WALTER DINSE
Frankfurt a. M. - Städtische Bühnen

WILHELM DOBRA
Leipzig - Städtische Bühnen

OTTO EBERHARD
Breslau - Städtische Oper

ADALBERT FREYGANG
Chemnitz - Städtische Bühnen

JOSEF GEBHARDT
Braunschweig - Landestheater

FRIEDRICH HANSING
Stuttgart - Landestheater

MAX HASAIT
Dresden - Staatsoper

FRITZ HELMREICH
Berlin - Barnowsky-Bühnen

UST BREIMANN
lorf - Stadttheater

FERDINAND JASCHKE
Wien - Staatsoper

HANS KAY
Bremerhaven - Stadttheater

NZ DWORSKY
Rheinhardt-Bühnen

FRIEDRICH KRANICH d. J.
Hannover-Städt. Bühnen
Bayreuth-Festspielhaus

RUDOLF KRANICH
Zürich - Schauspielhaus

ELM GIEBELER
burg - Stadttheater

GEORG LINNEBACH
Berlin - Staatstheater

RUDOLF LISATZ
Wien - Burgtheater

RT HEMMERLING
n i. M. - Landestheater

MAX MEYER
Dessau - Friedrichstheater

ALFRED OPPEL †
Halle a. d. Saale - Stadttheater

RUDOLF KLEIN
Berlin - Städtische Oper

LEOPLT KOTULAN
Prag - Deutsches Landestheater

FRANZ REIMANN
Essen a. Ruhr - Stadtthe

ALFONS KUCKHOFF
Bremen - Stadttheater

PROF. ADOLF LINNEBACH
München - Staatstheater

HANS SACHS
Berlin - Volksbühne

ALEXANDER LUDWIG
Lübeck - Stadttheater

FRANZ MATZKA
Breslau - Schauspielhaus

EMIL C. THOMASSO
Hamburg - Dtsch. Schauspi

ERNST PRESBER
Bochum - Stadttheater

ALBERT RALL
München - Staatstheater

FELIX WANNER
Nürnberg - Stadttheater

E C H N I K E R   D E R   G E G E N W A R T

JULIUS RICHTER
Berlin - Piscator-Bühne

ALBERT ROSENBERG
Köln a. Rh. - Städtische Bühnen

AUGUST RUDOLPH
Duisburg - Stadttheater

FRIEDRICH SCHLEIM
Wiesbaden - Staatstheater

THEODOR SCHLEIM
Wiesbaden - Staatstheater

ERNST SCHWERDTFEGER
Darmstadt - Landestheater

ERICH TIETZ
Graz - Städtische Bühnen

WALTER UNRUH
Mannheim - Nationaltheater

RUDOLF WALUT
Karlsruhe i. B. - Landestheater

ROMAN WANNER
Mainz - Stadttheater

FRITZ WASSMUTH
Kassel - Staatstheater

GUSTAV WERNER
Zürich - Stadttheater

Verlag von R. Oldenbourg, München und Berlin

BÜHNENBILDNER DER GEGENWART

Nr.	Name	Stadt	Theater
1	Aravantinos, Panos	Berlin	Staatsoper
2	Arent, Benno v.	Berlin	Saltenburg-Konzern
3	Babberger, August; Prof.	Karlsruhe i. Baden	
4	Baranowsky, Alexander; Prof.	Dresden	
5	Björn, Alf	Weimar	Dtsch. Nationaltheater
6	Blanke, Hans	Düsseldorf	Stadttheater
7	Cziossek, Felix	Stuttgart	Landestheater
8	Dahl, Loe	Berlin	
9	Daniel, Heinz	Hamburg	Dtsch. Schauspielhaus
10	Dannemann, Karl	Berlin	
11	Davidson, Willi	Hamburg	Stadttheater
12	Delavilla, F. K.	Frankfurt a. M.	
13	Dülberg, Ewald; Prof.	Berlin	Kroll-Oper
14	Elkins, Pid	Gotha	Landestheater
15	Geyling, Remigius; Prof.	Wien	Burgtheater
16	Giskes, Walter	Dortmund	Stadttheater
17	Grete, Heinz	Nürnberg	Stadttheater
18	Hacker, Georg	Düsseldorf	Stadttheater
19	Hahlo, Julius	Dessau	Friedrichstheater
20	Hecht, Torsten	Karlsruhe i. Baden	Landestheater
21	Heckroth, Heinrich	Essen, Ruhr	Stadttheater
22	Helmdach, Heinz	Mainz	Stadttheater
23	Holzmeister, Clemens; Prof.	Wien	
24	Hoppmann, Bert	Braunschweig	Landestheater
25	Isler, Albert	Zürich	Stadttheater
26	Kainer, Ludwig; Prof.	Berlin	
27	Keller, Herbert	Karlsruhe i. Baden	Landestheater
28	Klein, Bernhard	Königsberg i. Pr.	Stadttheater
29	Klein, Cesar; Prof.	Berlin	Barnowsky-Bühnen
30	Kolter ten Hoonte, Karl	Freiburg i. Baden	Stadttheater
31	Krehan, Hermann	Berlin	
32	Loch, Felix	Chemnitz	Stadttheater
33	Mahlitz, Max; Prof.	Berlin	
34	Mahnke, Adolf	Dresden	Staatstheater
35	Metzold, Erich	Köln a. Rh.	Städtische Bühnen
36	Müller, Traugott	Berlin	Piscator-Bühne
37	Neher, Caspar	Essen, Ruhr	Stadttheater
38	Pankok, Bernhard; Prof.	Stuttgart	
39	Pasetti, Leo; Prof.	München	Staatstheater
40	Pilartz, T. C.	Berlin	Renaissancetheater
41	Pirchan, Emil	Berlin	Staatstheater
42	Poelzig, Hans; Prof.	Berlin	
43	Porep, Heinrich	Baden (Baden)	Städt. Schauspiele
44	Preetorius, Emil; Prof.	München	
45	Reigbert, Otto	München	Schauspielhaus
46	Reinking, Wilhelm	Darmstadt	Landestheater
47	Roller, Alfred; Prof.	Wien	Staatsoper
48	Schenk v. Trapp, Lothar	Darmstadt	Landestheater
49	Schön, Reinhold	Wien	
50	Schröder, Johannes	Duisburg	Stadttheater

Nr.	Name	Stadt	Theater
51	Schütte, Ernst	Berlin	Deutsches Theater
52	Sievert, Ludwig	Frankfurt a. M.	Städtische Bühnen
53	Slevogt, Max; Prof.	Berlin	
54	Söhnlein, Curt	Hannover	Städtische Bühnen
		Bayreuth	Festspielhaus
55	Steiner, Bernd; Prof.	Bremen	Stadttheater
56	Stern, Ernst; Prof.	Berlin	
57	Stern, Ernst E.(rich)	Berlin	Dtsch. Künstlertheater
58	Strnad, Oscar; Prof.	Wien	Th. i. d. Josephstadt
		Berlin	Deutsches Theater
59	Strohbach, Hans	Köln a. Rh.	Städtische Oper
60	Suhr, Edward	Berlin	Volksbühne
61	Vargo, Gustav	Berlin	Städtische Oper
62	Wecus, Walter von; Prof.	Bonn a. Rh.	Stadttheater
63	Werner, Edmund	Magdeburg	Stadttheater
64	Wildermann, Hans; Prof.	Breslau	Städtische Oper
65	Winckler-Tannenberg, Friedrich	Berlin	
66	Zehetgruber, Joseph	Hannover	Städtische Bühnen
67	Zuckermandl-Bassermann, L.	Berlin	

BÜHNENTECHNISCHE BEGRIFFE

Bühnentechnik

Die Bühnentechnik umfaßt das *Einrichten* und *Auswechseln* von Bühnenbildern und den Bau der dazu nötigen *Hilfsmittel*.

Das Einrichten und Auswechseln der Bilder geschieht durch das technische Personal (1. Kapitel) in verschiedenen Arbeitsräumen (2. Kapitel) und heißt technischer Bühnenbetrieb (3. Kapitel).

Das *Einrichten* ist die Tagesarbeit; sie gilt dem Vorbereiten der Proben und Aufführungen.

Das *Auswechseln* der Bühnenbilder findet während der Vorstellung statt und besteht aus dem Zerlegen des alten in seine Bauteile und dem Aufbauen des neuen aus anderen (alte Schule) oder dem Ortswechsel unzerlegter Bilder (neue Schule).

Die *Hilfsmittel* sind teils ortsfeste, teils bewegliche.

Ortsfeste Hilfsmittel sind die technischen Einrichtungen (4., 9. und 10. Kapitel).

Bewegliche Hilfsmittel sind alle Ausstattungsgegenstände (5. Kapitel).

Technisches Bühnenpersonal

Das technische Personal eines Theaters setzt sich zusammen aus drei voneinander unabhängigen Gruppen:

Technisches Bühnenpersonal,
Garderobepersonal,
Hauspersonal.

Jede Gruppe untersteht einer besonderen Leitung. Hier ist nur die erste näher behandelt; ihre Amtsbezeichnungen, Dienstbereiche und Anzahl an kleinen, mittleren und großen Bühnen ist aus der folgenden Zusammenstellung ersichtlich:

DAS TECHNISCHE BÜHNEN-PERSONAL

Dienstbereich	Amtsbezeichnungen	Bühnen				
		ohne ständigen Betrieb	kleine	mittlere	große	2 bis 3 vereinigte
Leitung	Technischer Direktor				1	1
	Betriebs-Inspektor			1		1
Assistenten	Technischer Assistent				1	1 2
	Künstlerischer Assistent (2. Bühnenbildner)				1	1
Büro	Büro-Vorsteher				1	1
	Büro-Gehilfe			1	1	1 2
	Zeichner				1	1 2
	Maler				1	
	Stenotypistin				1	1
Bühne	Bühnen-Obermeister				1	
	Bühnenmeister			1	1 2	
	Maschinenmeister		1	1	1	
	Schnürmeister	1	1	1	1 2	
	Versenkungsmeister		1	1	1 2	
	linker Seitenmeister			1	1 2	
	rechter Seitenmeister			1	1 2	
	Bühnengehilfen	2 4	8 12	16 24	24 36	Der Größe jeder Bühne entsprechend
Möbel und Geräte	Obertapezier				1	
	Tapezier	1	1	1	1 2	
	Gerätewart			1	1	
	Gehilfen		1	1 2	2 4	
Beleuchtung	Beleuchtungs-Oberinspektor				1	
	Beleuchtungs-Inspektor			1		
	Beleuchtungs-Meister		1		1	
	Ober-Beleuchter	1		1	1	
	Beleuchter	1	1 3	4 6	6 12	
Werkstätten						
Malersaal	Künstlerischer Vorstand		1	1	1	1
	Maler			1	2 5	3 7
	Kacheure				1 2	3
	Gehilfen		1		1 2	3
	Näherinnen			1	2 5	4 7
Tischlerei	Werkmeister		1	1	1	2
	Gehilfen	1	1	2 5	6 8	12
Schlosserei	Werkmeister				1	1
	Gehilfen		1	1 2	1 2	4
Elektrische Werkstatt	Obermonteur				1	1
	Monteur			1	1 2	3
	Schwachstrom-Elektriker				1	2
Beförderung	Fahrmeister				1	1
	Gehilfen				6 8	8 10
Feuerwache	Oberwachtmeister				1	s. o.
	Wachtmeister				4 6	
	Zusammen	7--9	20 26	41--56	83 125	

31

Arbeitsräume

Die Arbeitsräume der technischen Abteilung werden eingeteilt in *Werk-* und *Betriebsstätten.*

Werkstätten sind: Malersaal, Tischlerei, Schlosserei, elektrische Anstalt, Lichtbildnerei (2. Kapitel, S. 45—52).

Betriebsstätten sind: Lager, Speicher, Kraftzentralen und die Bühne (2. Kapitel, S. 52—86).

Die *Lager* sind in Grund- und Höhenmaßen den abweichenden Formen der
Hänge- und Versatzstücke angepaßt.

Die *Speicher* haben beliebige Abmessungen; sie sind zum Unterbringen von
Gerüsten, Vorhängen, Möbeln, Geräten, Beleuchtungsteilen und Baustoffen eingerichtet.

Die *Kraftzentralen* bergen die elektrischen Licht- und Kraftstationen und die
hydraulische Druckanlage.

Die *Bühne*[1]) ist das Hauptarbeitsfeld; sie wird eingeteilt in Spiel-, Mittel-,
Hinterbühne und Seitenbühnen.

Die *Spielbühne* ist die Fläche, auf der am meisten „gespielt" wird.

Die *Mittelbühne* trägt hauptsächlich Bildaufbauten, die in perspektivischer
Verkürzung zum Hintergrund überleiten.

Die *Spiel- und die Mittelbühne* bestehen aus Bühnenboden, Untermaschinerie,
Obermaschinerie, Bühnenhimmel und Arbeitsstegen.

Die *Hinterbühne* liegt an der dem Zuschauer abgewendeten Seite der Mittelbühne; sie ist in allen drei Ausmaßen wesentlich kleiner als die Spielbühne
und wird nur ausnahmsweise in das Spielfeld einbezogen.

Die *Seitenbühnen* befinden sich links und rechts neben der Spielbühne; sie sind
nur Vorbereitungsräume zum Aufbau ganzer Bühnenbilder.

Ortsfeste Hilfsmittel

Die *ortsfesten Hilfsmittel* werden nach ihrer Verwendung beim Wechseln der
Bilder in zwei Gruppen eingeteilt und sind maßgebend für die alte oder neue Schule.

Die *Einrichtungen der alten Schule* dienen dem Auf- und Abbau der Bühnenbilder;
sie werden nach der Einteilung der Spielbühne unterschieden in Bühnenboden,
Hilfsmittel der Untermaschinerie, Hilfsmittel der Obermaschinerie, Bühnenhimmel
und Arbeitsstege (Tafel 2).

Der *Bühnenboden* ist der Träger der Spiel- und Mittelbühne; er hat feste und
bewegliche Teile (4. Kapitel, S. 116—132).

Die *Hilfsmittel der Untermaschinerie* sind: Freifahrten, Kulissenwagen, Kassetten
und Versenkungen (4. Kapitel, S. 133—155).

Die *Hilfsmittel der Obermaschinerie* sind: Gitter, Züge, Flugwerke und Einrichtungen für Wandelbilder[2]) (4. Kapitel, S. 156—188).

---

[1]) Unter Bühne und Spielbühne wird hier nur der Raum der Guckkastenbühne verstanden, der
unmittelbar hinter dem eisernen Vorhang liegt. Spielbühnen vor diesem oder sogar im Zuschauerraum selbst sind im nächsten Band näher behandelt.

[2]) Auch hier heißt es in Übereinstimmung mit dem auf S. 2, Anmerkung 1 Gesagten statt „Wandeldekoration" immer „Wandelbild".

Ortsfeste Hilfsmittel für den Aufbau der Bühnenbilder

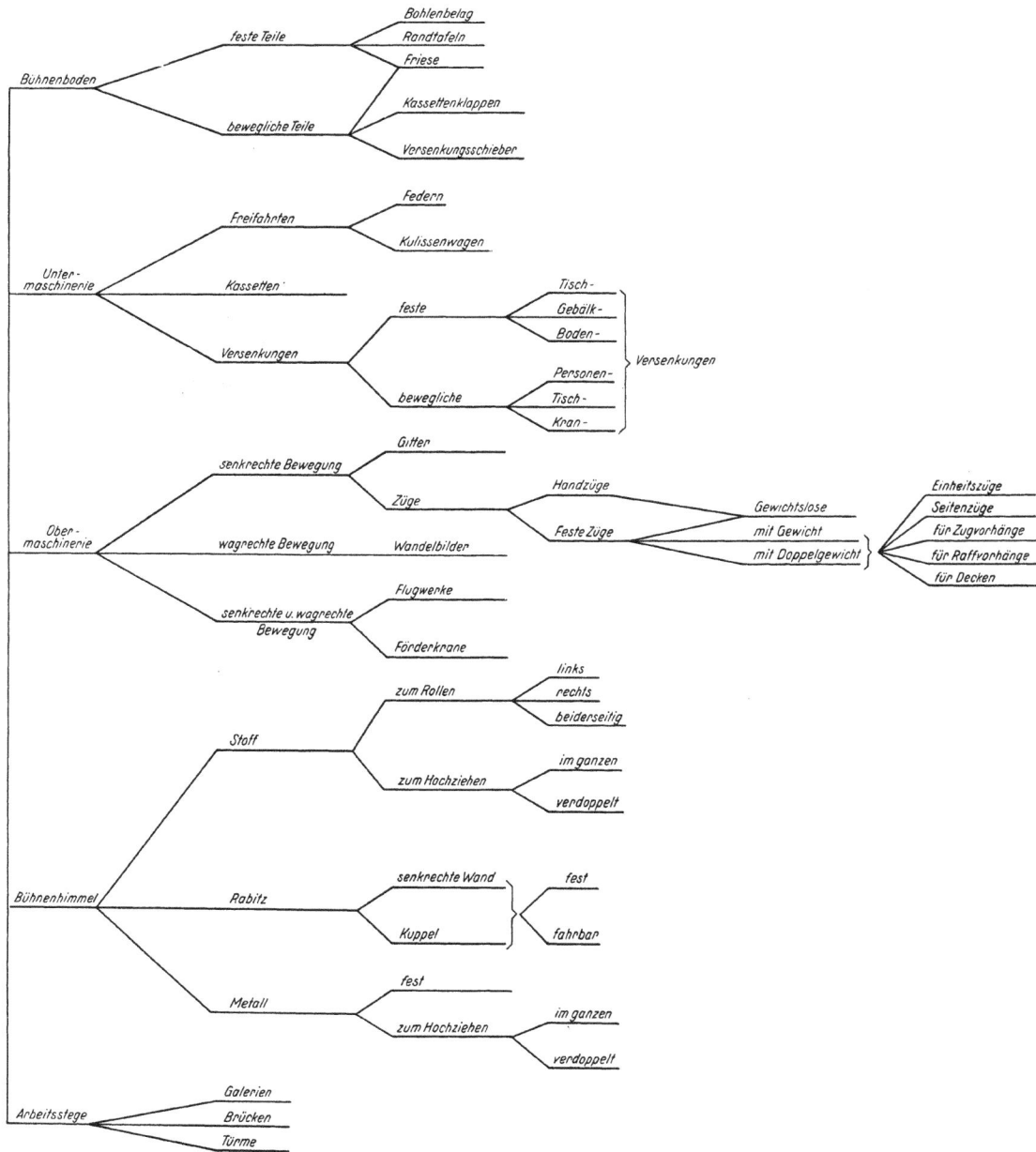

Bühnenboden
- feste Teile
  - Bohlenbelag
  - Randtafeln
  - Friese
- bewegliche Teile
  - Kassettenklappen
  - Versenkungsschieber

Unter-maschinerie
- Freifahrten
  - Federn
  - Kulissenwagen
- Kassetten
- Versenkungen
  - feste
    - Tisch-
    - Gebälk-
    - Boden-
  - bewegliche
    - Personen-
    - Tisch-
    - Kran-
  } Versenkungen

Ober-maschinerie
- senkrechte Bewegung
  - Gitter
  - Züge
    - Handzüge
    - Feste Züge
      - Gewichtslose
      - mit Gewicht
      - mit Doppelgewicht
        } Einheitszüge / Seitenzüge / für Zugvorhänge / für Raffvorhänge / für Decken
- wagrechte Bewegung
  - Wandelbilder
- senkrechte u. wagrechte Bewegung
  - Flugwerke
  - Förderkrane

Bühnenhimmel
- Stoff
  - zum Rollen
    - links
    - rechts
    - beiderseitig
  - zum Hochziehen
    - im ganzen
    - verdoppelt
- Rabitz
  - senkrechte Wand
  - Kuppel
    } fest / fahrbar
- Metall
  - fest
  - zum Hochziehen
    - im ganzen
    - verdoppelt

Arbeitsstege
- Galerien
- Brücken
- Türme

Hilfsmittel für den Ortswechsel unzerlegter Bühnenbilder

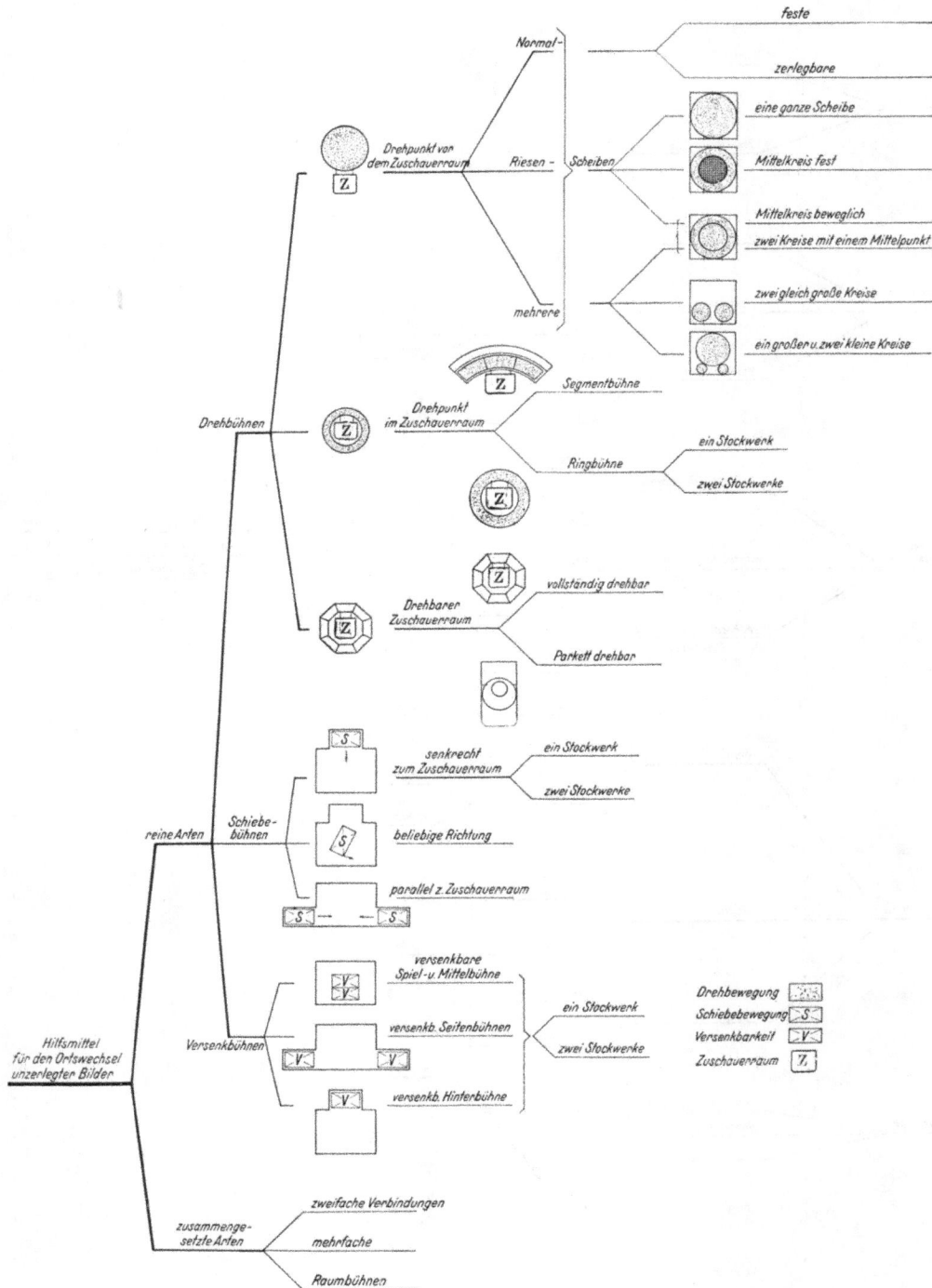

feste

zerlegbare

Normal-

Drehpunkt vor
dem Zuschauerraum

eine ganze Scheibe

Mittelkreis fest

Riesen - Scheiben

Mittelkreis beweglich

zwei Kreise mit einem Mittelpunkt

zwei gleich große Kreise

mehrere

ein großer u. zwei kleine Kreise

Segmentbühne

Drehpunkt
im Zuschauerraum

ein Stockwerk

Ringbühne

zwei Stockwerke

Drehbühnen

vollständig drehbar

Drehbarer
Zuschauerraum

Parkett drehbar

ein Stockwerk

senkrecht
zum Zuschauerraum

zwei Stockwerke

Schiebe-
bühnen

beliebige Richtung

reine Arten

parallel z. Zuschauerraum

versenkbare
Spiel- u. Mittelbühne

ein Stockwerk

Versenkbühnen

versenkb. Seitenbühnen

zwei Stockwerke

versenkb. Hinterbühne

Drehbewegung

Schiebebewegung

Versenkbarkeit

Zuschauerraum

Hilfsmittel
für den Ortswechsel
unzerlegter Bilder

zweifache Verbindungen

mehrfache

zusammenge-
setzte Arten

Raumbühnen

Bewegliche Hilfsmittel für den Aufbau der Bühnenbilder

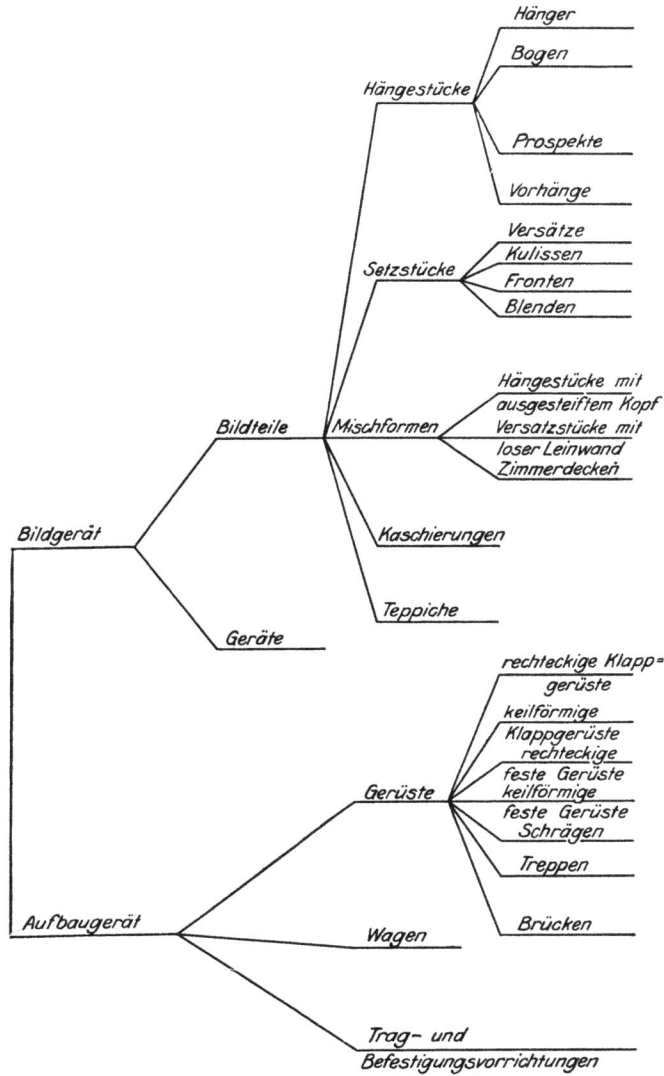

Bildgerät
— Bildteile
— Hängestücke
— Hänger
— Bogen
— Prospekte
— Vorhänge
— Setzstücke
— Versätze
— Kulissen
— Fronten
— Blenden
— Mischformen
— Hängestücke mit ausgesteiftem Kopf
— Versatzstücke mit loser Leinwand
— Zimmerdecken
— Kaschierungen
— Teppiche
— Geräte

Aufbaugerät
— Gerüste
— rechteckige Klappgerüste
— keilförmige Klappgerüste
— rechteckige feste Gerüste
— keilförmige feste Gerüste
— Schrägen
— Treppen
— Brücken
— Wagen
— Trag- und Befestigungsvorrichtungen

Verlag von R. Oldenbourg, München und Berlin

Der *Bühnenhimmel* bildet den Abschluß der Bühnenbilder für den Zuschauer. Er kann feststehend, zum Aufrollen, Hochziehen oder Zurückfahren eingerichtet sein und besteht aus Stoff, Stein oder Metall (4. Kapitel, S. 189—194).

Die *Arbeitsstege* sind: Galerien, Brücken und Türme (4. Kapitel, S. 195—201).

Die *Einrichtungen der neuen Schule* wurden für den Ortswechsel unzerlegter Bilder geschaffen; es sind:

Dreh-, Schiebe-, Versenkbühnen und aus ihnen zusammengesetzte Arten (Tafel 3).

Bewegliche Hilfsmittel

Die *beweglichen Hilfsmittel* (Tafel 4) eines Bühnenbildes sind: *Bildgerät* (dem Zuschauer sichtbar) und *Aufbaugerät* (meist unsichtbar).

Zum *Bildgerät* gehören:

Die *Bildteile:* Hängestücke, Setzstücke, Mischformen beider Arten, Kaschierungen und Teppiche (5. Kapitel, S. 202—217).

Die *Geräte[1]):* Alle zum Ausstatten von Räumen nötigen Gegenstände (5. Kapitel, S. 218).

Zum *Aufbaugerät* gehören:

Die *Gerüste,* Kästen, Keile, Schrägen, Treppen und Brücken (5. Kapitel, S. 218—20).

Die *Wagen* (5. Kapitel, S. 221—23).

Die *Trag- und Befestigungsvorrichtungen:* Hilfsmittel beim Befördern und Aufstellen der Bildteile und des Gerüstmaterials (5. Kapitel, S. 224—236).

---

[1]) Die Bezeichnung „Requisiten" ist bereits bei vielen Theatern durch die bessere „Geräte" ersetzt; dementsprechend heißt es dort auch „Gerätewart" statt „Requisiteur".

1. KAPITEL

DAS TECHNISCHE PERSONAL

EINTEILUNG

Die technischen Hilfskräfte werden, nach der Trennung der Arbeitsstätten in Herstellungs- und Betriebsräume, bei größeren Häusern in Werkstatt- und Bühnenpersonal eingeteilt. Zum ersten gehören: Maler, Kascheure, Tischler, Schlosser, Klempner und Elektriker; das zweite rechnet berufsgenossenschaftlich zu den Transportarbeitern, obwohl diese Tätigkeit nur ein Teil seiner Beschäftigung ist.

Zuerst sind zwei Sondergruppen zu erwähnen, die nur mit der Ausstattung, nicht mit dem Aufbau des Bühnenbildes zu tun haben.

Der *Tapezier* verwaltet alle Stoffteile, Vorhänge, Verkleidungstücher usw., von der winzigsten Scheibengardine bis zum zehn Meter hohen Plüschvorhang. Er untersteht mit seinem Personal als besondere Abteilung dem Bühnenmeister. Neben berufsmäßiger Tapezierausbildung, äußerster Gewandtheit und schnellem Arbeiten ist die Kenntnis der Stilarten und Stücke unbedingt erforderlich.

Der *Gerätewart* verwaltet die zahlreichen kleinen und großen Ausstattungsgegenstände eines Bildes: von der Gabel bis zum Speisezimmer, von der Nähnadel bis zum Modesalon, vom Blumentopf bis zum Wintergarten. Organisationstalent für Raum und Zeit, bestes Gedächtnis, große Rollenvertrautheit neben körperlicher Regsamkeit müssen seine Eigenschaften sein. Er braucht als einziger kein Handwerk gelernt zu haben, denn alle kann er nicht beherrschen, um die Herstellungsarbeiten der vielen Dinge selbst zu übernehmen oder sachgemäß dem Tischler, Schlosser, Drechsler, Tapezier, Sattler, Weber, Korb-, Uhr- und Stellmacher anzugeben, was in jedem Sonderfalle nötig ist. An den meisten Bühnen versieht ein Tapezier oder Kascheur diesen äußerst wichtigen Dienst. Eine kleine Nachlässigkeit, das Vergessen eines einzigen Gegenstandes haben schon heillose Verwirrung auf der Szene hervorgerufen.

Die eigentlichen „*Bühnenmaschinisten*" befördern die Teile vom Lager zur Bühne und zurück, bauen die Bilder auf und ab und bessern gelegentlich kleine Schäden aus, die sonst das Werkstattpersonal ausführt. Sie dringen bei den Handwerkskammern schon lange darauf, durch Einführen von Prüfungen als eigene Berufsgruppe mit Lehrlingen, Gesellen und Meistern anerkannt zu werden. Leider ist dies Bestreben bis jetzt immer in den Anfängen stecken geblieben und an dem Widerstand der kleinen Bühnen gescheitert, die sich aus materiellen Gründen fast durchweg mit unausgebildeten Arbeitern behelfen. Betriebsstörungen und Unfälle sind oft darauf zurückzuführen. Die wirtschaftlich besser gestellten Theater haben den Stand dadurch mit Erfolg gehoben, daß sie ausschließlich Handwerker aus verwandten Berufen als zunächst „ungelernte Bühnenmaschinisten" einstellen und sich im Laufe der Jahre ein zwar ungeprüftes, doch für die besondere Tätigkeit richtig vorgebildetes Personal herangezogen haben. Der Wechsel solcher Kräfte von einem Theater zum anderen oder gemeinsames Arbeiten kleiner Abteilungen an Bühnen mit nicht ganzjähriger Spielzeit (z. B. Bayreuther Festspiele) haben gezeigt, daß tatsächlich die angestrebte Gruppe bereits entstanden ist und daß es sicher nur der Eingabe an entsprechender Stelle bedarf, um die allgemeine Anerkennung nach noch aufzustellenden Richtlinien und Einführung von Gesellen- und Meisterprüfungen[1]) durchzusetzen.

Die Tätigkeit der Bühnenmaschinisten ist durchaus nicht so einfach wie sie flüchtigen Beobachtern erscheint. Zu diesen zählen leider sehr oft auch Angehörige anderer Abteilungen im eigenen Haus, sogar Personen, die dienstlich in engster Berührung mit dem technischen Personal stehen. Es gibt noch immer Spielleiter, musikalische und geschäftliche Vorstände, die den Betrieb von 6,30 bis 10 Uhr (Probebeginn) nicht kennen. Auch die technische Vorbildung mancher Intendanten gründet sich nur auf eine kurze Führung durch die Arbeitsräume. Den Mitgliedern der Theaterkommissionen, die in neuester Zeit mehrfach den unbedingt nötigen, unparteiischen und in *allen* Abteilungen genügend vorgebildeten Intendanten ersetzen sollen, ist mit ganz wenigen Ausnahmen die Bühnentechnik und ihre praktische Anwendung ein Buch mit sieben Siegeln.

Der einzige Fachausdruck, den eine breitere Allgemeinheit kennt, lautet „Kulissenschieber“. Sie gelten als notwendiges Übel, sitzen angeblich während des Spiels untätig herum, verursachen in den Pausen störenden Lärm, kosten in dauernden Überstunden viel Geld; nach eigenen Angaben sind sie sogar zahlenmäßig immer zu gering. In Wirklichkeit ist ihre Arbeit sehr vielseitig und kaum in weniger als drei Jahren richtig zu erlernen. Zu der körperlichen Kraft und Gewandtheit, die beim Befördern der oft neun Meter hohen Sperrgüter nötig sind, gehört die praktische Kenntnis eines Zimmermanns, Tischlers oder Schlossers, ein gewisses Verständnis für das Wesen des Theaters selbst und seine besonderen Gesetze, vor allem aber die Fähigkeit, Grundrißzeichnungen rasch und sicher zu lesen sowie ein gutes Gedächtnis für die technischen Ansprüche der einzelnen Werke und den vorhandenen Fundus. Wie von jedem Darsteller ein „Repertoir“, d. h. das Beherrschen einer Anzahl von Rollen gefordert wird, so muß ein Maschinist die theoretische Zusammensetzung der Bilder aller gangbaren Stücke und ihre Hilfsmittel kennen. Deshalb sollte er nach einer Reihe von Jahren höher bewertet werden als ein einfacher Handwerker, da zu seiner Tätigkeit noch vieles andere hinzukommt.

Das Bühnenpersonal ist in vier Gruppen eingeteilt; nach dem Aufbau der Bilder und ihrem Unterbringen heißen sie: linke und rechte Seite, Unter- und Obermaschinerie. Die ersten beiden arbeiten von der Bühnenmitte aus nach links und rechts, die dritte unter dem Bühnenboden und die vierte auf den Galerien und dem Schnürboden. Längere Dienstzeit und ausreichende Begabung ermöglichen die Beförderung zu Obermaschinisten, die den Übergang zum Seiten-, Versenkungs- oder Schnürmeister bilden.

Die *Seitenmeister* teilen die Arbeit ihrer Gruppen selbständig ein. Bei ihrer Auswahl sind deshalb neben beträchtlichem Altersunterschied unbedingte Gewissen-

---

[1]) s. S. 43/44: „Prüfung von technischen Bühnenvorständen“.

haftigkeit und größere geistige Fähigkeiten ausschlaggebend, da sie oft Vertreter der nächsthöheren Stufe sind. Im allgemeinen muß von ihnen verlangt werden, daß sie die Bildstellungen in Grundrisse einzeichnen können und theoretisch mit der Beleuchtungsanlage so vertraut sind, daß zwischen Bildaufbau und Beleuchtung in künstlerischer Hinsicht gegenseitige Störungen vermieden werden. Sie müssen, um ihre Gruppen wirtschaftlich vorteilhaft einzusetzen, die Handlung der Werke und die Spieldauer der einzelnen Bilder kennen; ebenso alle feuerpolizeilichen Vorschriften und Sicherheitseinrichtungen.

Der *Versenkungsmeister* sollte, wenigstens bei Bühnen mit hydraulischem Antrieb, die Vorbildung einer Fachschule besitzen und eine längere praktische Tätigkeit in einer Maschinenfabrik nachweisen. Die Verantwortung für die teuren Anlagen, die sehr sorgfältig behandelt werden müssen, ist zu groß, um sie einem früheren Schlossergesellen anzuvertrauen; selbst diese Vorbildung ist nicht immer vorhanden. Einige Bühnen ließen daher eine Trennung in Versenkungs- und Maschinenmeister eintreten. Dem ersten untersteht mit seiner Gruppe lediglich die Bedienung der Untermaschinerie, soweit sie mit dem Wechsel der Bühnenbilder zusammenhängt; dem zweiten, einem geprüften Meister, die Aufsicht über die Druckzentrale und die Überwachung des gesamten Maschinenbetriebes.

Der *Schnürmeister* ist für alle hängenden Bildteile, den Bühnenhimmel, die Brücken und die Hauptvorhänge verantwortlich. Bisher war für diese Stelle ein Seilermeister handwerksmäßig am geeignetsten; durch die Zentralisierung der Züge und den maschinellen Antrieb des Himmels ist jedoch auch hierfür entsprechende Vorbildung nötig.

Der *Theatermeister*, dessen richtigere Amtsbezeichnung *Bühnenmeister* lautet, da er hauptsächlich die Arbeiten im Bühnenhaus zu beaufsichtigen hat, überwacht den ganzen technischen Betrieb, teilt nach dem Spiel- und Probenplan den Dienst des Personals ein, regelt die Lager- und Beförderungsarbeit und leitet den Auf- und Abbau der Bilder. Er muß nach kurzer Beschreibung kleinere Bühnenbilder aus dem vorhandenen Fundus selbständig zusammenstellen können. In Zukunft wird für diesen Beruf an großen Häusern eine abgeschlossene Technikumausbildung unerläßlich sein.

Die Gewohnheit der Meister, selbst mitzuarbeiten, ist schon bei mittleren Bühnen unter allen Umständen zu verwerfen; ein technischer Leiter, der wirtschaftlich denkt und sein Personal richtig einsetzt, muß unbedingt darauf achten, daß der fast überall zu findende Fehler beseitigt wird. Bei großen Bühnen mit Mehrschichtpersonal sollten sogar die Seitenmeister dazu angehalten werden. Sobald einer der unteren Vorgesetzten dauernd selbst mit Hand anlegt, verliert er die Übersicht über das Ganze und statt Zeit zu gewinnen, gehen bei eiligen Umbauten wertvolle Sekunden verloren. Diese Erziehung zum „Nicht-Mitarbeiten" schließt natürlich nicht aus, daß bei höchster Anspannung der Kräfte, plötzlicher Personalverminderung und anderen unvorhergesehenen Ereignissen alle, selbst der technische Direktor, mit anfassen; in solchen Augenblicken wirkt das Ungewohnte anfeuernd auf die Gehilfen. Arbeitet ein Meister immer mit, so fällt bei schwierigen Aufgaben wohl die Redensart: „Willem, laß det mal den Meester alleene machen, ick trau mir nich!"

Eine ebenso große Unsitte ist das halblaute Schwatzen, Antreiben, Kommandieren und Schelten, das bei besonders Temperamentvollen in Form von liebenswürdigen zoologischen Vergleichen manchmal sogar im Zuschauerraum gehört wird. Diese leider oft übliche Art der Verständigung hinter dem Vorhang kann und muß unterbleiben; sie zeugt von schlechter Erziehung der Leute und ungenügender Vorbereitung der Arbeit.

Sobald eine Verwandlung oder ein Umbau nach einem einheitlichen Gesichtspunkt festgelegt und das Personal richtig eingeteilt ist, alle Hilfsmittel bereitgehalten und die Abstellräume genau bezeichnet sind, muß eine geübte Mannschaft schon bei der zweiten Probe vollkommen lautlos arbeiten. Die Bühnen- und Seitenmeister sollen dabei ihre Anordnungen nur noch durch Winke geben und jeder einzelne hat wie der Musiker im Orchester selbst auf sein Zeichen zu achten.

Erhöhte Arbeitsfreudigkeit und gesteigertes Verantwortungsgefühl des gesamten technischen Personals an Bühnen, deren Umbauten nach diesen Gesichtspunkten geleitet werden, beweisen die Richtigkeit der Forderung!

Die *Bühnenbeleuchter* sind, meist aus finanziellen Gründen, an fast allen kleinen und vielen mittleren Theatern Klempner und Schlosser, die so gut wie keine elektrotechnische Ausbildung haben. Da aber jede unvorschriftsmäßige Arbeit für die Sicherheit des Betriebes eine große Gefahr bedeutet, ist unbedingt zu verlangen, daß sie einen abgeschlossenen Bildungsgang als Elektromonteure bei ihrer Anstellung nachweisen können. Denn bei den meisten Neuausstattungen sind Beleuchtungsgegenstände vom eigenen Personal anzufertigen und Leitungen zu legen, wobei nicht immer eine fachmännische Überwachung möglich ist. Wie die Arbeit der Bühnenmaschinisten als selbständiges Handwerk gelten soll, müssen auch die Beleuchter eine anerkannte Sondergruppe der Elektrotechniker bilden. Sie sind bei großen Theatern in Bühnenbeleuchter (Versatz- und Effektbeleuchter) und Monteure (Stark- und Schwachstrommonteure) eingeteilt. Die Versatzbeleuchter haben neben dem allgemeinen Dienst für die Glühlichtrampen, Versatzständer, Kronen, Wandarme, Leuchter, Kerzen, Kaminfeuer, Ventilatoren, Klingeln und was sonst zur elektrischen Ausstattung eines Bildes gehört, zu sorgen; die Effektbeleuchter bedienen die Sonderapparate für Glüh- oder Bogenlicht. Starkstrom-Monteure erledigen die gesamte Montage und alle Ausbesserungen, die Schwachstrom-Monteure versehen die Fernsprech-, Signal-, Radio- und Mikrophonapparate. Die ersten beiden Gruppen, die reinen Beleuchter, müssen eingehende elektrotechnische Kenntnisse besitzen, wie die Seitenmeister die Anforderungen der einzelnen Werke kennen und bei Störungen an Apparaten imstande sein, selbständig je nach der betreffenden Lichtstimmung rasch und sicher einzugreifen, ohne daß die Zuschauer falsche Licht- oder Schattenspiele bemerken. Gerade diese für den Abenddienst wichtigste Forderung und das sinngemäße Eingehen auf die vorgeschriebene Stimmung, das oft von einer Millimeter-Verschiebung des betreffenden Apparates abhängt, zeigt die Befähigung zum „Bühnenbeleuchter" am besten; nicht jeder gute Elektromonteur ist auch für den Bühnendienst brauchbar.

Der *Beleuchtungs-Inspektor* muß selbstverständlich eingehende Fachkenntnisse besitzen; er verwaltet seine Gruppe und teilt sie ein, bestimmt Auswahl und örtliche Anordnung der Apparate für jedes Bild und bedient meist selbst den Lichtregler der Bühne. Ein wesentlicher Fortschritt in der Entwicklung dieser künftig wichtigsten Meisterstelle der technischen Abteilung sind die jetzt vorgeschriebenen Prüfungen für die Anwärter dieses Berufes.

Außer den elektrischen und maschinellen Kenntnissen aber soll der Beleuchtungs-Inspektor auch künstlerische Veranlagung für Farbenstimmungen besitzen, er muß „mit Licht malen", alle Naturerscheinungen, deren Wiedergabe die Hauptaufgabe der Beleuchtung ist, in ihrem Entstehen und Verlauf mit einigen Hebelgriffen am Regler auf dem Bühnenhimmel nachahmen und besondere Wolkengebilde nach farbigen Skizzen auf Glimmerplatten übertragen können.

Auch an seine Erfindungsgabe werden oft große Anforderungen gestellt; man kann mit Recht behaupten, daß die meisten vielgestaltigen Beleuchtungsapparate, die heute im Handel sind, aus Behelfsmodellen entstanden, die mit einfachsten Mitteln versuchsweise für einen Einzelfall von den betreffenden Vorständen zusammengebaut waren.

Der *technische Direktor* ist der Vorstand der gesamten technischen Abteilung. Seine Amtsbezeichnung ist nicht gleichmäßig durchgeführt; er heißt an größeren Bühnen: Maschinerie- und Obermaschineriedirektor, Betriebs-, Maschinen- oder Bühneninspektor; an kleineren: Maschinen- oder Obermaschinenmeister und Erster Theatermeister.

Auch der theoretische und praktische Lehrgang war bis jetzt ganz verschieden, da einheitliche Vorschriften nicht bestanden. Die Schulbildung geht von der Bürgerschule bis zum Gymnasium. Wurde ein Technikum oder eine Hochschule besucht, sind nach praktischer Arbeit in Hoch- und Tiefbauwerken, Elektrogroßfirmen und Maschinenfabriken: Architekten, Bauingenieure, Elektrotechniker und Maschinenbauer vertreten. Früher wurden sogar Personen ohne die geringste technische Vorbildung, manchmal sogar Maler, mit der Verwaltung dieser Stelle betraut.

Das *Dienstbereich* ist ebensowenig einheitlich und wird von der Ausbildung, vom Dienstalter, von der Persönlichkeit und ihrer Eignung zu diesem Sonderberuf bestimmt; gelegentlich wohl auch von einer Überlieferung.

Wirtschaftlich am vorteilhaftesten ist es, wenn dem technischen Direktor folgende Abteilungen unterstehen:

1. Die Licht- und Kraftzentralen, die elektrischen und maschinellen sowie die Sicherheits-, Signal- und sanitären Einrichtungen des ganzen Hauses.
2. Alle Werkstätten für das Anfertigen der Bühnenbilder (Malersaal, Kaschieranstalt, Tischlerei, Schlosserei, Klempnerei, elektrische Anstalt und Lichtbildnerei).
3. Der eigentliche technische Bühnenbetrieb für Einrichten, Auf- und Abbau sowie Wechsel der Bilder zu Proben und Vorstellungen.
4. Die künstlerische Beleuchtung der Bühnenbilder.
5. Die Möbel und Geräte, soweit sie das Ausstatten der Bilder betreffen.
6. Die technische und wirtschaftliche Pflege des Fundus.
7. Das Lagern und Befördern der Bildteile.

Neben der Organisations- und Verwaltungsfähigkeit muß er unbedingt eine starke künstlerische Veranlagung besitzen, Bühnenbilder selbst zu entwerfen oder aus vorhandenen Mitteln zusammenzustellen. Soweit Skizzen oder Modelle dafür von berufsmäßigen Bühnenbildnern zur Ausführung in Frage kommen, ist es die Aufgabe des technischen Leiters und nicht die des Bühnenbildners, das praktische Zerlegen des Bildes in Kaschierungen, Hänge- und Versatzstücke zu bestimmen, ihre Abmessungen und Zahl nach den Lager- und Beförderungsverhältnissen zu begrenzen und die Anwendung aller maschinellen Hilfsmittel nach dem technischen Zustand der Bühne auszuwählen. Schon bei Vorbesprechungen oder beim Entstehen der ersten Skizze muß gegen Ideen Einspruch erhoben werden, deren Ausführungen den Voranschlag überschreiten, die Sicherheit der Darsteller und des technischen Personals gefährden oder die Lebensdauer des Materials unwirtschaftlich beeinflussen. Diese wichtige Tätigkeit des technischen Direktors wird von übergeordneten Stellen oft zum Schaden des Ganzen unterschätzt und ihm nicht die nötige Unterstützung gewährt. Vertraglich ist er meist den Kunstvorständen, Dirigenten und Spielleitern gleichgestellt, untersteht jedoch während der Proben und Aufführungen, „um ihre Einheitlichkeit zu wahren", dem künstlerisch Verantwortlichen. Dies bringt jenem Vorteile, setzt dagegen den, der dem Gesetz gegenüber haftet, oft in Verlegenheit und ist die Quelle von gelegentlichen Zusammenstößen und unliebsamen Auseinandersetzungen. Es ist vorgekommen, daß ein technisch nicht vorgebildeter Spielleiter die Ausführung einer Idee durch den um seinen Posten besorgten Bühnenmeister erzwungen hat, trotzdem der technische Leiter auf ein mögliches Mißlingen und eine nicht zu unterschätzende Gefahr hinwies und die Verantwortung ablehnte. Würde ein nur künstlerisch-phantasiebegabter, nicht nüchtern-technisch Denkender aus Sorglosigkeit in der Hoffnung „es wird schon gehen!" doch zustimmen, so gibt man bei einem wirklichen Mißlingen nur ihm die Schuld. Der Spielleiter verkündet: „Die Technik hat versagt!" — Publikum und Kritik, mit den Vorgängen nicht vertraut, sind derselben Meinung. — Der Darsteller ist empört, daß ihm ein „Auftritt verpatzt" wurde, der Autor ist wegen der „schlechten Inszenierung" beleidigt, und der Intendant sieht einen Kassenerfolg in Frage gestellt.

Nicht immer trifft das alles zusammen, aber Mißstimmungen bleiben fast nie aus und der gereizte Ton, der an solchen Bühnen herrscht, wirkt sich weiter aus und schadet schließlich nur der Kunst. Sucht man nach Gründen, so werden sie leicht in der mangelnden Ausbildung des einen oder anderen, vielleicht auch beider Teile zu finden sein; deshalb ist es an der Zeit, feste Normen aufzustellen und Ausbildungskurse zu schaffen. Sonst kann der Zwiespalt zwischen Verantwortungspflicht und versagtem Vetorecht dahin führen, daß sich ein technischer Leiter als „Hausknecht einer Vergnügungsanstalt" fühlt, wie sich der bedeutende Vertreter dieses Faches, Fritz Brandt-Berlin, gelegentlich bezeichnete. Gerade ihm ist Rückständigkeit oder mangelnder Wille nicht nachzusagen. Seine hervorragenden Verdienste um die Berliner Staatstheater wurden vielmehr in der Öffentlichkeit, wo die vielen Nadelstiche des inneren Betriebes und der verärgerten Stunden nicht wahrgenommen werden, richtig gewürdigt und bei seiner Ernennung zum Geheimrat begrüßte ihn der damalige Kaiser als seinen „erfindungsreichen Odysseus".

Wenn auch in den meisten Fällen harmonisch Hand-in-Hand gearbeitet, in oft monatelangen Besprechungen jede Einzelheit gemeinsam überlegt und gegeneinander abgewogen wird, einer dem anderen hilft und alle ihr Bestes zum Gelingen des Ganzen einsetzen, so zeigt doch auch eine Gerichtsverhandlung über zwei Unfälle aus dem Jahre 1922, wie notwendig die Regelung der Verantwortungsfrage ist. Angeklagt waren ein Tischler, ein Meister, der Betriebsleiter der Untermaschinerie und der technische Direktor. In dem Urteil heißt es u. a.[1]): „Die Bühne eines neuzeitlich

---

[1]) Bühnentechnische Rundschau 1924, Nr. 4.

eingerichteten Opernhauses gehört mit ihren vielfachen maschinellen Einrichtungen, insbesondere auch soweit der Gebrauch der versenkbaren Bühnenbodenteile in Betracht kommt, zu den sehr gefährlichen Örtlichkeiten ... Pflicht eines Unternehmers gegenüber den von ihm vertraglich dort beschäftigten Personen ist es, für sie die mit dem Bühnenbetrieb verbundenen Gefahren soweit auszuschließen, als es die Verhältnisse gestatten. Zu berücksichtigen ist dabei die bei der Aufführung nötige Schnelligkeit der Veränderung der Bühnenverhältnisse, die umständliche, zeitraubende Sicherheitsmaßregeln ausschließt. Angeschlagene Verbote ... genügen erfahrungsgemäß nicht, weil es in der menschlichen Natur begründet liegt, daß jemand unter Umständen gerade im gefährlichen Augenblick nicht an sie denkt, auch wenn er sie kennt. Es müssen daher an Ort und Stelle Sicherungen geschaffen werden, die unabhängig vom vernunftsmäßigen Denken, von der Bühnenerfahrung und vom Erinnern an bestehende Verbote, die an den gefährlichen Orten Gelangenden entweder überhaupt hindern, den gefährlichen Ort zu betreten, oder, soweit das nicht ausführbar ist, sie erneut an die Gefährlichkeit des Ortes unzweideutig und selbständig erinnern und sie davon abhalten, sich dem Gefahrenbereich zu nähern."

Der Unternehmer — gleichgültig, ob staatlich, städtisch oder privat — wird stets die ihm auferlegte Pflicht, weitgehendste Vorkehrungen für die Sicherheit des gesamten Personals zu treffen, seinem technischen Direktor übertragen, da er selbst nicht über die praktische Vorbildung verfügt. Selten rüstet er jedoch diesen vor dem Gesetz Verantwortlichen mit den nötigen Vollmachten aus; oft wird gerade das Gegenteil der Fall sein.

In einem Aufsatz „Theaterkatastrophen und Unfälle"[1] schreibt Alexander Ludwig-Lübeck dazu sehr treffend: „Wenn nun der Bühnentechniker außer seinen Kenntnissen gar noch etwas Selbstbewußtsein und die nötige Gewissenhaftigkeit mitbringt, um gegebenenfalls gegen die Betriebssicherheit verstoßende Regieanordnungen Front zu machen, dann ist man schnell zur Hand, von Eigensinnigkeit, Starrköpfigkeit u. dgl. zu reden. Der Intendant eines bekannten Stadttheaters hat sogar in geistreicher Weise für „Technischer *Vor*stand" das Wort „Technischer *Wider*stand" geprägt. In den Augen der meisten Direktoren und Regisseure ist nur derjenige tüchtig, bei dem „Alles geht" und „Alles zu machen ist". Nur nach Eintritt eines Unglücks besinnt man sich, daß der Bühnentechniker der Verantwortliche ist und daß „er das vorher wissen mußte".

„Einer meiner früheren Direktoren", schreibt Ludwig weiter, „stellte gelegentlich einer Festaufführung eine etwa 500 Mann starke Sängerschar auf die Bühne. Auf meinen Einwand, daß für unsere Bühne laut der für alle Theater gültigen Polizeiverordnung von 1909 die höchstzulässige Darstellerzahl 150 beträgt, bekam ich zur Antwort, ich solle niemand auf diesen Umstand aufmerksam machen, er — der Direktor — könne sich dieses Geschäft nicht entgehen lassen ... Man räume dem Bühnentechniker den Platz am Theater ein, der ihm zukommt und es wird mancher Unfall vermieden werden."

Gelegentlich ist zwar der Spielleiter auch für den technischen Teil des Auf- und Abbaues der Bilder, Verwandlungen usw. verantwortlich, für den er im Ernst-

---

[1] Bühnentechnische Rundschau 1924, Nr. 4.

40

fall natürlich ebensowenig wie der Unternehmer einstehen kann. Während der Umbaupausen muß er oft mit den Darstellern über ihre Rollen sprechen und übergibt deshalb die „Aufsicht" dem noch weniger vorgebildeten Inspizienten. Wenn sich auch bei großen Bühnen die technischen Leiter gegen eine derartige Fahrlässigkeit verwahrten, so ist es doch bei vielen mittleren und allen kleinen Theatern noch immer die Regel.

Einheitliche Dienstvorschriften für das technische Personal und die künstlerischen Vorstände aller deutschen Theater, aus denen die Machtbefugnisse klar hervorgehen, würden hier Wandel schaffen. Es ist sinnlos, daß ein nicht fachmännisch vorgebildeter Spielleiter oder gar sein Vertreter in einem Streitfall den Befehl über den vielgestaltigen Apparat eines modernen technischen Bühnenbetriebes beansprucht, die gesetzliche Haftung dagegen dem ihm unterstellten Fachmann vertraglich aufgebürdet wird. Die beiden Betriebszweige müssen gleichberechtigt sein und dem technischen Direktor auch mittlerer Bühnen muß, wenn er die Verantwortung tragen soll, ein Einspruchsrecht gegenüber allen bedenklichen Wünschen der Kunstvorstände unbedingt zustehen, soweit sie die Sicherheit des Personals gefährden, feuer- oder baupolizeiliche Verordnungen nicht beachten oder die wirtschaftliche Arbeitseinteilung umstoßen.

Da im Theaterbetrieb die technischen Fragen eine wesentliche Rolle spielen und Orchester, Spielleitung, Bühnentechnik und Kostümwesen voneinander abhängig sind, ist es notwendig, daß die einzelnen Abteilungsvorstände die Tätigkeit der anderen in ihren Grundbedingungen und die zur Verfügung stehenden Hilfsmittel kennen, um gegenseitige Forderungen nur im Rahmen des Möglichen zu stellen und so eine schnellere Verständigung zu erzielen. Kurze technische Ausbildungskurse sollten die Spielleiter über den gesamten technischen Betrieb praktisch unterrichten: Anfertigen der Bildteile in den Werkstätten, Unterbringen in den Lagern und Speichern, Befördern, Einrichten und Aufbauen der Bilder *vor* den Vormittagsproben, Bedienen der Beleuchtungsapparate u. a. m. Vor allem aber müssen sie einen richtigen Begriff von der zu jeder Arbeit nötigen Zeit bekommen, um beim Aufstellen der Spiel- und Probenpläne mögliche Verzögerungen im voraus zu berücksichtigen.

Ähnliche, nur abgekürztere Kurse wären auch für Intendanten, Opern- und Schauspieldirektoren und kaufmännische Leiter dringend erwünscht.

Selbstverständlich muß sich auch der technische Direktor während seiner Ausbildungszeit in großen Zügen mit den künstlerischen und geschäftlichen Aufgaben eines Theaterbetriebes vertraut machen.

VERBAND DEUTSCHER BÜHNENTECHNIKER

Der Wunsch, die sprichwörtlich gewordene Geheimniskrämerei im technischen Bühnenbetrieb endlich zu beseitigen und zum allgemeinen Nutzen Erfahrungen und Erfindungen auszutauschen, veranlaßte 1905 den technisch-artistischen Oberinspektor des Staatstheaters-Wiesbaden, Hofrat C. A. Schick, mit Unterstützung seiner beiden Assistenten Theodor Schleim und Friedrich Kranich d. J., einen Verband technischer Bühnenvorstände zu gründen. An einer Zusammenkunft am 16. Oktober nahmen außer ihnen noch teil: Fritz Brandt-Berlin, Wilh. Dodell-Schwerin, Jul. Klein-München, Fr. Kranich d. Ä.-Bayreuth und A. Rosenberg d. Ä.-Köln a. Rh. Es entstand der *Verband Deutscher Bühneningenieure und Bühnentechniker*, Sitz Wiesbaden.

Angeregt durch diese Gründung schlossen sich am 1. September 1906 eine Anzahl technischer Bühnenvorstände Berlins zum gleichen Zweck unter dem Titel „*Vereinigung der technischen Bühnenvorstände*", Sitz Berlin, zusammen. So gab es bald zwei etwa gleichstarke oder gleichschwache Verbände. Der Wiesbadener gründete eine eigene Zeitung, die „*Der Bühnentechniker*", Zeitschrift des Verbandes Deutscher Bühneningenieure und Bühnentechniker und seit 1917 „*Bühnentechnische Rundschau*" hieß. Der Berliner benutzte die in Berlin erscheinende „*Neue Theaterzeitschrift*" für seine Veröffentlichungen.

Da beide wegen ihrer geringen Mitgliederzahl kaum lebensfähig waren, wurde 1908 eine Verschmelzung erwogen und bei einer gemeinsamen Generalversammlung in Dresden am 10. Juli 1911 unter dem Namen „*Verband Deutscher Bühnentechniker*" vollzogen. Das neue Geschäftsjahr begann am 1. Januar 1912, die Mitgliederzahl betrug 77. Verbandsorgan blieb die „Neue Theaterzeitschrift"; die Bühnentechnische Rundschau ging ein.

Der Zweck des Verbandes war: Wahrung der Standesinteressen, Förderung fachwissenschaftlicher Ausbildung seiner Mitglieder und Stellennachweis. Er betätigte sich auch im allgemeinen Interesse des deutschen Theaters und nahm bereits am 2. Januar 1913 an einer Vorbesprechung über das Reichstheatergesetz im preußischen Ministerium des Innern teil.

Konnten ihm bisher nur selbständige technische Bühnenvorstände angehören, so wurde vier Wochen vor Ausbruch des Weltkrieges in der Generalversammlung in Köln beschlossen, künftig auch technische Angestellte, die eine Abteilung unter Aufsicht des technischen Oberleiters verwalten, aufzunehmen, und als eigenes Verbandsorgan die „Bühnentechnische Rundschau" wieder erscheinen zu lassen. Um den Mitgliederkreis zu erweitern, wurde auf der Kasseler Versammlung 1919 der Name in „*Verband technischer und künstlerischer Bühnenvorstände*" umgeändert. Die Mitgliederzahl stieg auf 152. Die wirtschaftlichen Verhältnisse gestalteten sich in der Zeit der Tarifverträge immer schwieriger und die führenden Männer erkannten, daß ein kleiner Arbeitnehmerverband nicht genügend Kraft besitzt, den Arbeitgeberverbänden gegenüber die Interessen seiner Mitglieder in der erforderlichen Weise zu vertreten. Der Anschluß an die größere Organisation, „*Genossenschaft Deutscher Bühnenangehöriger*" wurde deshalb 1919 als deren Berufsgruppe: „*Technische Bühnenvorstände*" vollzogen. 1920 hatte sie 447 Mitglieder, 1928 bereits 570. Neben dem „*Neuen Weg*", der Zeitschrift der Genossenschaft, besteht die „*Bühnentechnische Rundschau*" als offizielles und selbständiges Organ der Gruppe.

Die wichtigste Errungenschaft des Verbandes war bis jetzt die preußische Ministerial-Verfügung[1]) vom 28. Oktober 1925 über die „Prüfung von technischen Bühnenvorständen", die leider noch nicht bei allen Ländern des Deutschen Reiches eingeführt ist. Durch sie wird bestimmt, daß bei der Besetzung der drei verantwortungsvollsten Dienststellen technischer Bühnenbetriebe: des technischen Leiters, Bühnenmeisters und Beleuchtungs-Inspektors amtliche Unterlagen vorhanden sein müssen, damit ungeeignete Personen nicht mehr angestellt werden können, wie dies vielfach zum Schaden der Institute vorkam und die Sicherheit des gesamten Personals gefährdete.

Die „*Prüfungsordnung*" selbst beschränkt sich vorerst auf den Nachweis eines theoretischen und praktischen Lehrganges und auf eine mündliche und praktische Prüfung vor einer amtlichen Kommission, von der fast ausschließlich Fragen über die Sicherheit des Betriebes und vorschriftsmäßige Handhabung der Apparate gestellt sowie allgemeine Kenntnis der Spezialfächer verlangt werden. Aus dem Ergebnis ist jedoch nicht zu ersehen, wer für den Sonderberuf geeignet ist, da die eigentliche Bühnentätigkeit bis jetzt keiner Prüfung unterliegt. Es muß deshalb das Ziel des Verbandes sein, die Prüfungsordnung auch auf eingehende Fachkenntnisse auszudehnen, damit die Sachverständigen Aufgaben aus dem Betrieb nehmen können.

Ein Anwärter für das Amt eines technischen Leiters soll z. B. nach Skizzen Anfertigungszeit und -kosten der Bühnenbilder genau berechnen, ihre vorteilhafteste Gliederung für raschen Bildwechsel den verschiedenen ortsfesten Hilfsmitteln der einzelnen Bühnen anpassen und Werkstattzeichnungen für den Bau von Bildteilen anfertigen.

Ein zukünftiger Bühnenmeister muß die Arbeitszeit für das Einrichten einer Vorstellung aus einem vorgelegten Grundriß bestimmen, ein Bühnenbild nach einer Skizze für die Probe maßstäblich mit Behelfsmaterial herrichten, das Personal für mehrere aufeinanderfolgende Verwandlungen richtig einteilen und schwierige Bühnengrundrisse zeichnen.

Von einem Beleuchtungsinspektor kann verlangt werden, daß er die Lichtstimmung eines Bildes nach dem Textbuch und der Skizze selbständig festlegt, langsame und rasche Übergänge am Regler allein ausführt und Konstruktionszeichnungen für Beleuchtungszwecke entwirft.

Aus dem Ergebnis einer so erweiterten Prüfung läßt sich dann ersehen, ob der Anwärter für die Bühnenlaufbahn überhaupt geeignet und ob er bei kleinen, mittleren oder großen Theatern anzustellen ist. Die Anforderungen sind nach der Größe und den Leistungen der einzelnen Häuser ganz verschieden: ein Bühnenmeister z. B., der am Theater einer Stadt mit 15 000 Einwohnern ausgebildet ist, eignet sich *nur* wegen bestandener Prüfung noch nicht für das Opernhaus einer Großstadt.

---

[1]) Ministerialblatt für die preußische innere Verwaltung; 86. Jahrg. Nr. 46, S. 1127 flg. Berlin, 28. Oktober 1925, und 88. Jahrg. Nr. 46. Berlin, 16. November 1927.

Der Verband hat die neue Aufgabe, durch eine Fachkommission alle Theater nach

der Größe des Hauses,
der Stärke des technischen Personals,
dem Stand der technischen Einrichtungen,
der Art des Betriebes

in vier Gruppen einzuteilen:

Häuser erster Ordnung mit maschinellen Einrichtungen und Mehrschicht-
Personal,
Häuser zweiter Ordnung mit alten oder keinen maschinellen Einrichtungen
und mittlerem Personal,
Häuser dritter Ordnung mit veralteten Einrichtungen und kleinem Personal,
Häuser vierter Ordnung mit behelfsmäßigen Einrichtungen ohne ständigen
Betrieb und Personal.

Erhalten dann die Abteilungsvorstände einheitliche, der Häuserordnung entsprechende Amtsbezeichnungen, so sind bei richtigem Eingruppieren und nach Einführen der Dienstanweisungen Verantwortung und Beförderung eindeutig bestimmt
und Irrtümer im Besetzen der Stellen so gut wie ausgeschlossen.

Als Amtsbezeichnung kämen etwa in Frage für:

Theater	Technische Leitung	Bühnenbetrieb	Beleuchtung
1. Ordnung	Technischer Direktor	Bühneninspektor	Beleuchtungsoberinspektor
2. Ordnung	Betriebsinspektor	Bühnenobermeister	Beleuchtungsinspektor
3. Ordnung	Maschinenmeister	Bühnenmeister	Beleuchtungsmeister
4. Ordnung		Theatermeister	Oberbeleuchter

Um nun auch die Ausbildung selbst nach wissenschaftlichen Grundsätzen zu
gestalten, muß erreicht werden, daß an Hochschulen, vielleicht in Verbindung mit
theaterwissenschaftlichen Instituten[1]), „*Bühnentechnik*" für künftige technische
Leiter obligatorisch als Haupt-, für künstlerische Vorstände als Nebenfach gilt.

Außer dem theoretischen Lehrgang ist der noch wichtigere praktische ebenfalls
einheitlich zu gestalten. Es empfiehlt sich, einige große Bühnen als Lehrinstitute
anzuerkennen und die technischen Direktoren mit der Ausbildung von Schülern
nach einem vorgeschriebenen Plan zu betrauen. Die etwa zweijährige Lehrzeit
wird durch eine Prüfung abgeschlossen.

Wenn alle diese Forderungen:

einheitliche Dienstvorschriften,
Einteilung aller Theater nach technischer Leistungsfähigkeit,
gleichlautende Amtsbezeichnungen,
geregelte theoretische und praktische Ausbildung und erweiterte Prüfungen

erfüllt sind, dann erst wird überall zum Nutzen der Institute wissenschaftlich,
künstlerisch und wirtschaftlich sowie nach bau- und feuerpolizeilichen Vorschriften
gearbeitet!

---

[1]) In Berlin und München wäre das z. B. leicht durchzuführen, für Köln und Frankfurt a. M.
kämen die benachbarten technischen Hochschulen in Aachen und Darmstadt in Frage.

2. KAPITEL
DIE ARBEITSRÄUME

Bei fast allen im 18. und 19. Jahrhundert errichteten Theaterbauten hat man den Hauptwert auf einen möglichst prunkvollen Zuschauerraum gelegt, die Arbeits- und Wirtschaftsräume dagegen in unverantwortlicher Weise vernachlässigt[1]). Die Trennung der Arbeitsräume in Werk- und Betriebsstätten wird auch bei kleineren Theatern in letzter Zeit durchzuführen versucht, weil man von den großen Häusern weiß, daß es zweckmäßig und vor allem billiger ist, alle Ausstattungsgegenstände selbst herzustellen, statt sie fertig zu beziehen. Allerdings erschweren oft unzulängliche Lage, Größe und Einrichtungen dieser Räume den Betrieb und der dadurch entstehende Zeitverlust läßt große Summen in jeder Spielzeit verloren gehen.

Wenn in den letzten Jahrzehnten bei vielen größeren Bühnen wesentliche Umbauten vorgenommen wurden, so geschah es, um endlich eine neuzeitliche, auf Kraftersparnis ausgehende Arbeitsweise einzuführen, das verhältnismäßig große technische Personal wirtschaftlich besser auszunutzen und auf die unbedingt notwendige Zahl zu beschränken.

WERKSTÄTTEN

Vom Sicherheitsstandpunkt aus müßte die erste Forderung für die Anlage von Malersaal, Tischlerei, Schlosserei, elektrische Anstalt, Schneiderei und Waffenmeisterei lauten:

„Werkstätten gehören nicht in ein Theatergebäude!"

Ein großer Teil aller Theaterbrände entstand in den Werkstätten[2]). Die Feuerwehr würde deshalb eine räumliche Trennung sicher freudig begrüßen, bei den Leitern der betroffenen Abteilungen aber stößt sie auf den stärksten Widerstand und die verschiedensten Gründe werden dafür angeführt. Ihre Stichhaltigkeit ist nachzuprüfen:

Bei kleinen und mittleren Bühnen gibt es kaum eigentliches Werkstattpersonal: Tischler und Schlosser sind gewöhnlich Bühnenmaschinisten und Heizer im Hauptberuf, Schneider und Schneiderinnen halten Ordnung in den Gewandlagern, suchen in der Hauptarbeitszeit die Teile für die Abendvorstellung heraus und kleiden die Darsteller an. Die Werkstattätigkeit muß also bei beiden Abteilungen „nebenbei"

---

[1]) Im Neuen Theater-Leipzig, im Staatstheater-Schwerin und im Festspielhaus-Bayreuth fehlten z. B. bei der Eröffnung sogar Waschgelegenheiten und Aborte, die erst nachträglich an ungünstigen Stellen und unzureichend eingebaut werden mußten.

[2]) Erst im August 1928 wieder brach z. B. durch ein nicht ausgeschaltetes Plätteisen in der Schneiderei des Städtischen Opernhauses-Hannover Feuer aus.

erledigt werden; deshalb drängen die Vorstände immer wieder darauf, daß die Leerlaufwege so kurz wie möglich sind. Der technische Leiter möchte die Tischlerei am liebsten in unmittelbarer Nähe der Bühne, der Gewandmeister die Schneiderei neben den Ankleideräumen haben.

Für eine Zeitersparnis ist dies richtig und verständlich, nicht aber für die Sicherheit von Personal und Haus. Da diese jedoch unbedingt vorgeht, muß ein Ausweg gefunden werden, der allen gerecht wird.

Ein Verstärken des Personals und seine Trennung in Werkstatt- und Bühnen- bzw. Ankleidedienst ist nur bei großen Häusern durchführbar und stößt bei den andern mit Recht auf stärksten Widerstand der geschäftlichen Leitung. Es bleibt also nur ein Umstellen des Betriebes selbst übrig: die Arbeits*einteilung* muß geändert werden. Sie ist für die technische Abteilung abhängig von genügend großen Vorbereitungsräumen zum Bildaufbau der Abendvorstellung, den dann ein vermindertes Personal bereits während der Vormittagsproben erledigen kann, während der übrige Teil dauernd in entfernter gelegenen Werkstätten durcharbeitet.

Mit dieser Maßnahme allein ist jedoch noch nicht geholfen, vor allem nicht der Gewandabteilung! Viel wichtiger ist es, daß für jede Neuausstattung genügend Vorbereitungszeit zugestanden wird. Klagen hierüber sind in jedem Theater an der Tagesordnung. Keine Bitten und Beschwerden der technischen Vorstände noch passiver Widerstand veranlassen die verantwortlichen Opern- und Schauspieldirektoren, am wenigsten aber die Spielleiter, bei kleinen Werken mindestens einen, bei mittleren zwei und bei großen drei Monate vor Beginn der Proben mit ihren Vorarbeiten fertig zu sein und der technischen Leitung die Bühnenbildskizzen, der Gewandabteilung die Figurinen zur Verfügung zu stellen.

Auch ist es selten zu erreichen, daß dort, wo die Werkstätten gemeinsam für zwei Theater (meist Opern- und Schauspielhaus) arbeiten, vor Anfang der Spielzeit eine zeitlich abwechselnde Verteilung der neu auszustattenden Werke vorgenommen wird und daß nicht in jedem Monat wenigstens einmal Neuaufführungen in beiden Häusern an denselben Tagen stattfinden.

Diese einfachsten Gesetze werden gerade von den hervorragendsten künstlerischen Vorständen, die aber kaufmännischen und technischen Fragen oft verständnislos gegenüberstehen, als lästig beiseite geschoben.

Würden die zwei Gesichtspunkte: genügend Vorbereitungs*raum* für die technische und ausreichende Vorbereitungs*zeit* für beide Abteilungen überall streng beachtet, so wäre eine wirtschaftliche Arbeitseinteilung und ein Verlegen der gefahrbringenden Arbeitsräume in andere Gebäude unbedingt möglich. Das sollte das Ziel jeder Theaterleitung sein!

DER MALERSAAL

Der *Malersaal* liegt gewöhnlich im Hause über einem vorhandenen großen Raum. In Magdeburg und München (National- und Residenztheater) über dem Zuschauerraum, in Schwerin über dem Konzertsaal, in Barmen, Berlin (Theater am Bülowplatz und Theater am Nollendorfplatz), Darmstadt, Essen, Hamburg (Stadttheater), Mannheim und Weimar über einem Lagerraum, in Braunschweig und Freiburg über der Hinterbühne, in Duisburg und Kassel über der linken Seitenbühne, in Nürnberg auf Bühnenhöhe seitlich der Hinterbühne.

Oft ist eine nicht genügend große (Abb. 22) oder überhaupt keine Verbindungstür mit der Bühne vorhanden. Das Theater am Nollendorfplatz hat einen so schlechten Zugang zum Malersaal, daß die Hängestücke nur zusammengelegt, nicht gerollt, hindurchgehen. Wenn es nicht möglich ist, die Hängestücke durch eine Tür in den Malersaal zu tragen, werden sie gewöhnlich durch eine schmale Klappe im Fußboden, die mindestens Prospektlänge haben muß, dorthin gebracht. Sie sollte an der Seite des Saales liegen, damit die auf dem Fußboden zum Malen aufgespannte Leinwand nicht fortgenommen werden muß. Anordnungen wie in Berlin-Theater am Bülowplatz sind technisch und wirtschaftlich durchaus verfehlt, weil der einzige Zugang genau in der Mitte des Saales liegt, beim Befördern von Bildteilen ein Frei-machen des Raumes erfordert und zum Hochziehen der Prospekte noch nicht einmal lang genug ist. Die Klappe ist 14,5 m, die Hängestücke dagegen sind 19 m lang, müssen also immer schräg durch-geschoben werden; ein dauerndes Beschädigen ist dabei kaum zu vermeiden. Kann ein Saal nur von der Bühne her erreicht werden, so ist seine Lage sehr ungünstig, weil die Bildteile nicht während der Proben und Aufführungen befördert werden dürfen, das Warten Zeit vergeudet und dadurch eine richtige Arbeitseinteilung erschwert. An den meisten mit diesen Fehlern behafteten Bühnen werden sogar alle Stücke noch mit Tauen hoch-gezogen und von Hand in den Saal getragen.

In wenigen Fällen (Darmstadt, Duisburg, Kassel, Stuttgart, Weimar) führt ein genügend großer Fahrstuhl von der Hinter- oder Seitenbühne, einem Hänge- oder Versatzstücklager außerhalb der Bühne zum Malersaal, so daß künstlerische Tätig-keit und Werkstattarbeit ungestört verlaufen.

Eine unmittelbare Verbindung mit der Bühne ist durchaus nicht nötig, mit der Tischlerei da-gegen sehr vorteilhaft, weil zwischen beiden ein dauerndes Hand-in-Handarbeiten erforderlich ist.

Abb. 22. Tür zwischen Malersaal und Bühne, Städtisches Opernhaus-Hannover

In Berlin-Staatstheater, Dessau, Essen, Gotha, Hamburg-Deutsches Schauspielhaus, Hannover, Mannheim, Nürnberg und Olden-burg ist dies der Fall. Die Werkstätten liegen dort außerdem — mit Ausnahme von Nürnberg — außerhalb der Theatergebäude.

In Stuttgart wäre eine Fahrstuhlverbindung zwischen Tischlerei und Malersaal leicht möglich gewesen, sie wurde jedoch beim Bau durch den Vorstand des Maler-saales, der dort selbständiger Abteilungsleiter ist, mit der Begründung verhindert, seine Arbeiten würden durch den Fahrstuhlbetrieb gestört! Deshalb endet dieses wichtigste Hilfsmittel wirtschaftlichen Arbeitens noch heute unmittelbar unter dem Fußboden des Malersaals.

Die *Größe des Raumes* ist für die Leistungsfähigkeit der Abteilung ausschlag-gebend. Im Malersaal eines Hauses, das täglich spielt und seine Ausstattungen selbst

47

herstellt, müssen mindestens zwei Prospekte und vier Wände gleichzeitig liegen können. Wenn aber z. B. in dem erst 1912 erbauten Stadttheater-Duisburg von dem

Abb. 23. Werkstätten- und Lagerhaus, Städtische Bühnen-Hannover

Abb. 24. Malersaal, Städtische Bühnen-Hannover

ohnehin viel zu kleinen Saal noch etwa ein Drittel an die völlig unzureichende Tischlerei abgegeben oder, wie in Berlin-Schillertheater fast die Hälfte als Lagerraum benutzt werden mußte, so kann dort von einem wirtschaftlichen Arbeiten nicht die

Rede sein. Noch schlimmer sind die Verhältnisse in Berlin-Theater am Bülowplatz. Der Malersaal ist 18 × 6,5 m groß, die Hängestücke sind meist 19 × 14 m; es kann also nicht einmal ein Prospekt im ganzen aufgelegt, sondern muß in zwei Teilen gemalt werden.

Die notwendige *Fußbodenheizung* ist auch nicht immer vorgesehen. Zu langsames Trocknen der aufgetragenen Farben und dadurch entstehende ungleiche Farbtöne sind die Folge.

Die *Farbküche* muß einen großen Kessel zum Leimkochen und einen Gasherd mit mehreren Flammen zum Erwärmen der Farben haben.

Auch Wannen mit heißem Wasserzufluß zum Auswaschen von Leinwand sind unbedingt notwendig in einer Zeit, in der selbst bei großen Theatern jedes alte Stück bis zur Unbrauchbarkeit immer wieder umgemalt wird.

TISCHLEREI

Die *Tischlerei* steht bei den meisten Häusern in keiner Fahrstuhlverbindung mit der Bühne oder dem Malersaal und ist oft in irgendeiner Ecke auf Straßenhöhe

Abb. 25. Tischlerei, Städtische Bühnen-Hannover

oder, wie im Staatstheater-Schwerin, wo kein Raum dafür vorgesehen war, nachträglich im Keller untergebracht. Geradezu gefährlich kann eine solche Lage werden, wenn der Ort, wie in Elberfeld, von Lagerräumen umgeben sich mitten im Betrieb befindet und schwer zugänglich ist. Unwirtschaftlich sind Arbeitsräume, die wie in Duisburg zu dicht bei der Bühne liegen. Unentbehrliche Holzbearbeitungsmaschinen können dort wegen des störenden Lärms nicht aufgestellt werden. Daß es immer noch in großen Betrieben Tischlereien ohne Kreis- und Bandsäge, Abrichte, Fräse usw. gibt, ist nicht mehr zeitgemäß.

Die Größe des Raumes ist abhängig von den Maßen der größten Bildteile; mindestens vier sollen gleichzeitig liegen können, ohne daß die Arbeiter sich gegenseitig stören. In vielen Häusern kann jedoch kaum eine große Wand „zugelegt", d. h. zusammengefügt werden, oder wenn dies auch möglich wäre, ist, wie in Berlin-Theater am Bülowplatz, der Ausgang nicht groß genug. Dort wird in solchen Fällen der Weg durch das 3 m breite Fenster genommen, größere Stücke müssen sogar im Hof gearbeitet werden.

Abb. 26. Schlosserei, Städtische Bühnen-Hannover

SCHLOSSEREI UND KLEMPNEREI

Eine *Schlosserei* ist bei verschiedenen Theatern überhaupt nicht vorhanden (Braunschweig, Meiningen, Oldenburg, Zürich), bei anderen nur in Verbindung mit dem Kesselhaus (Berlin-Theater am Bülowplatz, Frankfurt-Opern- und Schauspielhaus, Lübeck, Schwerin, Wiesbaden). Drehbänke und Bohrmaschinen sind fast überall eingeführt. Die Lage der Räume läßt meist noch mehr zu wünschen übrig als die der Tischlereien. Irgendein freier Kellerwinkel wurde notdürftig hergerichtet, statt diesen wichtigen Betrieb möglichst nahe bei der Schreinerei und dem Malersaal unterzubringen. Im Theater am Nollendorfplatz-Berlin ist der Zugang zur Schlosserei, in der oft acht Mann arbeiten, so ungünstig, daß eine Eisenstange von 4 m Länge nicht in die Werkstatt gebracht werden kann, weil sie nur durch winkelige Gänge zu erreichen ist.

Wenn bei älteren Häusern eine fehlerhafte Anlage noch verständlich ist, weil die Anforderungen an Eisenarbeiten zur Zeit ihres Entstehens noch nicht so groß waren wie heute, so ist sie bei modernen nicht zu entschuldigen! Ein Beispiel bietet das Staatliche Schauspielhaus-Dresden: Malersaal, Tischlerei und Schlosserei (die ebenso ungünstig liegt wie die vorher erwähnte) stehen weder untereinander noch mit der Bühne in Fahrstuhlverbindung; alle Bildteile müssen den Weg über die erste Bodenversenkung nehmen. Bei Proben und Aufführungen ist deshalb jedes Arbeiten unmöglich: ein aufgebautes Bühnenbild muß abgeräumt werden, um den Weg freizumachen, oder es wird erst aufgebaut, wenn das Befördern der Bildteile ganz erledigt ist. Probenverzögerungen oder ungenügendes Vorbereiten der Vorstellungen sind die Folgen.

Abb. 27. Farbküche des Malersaales, Städtische Bühnen-Hannover

ELEKTRISCHE WERKSTATT

Auch eine *elektrische Werkstatt* fehlt in den meisten Häusern. In dem engsten und unzugänglichsten Raum, der nicht einmal eine Bohrmaschine aufweist, dafür aber mit Lampen, Zubehörteilen und Apparaten vergangener Zeiten vollgestopft ist, bessert oft ein Beleuchter mit unzureichenden Hilfsmitteln Kabel aus, ladet Batterien, färbt Lampen und lötet dazwischen mit Kolben, die er an *offener Flamme* (!) erwärmt. Derartige Plätze sind zum Arbeiten völlig ungeeignet und bilden eine große Feuersgefahr; Leitungsbrände, Kurzschlüsse usw. sind schon oft dadurch entstanden.

LICHTBILDNEREI

Eine *Lichtbildnerei* macht sich bereits in einem mittleren Betrieb bezahlt, wenn bei allen Neuausstattungen Darsteller, Bühnenbilder und Figurinen für historische, organisatorische, Reklame- und andere Zwecke aufgenommen werden. Noch wirtschaftlicher ist sie, wenn bei kleinen Bühnen der Photograph außerdem in einer anderen Abteilung ständig tätig ist.

Alle Werkstätten sind am besten in einem eigenen Haus, wenn möglich in Verbindung mit einem großen Stadtlager, unterzubringen, wie es teilweise in Bayreuth,

Berlin (Staatstheater), Bochum, Dessau, Düsseldorf, Hamburg, Hannover, Köln, Mannheim und Wien der Fall ist. Im Erdgeschoß soll die Schlosserei mit Eisenlager, im ersten Obergeschoß die Tischlerei mit großem Holzlager, im zweiten der Malersaal mit Kaschierraum liegen; alle müssen durch einen genügend großen Fahrstuhl miteinander verbunden sein. Die Werkstätten der Städtischen Bühnen-Hannover zeigen diese Anordnung (Abb. 23—28).

BETRIEBSSTÄTTEN

LAGER UND SPEICHER

Der Fundus eines Theaters vergrößert sich in jeder Spielzeit. Die dafür vorgesehenen Räume sind für eine gewisse Grundmenge berechnet und entweder besonders gebaut (Lager) oder nur zum gelegentlichen Abstellen überlassen (Speicher); sie können deshalb dieser Bestimmung wieder entzogen werden.

Abb. 28. Fahrstuhl für Bildteile, Städtische Bühnen-Hannover

Solange Fundus und Lagerraum im richtigen Verhältnis zueinander stehen, läßt sich wirtschaftlich arbeiten, eine Überfüllung vermeiden und es bleibt genügend Zeit für die Hauptaufgaben des Betriebes. Ist dies nicht der Fall, tritt der

chronische Raummangel

ein, der fast so alt ist wie das Theater selbst; oft kommt noch unwirtschaftliche Beförderungsart der Bildteile nach der Bühne und schlechte Zugangsmöglichkeit hinzu.

A. Kutscher berichtet über das Salzburger Barocktheater schon aus der Mitte des 17. Jahrhunderts:[1] „Auf dem Speicher über der großen Aula befand sich das Theatermagazin. Ein Loch in der Decke erlaubte das Hinauf- und Hinabziehen von Dekorationen und Requisiten, die sich im Laufe der Zeit in so großer Zahl ansam-

[1] Das Salzburger Barocktheater, 1924, S. 70

melten, daß die Decke des Saales sich bog und von innen her durch eine Holzkonstruktion gestützt werden mußte; diese wiederum drückte die Seitenmauern des Saales leicht nach außen."

Das sachgemäße Unterbringen der vielen Sperrgüter, deren Zahl in die Tausende geht[1]), und ihr richtiges Befördern ist sehr wichtig. Jeder technische Leiter sollte daher ähnliche Betriebe kennen lernen und Erfahrungen sammeln, wie der unerfreulichste Teil seiner Arbeit vereinfacht und verbilligt und das leicht abnutzbare Gerät geschont wird.

Es gibt vier Möglichkeiten, das Grundübel zu beseitigen:

   I. *Richtiges Einteilen der Räume.*
  II. *Sachgemäßes Lagern der Bildteile.*
 III. *Vermehren der Lager und Speicher.*
 IV. *Errichten eines Neubaues.*

I. DAS EINTEILEN DER RÄUME

wird durch Lage, Größe und Zugang, durch die Form der unterzubringenden Stücke, deren dauernde oder nur gelegentliche Verwendung und leichte oder schwere Beförderungsfähigkeit bestimmt.

  1. *Die Lage* hängt ab von Alter, Bauart und Bestimmung des Hauses; es gibt Lager:

      a) in Verbindung mit der Bühne,
      b) an anderen Stellen des Hauses,
      c) in anderen Gebäuden.

  2. *Die Größe* ist maßgebend für die Art des Unterbringens; die Bildteile werden gelagert:

      a) auf Tragarmen,
      b) in Stapeln aneinander,
      c) hochkant,
      d) flach.

  3. *Der Zugang* ist oft wichtiger als Lage und Größe; man unterscheidet:

      a) Türverbindung mit der Bühne,
      b) Fahrstuhlverbindung nach anderen Geschossen,
      c) Zugang nur durch andere Räume,
      d) Wagenbeförderung über die Straße.

  4. *Die Formen* der unterzubringenden Teile sind:

      a) Hängestücke,
      b) Setzstücke,
      c) Gerüste,
      d) Möbel und Geräte,
      e) Beleuchtungsgegenstände,
      f) Baustoffe.

---

[1]) S. Zusammenstellung S. 213

Sie sind der Größe nach vollkommen verschieden; die Hängestücke sind so lang und schmal, die Versatzstücke so hoch und breit, wie es bei anderem Lagergut nicht vorkommt; nur die vier letzten Gruppen können in beliebig gestalteten Speichern untergebracht werden.

5. *Die Verwendung:*

        a) dauernde,

        b) vorübergehende,

        c) einige Male in der Spielzeit,

        d) erst nach Jahren wieder

muß für die Lage der Räume ausschlaggebend sein.

6. *Die Beförderungsart und Pflege:*

        a) von Hand,

        b) nur mit Hilfsmaschinen;

        c) dauerhaftes,

        d) empfindliches Gut,

kommt in zweiter Linie in Frage.

II. DAS SACHGEMÄSSE LAGERN DER TEILE

hängt von folgenden neun Bedingungen ab:

1. Der Fundus muß ins richtige Verhältnis zu den Lagerräumen gebracht werden. Stark beschädigte oder in der Form veraltete Teile sind zu beseitigen; die Stücke müssen daraufhin durch den Lagerverwalter dauernd nachgesehen werden. Der Bühnenmeister hat Vorschläge zu machen, welche Teile auszumerzen sind; der technische Leiter muß weitgehende Vollmachten besitzen, dies anzuordnen. Übertriebene Ängstlichkeit seinerseits, das eine oder andere könnte vielleicht doch noch einmal — in 10 bis 20 Jahren! — wieder gebraucht werden, ist nicht am Platze. Auch mangelnde Entschlußfähigkeit künstlerischer Leiter trägt viel zu dem chronischen Raummangel bei, weil oft erst sehr spät ein Bühnenwerk für „abgespielt" erklärt wird und der Bestand nicht früher aufgelöst werden kann.

2. Jedes Lager muß seiner Bauart entsprechend ganz ausgenutzt werden. Wenn z. B. über einzelnen Stapeln Räume von 2,50 m Höhe und darüber frei bleiben, lassen sich Zwischenböden für niedrige Stücke leicht einziehen.

3. Es ist streng darauf zu achten, daß alle Bildteile im Lagerraum immer ihre richtigen Plätze erhalten und Gegenstände, die vielleicht in wenigen Tagen wieder gebraucht werden, nicht aus Bequemlichkeit „beiseite gestellt", d. h. gewöhnlich im Wege stehen bleiben. Nur die gewissenhafteste Ordnung in den Lagern und ein genau geregelter Fahrbetrieb bieten Gewähr für ordnungsmäßigen Verlauf von Bildaufbau, Probe und Vorstellung, soweit die Technik in Frage kommt.

4. Zwischen den einzelnen Stapeln soll unter allen Umständen ein genügend großer unbenutzter Raum bleiben, damit Teile, die den Weg zu den gesuchten versperren, nicht unnötig hin- und hergetragen werden müssen, der Austausch also so kurz und wirtschaftlich als möglich verläuft.

5. Alle Gänge und Treppen sowie die notwendigen allgemeinen Hilfsmittel (Seiten-bühnen, Wagen, Drehscheiben) sind unbedingt freizuhalten. Wenn die Arbeit richtig eingeteilt wird, lassen sich in jedem Haus Mittel und Wege dazu finden.

6. Die Bühne selbst ist nach feuerpolizeilichen Vorschriften und für die Bewegung der Wagen möglichst zu entlasten. Es darf deshalb nur der Bestand einer Tagesvorstellung dort abgestellt werden. In greifbare Nähe gehört etwa ein Achtel der fast zu jedem Aufbau notwendigen Einheitsgerüste (5. Kap. S. 219) und ihre Verkleidungen.

7. Alle Teile sind so unterzubringen, daß unnötiges Umlegen oder Aufrichten hoher Stücke vermieden wird. In Tafel 5 ist eine Zusammenstellung der rich-tigen und falschen Aufbewahrung nach Aufstellungsart und -ort gegeben.

8. Die Bildteile laufender Werke, die im Spielplan des Jahres wiederkehren, sollen bei großen Theatern nach Vorstellungen geordnet möglichst nahe bei der Bühne oder beim Haus aufbewahrt werden, um das Heraussuchen zu ver-meiden und die Beförderung zu vereinfachen. Bei kleinen Bühnen, die nicht jedes Werk neu ausstatten, sondern die Bilder aus Vorhandenem zusammen-stellen, müssen die Teile entsprechend der Malerei und Größe stehen, um sie rasch zu finden und die Räume möglichst günstig auszunützen.

9. Der Bestand jedes nach Schluß der Spielzeit als „abgespielt" bezeichneten Bühnenwerks wird sofort aufgelöst, um für die Bauteile neuer Werke Platz zu gewinnen; er muß nur nach Form und Größe, nicht nach Stücken geordnet zum Umarbeiten oder Wiederverwenden bei neuen Bühnenbildern in ent-fernteren Lagern bereitgestellt werden.

III. DAS VERMEHREN DER LAGER UND SPEICHER

stößt gewöhnlich auf die größten Schwierigkeiten, weil entweder der Platzmangel in anderen Abteilungen ebenso groß ist oder weil das Zumieten von behelfsmäßigen Gebäuden die Ausgaben vergrößert.

Oft muß selbst der zugestandene unzureichende Raum noch dauernd ver-teidigt werden! In alten Häusern sollen von Zeit zu Zeit immer wieder Musiker, Statisten, Schreibstuben, Erfrischungsräume, Rauchzimmer usw. untergebracht werden. In 90 von 100 Fällen wird dabei der technischen Abteilung ein günstig ge-legener Speicher genommen. Der Vorstand wehrt sich mit allen Mitteln dagegen, doch erreicht er selten etwas: vom grünen Tisch aus „verfügt" man diktatorisch. Meist fällt dabei noch das schöne Wort: „Der alte Plunder kann schon wo anders unterkommen!" Doch wo und wie, sagt die Verfügung nie!

Meist werden überhaupt keine Ersatzräume zugebilligt; Höfe, Gänge und Treppen füllen sich langsam so, daß für alle Angestellten die größte Gefahr bei einem Brande besteht. Dieser bekannte Zustand, der bei alten Theatern gar nicht mehr auffällt, kommt sogar bei den modernsten vor!

Entlegene[1]) Stadtspeicher steigern die Beförderungs- und Ausbesserungskosten oft erschreckend. Zum Ausgleich wird beim nächsten Wirtschaftsplan an der Aus-stattung gespart; die falsche Raumpolitik schadet also indirekt dem Kunstwerk.

[1]) In Hannover liegt ein solches Haus 5 km von der Bühne.

Daraus sollte jeder verantwortliche „Diktator" die richtigen Schlüsse ziehen. Sie gipfeln in dem Satz:

„Je größer ein oft gebrauchter Ausstattungsgegenstand ist, um so näher muß er bei der Bühne untergebracht werden!"

Es ist wirtschaftlich vorteilhafter, Teile, die ein Mann allein tragen kann (leichte Möbel, Geräte, Waffen, Kostüme) weiter ab von der Bühne aufzubewahren als große Säulen, kaschierte Bäume, hohe Sperrholzwände und schwere Gerüste des täglichen Gebrauchs, zu deren Beförderung oft bis acht Mann nötig sind. Ebenso können Personen zu den Ankleideräumen oder Kanzleien einen etwas längeren Weg „billiger" zurücklegen, als Sperrgüter in entfernte Lager.

IV. DAS ERRICHTEN VON NEUBAUTEN

wird gewöhnlich nur genehmigt, wenn kein anderer Ausweg bleibt, um dem Raummangel abzuhelfen. Dabei sollte nach folgenden Grundsätzen verfahren werden:

1. Lager für Hängestücke

Lage und Größe des Raumes wird durch das Maß eines aufgerollten Prospektes und die Art seiner Beförderung bestimmt. Er stellt eine Walze von 12 bis 25 m Länge und 0,25 bis 0,30 m Stärke dar, wiegt zwischen 50 und 110 kg, wird von 3 bis 8 Mann getragen und beansprucht beim Einhängen in den Zug die ganze Breite, beim Tragen von der Hinter- nach der Vorderbühne die ganze Tiefe.

a) *Lage.* Der Raum muß im Hause selbst, nicht außerhalb liegen, da tägliches Befördern von 20 m langen Sperrgütern den Straßenverkehr behindert. Er soll sich links oder rechts an die Mittelbühne, nicht rückwärts oder seitlich an die Hinterbühne anschließen, damit vermieden wird, daß die Walze in einem Winkel gedreht oder etwa vorhandene Aufbauten auf der Hinterbühne erst beseitigt werden müssen. Der vordere Teil der Spielbühnen-Seitenwand ist bei neuen Häusern für Wagenbewegung durchgebrochen, er kommt daher nicht in Frage; der rückwärtige, geschlossene der Mittelbühne dagegen bildet die Ideallage, da gerade dort die Stücke den kürzesten Weg zu ihrem Platz im Bild zurückzulegen haben und so beim Einhängen am wenigsten andere Arbeiten stören.

b) *Größe.* Bei mittleren und großen Theatern sind 500 bis 1000 Hängestücke vorhanden. Jedes soll unabhängig von anderen sofort greifbar sein; deshalb lagern je 4 bis 6 in einem schachtartigen Raum links und rechts auf Tragarmen nebeneinander. Die einzelnen übereinander befindlichen Abteile sind durch einen zwischen ihnen auf- und abgehenden Fahrstuhl zu erreichen. Zum Schutz der Bedienungsmannschaft muß dieser auf jeder Seite 1 m länger als das Maß zwischen den Arbeitsgalerien (größtmögliche Hängestücklänge) und etwa 1,5 m breit sein. Die Tragarme für die Hängestückrollen sind je nach deren Stärke und Anzahl 0,8 bis höchstens 1,5 m breit; ihr Abstand beträgt 0,5 bis 0,7 m.

Die Höhe des Raumes läßt sich aus der Zahl der unterzubringenden Stücke und der Höhe der Abteile errechnen.

Können nicht alle in *einem* Raum lagern, so sind zwei oder mehrere nebeneinander anzulegen. Nur im äußersten Notfall sollten selten gebrauchte Hängestücke zur Entlastung des Hauptlagers in einem außerhalb gelegenen ähnlichen Gebäude aufbewahrt werden.

Wie fremd selbst Theaterbaumeister oft bühnentechnischen Fragen gegenüberstehen, zeigt die „Studie für ein Theater" von A. Streit-Wien[1]) (Abb. 29). Der Verfasser gibt dort bei einer Vorbühnenbreite von 11,5 m ein „Depot (P) für Prospekte" mit einer Tiefe von nur 8,2 m an, obgleich er Versenkungen von 15,8 m Länge eingezeichnet hat. So schmale Hängestücke können seitlich unmöglich abdecken, wenn sie nicht das Bild künstlich fast auf die Hälfte seiner richtigen Größe einengen sollen.

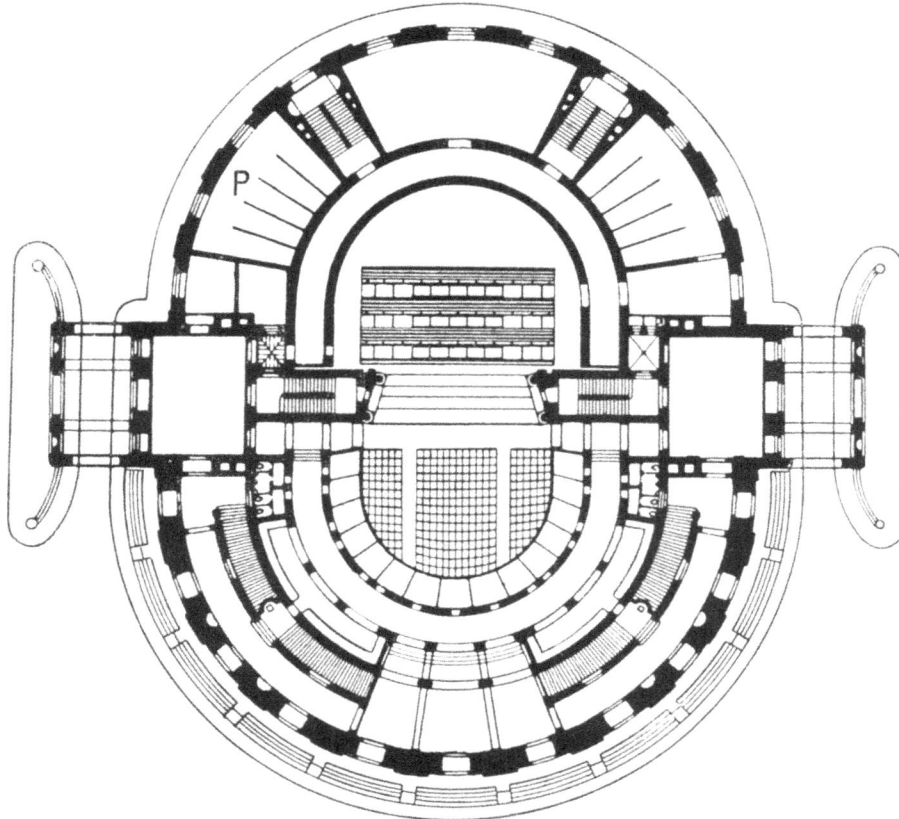

Abb. 29. „Studie für ein Theater" von A. Streit-Wien

Gerade diese „Studie" ist wieder ein Beweis, wie falsch es ist, von außen nach innen zu bauen und architektonische Gesichtspunkte über Wirklichkeitsforderungen der nun einmal unentbehrlichen Technik zu stellen.

2. Lager für Setzstücke

Die Maße der Versatzstücke sind nicht so einheitlich festzulegen wie die der Hängestücke; sie liegen zwischen 0,5 × 0,5 m bei ganz kleinen Teilen und 10 × 3,5 m bei hohen Wänden. Da jedoch gerade bei diesem Hauptbestand des Fundus Lage und Größe der Räume und die Art der Beförderung wirtschaftlich äußerst wichtig

---

[1]) „Das Theater, Untersuchungen über das Theater-Bauwerk", S. 268, Tafel XIX; Wien 1903

Abb. 30. Aufrichten einer hohen Wand

sind, werden sie gewöhnlich in zwei Gruppen geteilt: in kleine mit der Grenze bei etwa 3 bis 4 m Höhe und große Versatzstücke; beide sollen vorstellungsweise zusammengestellt sein. Ihre Gesamtzahl weicht bei den einzelnen Theatern sehr voneinander ab; sie wird bestimmt durch die bauliche Entwicklung des Hauses, die wirtschaftliche Bewegungsfreiheit sowie den Kunstsinn und die Kunstrichtung des jeweiligen Leiters.

Beim Einrichten der Unterbringungsräume ist folgendes zu beachten:

Hausspeicher sind Stadtspeichern unbedingt vorzuziehen; Lager auf Bühnenhöhe solchen in anderen Geschossen.

Opernhäuser mittlerer Größe brauchen durchschnittlich 900 qm Hausräume und 2000 qm Stadtspeicher für einen geordneten Betrieb.

In Lagern auf Bühnenhöhe sollen die hohen Teile so, wie sie verwendet werden, d. h. aufrecht stehen; der Raum muß also je nach dem Vorbühnenausschnitt 6 bis 10 m hoch sein. Dies geschieht auch allgemein bei großen und kleinen Bühnen; daß sie dagegen in entfernten Stadtspeichern ebenfalls so aufbewahrt werden, kann wegen der Zeitersparnis beim Befördern nicht genug bekämpft werden. Wenn irgend möglich, müssen die Stücke flach untergebracht werden, um ein doppeltes Aufrichten beim Hin- und Hertragen zu vermeiden. Leider ist das oft bei der ungünstigen Bauweise der Räume nicht zu erreichen.

Neubauten sollten nur nach diesem Grundsatz errichtet werden, da Zeit gewonnen wird und die Versatzstücke geschont werden; sonst werden sie beim Aufrichten (Abb. 30) durch das dauernde Übereckstehen in ihrem Winkelgefüge überlastet. Oft schlägt auch eine bis 10 m hohe Wand bei nicht völlig geübter Bedienungsmannschaft kurz vor dem Aufstellen um und beim Umlegen der Wände nach der jetzt üblichen Art (Abb. 31) wird der auf den Bühnen ohnehin reichliche Staub fortwährend aufgewirbelt und im ganzen Haus verteilt.

In den einzelnen Stapeln sollten bei kleinen Häusern, die nicht nach Vorstellungen ordnen können, nicht mehr als 15 bis 20 Teile untergebracht werden, um beim Heraussuchen möglichst wenig Zeit zu verlieren.

Die Speicher für kleine Teile bis zu 4 m Höhe können weiter ab von der Bühne liegen, falls der Weg zu ihnen nicht über Treppen und Gänge, sondern durch einen Fahrstuhl führt.

3. Speicher für Gerüste

Das Aufbaugerät für die verschiedenen Bodenerhebungen des Bühnenbildes besteht aus vielen kleinen Stücken, die im fünften Kapitel näher beschrieben sind. Sie

Abb. 31. Umlegen einer hohen Wand

werden nicht wie die dem Zuschauer sichtbaren Teile nur für ein Bild, sondern immer wieder verwendet. Ihr Aufbewahrungsort muß deshalb ganz besonders nahe bei der Spielbühne liegen und wird am günstigsten der Personaleinteilung entsprechend in einen linken und rechten Speicher getrennt. Außerdem soll ein gemeinsamer größerer Raum vorhanden sein für Teile, die seltener gebraucht werden.

4. Speicher für Möbel und Geräte

Fast alle Bühnen haben für diese Abteilung einige entferntere, oft voneinander getrennt liegende Speicher und unmittelbar neben der Bühne einen kleinen Abstellraum für den Tagesbedarf. Wo dieser fehlt, werden notgedrungen Treppen und Gänge dazu benutzt und es kommt vor, daß bei Vorstellungen mit vielen Geräten die vorgeschriebenen Rettungswege vollständig versperrt sind. Vom bau- und feuerpolizeilichen Standpunkt aus kann ein solcher Zustand nicht scharf genug verurteilt werden!

Abhilfe wird jedoch nicht durch ein noch so strenges Verbot erzielt, das immer wieder aus Platzmangel übertreten werden muß, sondern nur dadurch, daß der unbedingt notwendige Raum durch Umbau oder Verlegen weniger wichtiger Abteilungen tatsächlich geschaffen wird.

5. Speicher für Beleuchtungsgegenstände

Dasselbe, was für die beiden letzten Abteilungen gesagt wurde, gilt auch hier.

Ein schon beim Bau des Hauses zu diesem Zweck vorgesehener Raum ist kaum irgendwo vorhanden; wo er zurzeit tatsächlich zu finden ist, wurde er erst nachträglich eingerichtet. Es ist unglaublich, wie wenig Verständnis bisher dafür aufgebracht wurde, daß die teuren Beleuchtungsapparate — ein einzelner kostet oft mehrere tausend Mark — sorgfältig aufbewahrt und möglichst wenig hin- und hergetragen werden.

6. Speicher für Baustoffe

Bei großen Werkstätten ist ein besonderer Raum für alle zum Bühnenbetrieb nötigen Baustoffe erforderlich. Seit einigen Jahren sind viele Theater dazu übergegangen, diese Gegenstände zu Beginn der Spielzeit im Großen einzukaufen, um das lästige dauernde Bestellen zu vermeiden und günstigere Preise zu erzielen. Alle Eisenteile für die Schlosserei: Nägel, Schrauben, Bänder, Schutzecken, Drahtseile, Rollen usw., aller Bühnenbedarf: Hanfseile, Schnüre, Trag- und Befestigungsmittel, Holzsorten für die Tischlerei, Farben, Pinsel und Stoffe für den Malersaal, elektrisches und maschinelles Gerät finden dort ihren Platz und werden von einem Lagerverwalter verausgabt. Der Raum liegt am günstigsten in der Nähe der Werkstätten und kann in einen Speicher für allgemeine Baustoffe und einen besonderen für Hölzer getrennt werden (Abb. 32).

Abb. 32. Trocken-Speicher für Bauholz, Städtische Bühnen-Hannover

Im Anschluß an diese Richtlinien und Grundsätze für Raumgestaltung der Lager und Speicher sowie Unterbringen des Fundus soll an Beispielen erläutert werden, wie arg dieses wichtige Kapitel bühnentechnischer Arbeit bei fast allen Häusern vernachlässigt ist.

Welche Abstellräume in einem Theater alter Bauart der technischen Abteilung gewöhnlich zur Verfügung stehen, zeigen auf Tafel 6 die Grundrisse des 1852 erbauten Opernhauses Hannover und seiner Speicher in der Stadt.

Ein Lager für Hängestücke (a)

ist nur zwei Stockwerke hoch und war bis 1928 noch ohne Fahrstuhl. Alle Hängestücke mußten von Hand herabgelassen werden.

Ein Lager für Versatzstücke auf Bühnenhöhe (b)

dient nur zur Aufnahme der Teile *einer* Vorstellung und *einer* Probe, da es zwar 17 m lang, aber nur 3,9 m breit ist.

Sechs kleine Hausspeicher (c—h)

für Teile bis 4 m Höhe haben keine Verbindung mit der Bühne. Die meisten sind nur über Höfe und Treppen erreichbar. Bei den ein Stock über Bühnenhöhe neben den

Galerien liegenden (*g—h*) waren bis 1926 die Bildteile besonders schwierig und zeitraubend zu befördern, da jedes Stück an einem Seil auf die Bühne herabgelassen werden mußte. Eine kranartige Aufzugsvorrichtung für einen beladenen kleinen Wagen (Abb. 33) hat erst 1927 Wandel geschaffen.

Möbel- und Gerätelager (*i* und *k*)

liegen weit ab von der Bühne; man gelangt nur über Treppen und Gänge zu ihnen (Abb. 34/35).

Ein Speicher für Beleuchtungsgegenstände

fehlt auf Bühnenhöhe vollkommen. Als Ersatz sind nachträglich verschiedene kleine Räume in oberen Geschossen, die noch schlechter zugänglich sind, im Kampf mit anderen Abteilungen „erobert". Das viele, dauernd benutzte Gerät wird auf den nächstliegenden Gängen und an den Wänden untergebracht (Abb. 36). Bei den jährlich stattfindenden baupolizeilichen Besichtigungen wird dieser Übelstand immer wieder gerügt, kann jedoch nur bei einem durchgreifenden Umbau beseitigt werden.

Hauptspeicher für große Setzstücke (*l—p*)

liegen in verschiedenen Straßen; nur ein Lager (*n—p*) ist seit 1928 nach modernen Grundsätzen eingerichtet, so daß die Teile flach, nicht hochgestellt, aufbewahrt werden können.

Abb. 33. Aufzug für einen kleinen Förderwagen, Städtische Bühnen-Hannover

Oberflächlich betrachtet scheint dies eine Fülle von Platz und Räumen; zieht man jedoch die ungünstige, zerstreute Lage der Speicher und die schlechte Beförderungsmöglichkeit der Bildteile in Betracht, so sieht die Sache wesentlich anders aus. Die technischen Hilfsmittel sind, verglichen mit der gesamten bebauten Fläche des Theaters und bei der Sperrigkeit des aufzunehmenden Lagergutes reichlich gering bemessen.

Allgemeine Beispiele
(Nach der Gliederung der Lagerräume geordnet, s. S. 53/54)

Zum „Raummangel": Im neuen Stadttheater-Düren wurde zum Unterbringen der Bildteile ein so kleiner Raum neben der Bühne vorgesehen, daß er nach kurzer Zeit gerade für einen Möbelspeicher ausreichte und später ein neuer, wesentlich größerer, nur als Lager für Setzstücke neben der Hinterbühne angebaut werden mußte.

Abb. 34. Möbel-Speicher, Städtische Bühnen-Hannover

Zu I. 1 a. *Lagerräume für Setzstücke in Verbindung mit der Bühne.*

Die besten Anlagen sind in: Bayreuth-Festspielhaus, Berlin-Staatsoper Am Platz der Republik und Städtische Oper, Bremerhaven, Duisburg-Stadttheater, Freiburg i/B., Köln-Opernhaus, Plauen-Stadttheater, Stuttgart-Großes Haus, Weimar-Nationaltheater, Wien-Staatsoper.

Bühnen ohne nennenswerte Hauslager:
Berlin - Staatl. Schauspielhaus, Danzig - Stadttheater, Dresden - Staatl. Schauspielhaus, Frankfurt a. M.-Opernhaus, Hamburg-Stadttheater, Hannover-Opernhaus, Prag-Neues Deutsches Theater, Schwerin-Staatstheater.

Zu I. 3 a. Die unbedingt nötige, breite, feuerfeste Tür schrumpft gelegentlich zu einem schmalen Schlitz zusammen, wenn bei der Anlage des Hauses die notwendigen Betriebsräume nicht berücksichtigt werden. Eine in dieser Hinsicht fehlerhafte Anordnung hat das Staatliche Schauspielhaus-Dresden. Hinter dem gemauerten Kuppelhimmel ist an der Außenwand ein hohes Gestell für Hängestücke als Ersatz für einen richtigen Lagerraum angebracht, dessen obere Lagen nur durch lebensgefährliche Kletterkünste zu erreichen sind. Täglich müssen die Teile von Hand herabgelassen, auf den Fußboden gelegt und dann mühsam unter dem Rabitzhimmel durch ein kaum 50 cm hohes Loch geschoben werden, von wo ein anderer Teil des Personals sie wieder aufnimmt und zum Einhängen an die Züge trägt. Eine derartige, Zeit und Kraft vergeudende Arbeits-

62

Abb. 35. Geräte-Speicher. Städtische Bühnen-Hannover

weise ist eines modernen Hauses, das mit Seitenbühnen und großen Bodenversenkungen ausgerüstet ist, unwürdig und wäre beim Bau zu vermeiden gewesen.

Zu I. 3b. *Gute Lagerräume für Setzstücke mit Fahrstuhlverbindung:*
Duisburg-Stadttheater, Kassel-Staatstheater.

Zu I. 3c. *Ein Speicher, der nur über andere Räume zu erreichen ist,*
befindet sich in Barmen-Stadttheater, hinter dem Malersaal. Die dort untergebrachten Gegenstände werden meist über die frisch gemalten, auf dem Fußboden ausgespannten Leinwandstücke getragen oder es müssen bei ausgesteiften Teilen sogar Stege darüber gebaut werden.

Zu II. 7. *Falsch gelagert*
(hoch, statt flach in entfernten Räumen) werden die ausgesteiften Bildteile in: Augsburg, Berlin-Großes Schauspielhaus, Theater am Bülowplatz, Bochum, Braunschweig, Freiburg, Graz, Halle, Hamburg-Stadttheater, Deutsches Schauspielhaus, Koburg, Köln-Opernhaus, Mannheim, Meiningen, München-Nationaltheater, Residenztheater und Prinzregententheater, Schwerin, Zürich und noch manchen anderen Häusern.

Oft wäre mit wenigen Mitteln Abhilfe zu schaffen. Ein Beispiel ist das Setzstücklager in Dessau. Die Entfernung zwischen ihm und der Bühne, die in gleicher Höhe liegt, beträgt kaum 8 m. Die Häuser sind durch einen Hof getrennt. Im Lager werden alle Stücke hochkant auf-

63

bewahrt und könnten durch eine vorhandene entsprechend hohe Tür in dieser Lage unmittelbar auf die Bühne gebracht werden; sie müssen jedoch, da die Zugangstür nicht hoch genug ist, erst umgelegt und dann auf der Bühne wieder aufgerichtet werden. Eine leicht und billig auszuführende Erhöhung der Tür hätte sich längst bezahlt gemacht und das an und für sich kleine Personal besser ausnützen lassen.

Abb. 36. Ausnutzen der Gänge und Wände bei fehlendem Speicher für Beleuchtungsgegenstände, Städtisches Opernhaus-Hannover

Zu III. 1. *Kampf um die Räume.*

Daß der zugestandene Raum noch dauernd verteidigt werden muß, zeigen die Verhältnisse im Opernhaus-Hannover. Im Zeitraum von 20 Jahren wurden der technischen Abteilung nach und nach 12 Räume mit zusammen 700 qm Grundfläche für andere Zwecke abgenommen, ohne daß im Hause selbst dafür Ersatz geschaffen wurde. Nur die rücksichtsloseste Vernichtung aller einigermaßen entbehrlichen Bildteile hat es möglich gemacht, die unbedingt nötigen der laufenden Vorstellungen unterzubringen. Werden deshalb in diesem Haus bei einem geplanten Umbau die Raumbedürfnisse moderner Bühnentechnik nicht durch großzügige Erweiterung und Umgruppierung berücksichtigt, so ist bei dem gewaltigen Lagermangel auf Bühnenhöhe der sonst so große wirtschaftliche Wert einer Neugestaltung wie in anderen Häusern auch hier wieder in Frage gestellt. Das hier geschilderte Vorgehen ist nur als besonders krasses Beispiel herausgegriffen; ähnliche Verhältnisse werden von vielen anderen Häusern gemeldet.

64

Richtiges und falsches Unterbringen eines Fundus nach
Aufstellungsart und -ort.

Unterbringungsort:

Gegenstand	Verwendung	Bühne	Hauslager auf Bühnenhöhe	mit Fahrstuhl	Stadtlager
Hängestücke	für laufenden Spielplan	nur Tages-vorstellung			falsch
	z.Z. nicht verwendet	falsch			
Setzstücke	für laufenden Spielplan	nur Tages-vorstellung			
	z.Z. nicht verwendet	falsch			
Kaschierungen	für laufenden Spielplan	nur Tages-vorstellung			
	z.Z. nicht verwendet	falsch	falsch	falsch	
Gerüste	Einheitsmaße	1/8	3/8	7/8	falsch
	Besondere Formen	falsch	falsch		
Geräte	für laufenden Spielplan	nur Tages-vorstellung	falsch		falsch
	z.Z. nicht verwendet	falsch	falsch		
Beleuchtungs-apparate		nur Tages-vorstellung			falsch

Verlag von R. Oldenbourg, München und Berlin

Lager und Speicher der Städtischen Bühnen—Hannover

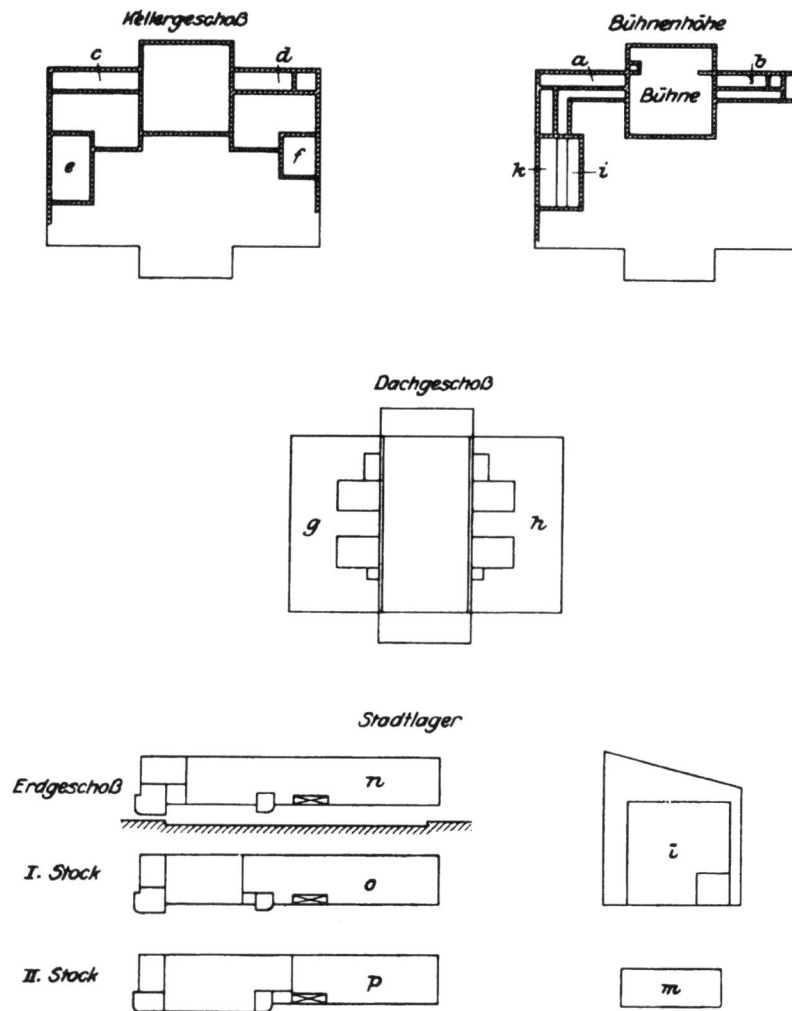

Kellergeschoß

Bühnenhöhe

Dachgeschoß

Stadtlager

Erdgeschoß

I. Stock

II. Stock

Zu IV. 1 a.   *Ganz ohne Hängestücklager im Haus* sind gebaut und teilweise sogar nach dem Umbau geblieben: Chemnitz-Schauspielhaus, Danzig-Stadttheater, Frankfurt a. M.-Opernhaus, Gotha, Hamburg-Stadttheater, Prag-Neues Deutsches Theater und Schwerin. Daß in Braunschweig die Beseitigung des an günstigster Stelle gelegenen Lagers für Hängestücke durch die Baubehörde gefordert wird, ist unbegreiflich und eine schwere Schädigung des technischen Betriebes.

Seitlich oder auf der Hinterbühne liegen sie in: Berlin-Staatliches Schillertheater, Dresden-Schauspielhaus, Frankfurt a. M.-Schauspielhaus, Freiburg i. B., Kiel, Meiningen, München-Nationaltheater und Prinzregententheater, Nürnberg, Weimar und Wien-Opernhaus.

Senkrecht zum Zuschauerraum in Verlängerung der Hinterbühne: Bremen, Darmstadt, Freiburg i. B., Gera, Hannover-Schauspielhaus, Leipzig-Neues Theater, Mannheim, Oldenburg und Weimar.

Schräg (!) zur Hinterbühne: Barmen. Das Lager kann nur durch Zwischenräume und Verbindungstüren erreicht werden.

Richtige Anordnung der Hängestücklager haben:
Bayreuth-Festspielhaus, Bremerhaven, Chemnitz-Opernhaus, Halle und Mainz auf der rechten; Bochum, Erfurt, Hannover-Opernhaus, Kassel, Lübeck, Osnabrück und Stuttgart auf der linken Seite.

Zu IV. 1 b. *Zu kleine oder überfüllte Lager.*

Im Staatlichen Schillertheater-Berlin ist das Lager nur 15,5 m lang, die Hängestücke dagegen sind 17,5 m. Es können also nur kurze Teile untergebracht werden oder das Bild wird zum Schaden des Ganzen auf dieses geringe Maß eingerichtet, obwohl die Bühne eine weitere Sicht zuließe.

Oft lagern auf einem Tragarm bis zu 20 Hängestücke; 5 sollten eigentlich die Höchstzahl sein. Nur die beiden ungünstigsten Beispiele seien genannt: Hannover-Schauspielhaus und Schwerin-Landestheater. Die Folge ist, daß jede Übersicht verloren geht, das Heraussuchen der einzelnen Teile ein Vielfaches der nötigen Zeit beansprucht und alle Stücke stark abgenutzt werden.

Fehlerhafte Anlagen wirken sich in hohen Leinwandrechnungen und Überstunden des Personals aus, die sich dann ein kaufmännischer Leiter, wenn er den wirklichen, immer wechselnden Verlauf der praktischen Bühnenarbeit nicht kennt, vom Schreibtisch aus nicht erklären kann.

Zu IV. 5. *Ungelöste Lagergestaltung.*

Selbst bei den großen, teuren Umbauten der letzten Jahre ist die Lagerfrage fast nicht berücksichtigt worden. Im Stadttheater-Hamburg wurde der Zuschauerraum erheblich erweitert und glänzend ausgestattet, auch bühnentechnische Neuerungen sind mit großen Kosten eingebaut; für das Unterbringen der Ausstattung jedoch ist nichts geschehen, wirtschaftlich also auf diesem Gebiet keine Verbesserung erzielt. Der wichtige Aufbewahrungsraum für Beleuchtungsgegenstände war vergessen, er mußte nachträglich auf Kosten anderer Gelasse unzureichend in einer

Ecke hergerichtet werden. Die beibehaltene Verbindung der Bühne mit dem auf der anderen Straßenseite liegenden Lager für Hänge- und Versatzstücke durch einen schrägen Weg ist ebenfalls nicht mehr zeitgemäß.

Ähnlich war es auch beim Umbau des Staatlichen Opernhauses Unter den Linden-Berlin, der 1926/28 viele Millionen kostete. Weil der vorgelegte Grundriß des technischen Direktors durch die Bauleitung Beschränkungen erlitt, ist die Lagergestaltung völlig ungenügend gelöst. Möbel, Instrumente und vor allem Beleuchtungsapparate stehen nach wie vor in den Ecken. Die Seitenbühnen erhielten keine eigenen Abstellräume auf Bühnenhöhe und werden daher notgedrungen — wenn auch nicht ganz so wie im Schauspielhaus-Dresden[1]) — ihrem eigentlichen Zweck entzogen. Aus dem vorgesehenen Beleuchtungsspeicher wurde ein schmaler, unbrauchbarer Gang, um die äußere architektonische Linie nicht zu stören. Von Kritik und Publikum werden diese grundlegenden Fehler nicht bemerkt. In der Tagespresse und von Laien wird das Haus als „das modernste der Welt" bezeichnet, weil es einige auffallende Überkonstruktionen aufweist. Wie selten diese jedoch wirklich ausgenutzt werden können, wissen nur Fachleute, die dauernd damit zu arbeiten haben.

Schon viele Jahre vor dem Umbau warnte Geheimrat Fritz Brandt-Berlin, der die Verhältnisse dieses Theaters am besten kannte, Änderungen an dem alten Haus vorzunehmen, wenn nicht gleichzeitig der nötige Raum zur Verfügung gestellt würde. Er hat die Pläne ausgearbeitet und vorgelegt, nach denen die Staatsoper an anderer Stelle als wirklich „erstes Haus der Welt" hätte errichtet werden können. Leider wurde seine warnende Stimme und die einiger seiner Schüler nicht gehört. Die Erkenntnis, wie recht er hatte, wird eine spätere Zeit abermals teuer erkaufen. Fritz Brandt schreibt[2]): „Das im Jahre 1743 unter Friedrich dem Großen erbaute Opernhaus brannte 1843 ab. Ein großes neues Theater war nötig. Baurat Langhans fertigte die Pläne an für den Neubau auf dem Grundstück der Akademie, Unter den Linden, jetzt Neue Bibliothek. Es wurde jedoch das abgebrannte Haus in alter Form wieder hergestellt. Das Theater, schon für die damaligen Verhältnisse ungenügend, konnte später die stetig fortschreitenden künstlerischen und technischen Anforderungen nicht erfüllen. Fortwährend waren bauliche Änderungen nötig, um den künstlerischen, technischen und hygienischen Bedürfnissen und der Feuersicherheit zu entsprechen. Fast alljährlich in den zweimonatlichen Ferien wurden die dringendsten Verbesserungsarbeiten zur Erhaltung des Betriebes ausgeführt. Größere umfangreichere Arbeiten (Treppen für den 2. und 3. Rang, eiserner Vorhang, Hydranten u. a.) erforderten sogar zeitweilige Schließung des Theaters. Bei den beschränkten Raumverhältnissen des Hauses blieben aber diese Verbesserungen ungenügend.

Mit der völlig veralteten Bühneneinrichtung aus dem Jahre 1844 konnten die gesteigerten szenischen Anforderungen nicht geleistet werden,

[1]) s. S. 70
[2]) Bühnentechnische Rundschau 1927, Nr. 2

und fast in jeder Vorstellung ereigneten sich störende Fehler. Um die Leistungsfähigkeit einigermaßen zu bessern, wurde das Dach des Bühnenhauses um einen Meter erhöht und die Bühneneinrichtung, soweit es der geringe Raum gestattete, verbessert. Infolge von Menschenverlusten bei großen Theaterbränden wurden 1903 Außentreppen als Rettungsrückzugswege angebracht.

Wieder wurden Umbauprojekte gemacht, das Modell eines Neubaues auf der alten Stelle aufgestellt, doch alles erwies sich als ungenügend und nicht ausführbar.

Auch hatte man Bedenken, den schönen Zuschauerraum zu zerstören und wollte das historische Städtebild mit dem alten Haus erhalten. Der Bau eines neuen Opernhauses war nicht länger zu umgehen. Das Gebäude Kroll am Königsplatz wurde dazu bestimmt. Pläne für den Neubau erhielt man durch ein Preisausschreiben. Eine nochmalige Prüfung erwies den Sicherheitszustand des Hauses für die Menschen als ungenügend, und das Opernhaus wurde geschlossen[1]).

Man glaubte bis zum Jahre 1916 den Neubau herstellen zu können und suchte bis dahin zum Weiterspielen ein Theater. Die Verwendung des Fundus verlangte eine große Bühne. Diese war in Berlin nicht vorhanden. Es sollte daher schnellstens ein Interimstheater errichtet werden. Die Kosten sowie die Zeit zur Herstellung eines solchen erwiesen sich jedoch als sehr bedeutend. Mein Vorschlag, das alte Opernhaus durch provisorische Bauten zum Interimstheater zu gestalten, wurde akzeptiert.

Durch seitliche Anbauten für Garderoben und Diensträume und Treppen, durch Aufbau des Bühnenhauses für eine Obermaschinerie, elektrische Beleuchtung, Hydranten und Rampenvorrichtung wurde aus dem alten Opernhaus das gewünschte Interimstheater, dessen Zustand befriedigend war.

Gleichzeitig erfolgte die Anfertigung der Pläne zum Neubau. Die Entwürfe für das Bühnenhaus, die Bühneneinrichtung, für das Magazin und die Betriebsgebäude waren von mir. Auch der Ankauf der an Kroll anliegenden Grundstücke gelang, der Bau des neuen großen Opernhauses war gesichert. Mit dem Abriß des sogenannten „Neuen Operntheaters Kroll" wurde teilweise begonnen. Der Ausbruch des Weltkrieges unterbrach die Vorarbeiten, sein Ausgang vernichtete die Ausführung des Baues.

1924 wurde das teilweise abgerissene Theater Kroll wieder erneuert hergestellt. 1925 wurde die Opernhausangelegenheit wieder aufgenommen.

Die Erfahrungen im Laufe der Jahre hatten bewiesen, daß die Erfüllungen der Anforderungen der Oper und richtige gesunde Zustände nur durch ein neues Opernhaus zu erreichen sind.

Um einen klaren Überblick über die Opernhausfrage zu erhalten, muß man den Kern derselben, den Zweck des Theaters erwägen. Dieser besteht in der Verwirklichung der Dichtungen, d. h. diese seh- und hörbar

---

[1]) Im Frühjahr 1910

als Bühnenkunstwerk vorzuführen. Hierfür muß das Theater alle Anlagen, Mittel und Vorrichtungen haben, welche dem Publikum die Sicherheit und ungestörten Genuß der Vorführungen und der Verwaltung einen rationellen Betrieb gewährleisten.

Das Gelände am Königsplatz (Kroll) war nicht mehr verfügbar. Einen in jeder Hinsicht günstig gelegenen Bauplatz gibt es an der Westseite der Ebertstraße, in dem durch die Siegesallee abgetrennten Teil des Tiergartens (zwischen der Löwengruppe und Lennéstraße). Hier wäre es möglich, das Großtheater zu erbauen, welches alle Räume und Zugehörigkeiten unter einem Dache oder in einem Gebäudekomplex vereinigt hätte, so daß Zeit, Arbeit und Kosten des Betriebes in richtige Verhältnisse zueinander gebracht werden konnten, welche einen rationellen Betrieb, bei hohen technischen und künstlerischen Leistungen bei normalen Eintrittspreisen ermöglichen. Die Befürchtung, daß durch den Bau des Theaters dieser Teil des Tiergartens weiter bebaut würde, ist irrig. Gerade durch diesen Bau, der eine freie Umgebung erfordert, ist die Sicherheit gewährleistet, daß jede weitere Bebauung mit Wohnhäusern ausgeschlossen ist. Im Gegenteil ist andernfalls zu befürchten, daß der Nordrand des Gartens an der Ebertstraße in nicht zu ferner Zeit mit Wohnhäusern besetzt wird.

Das Gebäude hätte die naturgemäße Lage zwischen der alten Stadt und dem Westen. In der Längsachse der durchgeführten Französischen Straße liegend, bildet es einen schönen architektonischen Abschluß. An Stelle eines völligen Abbruchs der Häuser zur Durchlegung der Französischen Straße, speziell der Ministergebäude in der Wilhelmstraße, genügten Durchfahrten durch dieselben sowie Ersatz durch Seitenanbauten. Das störende Geräusch der Wagen kann in den Unterfahrten durch Vorrichtungen zweifellos beseitigt werden.

Nach Norden hin bildet das Opernhausgebäude ein Gegenstück zum Reichstagsbau in symmetrischer Lage zu demselben und in gleicher Entfernung wie dieses von der Hauptachse der Stadt, Charlottenburger Chaussee bzw. Mittelachse des Brandenburger Tores. Der Platz vor dem Brandenburger Tor erhält dadurch seinen symmetrischen Abschluß nach Süden und wird zu einem großartigen Städtebild gestaltet.

Der neue Verkehrsweg, welcher zugleich Entlastung der Leipziger- und Unter-den-Linden-Straße bringt, ergibt mit Ebert- und Lennéstraße günstige Zu- und Abfahrten für das Theater, auch die Siegesallee ist zu verwenden. Der Platz ist leicht zu einem schönen Städtebild zu gestalten.

Bis zur Eröffnung dieses neuen Theaters hätte das alte Opernhaus wie bisher völlig genügt. Als Beweis hierfür diene der Betrieb seit 1910 und die szenischen Leistungen, welche diejenigen aller Theater überragten. Nach Eröffnung des neuen Opernhauses konnte das alte Haus sowie der Opernplatz in seiner alten Gestalt zu dem historischen Städtebild wieder hergestellt werden. Dem künstlerischen Bedürfnis zu genügen, wäre das alte Opernhaus zur Ergänzung des großen Hauses für Spieloper

Die Gesamtflächen der zwanzig größten deutschen Theater verglichen mit den technischen Hilfsräumen

Name	Gesamtfläche in qm	Räume für Schiebebühnen	Lager für Bildteile in Bühnenhöhe
Hamburg Stadttheater	2775		
Dresden Schauspielhaus	2750		
Berlin Staatsoper Platz d. Republ.	3124		
Schwerin i. M. Staatstheater	3197		
Weimar Nationaltheater	3200		
Duisburg Stadttheater	3285		
Wiesbaden Staatstheater	3350		
Leipzig Stadttheater	3697		
München Prinz.-Reg. Th.	3720		
Frankfurt a. M. Städt. Opernh.	3767		
Nürnberg Stadttheater	3870		
Berlin Staatsoper U. d. Linden	3980		
Stuttgart Großes Haus	4200		
Bayreuth Festspielhaus	4535		
Hannover Städt. Opernh.	4744		
Hannover Städt. Opernh. nach d. Umbau	4744		
Freiburg Stadttheater	4800		
Dresden Staatsoper	5003		
Köln Städt. Opernh.	5348		
Berlin Städt. Oper	5400		
Kassel Staatstheater	5635		

Verlag von R. Oldenbourg, München und Berlin

und Komödie zu verwenden. Hierfür war die Größe des Hauses völlig genügend.

Statt dieser aus der Geschichte des Opernhauses sich ergebenden einzig richtigen Lösung wurde wiederum ein Umbau zur Besserung der bestehenden Verhältnisse beschlossen. Im neuen Bühnenhaus werden einige der notwendigsten Räume geschaffen, baulich technische Einrichtungen werden die Arbeit für die szenischen Leistungen erleichtern.

Die Leistungsfähigkeit der Bühne wird vermehrt unter Benutzung der provisorischen Opernbühne von 1910, des Restes des abgerissenen Bühnenhauses.

Eine Menge Erfordernisse eines modernen Theaters, z. B. Foyer für jeden Rang, feuer- und paniksichere Kleiderablagen, Warteräume, Wagenhalle, windgeschützte Ein- und Ausfahrten, verschiedene Säle und Nebenräume können nicht geschaffen werden.

Das Ergebnis des jetzigen Umbaues ergibt nicht den endgültigen, allen Anforderungen entsprechenden Zustand, sondern wiederum Flickwerk. Die Opernhausfrage bleibt bestehen, nur um weitere Jahre verschoben. Die Wiederherstellung des Gebäudes in seiner alten Gestalt und damit das historische Stadtbild ist nunmehr unmöglich. Der finanzielle Standpunkt ergibt: „Ein großer Aufwand nutzlos ist vertan."

Der beste Beweis aber für die Richtigkeit der in der Einleitung aufgestellten Behauptung, daß die Bühnentechnik und ihre berechtigten, fortschreitenden Anforderungen bisher selbst Personen, die sich dienstlich mit den Fragen befassen mußten, ein Buch mit sieben Siegeln geblieben ist, kann in dem Gutachten über den Umbau der Staatsoper erblickt werden, das der vom Hauptausschuß des Preußischen Landtags eingesetzte Unterausschuß der Sachverständigen für die Opernhausfrage erstattet hat. Es heißt darin:[1] „Hier drängt sich aber die Frage auf: wurden nicht die jetzt geplanten Bühneneinrichtungen in einem Ausmaße vorgesehen, das in einem Mißverhältnis zur Größe des Zuschauerraumes und seinem Fassungsvermögen von nur äußerstens 1500 Plätzen steht? Hat nicht hier bei der künstlerischen Leitung der Oper der Ehrgeiz mitgewirkt, bei diesem Umbau eine Bühne zu schaffen, wie sie auf deutschem Boden bisher nicht vorhanden ist? Hat nicht der Gedanke mitgespielt, damit jeden Wettbewerb der Privattheater auf technischem Gebiet aus dem Felde zu schlagen? Da dürfte doch wohl der Gedanke berechtigt sein, daß es wohl nicht die wichtigste Aufgabe der ersten Bühne in Preußen sein kann, auf dem Gebiete des Technischen die Führung zu übernehmen. Die Oper hat sich unter ihren sehr bescheidenen Bühnenverhältnissen einen großen künstlerischen Namen verschafft und dauernd zu bewahren gewußt. Sollte sie nicht auch in Zukunft ihre hohe Aufgabe mehr auf dem Gebiete der reinen Kunst sehen, in bezug auf das Technische aber im Gegenteil einschränkend, vereinfachend, erzieherisch auf unser heutiges Theaterwesen einzuwirken sich bemühen?"

Seit neuester Zeit geht das Bestreben dahin, moderne technische Einrichtungen wie hier auch in andere alte Bühnenhäuser einzubauen. So wünschenswert dies ist,

---

[1] Bühnentechnische Rundschau 1926, Nr. 4

so gefährlich kann es aber auch für den ganzen Betrieb werden, wenn der Erbauer sich nicht gleichzeitig von dem Hauptgrundsatz leiten läßt:

Abstellräume auf Bühnenhöhe oder wenigstens solche in Fahrstuhlverbindung mit der Bühne sind für den Betrieb zunächst viel wichtiger als moderne Seitenbühnen- oder gar Doppelstockanlagen ohne Nebenräume.

Die 1911/12 erbaute Bühne des Staatlichen Schauspielhauses-Dresden besitzt zwei Seitenbühnen im Kellergeschoß und gilt als eines der modernsten Häuser. Den Fachleuten ist jedoch bekannt, daß diese Seitenbühnen seit mehreren Jahren nur als Lager benutzt werden und ihrer eigentlichen Bestimmung vollständig entzogen sind. Das Fehlen der wichtigen Nebenräume verlangte im Betrieb diesen Ausweg, da sonst der Spielplan nicht durchzuführen war. — Das Beispiel ist auch ein Beweis dafür, daß ein an einer falschen Stelle errichteter, durch örtliche Verhältnisse eingeengter Neubau, selbst mit den ausgesuchtesten Hilfsmitteln kein Ersatz für eine normale Anlage ist und daß sich der fehlende Raum unbedingt störend bemerkbar macht! Es ist deshalb Pflicht sachverständiger Berater, vor derartigen Versuchen zu warnen. Von Dresden, Chemnitz, Hamburg und Berlin sollten städtische und staatliche Körperschaften, die sich mit Umbauplänen ihrer Häuser tragen, lernen.

Es ließen sich noch viele Beispiele anführen und die Behauptung ist nicht übertrieben, daß bis jetzt an fast keinem Theater die Lagerräume nach Zahl, Lage und Größe den an die Bühnentechnik gestellten Forderungen entsprechen.

Auf Tafel 7 sind vergleichsweise die bebauten Flächen von 20 Theatern mit ihren auf Bühnenhöhe befindlichen Lagern für einzelne Bildteile und den Räumen zur Aufnahme ganzer Bilder in gleichem Maßstab dargestellt. Aus dieser Zusammenstellung, die bei mittleren Bühnen noch weit ungünstiger ausfallen würde, ist zu erkennen, wie wichtig für den gesamten technischen Betrieb eine wohldurchdachte Regelung der Abstellräume ist, wie ungünstig die technische Abteilung bei allen Theaterbauten bedacht und wie wenig Rücksicht darauf genommen wird, daß beim Wechsel der Sperrgüter zunächst für einen wirtschaftlich arbeitenden Betrieb genügend Raum vorhanden sein muß. Diese wichtigsten Fragen des technischen Betriebes kamen bisher fast überall immer erst in letzter Linie; meist war für sie nicht mehr genügend Geld oder Platz vorhanden oder sie schienen den Sachverständigen (!) zu unwichtig und überflüssig.

Wann wird endlich einmal damit aufgeräumt werden, bei Zweckbauten immer wieder der äußeren Fassade den Vorzug zu geben vor der praktischen Gliederung des Grundrisses? Es ist ein Verbrechen an dem Geist moderner Wirtschaft, notwendige Räume auf Kosten architektonischer Schönheit künstlich zu verkleinern, statt zu vergrößern. Keinem technischen Leiter wird es einfallen, übertrieben große Räume zu fordern, aber die unbedingt notwendigen müssen zugestanden werden.

Wann endlich wird ferner der Denkmalschutz sinngemäß und nicht als Hemmschuh jeder modernen Entwicklung nur dem Wortlaut nach angewandt werden, damit die dringend notwendigen Erweiterungen alter Theater in Länge, Breite und vor allem Höhe möglich sind? In denselben Häusern, die früher für bescheidene Anforderungen ausreichten, werden heute *vervielfachte* Leistungen mit den *gleichen* Mitteln gefordert. Jede als notwendig erkannte Ausdehnung aber wird durch die gesetzlich verlangte Erhaltung der Gebäude verhindert.

Es ist richtig, ein wirkliches „Denkmal" unter Schutz zu stellen; ein altes, herrliches Schloß soll in seiner äußeren Form keine Veränderung erleiden, wenn auch Wohnungen, Kanzleien oder was oft schon schwieriger ist, Museen dort untergebracht werden müssen. Ein Theater aber, das „Spiegel und abgekürzte Chronik der Zeit" ist, darf, wenn es lebendig bleiben soll, die Gestaltung seiner Wohnstatt nicht dem Fortschritt entziehen. Alte Opernhäuser, wie Bayreuth-Opernhaus, Berlin-Staatsoper Unter den Linden, Braunschweig, Dresden, Frankfurt a. M., Gotha, Hannover und Koburg können nicht, ohne überhaupt zu schließen[1]), immer in der Ursprungsform erhalten bleiben: irgendwo und -wann rächt es sich, daß die Entwicklung künstlich gehemmt wurde.

Das einzige Haus, dessen Bühne und Nebenräume, dank der meisterhaften Gliederung durch Fritz Brandt, in dieser Hinsicht noch für Jahrzehnte allen Anforderungen genügen werden und an Leistungsfähigkeit im Unterbringen und Befördern der Bildteile den Wettbewerb mit allen anderen, später entstandenen oder umgebauten Häusern aufnehmen können, ist die Städtische Oper-Berlin (s. Abb. 391).

KRAFTZENTRALEN

Abb. 37. Hydraulische Preßpumpen, Stadttheater-Hamburg; System A. Linnebach (Kölle & Hensel-Berlin)

DIE LICHT- UND KRAFTSTATION

Nur wenige Theater besitzen heute noch eine eigene Zentrale für ihre Lichtanlage; der Strom wird fast allgemein von den städtischen Werken oder Überlandzentralen geliefert und entweder durch eine Umformer- oder eine Gleichrichteranlage auf die für den Theaterbetrieb geeignetsten Spannungen von 110 oder 220 Volt gebracht. Es wird auch mehr und mehr eine Trennung der Hausanlage von der des Bühnenbetriebes durchgeführt.

---

[1]) In diesem Sinne sollte das Markgräfliche Opernhaus-Bayreuth als Museumstheater erhalten bleiben, da ein Umbau ohne Zerstörung der alten kostbaren Einrichtungen nicht möglich ist.

DIE DRUCKZENTRALE

Häuser mit hydraulischen Versenkungsanlagen besitzen eine Druckzentrale, in der mehrere Preßpumpen mit Leistungen bis 60 PS Druckluft erzeugen und diese in großen zylindrischen Stahlbehältern aufspeichern. Anlagen mit 100—120 Atm. Druck sind heute keine Seltenheit mehr (Abb. 37—39).

Abb. 38. Kompressor, Stadttheater-Hamburg; System A. Linnebach
(Kölle & Hensel-Berlin)

Abb. 39. Luftflaschen für 100 Atm., Stadttheater-
Hamburg; System A. Linnebach (Kölle & Hensel-Berlin)

Es erübrigt sich, auf Einzelheiten beider Betriebe einzugehen, da die Lieferung von Strom und Druckwasser nur eine Begleiterscheinung des eigentlichen technischen Bühnenbetriebes ist.

72

DIE BÜHNE

Abb. 40. Rundbogen zur Hinterbühne mit Brücke. Städtisches Opernhaus-
Hannover

Der *Bühnenboden* ist der Träger des Bühnenbildes; er besteht aus Holz und ist in Friese, Freifahrten, Kassettenklappen, Tisch-, Gebälk- und Bodenversenkungen gegliedert (sie sind im 4. Kapitel näher beschrieben). Er wird von vier Wänden: der Rückwand, den beiden Seitenwänden[1]) und der Vorbühnenwand begrenzt; nach oben durch den Schnürboden.

Die *Rückwand* dient nur als Durchgang zur Hinterbühne, manchmal zum Befestigen einer Verbindungsbrücke zwischen den Seitenwänden (Abb. 40). Form und Größe sind bei der Hinterbühne S. 82—85 näher behandelt.

Die *Seitenwände* sind starke Mauern mit kleinen, eisernen, feuersicheren Türen für Personenverkehr und ebensolchen hohen, schmalen zum Durchtragen der Bildteile (Abb. 41). An ihnen sind die Zug- und Gewichtsausgleichs-Vorrichtungen für Hängestücke, Fluggestelle und Beleuchtungsrampen angebracht (Abb. 42). In neuerer Zeit werden die Seitenwände immer mehr durchbrochen, um Durchgänge zu den Hilfsbühnen zu schaffen, die in ihren Ausmaßen oft die Öffnung der Vorderwand erreichen und gelegentlich noch überschreiten. (Nähere Angaben darüber siehe unter Seitenbühnen S. 85/86.)

Die *vierte Wand*[2]) bildet die Verbindung mit dem Zuschauerraum, sie gewinnt seit Einführung des Bühnenhimmels für den technischen Betrieb größere Bedeutung. In einem niedrigen Obergeschoß, das links und rechts bis an den Bühnenrahmen heranreicht, stehen oft die maschinellen und beleuchtungstechnischen Bedienungsapparate (Abb. 43), durch ihre höhere Lage getrennt von der auf Bühnenhöhe be-

---

[1]) Alle im folgenden angeführten Unterscheidungen „links" oder „rechts" sind stets vom Zuschauer aus gemeint. Leider weichen immer noch einige Theater von dieser Selbstverständlichkeit ab.

[2]) Als vierte Wand kann auch im übertragenen Sinn die gesamte Darbietung der Bühne bezeichnet werden. Deshalb nannte Paul Alfred Merbach-Berlin die von ihm geleitete Zeitschrift der Deutschen Theater-Ausstellung Magdeburg 1927 „Die vierte Wand".

findlichen künstlerischen Aufsicht, der Bedienung der Vorhänge und der Signalanlage. Durch diese Anordnung ist eine bessere Übersicht und mehr Platz gewonnen.

Die *Vorbühnenöffnung*, d. h. der Ausschnitt in der vierten Wand, durch den die Zuschauer das Bühnenbild sehen, ist meist viereckig. Das Breiten- und Höhenmaß ist ausschlaggebend für die Größenverhältnisse des ganzen Baues. Bei falsch gewählten Maßen sind deshalb immer die Fehler der einzelnen Häuser leicht dort nachzuweisen. Auf Tafel 8 S. 72 werden bei 74 Theatern die Breiten der Vorbühnenöffnungen mit denen der Bühne und des Hauses verglichen; in der Zusammenstellung auf S. 76/77 die Höhe der Vorbühnenöffnungen mit dem Bühnenhimmel und Schnürboden.

Die *Breitenabweichungen* der Vorbühnen untereinander sind bei weitem nicht so groß wie die zwischen den Seitenmauern der Bühnen; am auffallendsten ist jedoch der Unterschied bei den Ausmaßen der Häuser selbst.

Abb. 41. Feuerfeste Tür zum Setzstücklager,
Städtisches Opernhaus-Hannover

Abb. 42. Einseitige Zuganordnung,
Opernhaus-Köln/Rh.

Annähernd richtige Verhältnisse zeigen eigentlich nur acht Gebäude: Staatsoper am Platz der Republik und Städtische Oper-Berlin, Schauspielhaus-Dresden, Stadttheater-Duisburg, Städtisches Opernhaus-Hannover, Staatstheater-Kassel, Großes Haus-Stuttgart und Staatsoper-Wien. Deshalb sind, mit Ausnahme von Hannover[1]) und Wien, auch gerade diese Häuser bereits mit Seitenbühnen versehen. Wenn technisch-wirtschaftlich nach den auf Seite 251—52 aufgestellten Grundsätzen gearbeitet werden soll, müssen die Breitenmaße betragen:

---

[1]) Hierfür liegen die Umbaupläne bereits vor (s. Abb. 441).

	für kleine	mittlere	große	größte Häuser
Vorbühnenbreite	8	10	12	14 Meter
Bühnenbreite	26	28	32	38 ,,
Hausbreite	62	70	86	96 ,,

Abb. 43. Standort der künstlerischen und technischen Leitung, Festspielhaus-Bayreuth

Aus den folgenden Beispielen A—C der Abb. 44 ist zu erkennen, wie viel Einfluß falsche oder richtige Breitenverhältnisse auf den Bau der Bühnenbilder und den technischen Betrieb haben.

A. *Bildraum:* Bühnenhimmelkurve vorn zu eng, Lichtbildwolken verlaufen in ansteigender Linie, Ausleuchten erschwert.

Betriebsraum: Abstellen von Bühnenbildteilen polizeilich verboten, deshalb große Umbaupausen, da weiter Weg bis zum Lagerraum.

75

B. *Bildraum:* Bühnenhimmelkurve richtig; Beleuchtungsfehler beseitigt.
   Betriebsraum: Abstellen von Bühnenbildteilen nur in den Ecken gestattet.
   Umbaupausen zwar etwas verkürzt, Betrieb jedoch nicht vereinfacht.
C. *Bildraum:* richtig.
   Betriebsraum: richtig. Umbaupausen auf Sekunden beschränkt. Betriebs-
   personal wesentlich vermindert.

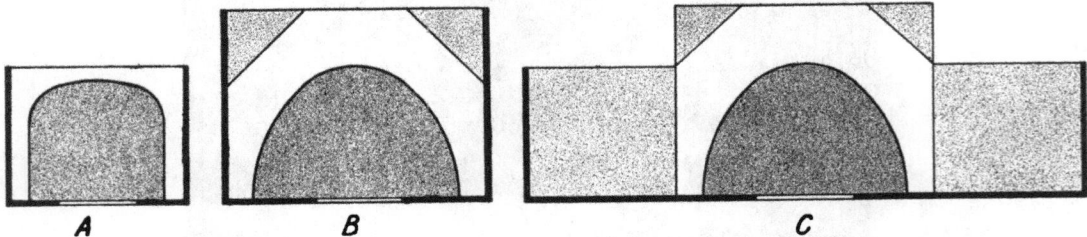

Abb. 44. Einfluß der Breitenverhältnisse von Haus, Bühne und Vorbühnenöffnung
auf den Bau der Bühnenbilder

HÖHENUNTERSCHIEDE IN DEUTSCHEN BÜHNENHÄUSERN
(geordnet nach Bühnenhimmelhöhen in Metern)

1	2	3	4	5	6
		Höhe des			Unterschied zwischen
Nr.	Theater	Vorbühnen-ausschnittes	Bühnen-himmels	Schnür-bodens	Spalte 4 u. 5 (über 3 m)
	a) Stoffhimmel				
1	Bayreuth, Festspielhaus	12	27	30	
2	Dresden, Opernhaus	10.5	24	25	
3	Berlin, Staatsoper Unter den Linden	9	23	26	
4	Berlin, Staatsoper am Platz der Republik	8.5	23	26	
5	Hamburg, Stadttheater	8.4	23	29	6 m
6	Duisburg, Stadttheater	8	23	26	
7	Berlin, Großes Schauspielhaus	9	22	22	
8	Köln, Opernhaus	9.5	22	25	
9	München, Prinzregententheater	8.5	22	27	5 m
10	Stuttgart, Großes Haus	8	22	25	
11	Kassel, Staatstheater	7.5	22	24.6	
12	Wiesbaden, Staatstheater	8.5	21.5	23	
13	Frankfurt a. M., Opernhaus	8.5	21	25	4 m
14	Freiburg i. B., Stadttheater	8	21	25	4 m
15	Hannover, Städtische Oper	8	20	22	
16	Mainz, Stadttheater	7.5	20	24	4 m
17	Darmstadt, Landestheater	7	20	24	4 m
18	Berlin, Staatliches Schauspielhaus	7	20	22	
19	Prag, Neues Deutsches Theater	6.5	20	21.5	
20	Berlin, Lessingtheater	6.5	20	20	
21	München, Nationaltheater	8.2	19.2	26.5	7.3 m
22	Augsburg, Stadttheater	8.5	19	20	
23	Halle a. d. S., Stadttheater	7	19	20	
24	Oldenburg i. O., Landestheater	6	19	19	
25	Braunschweig, Landestheater	9	18	19	
26	Berlin, Staatliches Schillertheater	7	18	22	4 m
27	Düsseldorf, Schauspielhaus	7	18	18.7	

1	2	3	4	5	6
			Höhe des		Unterschied zwischen
Nr.	Theater	Vorbühnen-ausschnittes	Bühnen-himmels	Schnür-bodens	Spalte 4 u. 5. (über 3 m)
28	Bremen, Stadttheater	7	18	18	
29	Osnabrück, Stadttheater	6	18	18	
30	Zürich, Stadttheater	10	17.8	22	4.2 m
31	Barmen, Stadttheater	6.2	17.8	22	4.2 m
32	Magdeburg, Stadttheater	6.5	17.5	20	
33	Chemnitz, Opernhaus	8.5	17	22	5 m
34	Lübeck, Stadttheater	7	17	19.5	
35	Bremerhaven, Stadttheater	7	17	17.5	
36	Dessau, Friedrichstheater	6	17	18	
37	Meiningen, Landestheater	7.5	16.5	16.5	
38	Schwerin, Landestheater	8	16.2	19.2	
39	Wien, Staatsoper	9	16	25	9 m
40	Köln, Schauspielhaus	8.5	16	19	
41	Bochum, Stadttheater	8	16	22	6 m
42	Chemnitz, Schauspielhaus	8	16	16	
43	Dortmund, Stadttheater	6.8	16	22.5	6.5 m
44	Hamburg, Deutsches Schauspielhaus	6	16	18	
45	Gera, Reußisches Theater	6	16	18	
46	München, Residenztheater	6	15.8	16	
47	Mannheim, Nationaltheater	7.5	14.3	17	
48	Berlin, Theater am Nollendorfplatz	8	14	19.2	5.2 m
49	Graz, Opernhaus		14	19	5 m
50	Essen, Opernhaus	5.5	12.8	15	
51	Gotha, Landestheater	5.6	12.5	18	5.5 m
52	Hannover, Schauspielhaus	6	12	17.5	5.5 m
53	Koburg, Landestheater	5.3	7.5	14.5	7 m

b) Kuppelhimmel

1	Berlin, Theater am Bülowplatz	10	28	41	13 m
2	Dresden, Staatliches Schauspielhaus	7.5	23	26/32[1])	3/9 m
3	Berlin, Städtische Oper	8.4	16	30	14 m

Die *Höhenunterschiede* der Bühnenhimmel liegen zwischen 27 m (Bayreuth-Festspielhaus) und 8 m (Koburg-Landestheater), die der Vorbühnenöffnungen zwischen 12 m (Bayreuth-Festspielhaus) und 5,5 m (Essen-Opernhaus).

Da die verstellbare Vorbühnenhöhe von der des Bühnenhimmels abhängt und im Hinblick auf eine gute Sicht der oberen Rangbesucher nie groß genug sein kann, muß die Oberkante der Bühnenhimmel so hoch wie möglich liegen; die äußere Grenze ist der Schnürboden. Daher sind *die* Theater richtig gebaut, bei denen der Unterschied zwischen Bühnenhimmel- und Schnürbodenhöhe (Spalte 4 und 5, S. 76/77) möglichst gering ist. Der Bühnenhimmel ist bei vielen Häusern aus baulichen Gründen nicht ohne wesentliche Kosten höher zu legen, manchmal auch weil die Berieselungsanlage unter den Verbindungsbrücken eingebaut ist und sie nicht geändert

[1]) vorn 26 m, hinten 32 m.

werden soll. Jedenfalls lohnt sich eine Nachprüfung aller Bühnen, bei denen dieser Unterschied über 3 m beträgt; sie sind in Spalte 6 besonders erwähnt.

Der *Vorbühnenabschluß* vom Zuschauerraum im Ausschnitt der vierten Wand gestattet durch hoch- oder auseinanderziehbare Vorhänge den Einblick in die Guckkastenbühne.

Der *eiserne* Vorhang (Abb. 45) ist die baupolizeilich vorgeschriebene Trennung zwischen Zuschauerraum und Bühne, sobald keine Proben und Vorstellungen stattfinden.

Abb. 45. Eiserner Vorhang, Städtisches Opernhaus-Hannover

Der feste *Hauptvorhang* wurde etwa bis 1900 für Beginn, Zwischenakt und Ende der Aufführung benutzt und bestand aus Leinwand; er war mit Ober- und Unterlatte versehen und wie ein Prospekt aufgehängt. Die Fläche war meist mit Gemälden (Abb. 46—48) geschmückt, die sich entweder auf die Gründung des Hauses bezogen oder durch mythologische Gestalten aus der Welt des Seins in die des Scheins überzuleiten suchten. Hauptsächlich durch die Werke Richard Wagners wurden diese Schmuckstücke mehr und mehr verdrängt und sind heute nur noch an wenigen großen Bühnen zu finden.

Der fließende, *geteilte Stoffvorhang* bildet einen viel besseren Ersatz, da er bei dem seitlichen Auseinanderziehen oder -Hochraffen das Bühnenbild von der Mitte aus erscheinen läßt und in jeder Stellung einen abgeschlossenen Ausschnitt zeigt. Das war bei dem früheren Vorhang, der von unten nach oben aufging und immer zuerst nur die Füße der Darsteller sehen ließ, nie zu erreichen. — Bei einigen Bühnen kommen noch heute beide Arten nebeneinander vor.

Ein *Schallvorhang* aus dickem Stoff sollte in jedem Haus hinter den andern vorhanden sein, um die bei Umbauten nicht zu vermeidende Unruhe nach Möglichkeit zu dämpfen. Wenn er mit einer breiten Mittelklappe versehen ist, können sie

Abb. 46. Hauptvorhang von Joh. Heinrich Ramberg, Städtisches Opernhaus-Hannover

Abb. 47. Hauptvorhang von J. Fux, Burgtheater-Wien

79

Abb. 48. Hauptvorhang von F. Goll-Wien, Staatstheater-Wiesbaden

Abb. 49. Untermaschinerie, Städtisches Opernhaus-Hannover

Verhältnis der Breitenmaße von Vorbühne, Bühne und Haus.

Vergleichende Übersicht der 74 größten deutschen Theater.

Äußeres Maß (schwarz): = H = Hausbreite in Höhe der Vorbühnenöffnung; *mittleres Maß (weiß):* = B = Bühnenbreite zwischen den Seitenmauern; *inneres Maß (schwarz):* = V = Vorbühnenbreite (maßgebend für die Reihenfolge).

Theater	H.	B.	V.
Nürnberg (Sch.)	29,5	18	9,5
Halle	41,5	19,5	9,5
Chemnitz (Sch.)	20	20	9,5
Lübeck	55	21	9,5
Mannheim	24	24	9,6
Berlin (Lessing-Theater)	32,6	20	9,7
München (Residenz-Th.)	35	18	10
Oldenburg	29,5	19	10
Bochum	39	20	10
Meiningen	40	20,5	10
Berlin (Th. a. Nollendorfplatz)	28,5	21,5	10
Düsseldorf (O.)	38	22	10
Berlin (Staatl. Schiller-Theat.)	43	26	10
Kassel	87	29,5	19
Dessau	40	40	10
Kiel	36	21	10,4
Köln (Sch.)	31,5	21	10,5

Theater	H.	B.	V.
Essen (Opernhaus)	32	16,5	7,5
Koburg	35	16	8
Stuttgart (Kl. H.)	45	21,5	8
Berlin (Deutsches Theater)	33	22	8,5
Gotha	31	18,5	8,6
Magdeburg	38	21	8,6
Berlin (Theat. i. d. Königgrätzerstr.)	16,4	16,4	8,8
Gera	31	18	9
Osnabrück	37,3	18,5	9
Elberfeld	31	19	9
Bremerhaven	42,5	19	9
Hannover (Sch.)	26	19,5	9
Essen (Sch.)	26	21	9
Graz	38	26	9
Düsseldorf (Dumont-Bühne)	31,5	17,5	9,2
Neustrelitz	34,75	17	9,3
Danzig	26	18	9,5

Zürich	31	22	12
Frankfurt (O.)	15	21,5	12
Wiesbaden	12	25	12
Wien(Burg-Th.)	49	31	12
Nürnberg (O.)	42	25	12,3
Darmstadt	13,5	22,75	12,4
Augsburg	39	21,5	12,5
Berlin (Oper a. Pl. d. Republik)	67	25	12,5
München (National-Th.)	50	29	12,5
Hamburg (St.-Th.)	37,5	25	12,6
Köln (O.)	52	33	12,75
Prag (D. Th.)	37,5	24	13
Bayreuth (Festspielh.)	16	28	13
Berlin (Gr. Schauspielh.)	55,6	28	13
Berlin (Städt. Oper)	72	28	13
München(Prinz-reg.-Th.)	49	29	13
Dresden (O.)	48	29,5	13
Wien (O.)	73,5	31	13
Leipzig (A. T.)	10	29	13,4
Berlin (St.-Oper u. d. Linden)	54	30	13,5

Chemnitz (O.)	55,5	25	10,5
Schwerin	16	28,7	10,5
Breslau (O.)	39	22,5	10,7
Posen	19,75	20	11
Hamburg (D.-S.)	32,5	21	11
Bremen	51	21,3	11
Barmen	50	23	11
Dortmund	31	24	11
Weimar	35,5	21	11
Freiburg	42	25	11
Berlin (Staatlich. Schauspielh.)	73,5	26	11
Leipzig (N. Th.)	43	27	11
Frankfurt M. (S.)	54	24	11
Mainz	56,5	21,5	11,5
Berlin (Theater a. Bülowpl.)	38	22	11,5
Braunschweig	43	24	11,5
Hannover (O.)	80	26	11,5
Stuttgart (Gr. H.)	63	28,5	11,5
Dresden (Sch.)	70	31,5	11,5
Duisburg	62	21,5	11,9

Kranich, Bühnentechnik I

Verlag von R. Oldenbourg, München und Berlin

Abb. 50. Obermaschinerie (Schnürboden und Rollenboden) Stadttheater-Heilbronn; Maschinenfabrik-Wiesbaden

die Darsteller bei Hervorrufen benutzen und die Zeit dafür kann bereits für den Umbau verwendet werden.

Außer diesen festen Vorbühnenverschlüssen müssen noch mindestens zwei Züge vor der Beleuchtungsbrücke für szenische Zwecke angebracht sein; näheres darüber siehe im vierten Kapitel.

Die *Untermaschinerie* (Abb. 49) liegt unter dem Bühnenboden; sie besteht gewöhnlich aus zwei bis drei Geschossen. Die Forderung, Bühnenbilder im ganzen auf und abzubewegen oder nach Seitenräumen unter Bühnenhöhe zu befördern, bedingt ihre vollständige Umwandlung (s. S. 133—155).

Die *Obermaschinerie* dient zum Bewegen hängender Bildteile (Kapitel 4, S. 156—88); ihr oberster Teil heißt *Rollen- oder Schnürboden* (Abb. 50). Bei dem vollkommen veränderten Bühnenbild mit seiner starken Verminderung hängender Teile kommt auch diesen Räumen nicht mehr die Bedeutung zu, die sie noch vor etwa 20 Jahren hatten. Einige Häuser besitzen zwei Geschosse, um bei gelegentlichem Anbringen nicht ortsfester Zugvorrichtungen (Handzüge) das Arbeiten zwischen den Zugseilen zu erleichtern. Sie sind ungefähr 2 m voneinander entfernt; das untere wird dann mit Schnürboden, das obere mit Rollenboden bezeichnet.

Der *Bühnenhimmel* bildet für den Zuschauer den Abschluß des Bildes; er wurde bisher als Teil der Obermaschinerie betrachtet, ist jedoch so wichtig geworden und hat eine so grundlegende Umwälzung der ganzen Bühnenbildkunst und damit auch der Bühnentechnik hervorgerufen, daß er als besonderer Teil in Kapitel 4, S. 189—94, behandelt ist.

6

Für ein neues Haus müssen die Höhen des Bühnenhimmels (H_h) und des Rollenbodens (B_h) nach folgenden Formeln bestimmt werden (Abb. 51):

Bühnenhimmel:
$$\frac{H_h}{Z + H_a} = \frac{V}{Z}$$

Rollenboden:
$$B_h = H_h + P$$

Dabei bedeuten in Metern:

Z = Entfernung des vordersten Zuschauers von der Vorbühnenöffnung;

V = nutzbare Höhe derselben;

H_a = Abstand des Himmels von ihr;

P = Prospekthöhe = $V + 2$

Daraus ergibt sich für:

$$H_h = \frac{V \cdot (Z + H_a)}{Z}$$

$$B_h = \frac{V \cdot (Z + H_a) + V + 2}{Z}$$

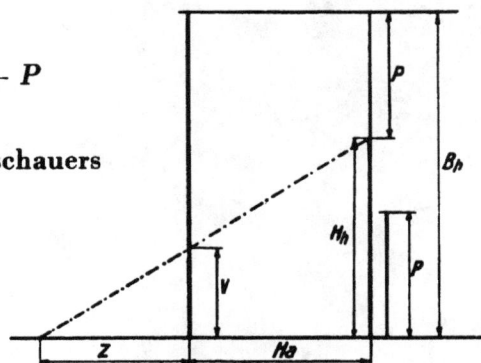

Abb. 51. Mindestmaße für Schnürbodenhöhen bei Neubauten

Oder in einem Beispiel mit Zahlen für ein großes Haus: Wenn die Entfernung des Zuschauers von der Bühnenöffnung 9 m und die Höhe der Vorbühne 8 m beträgt, so muß bei einem Abstand von 18 m von der Vorbühne der Himmel 24 m und der Rollenboden 34 m hoch sein. Dieser Forderung entspricht bis jetzt nur das Stadttheater-Hamburg.

Die *Arbeitsstege* (Kapitel 4, S. 195—201) bestehen aus Galerien, Brücken, Türmen. Drei bis vier feste Galerien befinden sich an den Seitenwänden (Abb. 52).

Zwei bis sechs feste oder bewegliche Brücken verbinden die Seitengalerien (Abb. 53). Die vorderste ist die Vorbühnenbegrenzung nach oben und eines der wichtigsten Organe für die Beleuchtung geworden.

Zwei bewegliche Türme bilden den Seitenabschluß an der vorderen Bühnenöffnung. Sie sind erst in jüngster Zeit entstanden und noch nicht überall zu finden (Abb. 54).

Die Hinterbühne wurde früher mit in das Spielfeld einbezogen[1]) und die Kulissen in perspektivischer Anordnung bis zur Rückwand der Hinterbühne angebracht (Abb. 55); auch hatte sie vor Einführung des Bühnenhimmels oft Vorrichtungen zum Anbringen hängender Bildteile (Züge). Heute ist sie meist Vorbereitungsraum für das nächste Bühnenbild oder Durchgang nach den dahinter liegenden Lagern und Hilfsbühnen. Sie steht bei älteren Häusern oft mit der Spielbühne durch einen bogenförmigen Maueraussschnitt in Verbindung, dessen Form das Bewegen hoher Bildteile sehr stört (s. Abb. 40). Von einem modernen Bühnenhaus muß unbedingt verlangt werden, daß der Durchbruch in der Wand viereckig ist, breiter als die Öffnung der Vorbühne und mindestens so hoch wie die unterste

---

[1]) Julius Petersen weist in seiner Schrift „Schiller und die Bühne" 1905 nach, daß Schiller im letzten Bild zu „Wallensteins Tod" mit der Hinterbühne des alten, 1825 abgebrannten Weimarschen „Redouten- und Comödien-Hauses" gerechnet hat.

Abb. 52. Pfosten und Seitengalerien, Städtisches Opernhaus-Hannover

Abb. 53. Feste Brücken zwischen den Galerien, Stadttheater-Freiburg i./B.

Arbeitsgalerie. Die beiden Räume müssen außerdem durch einen schalldichten, eisernen Vorhang voneinander getrennt werden können.

Die Maße der Hinterbühne bestimmen ihre Brauchbarkeit für raschen Bildwechsel. Für kleine Häuser sollte 9 m Breite, 8 m Tiefe und 8 m Höhe die unterste Grenze bilden, für mittlere 12, 10, 9 und für große Opernhäuser 20, 15, 10.

Ohne Hinterbühne sind: Berlin-Staatliches Schauspielhaus, Großes Schauspielhaus, Theater am Bülowplatz; Chemnitz-Schauspielhaus; Danzig-Stadttheater;

Abb. 54. Seitlicher Turm an der Vorbühnenöffnung,
Städtisches Opernhaus-Hannover

Dessau, Dresden-Schauspielhaus; Duisburg, Erfurt, Essen-Schauspielhaus; Gotha, Krefeld, Leipzig-Neues Theater und Oldenburg. Zu schmal ist sie im Schauspielhaus-Hannover; nicht tief genug in Barmen mit einer einzigdastehenden, vollkommen wertlosen schiefen Hinterbühne (auf der linken Seite 3 m, auf der rechten 10 m). Hannover-Opernhaus, Düsseldorf-Schauspielhaus, Hannover-Schauspielhaus, Koburg und Köln-Schauspielhaus haben nur je 4 m Tiefe.

Nicht hoch genug sind: Braunschweig (7,5), Dortmund (6), Essen-Opernhaus (5,6), Hamburg-Deutsches Schauspielhaus (6,5), Koburg (7,2), Köln-Schauspielhaus (6,7), Danzig-Stadttheater, Dessau, Lübeck (6), Mannheim (7,7), Meiningen (7,2), Prag-Neues Deutsches Theater[1]), Stuttgart-Großes Haus (6,5), Zürich (6,8).

Behindert durch einen gemauerten Rundbogen sind: Augsburg, Düsseldorf-Städtisches Opernhaus; Hannover-Opernhaus; Koburg, Magdeburg, München-Nationaltheater; Prag-Neues Deutsches Theater, Schwerin.

Die übrigen Häuser haben brauchbare, allerdings weit voneinander abweichende Maße, rechteckigen Ausschnitt und keinen Schallvorhang.

Richtig in der Größe und mit Schallvorhang versehen sind nur: Berlin-Staatsopern Unter den Linden und am Platz der Republik; Darmstadt, München-Residenztheater und Prinzregententhater; Stuttgart-Großes Haus und Kleines Haus; Wien-Opernhaus und Burgtheater; Wiesbaden.

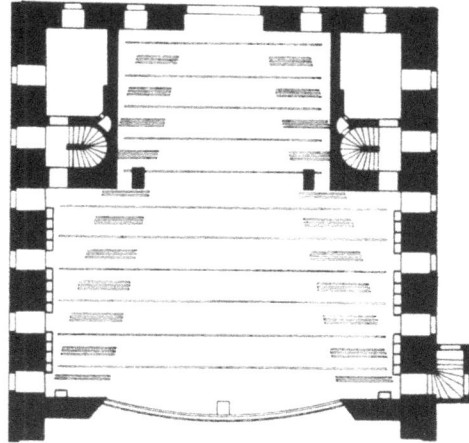

Abb. 55. Bühnengrundriß der alten Hofoper-Wien

Die *Seitenbühnen* sind die jüngste bühnentechnische Errungenschaft; ihre vorteilhaftesten Abmessungen im Vergleich zur Spielbühne stehen noch nicht genau fest. Bisher wurden sie von Neubau zu Neubau immer größer. Sie müssen mindestens 1 bis 2 m breiter als die Vorbühnenöffnung sein und in der Höhe etwa die erste Arbeitsgalerie erreichen. Je tiefer die Seitenbühnen angelegt sind, um so größer können ihre Wagen sein; je näher deren hintere Grenze dem entferntesten Punkt des Bühnenhimmels kommt, um so günstiger gestaltet sich, hauptsächlich bei Landschaften, die Vorbereitung des Bildes. Die abschließenden Fronten können dann größtenteils schon an ihrem Platz stehen. (Siehe dazu auch S. 301 unter K Z 6.)

Beträgt die Tiefe weniger als 3 m, so kann von *Seitenbühnen* nicht die Rede sein; dann sind diese Räume nur zum Abstellen geeignet. Es ist deshalb auch durchaus unangebracht, wenn Paul Zucker über die Volksbühne am Bülowplatz-Berlin schreibt:

> „Ausstattung der Bühne mit letzten technischen Erfindungen, Verbindung der Drehbühne von außergewöhnlich großem Durchmesser mit zwei Seitenbühnen, Versenkungsanlagen usw. Dadurch räumliche Vielgestaltigkeit."[2])

Durch die weit vorgeschobenen Mauern des Bühnenhimmels bleibt links tatsächlich nur eine nutzbare Tiefe von 2 m übrig, so daß von *zwei* Seitenbühnen nicht gesprochen werden kann.

Auf den Seitenbühnen sind im allgemeinen für rasche Aufbauten folgende Einrichtungen nötig: Ein genügend großer Abstellraum für die Teile von mindestens

---

[1]) Die früher genügend hohe Hinterbühne wurde durch Einbau einer Probebühne für den technischen Betrieb unbrauchbar und kann jetzt nur noch als Abstellraum benutzt werden. (Vgl. S. 64 zu III. 1.)

[2]) „Theater- und Lichtspielhäuser", E. Waßmuth A.-G., Berlin 1926, S. 29.

drei Bildern, Gerüsten und Blenden des täglichen Bedarfs; ein Fahrstuhl nach den höher oder tiefer gelegenen Lagern; einige Züge zum Aufrichten von Bäumen, Säulen usw. sowie zum Auflegen von Zimmerdecken; ein schalldichter eiserner Vorhang nach der Spielbühne.

Die bisher ausgeführten Seitenbühnen haben folgende Abmessungen:
(geordnet nach Spalte 8: Unterschied zwischen Seiten- und Vorbühnenbreite)
(Spalte 1 bzw. 4 : 7)

Nr.	Stadt und Theater	rechte Seite			linke Seite			Vorbühnen- breite	Unterschied	Abschluß- Vorhang
		1	2	3	4	5	6	7	8	9
		Breite	Tiefe[1]	Höhe	Breite	Tiefe[1]	Höhe			
1	Hamburg, Stadttheater	6.2	10.0	9.5	6.2	10.0	9.5	12.0	— 5.8	ja
2	Berlin, Theater am Bülowplatz	8.0	4.0	7.6	8.0	2.0	7.6	11.5	— 3.5	nein
3	Dortmund, Stadttheater	—	—	—	7.0	7.0	7.2	10.0	— 3.0	nein
4	Berlin, Staatsoper U. d. Linden	12.5	17.0	10.0	12.5	17.0	10.0	13.5	— 1.0	ja
5	Berlin, Gr. Schauspielhaus	12.0	6.0	9.0	12.0	6.0	9.0	13.0	— 1.0	nein
6	Hamburg, Dtsch. Schauspielhaus	—	—	—	10.0	1.5	8.5	11.0	— 1.0	nein
7	Neustrelitz, Landestheater	8.0	6.0	—	8.0	6.0	—	9.0	— 1.0	ja
8	Kassel, Staatstheater	9.5	5.3	7.0	10.0	5.3	7.0	10.0	— 0.5 0.0	ja
9	Dessau, Friedrichstheater	10.0	5.0	8.0	10.0	5.0	8.0	10.0	0.0	nein
10	Stuttgart, Großes Haus	—	—	—	12.0	10.0	9.0	11.5	+ 0.5	ja
11	Stuttgart, Kleines Haus	—	—	—	9.0	5.2	7.5	8.0	+ 1.0	ja
12	Berlin, Staatsoper a. Pl. d. R.	14.0	8.0	10.0	14.0	8.0	10.0	12.5	+ 1.5	ja
13	Berlin, Staatl. Schauspielhaus	13.5	6.3	6.0	—	—	—	11.0	+ 2.5	ja
14	Zürich, Stadttheater	12.8	2.0	10.0	13.5	2.0	10.0	10.0	+ 2.8 + 3.5	nein
15	Dresden, St. Schauspielhaus[2]	18.0	6.0	7.3	18.0	6.0	7.3	11.5	+ 6.5	nein
16	Duisburg, Stadttheater	18.5	7.0	7.8	18.5	7.0	7.8	10.8	+ 7.7	ja
17	Berlin, Städtische Oper	19.8	7.0	10.0	15.0	7.0	10.0	11.8	+ 8.0 + 3.2	ja

[1] Als Tiefe ist nur das für Seitenwagen tatsächlich nutzbare Maß angegeben.
[2] Die Seitenbühnen befinden sich hier nur in Höhe der Untermaschinerie.

3. KAPITEL

DER TECHNISCHE BETRIEB

Diese Abteilung eines Theaters umfaßt die wirtschaftlichen und technischen Schreibarbeiten, die praktische Werkstatt- und Bühnentätigkeit sowie den Lager- und Förderdienst. Kleine Verwaltungen beschäftigen ihr Personal nach Bedarf in allen Betriebszweigen; größere, denen zwei bis drei Theater unterstehen, haben eine mehr oder weniger scharfe Trennung durchgeführt. Bei der fortschreitenden Arbeitsteilung, der immer verwickelter werdenden Bauweise der Bilder und der zunehmenden Anwendung maschineller Hilfsmittel bilden sich auch hier Sonderberufe, wie sie für Bildbau und Beleuchtung schon an den kleinsten Bühnen restlos bestehen.

SCHREIBARBEITEN

Der wirtschaftliche Teil umfaßt wie in jedem anderen Fabrikbetrieb: Personalfragen, Lohnlisten, Rechnungswesen, Wareneinkauf, Buchführung, Schriftverkehr, Tabellen, Etataufstellung, Voranschläge für Neuausstattungen, Inventarverwaltung; nur diese wird hier eingehend behandelt.

Für die vorteilhafteste Art, das Verzeichnis eines Fundus anzulegen, läßt sich keine Norm aufstellen; sie ist von der Arbeitsweise der einzelnen Theater abhängig. Kleine Häuser haben meist einen Bestand, der die allgemeinen Formen für Architekturbilder, Innenräume und Landschaften enthält, aus dem alle neuen Aufführungen mit wenigen Ergänzungen zusammengestellt werden können; große dagegen statten fast jedes Werk neu aus und verwenden die Teile abgespielter Stücke höchstens wieder als Baustoffe.

Noch vor hundert Jahren wurden die einzelnen Bildteile allgemein in ein „Inventarienbuch" (s. S. 213—217) eingeschrieben und laufend durchnumeriert; unbrauchbar gewordene Stücke wurden durchgestrichen, aber in der gleichen Gestalt und Malerei ergänzt und mit neuen Nummern wieder eingetragen. Erst in den letzten Jahren ersetzen größere Bühnen die alten Bücher, die wegen der durchstrichenen Zeilen vollkommen unübersichtlich waren, durch neuzeitliche Karteiblätter. Die früher übliche Beschriftung auf den Rückseiten der Bildteile ist in solchen Häusern ziemlich verschwunden. Da die Frage vom wirtschaftlichen Standpunkt aus nicht allzu wesentlich ist, soll nur eine ihrer Lösungen hier angeführt werden.

Eine durch Striche getrennte Zahlentafel gibt eindeutig Alter, Unterbringung und Verwendung an:

3/28	346	
2	9	
7	4	r

Erste Zeile: *Alter des Stückes*

3/28 = Herstellungsmonat und Jahr = März 1928,
346 = laufende Herstellungsnummer des Monats.

Zweite Zeile: *Unterbringung im Lager*

2 = Lager- oder Speicher Nummer 2,
9 = Stapel Nummer 9.

Dritte Zeile: *Verwendung beim Bildbau*

7 = laufende Nummer der neuausgestatteten Vorstellung
    in der Spielzeit,
4 = Nummer des Bildes[1]),
r = rechte Seite (*l* = linke Seite, *H* = Hängestück).

Die erste und dritte Zeile werden beim Verlassen der Werkstätten ausgefüllt, die zweite bei der Ankunft im Lagerraum. Während der Herstellung begleitet ein Arbeitszettel mit derselben Nummer (3/28/346) das Stück vom Entwurf über Tischlerei, Schlosserei, Malersaal bis zur Bühne. Dem Raum entsprechend bringt der Verwalter im Lager alle zur Aufführung gehörenden Teile unter, nachdem er Lager- und Stapelnummer eingetragen hat.

Durch diese einfache Bezeichnung ist weit mehr ausgedrückt als Worte vermögen, und das häßliche Beschmieren mit oft völlig überflüssigen Bemerkungen, wie es vielfach auf kleineren Bühnen zu sehen ist, wird vermieden.

Im technischen Teil der Schreibarbeit werden Pausen für Entwürfe von Hilfsmitteln zum Bühnen- und Bildbau hergestellt, Grundrisse für die einzelnen Bildstellungen der aufgeführten Werke gezeichnet, naturgetreue Skizzen aller vorhandenen und werdenden Bildteile in einem bestimmten kleinen Maßstab (meist 1:25 oder 1:20) für Modellbühnen angefertigt und diese vielen tausend Teile nach bestimmten Gesichtspunkten geordnet.

Für Grundrißzeichnungen sind noch keine einheitlichen Normen geschaffen, obwohl sie besonders bei Truppen-Gastspielen sehr nützlich wären, weil meist keine Teile für die Bühnenbilder mitkommen, sondern diese nur nach Plänen aus dem vorhandenen Fundus zusammenzustellen sind. Da das immer erst am Tage der Aufführung, womöglich ohne jede Kenntnis des Stückes geschieht, stellen sich oft bei den von Laien hergestellten Plänen Irrtümer heraus, die nach Ankunft der Gäste unnötige Verzögerungen hervorrufen. Einheitliche Verbandsvorschriften für die zeichnerischen Unterlagen eines Bühnengrundrisses wären sehr erwünscht.

---

[1]) Es hat sich als vorteilhaft erwiesen, die Bühnenbilder der einzelnen Werke durchlaufend zu numerieren, statt sie wie früher nach Akten und Szenen zu bezeichnen.

WERKSTATT- UND BÜHNENTÄTIGKEIT

Auch im *Werkstattbetrieb* beginnt, sobald er mehrere Bühnen versorgen muß, eine weitgehende Arbeitsteilung Platz zu greifen und es gibt Sonderarbeiter für Wände und Blenden, Gerüstbau, Tafeln, Kaschierungen und Ausbesserungen. Da in letzter Zeit Wert darauf gelegt wird, die Stücke zu schonen, bringt man an den Hauptangriffsflächen oft gebrauchter Bildteile billige, serienweise hergestellte Schutzvorrichtungen an. Für kleinere Betriebe mag die folgende Zusammenstellung einen Anhalt geben, wie und wo sie vorteilhaft verwendet werden können.

Abb. 56. Befördern von Bildteilen durch eine
Versenkung

1. Abgeschrägte Gerüstfüße werden gegen Splittern mit in Leim getränkten Leinwandstreifen umwickelt.
2. Hartholzschlitten dienen als Ersatz für Gerüstfüße.
3. Eingelassene Eisenwinkel schonen die Gerüsttafelecken.
4. Ebenso werden Blendenecken geschützt.
5. Stufen mit Hartholzkanten treten sich nicht so leicht ab.
6. Tafeln mit Hartholzkanten halten länger als die sonst üblichen.
7. Eingelassene Eckwinkel für die Unterlatten hoher Wände verhindern das Abstoßen in den Lagern.

Um den Verlauf der Werkstattarbeiten möglichst fabrikmäßig zu gestalten und die Schreibarbeiten für das Berechnen der Ausstattungskosten zu vermindern, empfiehlt es sich, jedem einzelnen Werkstück einen Arbeitszettel[1]) beizugeben:

Städtische Bühnen-Hannover

Technische Abteilung

Arbeitszettel

Nummer:

Vorstellung:		Mag:	Gesch.	Stapel:
		Skizze:		Fach:
		Photo:		Nr.:
Bildteil: Hängestück — Versatzstück —	Bezeichnung:			
Kaschierung — Gerüst — Möbel —				
Gerät — Beleuchtung	Größe:			

Zusammenstellung

Werkstätten	Material		Löhne		Gesamtbetr.		Die Richtigkeit bescheinigt:
	Betrag		Betrag		Betrag		
	ℳ	₰	ℳ	₰	ℳ	₰	
Malersaal							
Tischlerei							
Schlosserei							
Elektrische Werkstatt							
Tapezier							
Geräte-Abteilung							
Beleuchtung							
Anfertigungskosten							

[1]) Der hier abgedruckte ist in Hannover im Gebrauch

Malersaal				Tischlerei					Schlosserei				
	qm	ℳ	₰		Art mm	m	ℳ	₰		mm	An-zahl	ℳ	₰
Leinen, alt				Latten									
Leinen, neu													
Schirting													
Nessel													
Molton													
Schleier				Bretter					zusammen				
Tüll									Elektrische Werkstatt				
Laubgaze													
Rupfen				Sperrholz									
Samt													
Beizen													
Malerei				Scharniere									
Leuchtfarbe									zusammen				
									Tapezier				
				Holzschrb.									
				Schloßnägel					zusammen				
									Geräte-Abteilung				
				Drahtstifte									
zusammen				zusammen					zusammen				

Löhne

Name	Arb.-Std.		Über-Std.		Name	Arb.-Std.		Über-Std.		Name	Arb.-Std.		Über-Std.	
	Anz.	Betr.	Anz.	Betr.		Anz.	Betr.	Anz.	Betr.		Anz.	Betr.	Anz.	Betr.
zusammen					zusammen					zusammen				

Die praktische *Bühnentätigkeit* ist, wie im ersten Kapitel ausgeführt, ein Beruf für sich und muß besonders erlernt werden. Bei einem täglich wechselnden Spielplan ist es unmöglich, eindeutig bestimmte Formen für diese Arbeit aufzustellen; es lassen sich nur die immer wiederkehrenden Begriffe allgemeiner Natur behandeln.

Die Arbeiten der einzelnen Gruppen sind meist schon im ersten Kapitel bei der Personaleinteilung beschrieben: Bildteile werden vom Lager zur Bühne und zurück getragen, kleinere Teile zu größeren Aufbauten zusammengefügt, Hängestücke an den Zügen befestigt und schließlich alle Teile zum ganzen Bühnenbild vereinigt. Wenn dies auch immer nur Wiederholungen sind, so verläuft doch jede

Abb. 57. Fahrstuhl für Kaschierungen

Arbeit anders durch den dauernden Wechsel von Proben und Aufführungen, zu denen bald mehr, bald weniger Teile nötig sind. Schwieriger wird die Arbeit, wenn bei Aufführungen im Dunkeln bei offenem Vorhang Veränderungen nötig sind, hinter dem Prospekt das folgende Bild vorbereitet wird oder auch während ganz leiser Musik „verwandelt" werden muß. Jeder Handgriff ist dann vorher genau festzulegen und einzuüben. Auch das unbedingte Vermeiden von Lärm erfordert dabei besondere Beachtung und gewissenhafteste Überwachung jedes Einzelnen. Ein sehr gutes Hilfsmittel ist es, kurz vor den leisen Stellen in der Musik vom Bühnenregler aus das Arbeitslicht plötzlich auszuschalten zum Zeichen, daß jetzt kurze Zeit überhaupt nicht gearbeitet werden darf. Wenn dies Verfahren unter den nötigen Vorsichtsmaßregeln streng durchgeführt wird, kann der diensthabende Bühnenmeister für unbedingte Ruhe volle Gewähr leisten.

Das Einrichten der Bilder geschieht nach Grundrissen: der Bühnenmeister überwacht den Bau an Hand eines Gesamtgrundrisses der ganzen Bühne, die Seitenmeister nach solchen, die nur die rechten oder linken Hälften enthalten, der Beleuchtungsinspektor nach den „Licht"plänen.

Durch die Einteilung des technischen Personals in eine linke und rechte Seitengruppe entsteht ganz von selbst im Bühnenboden eine Mittellinie, die sich von der Vorbühne nach hinten erstreckt und teils durch die vorhandene Schieberteilung, teils durch Kerbstriche in den Friesen gekennzeichnet ist. Wenn man bei Gerüst- oder Zimmerbauten, die sich über die ganze Bühnenbreite erstrecken, zuerst die linken und rechten Teile aufstellt, können meist die Mittelteile aus Platzmangel nicht eingefügt werden oder sie stehen zu weit auseinander. Deshalb muß der Aufbau der Bilder unbedingt von dieser Mittellinie ausgehen und sich nach links und rechts erstrecken.

Bei vielen Theatern gibt es — um Verwechslungen zu vermeiden! — für die linke und rechte Bühnenseite besondere „Lokalbezeichnungen". Der einzig richtige Stand-

Abb. 58. Auswechseln von Hängestücken

punkt, alle Anordnungen für Personal oder Bildteile einheitlich *vom Zuschauer aus gedacht*, mit „links" und „rechts" zu bezeichnen, dringt leider schwer durch. Auf den französischen Bühnen heißen z. B. die linken Seiten „cour", die rechten „jardin". Im Landestheater-Darmstadt werden sie mit „Altes Theater" und „Museum" bezeichnet, im Nationaltheater-Mannheim mit „Rhein" und „Stadt". In Berlin gibt es für die Staatsoper Unter den Linden und für das Staatliche Schauspielhaus eine „Berliner-" und „Charlottenburger-Seite"; beim Schauspielhaus müßten sie dann der Lage des Hauses nach viel richtiger „Wedding" und „Tempelhof" heißen. In Frankfurt a./M. heißt es „Promenaden"- und „Stadt"-Seite.

Der Nachweis, daß zurzeit fast auf allen Bühnen unwirtschaftlich gearbeitet wird, ist leicht erbracht. So klar die Zeit- und Personaleinteilung[1]) bei einer Fabrik ist

---

[1]) Vgl. Festnummer „Die vierte Wand", 14. Mai 1927, S. 59/63; Organ der Deutschen Theater-Ausstellung Magdeburg 1927.

Abb. 59. Aufsetzen von Gegengewichten

(Tafel 9 A, S. 96/97, Spalte 1), so verworren gestaltet sie sich beim technischen Betrieb einer Bühne (Spalte 2), die noch nach der alten Art gebaut ist und ein *Zerlegen* der Bilder beim Umbau verlangt.

Die Aufführung eines Werkes liegt zwischen 19 und 23 Uhr, die Hauptprobezeit zwischen 10 und 14,30 Uhr. Es stehen also zum Einrichten der Vorstellung und Proben nur die Zwischenzeiten zur Verfügung.

In der Fabrik wird 17 Stunden ununterbrochen mit zwei Schichten von je 25 Mann in ein und demselben Raum gearbeitet. Auf der Bühne kann die gleiche Arbeiterzahl in der gleichen bezahlten Zeit nur 6 Stunden tätig sein; in der übrigen Zeit wird entweder *unproduktive Arbeit* geleistet oder das Personal ist in *unproduktiver Bereitschaft*.

Unproduktive Arbeit wird geleistet, wenn Hilfsmittel für Bühnenbilder von ihrem Standort, den Lagern, nicht unmittelbar an ihren Bildplatz kommen, sondern vorläufig in Nebenräumen oder an den Seitenwänden der Bühne abgestellt werden.

Unproduktive Bereitschaft findet statt, wenn das technische Personal während einer Aufführung oder Probe auf der Bühne anwesend sein muß, ohne seine eigentliche Tätigkeit, das Auf- und Abbauen der Bilder, ausüben zu können.

In einer Zeit, in der alle Betriebe durch straffe Zusammenfassung ihrer Kräfte Höchstleistungen erzielen müssen, um leistungsfähig zu bleiben, und in der jedes Theater über Mindereinnahmen klagt, ist eine Kraftvergeudung von über 60 Prozent (Tafel 9 B, Spalte 2) nicht zu verantworten.

Um die Vergleichstafeln richtig zu verstehen, bedarf es einer genauen zeitlichen Zerlegung der einzelnen zu leistenden Arbeiten, erläutert am Beispiel einer mittelgroßen Bühne alter Bauart.

Von 6,30 bis 10 Uhr:

1) Zurückbringen der Bildteile der letzten Vorstellung von der Bühne durch eine besondere Arbeitergruppe nach den Stadtlagern (Abb. 56/57).
2) Heranbringen neuer Teile für die kommende Vorstellung durch dieselbe Gruppe.
3) Aufrichten der meist 7 bis 9 m hohen Stücke (s. Abb. 30) und vorläufiges Unterbringen in einem Nebenraum auf Bühnenhöhe oder behelfsmäßiges Abstellen an den Seitenwänden.
4) Heraustragen der notwendigen Hängestücke aus ihrem Lager (Abb. 58).
5) Einhängen in die Züge und Ausgleichen mit Gegengewichten (Abb. 59).
6) Zurückbringen der freigewordenen Hängestücke von Aufführungen des vergangenen Tages auf das Lager.
7) Vorbereiten nötiger Aufbauten auf Wagen oder Versenkungen (Abb. 60).

Abb. 60. Ein Haus auf Rollen

8) Reinigen der Bühne.

9) Aufbauen der Bildteile für die Probe.

10) Aufstellen der Beleuchtungsapparate.

Das sind die groben Vorarbeiten, welche in der Zeit von 6,30 bis 10 Uhr erledigt werden müssen. Bei den meisten Theatern beginnt die fast tägliche Probe auf der Bühne um 10 Uhr. Die unter 1 bis 10 genannten Tätigkeiten wiederholen sich jedoch der Gesamtleistung nach nie in gleicher Weise, sie richten sich nach der Zahl der zu bewegenden Bildteile der vergangenen und kommenden Vorstellung und derjenigen für die Probe. Mit diesen drei dauernd wechselnden Arbeiten ist zu rechnen und sie müssen am Tage vorher genau eingeteilt werden. Kommt der dafür verantwortliche Bühnenmeister mit der Zeit nicht aus, so sind die Nachmittagsstunden hinzuzunehmen, wenn es das Vorbereiten der Abendvorstellung zuläßt, denn wichtiger als der pünktliche Beginn der Vormittagsprobe ist der der Aufführung. Sehr oft wird diese Arbeitsteilung nicht möglich sein und aus dem entstehenden Zwiespalt rühren die vielen früher erwähnten Zusammenstöße mit der künstlerischen Leitung her, die an Theatern mit veralteten Einrichtungen, ungenügenden Lager- und Förderanlagen und fehlender Probebühne an der Tagesordnung sind. Wie sie behoben werden können, ist auf S. 99 und im zweiten Band näher erörtert.

Von 10 bis 14,30 Uhr:

Während der Probe ist ein weiteres Vorbereiten der Abendvorstellung ausgeschlossen, da der dafür nötige Raum, die Bühne, belegt ist. Es können nur freigewordene Bildteile nach den Stadtlagern zurückgebracht werden.

Da für die Umbauten während einer Aufführung durchschnittlich nur 10 bis 15 Minuten zur Verfügung stehen, reicht gewöhnlich die zweite Schicht nicht aus und es müssen am Vormittag nach Anfang der Probe Bühnenarbeiter der ersten die

Dienststunden unterbrechen und sie bei der Abendvorstellung kurz vor Beginn des ersten Umbaues wieder antreten. In der Tafel ist dieser Teil der Arbeiter mit 10 Mann angegeben. Außerdem werden oft bei sehr großen Umbauten noch Hilfskräfte herangezogen, die in keinem festen Verhältnis zum Theater stehen (auf der Tafel 5 Mann).

Von 14,30 bis 19 Uhr:

Zwischen Probe und Aufführung sind folgende Arbeiten zu leisten:

11) Abräumen der Beleuchtungsapparate.
12) Fortbringen der Bildteile.
13) Einrichten besonderer Teile für die Aufführung (Wagen, Häuser, Aufbauten).
14) Probeweises Aufstellen aller Bühnenbilder der Abendvorstellung mit Ausnahme des ersten; Einzeichnen ihrer Teile auf dem Bühnenboden nach einem für jede Vorstellung angefertigten Grundriß (s. als Beispiel Abb. 61/62).
15) Bereitstellen der einzelnen Teile in einem Lager oder an den Seitenwänden.
16) Reinigen der Spielbühne zur Abendvorstellung.
17) Aufstellen des ersten Bildes.
18) Einrichten der Beleuchtungsapparate.

Bei allen kleinen und vielen mittleren Bühnen wird auch diese Zeit oft noch durch Nachmittagsproben um zwei bis drei Stunden gekürzt, so daß in vielen Fällen erst wenige Minuten vor Beginn der Aufführung das erste Bild fertig gestellt ist. Von gewissenhaftem Aufbau und dem notwendigen Beseitigen der durch das Hin- und Hertragen hervorgerufenen Mängel kann keine Rede sein. Solche Häuser werden in der Theatersprache oft mit „Schmiere" bezeichnet.

Von 19 bis 23 Uhr:

Während der Abendaufführung kommen als Arbeitszeit des technischen Personals die Pausen zwischen den einzelnen Bildern bei geschlossenem Vorhang in Frage.
Dabei werden

19) bei den Umbauten von verhältnismäßig großem Personal in kürzester Zeit Spitzenleistungen verlangt, die ein sorgfältiges Aufbauen, letzte künstlerische Feinarbeit und eine Prüfung der Sicherheit manchmal nicht zulassen.

Von 23 bis 23,30 Uhr:

20) Zum *Abräumen* der Bühne wird die Zeit nach der Vorstellung verwendet, da wegen der Feuersgefahr alle Aufbauten und Beleuchtungsapparate während der Nacht entfernt sein müssen (Abb. 63/64).

Trägt man diese Leistungen nach ihrem Wert als

produktive Arbeit,
Eßpausen,
unproduktive Arbeit,
unproduktive Bereitschaft

in eine Tafel ein, in der die unter 1—20 aufgeführten Tätigkeiten mit laufenden Zahlen bezeichnet sind (s. Tafel 9A, Spalte 2), so ergibt sich das bekannte Bild der zerrissenen Arbeitsweise auf einer Bühne alter Bauart.

Mit diesem täglich wiederkehrenden Dienst sind Schwierigkeiten verknüpft, die oft auch auf andere Abteilungen übergreifen.

Zeit- und Personal-Einteilung eines technischen Betriebes

	produktive Arbeit
	Eßpause
	unproduktive Arbeit
	" " Bereitschaft

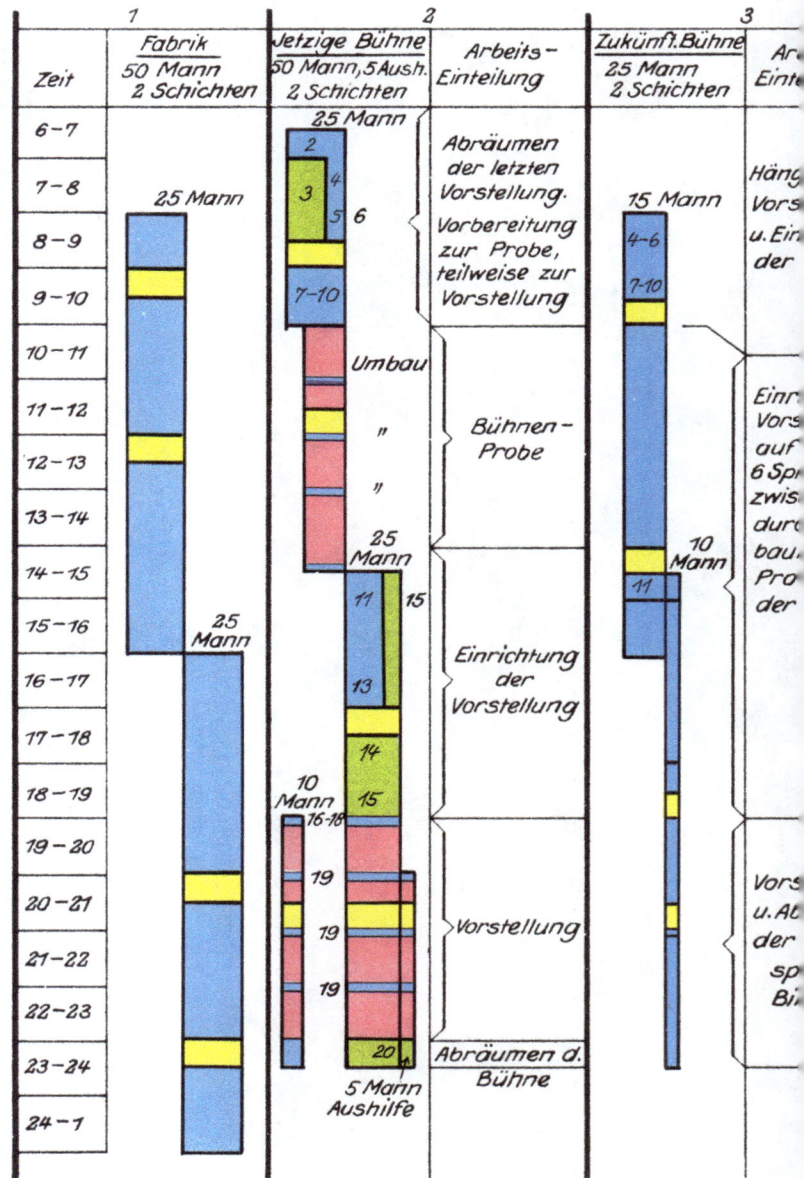

	1	2		3	
Zeit	Fabrik 50 Mann 2 Schichten	Jetzige Bühne 50 Mann, 5 Aush. 2 Schichten	Arbeits- Einteilung	Zukünft. Bühne 25 Mann 2 Schichten	Ar Einte
6–7		25 Mann	Abräumen der letzten Vorstellung.		Häng
7–8	25 Mann	2 / 3 / 4 / 5 / 6		15 Mann	Vors
8–9			Vorbereitung zur Probe, teilweise zur Vorstellung	4–6	u. Ein der
9–10		7–10		7–10	
10–11			Umbau		
11–12			"		Einr Vors
12–13			"		auf 6 Spr
13–14			Bühnen- Probe		zwis durc
14–15		25 Mann		10 Mann	bau. Pro
15–16	25 Mann	11 / 15		11	der
16–17		13	Einrichtung der Vorstellung		
17–18		14			
18–19		15 / 10 Mann			
19–20		16–18 / 19			Vors
20–21		19	Vorstellung		u. Ab der
21–22		19			sp
22–23		19			Bi
23–24		20	Abräumen d. Bühne		
24–1		5 Mann Aushilfe			

Kranich, Bühnentechnik I

Vergleich der Arbeitsleistung im Fabrik-
und Theater-Betrieb

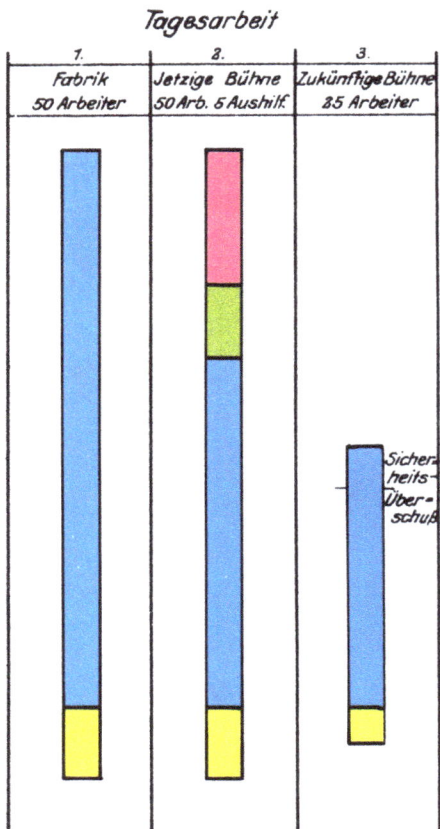

Tagesarbeit

1.	2.	3.
Fabrik 50 Arbeiter	Jetzige Bühne 50 Arb. 5 Aushilf.	Zukünftige Bühne 35 Arbeiter

Sicher-
heits-
Über-
schuß

Verlag von R. Oldenbourg, München und Berlin

Abb. 61. „Die Hugenotten", Bühnenbild des zweiten Aktes, von Kurt Söhnlein-
Hannover; Städtisches Opernhaus-Hannover

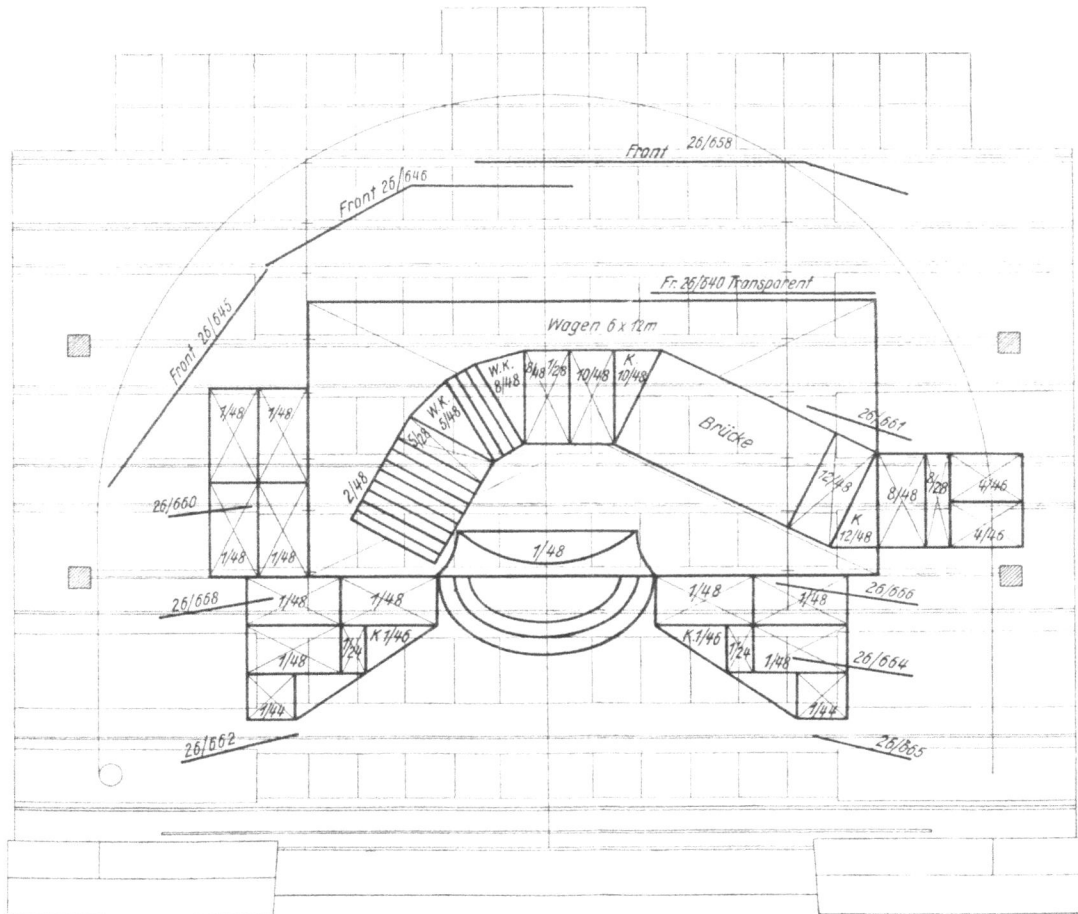

Abb. 62. „Die Hugenotten", Bildstellung zur Abbildung 61

Mit Recht klagt der kaufmännische Leiter über die Unsummen, die dauernde Überstunden verschlingen. Mit der schon überall gehörten Drohung: „Es werden keine Überstunden mehr bezahlt!" ist jedoch nicht geholfen.

Abb. 63. „Die Zauberflöte" letztes Bild, von Karl Dannemann-Berlin; Städtisches Opernhaus-Hannover

Abb. 64. „Die Zauberflöte", Abbau des letzten Bildes; Städtisches Opernhaus-Hannover

Mit Recht ist der künstlerische Leiter empört, wenn sein wohldurchdachter Spiel- und Probeplan an der Erklärung des technischen Direktors scheitert, daß z. B. zwischen ‚Zauberflöte' und ‚Oberon' überhaupt keine Vormittagsprobe stattfinden kann, weil die Bühne unmöglich in der kurzen Zeit herzurichten ist. Auch er bessert nichts an der Tatsache durch das „Gebot": „Sie haben eben fertig zu sein!"

Mit Recht ist ein Operndirektor ungehalten, wenn der Umbau von einem Bild zum anderen 20 Minuten dauert, weil die schweren plastischen Teile erst einzeln aus entlegenen Räumen geholt werden müssen, da auf der Bühne selbst kein Platz ist. „Die verfluchte Plastik" trägt nicht die Schuld.

Wo liegen die Mängel und wie werden sie beseitigt?

Vier Forderungen sind aufzustellen:

1. Das technische Personal und seine einzelnen Meister bis zum Direktor müssen den im ersten Kapitel gestellten Bedingungen völlig entsprechen.
2. Bei den unbedingt nötigen wöchentlichen Spielplan-Sitzungen soll die Erklärung des technischen Leiters, daß eine Probe nicht rechtzeitig beginnen kann oder bei schwierigen Aufführungen ganz ausfallen muß, als wohlüberlegte Tatsache zur Kenntnis genommen und dementsprechend die Reihenfolge der Vorstellungen anders eingeteilt werden.
3. Die künstlerische Ausstattung darf nur im Rahmen der zu Gebote stehenden Möglichkeiten gehalten und nicht aus Ehrgeiz oder persönlicher Eitelkeit größeren Bühnen nachgeahmt sein.
4. Neuzeitliche technische Hilfsmittel und die notwendigsten Arbeitsräume müssen unter allen Umständen vor jeder anderen Ausgabe beschafft werden, und es ist dauernd an der technischen Vollkommenheit der Bühne von allen Seiten mitzuarbeiten.

Nach diesen vier Gesichtspunkten lassen sich die Fehler der einzelnen Häuser ermitteln und bei einheitlicher Leitung und gutem Willen auch beseitigen.

Die Bühnentechnik ist ebensowenig Selbstzweck wie das Bühnenbild, sondern nur gleichberechtigtes Glied des Gesamtkunstwerkes. Beispiele aber zeigten, daß *ihre* Mängel auch andere Abteilungen treffen; deshalb sollten mehr wie bisher alle darauf bedacht sein, für moderne Arbeitsmöglichkeiten zu sorgen.

Aus den Angaben der meisten großen Bühnen geht einwandfrei hervor, daß die Arbeits*einteilung* den örtlichen Verhältnissen entsprechend zwar fast überall verschieden, aber die denkbar beste ist; nur die Unzulänglichkeit der Arbeits*stelle* ist schuld an den vielen Übelständen.

Es führt stets zu Unzuträglichkeiten, wenn *zwei* Parteien zu gleicher Zeit *einen* Raum benötigen und einander durch ihre Tätigkeit stören. Dies trifft fast täglich bei der künstlerischen und technischen Abteilung zu.

Die *künstlerische* Leitung braucht die Bühne für ihre Zwecke und kann sich mit Recht nur schwer dazu verstehen, eine Probebühne zu benutzen, da auch die beste immer andere Verhältnisse aufweist als die Hauptbühne und zum mindesten akustisch kein Ersatz ist.

Die *technische* Leitung braucht die Hauptbühne ebenfalls zum Vorbereiten der Abendvorstellung, und so findet ein dauernder Kampf statt, bei dem die wichtigere Abteilung, die künstlerische, in 95 von 100 Fällen siegen *muß*. Dieser Sieg ist jedoch nur ein scheinbarer, in Wirklichkeit wird er teuer bezahlt.

Die Arbeit, die zum Aufbau eines Bildes geleistet wird, besteht aus dem Produkt: Zeit mal Menschenkraft und bleibt konstant. Wird nun bei gleichbleibender *Arbeitsleistung* (Einrichten der Vorstellung) die zur Verfügung stehende Zeit kleiner, so muß die *Menschenkraft* (Anzahl der Arbeiter) entsprechend größer werden. Da es bei täglich wechselndem Spielplan nicht durchzuführen ist, stundenweise *beliebige* Arbeitskräfte einzustellen, wo nur *Fachleute* gebraucht werden, die mit den technischen und bildlichen Anforderungen jeder Vorstellung völlig vertraut sind, muß das ständige Personal zahlenmäßig so groß sein, daß es auch bei beschränkter Zeit noch Spitzenarbeit leisten kann, selbst auf die Gefahr hin, daß dann viele Stunden lang diese Mehrkräfte nicht ausgenutzt werden können.

Auf der einen Seite wird von der kaufmännischen Leitung über schlechte Einnahmen und große Unkosten geklagt, auf der anderen wird durch unwirtschaftliches Arbeiten, Unkenntnis und mangelnden Entschluß, Fehler zu ändern, dauernd Kraft vergeudet.[1]

Der technische Betrieb auf der Piscator-Bühne während der Spielzeit 1927/28 in dem Theater am Nollendorfplatz-Berlin wird von Julius Richter sehr treffend geschildert[2]: „Es dürfte nicht unbekannt sein, daß wir durch unsere Inszenierungen eine andere Richtung einschlagen und andere Wege gehen, als dies bisher am Theater üblich war. Erklärlich ist es auch, daß diese Inszenierungskunst mit einer ganz anderen Bühnentechnik verbunden ist. Unser Prinzip ist, alle dem Theater fernstehenden technischen Errungenschaften der Bühne nutzbar zu machen, also nicht mehr dekoratives Bühnenbild, sondern konstruktive Bühne: Zweckbau.

Diese Zweckbauten sind allerdings zunächst Versuchsbauten. Da das Material hauptsächlich Eisen, Holz und Schirting ist, liegt es klar auf der Hand, daß diese konstruktive Durchführung der erforderlichen Bauten eine vollkommen vom alten System abweichende Angelegenheit ist. Zum Beispiel in unserer Inszenierung: ‚Hoppla wir leben!‘ besteht der Bühnenaufbau aus einem Eisengerüst: 3″ Gasrohr, 11 m breit, 8 m hoch, 3 m tief, Gewicht etwa 4000 kg. Daß man einen derartigen Bau nicht innerhalb einiger Minuten abbauen oder gar umbauen kann, ist selbstverständlich. Trotzdem dieser Bau auf Schienen beweglich war und auf Drehscheiben stand, war es nicht möglich, beim Spielplanwechsel um die üblichen Schwierigkeiten herumzukommen.

Schon bei den Proben des nächstfolgenden Stückes ‚Rasputin‘, welches gleichfalls in dem Eisengerüst einer Halbkugel spielte und täglich zur Probe aufgebaut werden mußte, standen wir vor Schwierigkeiten, die den Fernstehenden unüberwindlich erschienen. Durch geschickte Manöver und Exerzieren mit dem Ab- und Aufbaupersonal war es möglich, die beiden Viertelkugelkonstruktionen, 15 m breit, 7,50 m hoch, 6 m tief, Gewicht etwa 1000 kg, auf die Hinterbühne zu bringen. Um für den nächsten Tag den erforderlichen Bau zur Probe auf die Bühne zu stellen, war folgende Arbeit nötig:

Nach Schluß der Vorstellung ‚Hoppla, wir leben!‘ arbeiteten 16 Mann je 3 Stunden, um die beiden halbkugelförmigen Eisenkonstruktionen auf die Bühne und das Spielgerüst ‚Hopla, wir leben!‘ auf die Hinterbühne zurückzubringen. Am anderen Morgen arbeitete eine gleiche Schicht am Aufbau der Halbkugel mit den Podesten usw. zur Probe. Um 4 Uhr mußte die Probe beendet sein und es waren 24 Mann erforderlich, die Bühne zu räumen und die Abendvorstellung vorzubereiten. Dieses

---

[1] Siehe Anmerkung 1 auf Seite 307
[2] Bühnentechnische Rundschau 1928, Nr. 1

Manöver wurde drei Wochen lang durchgeführt. Arbeiten, welche an der Kuppel erforderlich waren, konnten nur nachts auf der Bühne ausgeführt werden. Es war nie möglich, die Halbkugel fertig zu haben und nie konnte eine Probe mit Film, Beleuchtung und Verwandlung stattfinden, so lange das Spielgerüst von ‚Hoppla, wir leben' auf der Bühne stand. Die Platzfrage spielte hier eine bedeutende Rolle, oftmals standen wir vor fast unüberwindlichen Schwierigkeiten; aber es waren Experimente, die, einmal begonnen, auch durchgeführt werden mußten.

Es kam die dritte Inszenierung: ‚Die Abenteuer des braven Soldaten Schwejk'. Als Neuerung: laufende Bänder, auf welchen die Dekorationsteile herein- und fortrollen, die in der Darstellung eine Rolle spielen. Jedes der beiden Bänder war 2,70 m breit, 17 m lang, 40 cm hoch. Gewicht etwa 5000 kg, transportabel eingerichtet und mit Lenkrollen versehen. Diese beiden Bänder wurden im rückwärtigen Magazin zusammengebaut und zu den jeweils erforderlichen Proben auf die Bühne herausgezogen und nachher wieder zurücktransportiert.

Man stelle sich vor: Die Bühne für die Rasputin-Aufführung bis zum letzten Platz ausgenützt durch die Halbkugel, hierzu jetzt für ‚Schwejk' zwei laufende Bänder von 5:17 m Fläche. Das Manöver von Rasputin begann von vorn, nur war es hier nicht mehr möglich, die Zeit auf Stunden zu beschränken, es wurden drei volle Schichten eingerichtet. — Nach der Rasputin-Aufführung wurde die Halbkugel bis auf ein Viertel abgebaut, die Bänder auf die Bühne durch Flaschenzüge herausgezogen, mit der Drehscheibe gedreht, dann in die richtige Lage gebracht und die Motoren angeschlossen, damit am anderen Morgen probiert werden konnte. Nachmittags mußten alle verfügbaren Leute zur Stelle sein, um die Bühne zu räumen und die Abendvorstellung vorzubereiten.

Der Transport des ersten Bandes dauerte mit 16 Mann anfangs zwei Stunden und wurde im Laufe der Zeit reduziert bis auf 45 Minuten.

Wie man aus diesen Schilderungen ersieht, waren es wirklich technische Schwierigkeiten, mit denen man zu kämpfen hatte und die vor allem dem Unternehmen ungeheure Geldkosten verursachten. Es wurden Unsummen verausgabt, deren Ursprung Platzmangel, nicht genügend große Vorbereitungs- und Arbeitsräume und unsachgemäße Anlage der Magazin- und Betriebsräume waren."

Das angeführte Beispiel betrifft eine Bühne, auf der längere Zeit hindurch dasselbe Stück gegeben wurde. Viel schlimmer jedoch liegen die Dinge bei großen Opernhäusern mit täglich wechselndem Spielplan. Die technischen Leiter solcher Theater können an Tagen großer Aufführungen eine Vormittagsprobe auf der Bühne oft überhaupt nicht oder nur unter den schwierigsten Verhältnissen ermöglichen, wenn veraltete Einrichtungen und keine Seitenbühnen zur Verfügung stehen.

Auch dafür sei ein Beispiel angeführt. Generalintendant Dr. Reucker-Dresden schreibt[1]) in den Blättern der Sächsischen Staatsoper Nr. 11, 1928: „Wohl steht die Bühne der Dresdener Staatsoper in der Theaterwelt in dem begründeten Rufe, über alle technischen Errungenschaften der Neuzeit zu verfügen. Aber diese modernen Einrichtungen mußten in einen Raum gezwängt werden, der seit langem nicht mehr ausreicht. Am Tage einer großen Oper kann nicht nur auf der Hauptbühne nicht probiert werden, es besteht auch nicht die Möglichkeit, gewisse dekorativ anspruchs-

---

¹) Teilabdruck aus dem „Jahrbuch Sachsen 1927"

volle Werke an aufeinanderfolgenden Tagen zu geben. Es fehlt an Magazinen im Hause, an Abstellräumen, an einer der Größe der Hauptbühne entsprechenden Hinterbühne sowie an den im Dresdener Schauspielhaus wie an den meisten neuen heutigen Theatern vorhandenen Seitenbühnen. Wie es angesichts dieser beschränkten Raumverhältnisse noch möglich gemacht wurde, der enormen Schwierigkeiten — beispielsweise in ‚Turandot‘ — Herr zu werden, das ruft selbst im Kreise von Fachleuten oft Staunen hervor. Nur durch die äußerste Aussparung des Raumes und durch vielgestaltige Ausnützung der Plateauversenkungen lassen sich dank der vorzüglichen Schulung des technischen Personals Bühnenbilder gestalten, die den heutigen hohen Anforderungen entsprechen. Allerdings ergibt sich aus diesem unerfreulichen Verhältnis nicht selten eine starke Überlastung des Betriebes, es müssen Nachtschichten eingeschaltet werden, ein Zustand, der höchst kostspielig und wirtschaftlich ungesund ist. Die Theaterbesucher, namentlich die Abonnenten, ohne über diese inneren Hemmungen volle Übersicht zu haben, klagen gelegentlich darüber, nicht genügend mit ‚großer Oper‘ bedacht zu werden. Durch die Presse wird beispielsweise der Wunsch vermittelt, dem ‚Ring des Nibelungen‘ im Spielplan mehr Geltung zu verschaffen. Durchaus berechtigte Forderung! Muß man sich aber nicht eigentlich scheuen, bei solchen Gelegenheiten jedesmal gestehen zu müssen, daß im Dresdener Opernhaus eine Rheingold-Aufführung die künstlerische Arbeit auf der Bühne für eine halbe Woche lahmlegt? — Einzig eine Raumfrage! — Wohl wurde vor zwei Jahren für künstlerische Proben ein notdürftiger Ausweg gefunden. Unter dem Dach des Bühnenhauses, schwer zugänglich, konnte aus einem Malersaal eine Probenbühne zusammengestümpert werden. In Anbetracht der immer intensiver gewordenen Probenarbeit hat dieser Raum zwar vortreffliche Dienste geleistet, aber er bietet den Künstlern leider einen wenig angenehmen Aufenthalt. Wenn es einmal gar die Notwendigkeit erheischt, eine Orchesterprobe ‚in höchster Höhe‘ abzuhalten, fühlt sich die Kapelle keineswegs ‚im Himmel‘.

Von welcher Wichtigkeit wäre das Vorhandensein einer vollkommenen Probenbühne und einer Hauptbühne, auf der die Werke technisch in beliebiger Reihenfolge gegeben werden könnten.

Wenn heute — nach dem Beispiel des vorjährigen Juliprogramms — eine Woche in noch konzentrierterer Art zusammengestellt werden sollte, etwa: ‚Die Meistersinger von Nürnberg‘, ‚Aida‘, ‚Der Freischütz‘, ‚Turandot‘, ‚Die Zauberflöte‘, ‚Boris Godunow‘, ‚Die Josephslegende‘ und der ‚Protagonist‘, dann wäre die Hauptbühne nicht für eine Stunde einer künstlerischen Probe zugänglich zu machen. Die durchaus notwendigen Repetitions- und anderen Proben müßten daher auf die unzulängliche Probenbühne verlegt werden; ein gewiß unerträglicher Zustand . . .

Freilich könnte nur Vergrößerung und vollkommene Umgestaltung des Bühnenhauses radikale Hilfe schaffen.“

„BÜHNENTECHNISCHE ZENTRALWERKSTÄTTEN" (Bü.Ze.)

Eine zunächst für Berlin bevorstehende Gründung, die nach Idee und Namen bereits geschützt ist, deckt sich völlig mit meinen hier entwickelten Grundsätzen und Forderungen. Da sie der von mir verlangten Wirtschaftlichkeit des Theaterbetriebes sowie der Trennung der künstlerischen und technischen Leitung Rechnung trägt, lasse ich hier die Grundgedanken und Leitsätze ihrer Unternehmer Julius Richter und Else Merbach-Berlin folgen:

„EIN ZIEL, AUFS INNIGSTE ZU WÜNSCHEN"

ist für jeden Theaterdirektor die *größtmöglichste Verminderung der täglichen Ausgaben.* Die folgenden Ausführungen zeigen einen für jede mittlere und kleine Bühne gangbaren Weg dazu. Um vor allem die *Beträge* für Überstunden, Aushilfen und Nachtarbeiten *zu sparen* und die ständigen *Wiederholungen* des technischen Betriebes im eigenen Hause zu *beseitigen,* soll er für eine Anzahl von Bühnen der wichtigsten Hauptstädte Europas und Amerikas in den

BÜHNENTECHNISCHEN ZENTRALWERKSTÄTTEN

zusammengefaßt werden.

1. Die „Bü.Ze." *stellen das gesamte technische Personal* für Tages- und Abendbetrieb mit allen erforderlichen Handwerkern und Bühnenarbeitern, so daß jeder Bühne im Durchschnitt zur Verfügung ständen: 1 Theatermeister, 1 Beleuchter, 2 Hilfsbeleuchter, 2 Arbeiter, 2 Friseure, 3 Garderobiers, 2 Garderobieren, 8 Abendleute, 1 Gerätewart, 1 Reinemachefrau.

2. Die „Bü.Ze." *richten jede Vorstellung* in Tages- oder Nachtarbeit mit allen Einzelheiten *ein.*

3. Die „Bü.Ze." *bauen* die zu jedem Bühnenbild erforderlichen *Möbel* nach vorgelegten Skizzen und Mustern.

4. Die „Bü.Ze." *liefern das fertige Bühnenbild* mit sämtlichen *Geräten, Möbeln, Beleuchtung, Kostümen, Perrücken und Schuhen* nach den Bestimmungen des Normalvertrages. Eß- und Genußwaren sowie Tabakfabrikate gehören nicht dazu.

5. Die „Bü.Ze." *garantieren pünktliche Lieferung* des gesamten Bühnenbildes zur ersten Hauptprobe, wenn der Auftrag 14 Tage vor diesem Termin erteilt ist, sobald nicht wegen besonders schwieriger Anforderung andere Vereinbarung getroffen wird. Fälle höherer Gewalt, wie Streik, Unruhe, elementare Störungen usw. heben diese Garantie auf.

6. Die „Bü.Ze." *vereinbaren mit dem Auftraggeber die jeweilige Arbeitszeit* des technischen Personals; Überstunden dürfen nur mit Zustimmung des technischen Leiters der „Bü.Ze." gemacht werden. Veranlaßt sie der Auftraggeber selbst, gehen sie zu seinen Lasten.

7. Die „Bü.Ze." *führen die Bühnenbilder* nach anzugebenden Ideen und Grundrissen *aus*, oder nach Vorschlägen ihres eigenen künstlerischen Beirates.

8. Die „Bü.Ze." *machen* zu jedem Bühnenbild *farbige Skizzen und Grundrisse*, zu jedem schwierigen auch *Modelle und Kostümbilder*. Umänderungen an fertigen Dekorationen, Kostümen usw., die nach genehmigten Skizzen und Modellen geliefert wurden, gehen zu Lasten des Auftraggebers, soweit sie nicht durch Verschulden der „Bü.Ze." veranlaßt sind.

9. Die „Bü.Ze." *bürgen für die Sicherheit* und Durchführung des technischen Betriebes sowie für die Instandhaltung und Sauberkeit der Bühne.

10. Die „Bü.Ze." *arbeiten* im Bedarfsfall *auf ihre Kosten* den bei den Bühnen *vorhandenen Dekorations-, Möbel-* und *Kostüm-Fundus um und auf*. Er bleibt Eigentum des Auftraggebers ebenso wie die dazu neu angefertigten Ergänzungen.

11. Die „Bü.Ze." *halten die Beleuchtungsanlage des gesamten Theaters im betriebsfähigen Zustand*.

12. Die „Bü.Ze." *sorgen für* alle zum Bühnenbild erforderlichen beweglichen *Beleuchtungskörper, Rampenlicht, Scheinwerfer und Effektbeleuchtung*. Vorhandene Apparate kann sie benutzen und erhält sie gebrauchsfertig. Das zur Vorstellung und zu den Vorbereitungen im Theater erforderliche Licht (Stromverbrauch) geht auf Rechnung des Auftraggebers. Auch das Garderoben- und Schließerpersonal zu den Vorstellungen sowie die Bewachung des Theaters ist von ihm zu stellen.

13. Die „Bü.Ze." *bedienen die Heizungsanlagen* und erhalten sie im vorgefundenen Zustand. Reparaturen, die nötig sein sollten, gehen auf das Konto des Auftraggebers; Heizungsmaterial ist von ihm zu liefern.

14. Die „Bü.Ze." *reinigen täglich das ganze Theater* in üblicher Weise, einmal im Jahre gründlich; Personal und Material wird von der „Bü.Ze." dazu gestellt.

15. Die „Bü.Ze." *waschen* Gardinen *und säubern* Vorhänge. Über Neuanschaffungen müssen besondere Vereinbarungen getroffen werden.

16. Die „Bü.Ze." *erledigen alle Arbeiten*, welche auf Veranlassung *der Feuerwehr oder Baupolizei* ausgeführt werden müssen. Hierzu gehört die Sorge für die Rauch- und Abzugklappen, den eisernen Vorhang, den Regenapparat und die übrigen Sicherheitsvorrichtungen. Den zur trockenen Regenprobe nötigen Sauerstoff liefert der Auftraggeber.

17. Die „Bü.Ze." *versichern alle* von ihr dem Theater gestellten Dekorationen, Möbel, Geräte, Beleuchtung, Kostüme usw. *gegen Feuergefahr und Diebstahl*.

18. Die „Bü.Ze." *haften für alle* ihrem Personal zustoßenden *Unfälle*.

19. Die „Bü.Ze." *schaffen eine Versuchs- und Modellbühne*, auf der schwierige Aufbauten und Verwandlungen ausprobiert und Dekorationen zusammengestellt werden können. Dadurch fallen die lästigen Dekorations- und Beleuchtungsproben auf der eigenen Bühne fort, die dann der künstlerischen Leitung dauernd und ohne Hindernisse zur Verfügung steht.

104

20. Die „Bü.Ze." *ersparen den einzelnen Bühnen die Sorge für die Einstellung eines zuverlässigen, technischen Personals.*

Die „Bü.Ze." *ersparen den Ärger* zwischen der künstlerischen und technischen Leitung.

Die „Bü.Ze." *ersparen den* ganzen *Transport* der Dekorationen von den Magazinen zum Theater oder von einem Theater zum anderen, das Fuhrwerk dazu und dessen Unterhaltung.

Die „Bü.Ze." *ersparen den* ohnehin *unzulänglichen Raum* für die Werkstätten *im Hause.*

Die „Bü.Ze." *ersparen* die kostspieligen *Mieten für Stadtspeicher.*

Die „Bü.Ze." *ersparen den gesamten Einkauf* aller Materialien.

Die „Bü.Ze." *ersparen* die oft sehr erheblichen *Leihgebühren* für zeitweilig benötigte Kostüme oder Möbel.

Die „Bü.Ze." *ersparen die Beiträge* für die Angestelltenversicherung und Krankenkasse sowie das dazu nötige *kaufmännische Personal.*

Die „Bü.Ze." *ersparen* die *Zeit*, die durch Verhandlungen mit Behörden, Baupolizei und Feuerwehr verloren geht.

Die „Bü.Ze." *ersparen* auch *den Zuschauern* den Anblick von *abgegriffenen Dekorationen*, da sie ständig erneuert werden.

Für alle diese Leistungen *erhält* die „Bü.Ze." einen zu vereinbarenden *Anteil von der täglichen Gesamteinnahme* des Theaters ohne Abzug der Unkosten.

Die Festsetzung dieses Anteils geschieht von Fall zu Fall und richtet sich nach den Ansprüchen, die gestellt werden, sowie nach der Zahl der Aufführungen. Die auszustattenden Bühnenwerke werden in drei Klassen geteilt:

Klasse 1: Alle Stücke mit mehreren Dekorationen, die an den technischen Apparat besonderen Anspruch stellen; Sensationsstücke, welche eine außergewöhnliche, vom üblichen Spielplan abweichende Technik erfordern usw.; Kostüm- oder Ausstattungsstücke.

Klasse 2: Werke, welche an die technischen Einrichtungen keine besonderen Ansprüche stellen und im modernen Straßenkostüm spielen.

Klasse 3: Alle Stücke, die in einer Dekoration ohne Umbau und Verwandlung spielen und technisch und kostümlich einfach zu gestalten sind.

Die Bühnentechnischen Zentralwerkstätten können dieses Angebot, das für den Auftraggeber jedes Risiko ausschließt, nur deshalb stellen, weil sie durch den fabrikmäßigen Charakter ihres Betriebes jedweden Leerlauf der technischen Bühnenarbeit ausschalten und auch an besonders arbeitsreichen oder -armen Tagen für einen Ausgleich der Arbeitskräfte sorgen, indem sie ihr zuverlässiges, *dauernd* bei ihnen beschäftigtes und dadurch arbeitsfreudiges Personal von etwa 300 Personen immer am rechten Ort und zur rechten Zeit einsetzen. Je mehr Theater sich ihr anvertrauen, um so leistungsfähiger werden sie sein!"

Wer die Schwierigkeiten kennt, mit denen gerade kleinere Häuser zu kämpfen haben, wenn es gilt, mit mangelhaftem Fundus ein Werk auszustatten, mit ungenügenden Werkstätten und unzureichendem Personal moderne technische Anforderungen zu erfüllen oder den Wettbewerb mit großen Bühnen in lichttechnischen Fragen aufzunehmen, der muß zu der Überzeugung kommen, daß durch das hier geplante Zusammenfassen dieser Arbeiten zu einem fabrikmäßigen Betrieb eine so weitgehende Verwendungsmöglichkeit des Personals erreicht wird, wie sie eine einzelne Bühne nie gestattet.

Was große Häuser mit „Mehrschicht"-Personal für Bühne, Beleuchtung, Werkstätten und Transport zur wirtschaftlichen Ausnutzung dieser Kräfte nur durch umfassende Umbauten ihrer Bühnenanlagen erreichen können: dauerndes, ungestörtes, künstlerisches und technisches Nebeneinanderarbeiten, das bringt den kleinen Betrieben diese Zusammenfassung der Kräfte in den

Bühnentechnischen Zentralwerkstätten.

Allein durch eine gut eingerichtete technische Probebühne werden alle Übelstände, die der Zeitmangel für Bild- und Beleuchtungsproben im eigenen Hause mit sich bringt, beseitigt. Das Unternehmen ist unbedingt lebensfähig und wird den Auftraggebern wertvolle Vorteile bringen, wenn:

1) sich mindestens 8 bis 10 Bühnen daran beteiligen;
2) die Werkstätten günstig liegen und nach den neuesten bühnentechnischen Erfahrungen eingerichtet sind;
3) Einheitsmaße für Bild- und Gerüstbau allen Entwürfen und Ausführungen zugrunde gelegt werden;
4) die einzelnen Abteilungen durch bühnentechnisch-vorgebildete Fachleute geleitet werden, die aus langer Erfahrung alle Mißstände kennen und zu vermeiden wissen.

Der durch die „Bühnentechnischen Zentralwerkstätten" angeregte Gedanke, die technischen Betriebe mehrerer Großstadttheater in e i n e Verwaltung zu nehmen, läßt sich bei der gegenwärtigen Theaternot aller Städte noch weiter ausbauen. Die Millionenzuschüsse der letzten Jahre sind auf die Dauer nicht tragbar, und es wird wohl auch bei der Theaterkunst zu weitgehender Zusammenfassung günstig gelegener Institute kommen. Wo ein Wille, ist auch ein Weg; besser bei Zeiten das kleine Übel wählen, als durch die Not gezwungen einige Theater überhaupt zu schließen. Schon bei der Ausstattung der Werke, die in vielleicht monatlichem Wechsel in den verschiedenen Städten aufgeführt werden, ist es Aufgabe der Bühnentechniker, die Beförderungsmöglichkeiten mit der Bahn oder im Kraftwagen, die vorhandenen ortsfesten technischen Hilfsmittel und die Größenverhältnisse der betreffenden Theater vorweg zu bedenken, damit Veränderungen der Bildteile unbedingt vermieden werden. So lassen sich leicht Werke, die nicht dauernd auf dem Spielplan bleiben, aber aus künstlerischen Gründen überall einigemale gegeben werden müssen, durch die bessere Ausnützung an mehreren Theatern bei nur einmaliger Ausgabe zum Nutzen des Ganzen großzügig und trotzdem noch billiger ausstatten, als es die einzelne Bühne heute kann. Die Grundbedingung für eine derartige Arbeitsweise ist natürlich, daß die Anfertigung dauernd in e i n e r Hand bleibt, damit es möglich ist, auch die abgespielten Teile oft wieder zu verwenden.

LAGER- UND FÖRDERDIENST

Ebenso unwirtschaftlich, wie sich die Tätigkeit des technischen Personals auf der Bühne gestaltet, verläuft meist auch das Befördern der Hilfsmittel von den Lagerräumen nach den Theatern. Im 17. Jahrhundert mochte dies noch zu ertragen gewesen sein, zum Beseitigen fand sich kein Grund, kaum eine Anregung, denn Zeit war damals reichlich vorhanden: heute aber ist Zeit = Geld! Trotzdem gibt es im zweiten Viertel des 20. Jahrhunderts noch immer größere Theater, die tagtäglich wie vor 200 Jahren ihre Bildteile von den etwa 100 bis 200 m entfernt gelegenen Lagern und Speichern Stück für Stück im Sommer und Winter von Hand nach der Bühne tragen lassen; wenn die Bühnen hoch liegen, sogar über eine schräge, sehr

Abb. 65. Treppe zur Bühne im Theater am Nollendorfplatz-Berlin

steile Rampe (!) (s. Abb. 3) oder über eine gewundene Treppe (Abb. 65). Solche Anlagen gibt es noch in Augsburg, Bromberg, Berlin-Theater am Bülowplatz und Nollendorfplatz, Dortmund, Frankfurt-Opernhaus, Graz, Halle, Hamburg-Stadttheater und Deutsches Schauspielhaus, Koburg, Magdeburg, Mannheim, Meiningen, Osnabrück, Schwerin i. M., Weimar, Wien-Opernhaus und Burgtheater, Wiesbaden und Zürich. Das Stadttheater in Lübeck, das 1908 erbaut wurde, hat unter den neueren Theatern zweifellos den ungünstigsten und unwirtschaftlichsten Weg für seine Bildteile. Die Hinterbühne grenzt zwar unmittelbar an die Straße, liegt jedoch 2 m höher. Deshalb muß jedes Stück an ein Tau gebunden werden, das über eine an der Hauswand angebrachte Rolle geht und wird von Hand auf die Bühne gezogen (Abb. 66).

Von alten Häusern ist Gotha in ähnlicher Lage. Alle Teile kommen *durch den Personeneingang* (!) über die Untermaschinerie auf einen Fahrstuhl und von da zur Bühne. Die Hängestücke können nur senkrecht zum Zuschauerraum zwischen zwei Versenkungsschiebern nach der anderthalb Stockwerke höher gelegenen Bühne über eine besonders dafür bestimmte eiserne Walze hochgeschoben werden, was unnötige Zeit kostet und sehr viel Bruch der Ober- und Unterlatten verursacht.

Abb. 66. Befördern von Bildteilen zur Bühne, Stadttheater-Lübeck

Allgemein gültige Forderungen aufzustellen ist nicht angebracht, da die verschiedene Bauart der Lager und Speicher und ihre Lage zum Theater eine wesentliche Rolle spielen. Es können nur Richtlinien gegeben werden, nach denen im einzelnen Falle Verbesserungen möglich sind.

Beförderung der Hängestücke

Die Hängestücke werden aus dem Lager von Hand an Tauen, mit einer Winde, einem hydraulischen oder elektrischen Zug oder mit dem Fahrstuhl befördert. Wenn in mittleren und großen Theatern heute noch einfacher Handbetrieb angewendet wird, so ist dies rückständig und zeugt von mangelndem Verständnis für moderne Arbeitsweise. Ein hydraulischer oder elektrischer Zug ist das mindeste, was verlangt werden muß. Selbst dieses Hilfsmittel beseitigt nicht einmal die Gefahr, der die Gehilfen beim Heraussuchen der Stücke dadurch ausgesetzt sind, daß sie keinen festen Stand haben, sondern oft in sehr großer Höhe von Lager zu Lager klettern müssen.

Es wäre deshalb unbedingt nötig, daß der Betrieb in Lagerräumen für Hängestücke baupolizeilich überwacht und für die Sicherheit der Bedienungsmannschaft ein Fahrstuhl vorgeschrieben würde.

Eine neue Art elektromotorischer Beförderung von Hängestücken nach dem Malersaal, bei der die sonst üblichen Klappen im Fußboden vermieden sind, ist im Werkstättenhaus der Städtischen Bühnen in Hannover von mir eingeführt. Vier

Abb. 67. Befördern von Hängestücken zum Malersaal (Einhängen).
Städtische Bühnen-Hannover

Abb. 68. Befördern von Hängestücken zum Malersaal (Aushängen),
Städtische Bühnen-Hannover

bis sechs Hängestücke werden im Hof in eine besondere Aufzugsvorrichtung eingehängt (Abb. 67) und mit ihr bis zum zweiten Stock gehoben; hierauf fährt die Laufkatze mit ihrer Last auf einer Schiene durch ein schmales Fenster seitlich in den Malersaal, wo die Bildteile herabgelassen und ausgebunden werden (Abb. 68).

Beförderung der Versatzstücke und Kaschierungen

In den Abbildungen 69—71 ist ein völlig veralteter Förderbetrieb dargestellt, der unbedingt zu verwerfen ist. Durch das flache Aufeinanderliegen der Teile findet

Abb. 69. Falsches Befördern von Setzstücken (Ziehwagen)

Abb. 70. Falsches Befördern von Setzstücken (Pferdewagen)

Abb. 71. Befördern mit Handwagen

110

Abb. 72. Befördern mit vorgespanntem Elektrokarren

Abb. 73. Befördern mit untergebautem Elektrokarren

Abb. 74. Befördern mit Kraftwagen

eine derartig große Abnutzung der Leinwand und Farbe statt, daß die Stücke schon nach zwei- bis dreimaligem Gebrauch völlig unansehnlich sind und das Rahmenwerk an allen Aufliegestellen durchscheint; sie müssen deshalb dauernd aufgemalt werden.

Abb. 75. Befördern mit Benzol-Schlepper

Abb. 76. Schwebewagen
im Großen Haus-Stuttgart

An den Theatern in Barmen, Berlin-Theater am Nollendorfplatz, Dessau, Düsseldorf, Graz, Koburg, Mainz, Meiningen und Zürich wird noch so gefahren. Das in Abbildung 71 dargestellte Befördern durch einen Handziehwagen ist nur für ganz kleine Bühnen und bei kürzester Entfernung der Lager vom Haus wirtschaftlich. Bei weiteren Wegen sollte unbedingt ein eigens für Bildteile gebautes, elektrisch oder motorisch betriebenes Fahrzeug angewendet werden (Abb. 72—75), das bei vielen größeren Bühnen auch bereits im Betrieb ist.

Kraftwagenbetrieb haben: Bochum, Magdeburg und Wiesbaden.

Schlepper: Bremen, Chemnitz, Dresden-Opern- und Schauspielhaus, Hamburg-Deutsches Schauspielhaus, Köln und Wien.

Elektroschlepper: Gotha, Hannover, Hamburg-Stadttheater, Mannheim und München. In Stuttgart ist bei der günstigen Anlage der Lagerräume in nächster Nähe der Bühne ein Schwebewagen in Betrieb (Abb. 76).

Eine moderne Art der Beförderung, die allerdings ein einheitliches Aufbewahren der Bildteile erfordert, bringt Zeit- und Personalersparnis. Ihr Grundgedanke ist: Je weniger die Stücke angefaßt werden, um so länger wird ihre Lebensdauer sein; je kürzer die für den Ortswechsel aufgewendete Zeit, je geringer die Zahl der dafür nötigen Arbeitskräfte, um so billiger der Betrieb.

112

Vergleichszahlen beim Förderweg,

den 45 Bildteile vom Lager zur Bühne und zurück täglich nehmen.

H = Anzahl der Handgriffe   Z = Zeit in Sekunden

Lfd. Nr.	Art der Tätigkeit	Handwagen		Kraftwagen		Flachlager		Kippvorrichtung fest		fahrbar	
		H	Z	H	Z	H	Z	H	Z	H	Z
1	Heraustragen a.d. Stapel	45	900	45	900	45	900	45	900	3	60
2	Flach umlegen, fallenlassen	45	180	45	180	—	—	—	—	—	—
3	Längsseits aufrichten	45	225	45	225	—	—	—	—	—	—
4	Aufladen a.d. Wagen	45	3600	45	3600	45	3600	45	3600	3	240
5	Vom Lager zum Theater		13500		4500		4500		4500		4500
6	Vom Eingang z. Fahrstuhl	45	2700	45	2700	45	2700	45	2700	3	180
7	Hochfahren a.d. Bühne	3	75	3	75	3	75	3	75	3	75
8	Hochkant aufrichten	45	450	45	450	45	450	3	30	3	30
9	In Seitenlager bringen	45	720	45	720	45	720	45	720	3	48
10	Zum Aufbau des Bildes	45	1350	45	1350	45	1350	45	1350	45	1350
11	Abbau in Seitenlager	45	900	45	900	45	900	45	900	45	900
12	Wegnehmen, flach umlegen	45	1125	45	1125	45	1125	—	—	—	—
13	Längsseitig aufrichten	45	225	45	225	45	225	—	—	—	—
14	Auf den Fahrstuhl tragen	45	405	45	405	45	405	45	405	3	27
15	Hydraulisch abfahren	3	75	3	75	3	75	3	75	3	75
16	Zum Wagen	45	2700	45	2700	45	2700	45	2700	3	180
17	Vom Eingang zum Lager		13500		4500		4500		4500		4500
18	Vom Wagen ins Lager	45	3600	45	3600	45	3600	45	3600	3	240
19	Hochkant aufrichten	45	450	45	450	—	—	—	—	—	—
20	In den Stapel zurück	45	1125	45	1125	—	—	—	—	—	—
		726	13h16'45"	726	8h16'45"	546	7h43'45"	474	7h14'15"	120	3h26'45"

Zusammenstellung

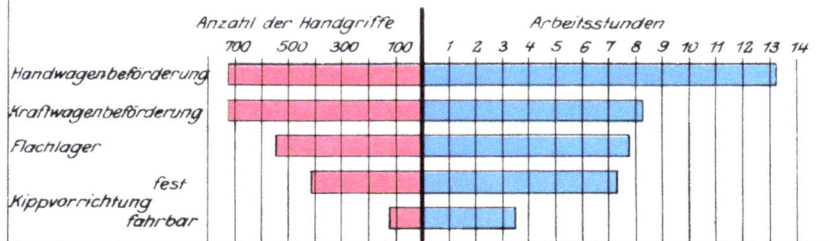

Um dies zu erreichen, empfiehlt es sich, eine hydraulische oder elektrische Auf-
richtevorrichtung (Abb. 77) anzuwenden, durch die 15 gerahmte Teile auf einmal
hochgestellt und umgelegt werden können. Dabei fällt die Gefahr des Umschlagens
fort und es wird wesentliche Zeit gespart.

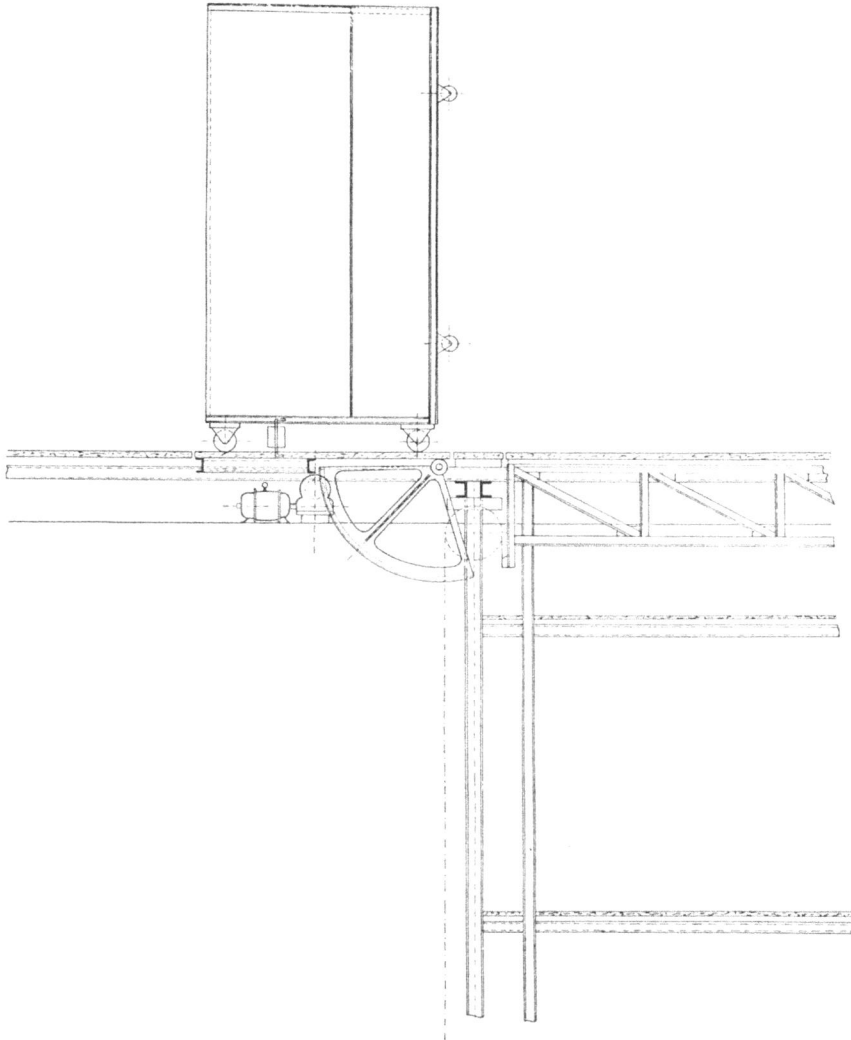

Abb. 77. Elektrische Vorrichtung zum Aufrichten von Setzstücken

Noch einen Schritt weiter bringt eine völlig neue Beförderungsart, die nach
und nach in den nächsten Jahren bei den Städtischen Bühnen in Hannover eingeführt werden soll. Es sind dafür rechteckige, nach allen Seiten fahrbare eiserne
Kojen von 1,3 m lichter Weite, 5 m Länge und 1,5 m Höhe angefertigt, die zur Aufnahme der Bildteile einer ganzen, halben, drittel oder viertel Vorstellung dienen.
Sie sind auf der Grund- und Stirnfläche mit je vier drehbaren Rollen versehen. Entsprechend der Anzahl der Bühnenbilder einer Vorstellung werden eine oder mehrere
beansprucht und jedesmal mit denselben Gegenständen wieder beladen.

8

Abb. 78. Aufrichten von Bildteilen in der Großen Oper-Paris

Ein Wechsel der Bildteile wird nach vollständiger Einführung dieser neuen Beförderungsart folgendermaßen verlaufen: Zwei Lagerarbeiter fahren die erste Koje mit etwa einem Drittel der Teile der kommenden Vorstellung 6,30 Uhr aus dem Standort im dritten Stockwerk auf den Fahrstuhl und mit diesem ins Erdgeschoß. Von da auf die Ladebühne; hydraulisch wird sie auf die Wagenhöhe eines Fahrgestells gehoben, mit einem Elektrokarren vor den Bühnenfahrstuhl und mit ihm nach oben gebracht, hier mit allen Teilen aufgerichtet[1]) und diese sofort für die Abendvorstellung an Ort und Stelle auf einer Seitenbühne aufgebaut. Die schon bereitstehende Koje der abgespielten Vorstellung nimmt den umgekehrten Weg. Je nach Umfang der Bühnenbilder wiederholt sich der Vorgang ein- bis viermal und beansprucht normalerweise höchstens eine Stunde. In der übrigen Zeit stehen die Lagerarbeiter — am vorteilhaftesten Handwerker — für andere Zwecke zur Verfügung.

Auf diese Weise kann der so stark vernachlässigte Förderbetrieb endlich wirtschaftlicher gestaltet werden und die ersparte Zeit kommt dem Ganzen wieder zugute. Die Abbildungen auf Tafel 11 dienen als Beweis dafür: die 20 Phasen des Weges, den 15 hohe Wände täglich drei- bis viermal nehmen müssen, sind hier gezeigt, nach Sekunden berechnet und für die einzelnen, vorher beschriebenen Arten ausgewertet. Die schematische Zusammenstellung des Zeitaufwandes gibt ein Bild davon, daß auch bei diesem scheinbar unwichtigen Kapitel überall Kraft und Zeit in großem Maße vergeudet werden.

---

[1]) Abb. 78 zeigt eine ähnliche Einrichtung, allerdings mit Pferdebetrieb, die in der Pariser Oper verwendet wird.

4. KAPITEL

ORTSFESTE HILFSMITTEL ZUM AUFBAU DER BÜHNENBILDER

Die im nächsten Kapitel beschriebenen *beweglichen* Hilfsmittel, Bildteile, Geräte, Gerüste, Wagen, Trag- und Befestigungsvorrichtungen bedürfen zum Auf- und Abbau sowie für ihren gelegentlichen Platzwechsel beim szenischen Vorgang *ortsfester* Hilfsmittel, die in, unter, über, hinter oder vor dem Bühnenboden angebracht sind. Da diese maschinellen oder maschinenähnlichen Charakter besitzen, werden sie als „Bühnenmaschinerie" bezeichnet und eingeteilt in: Bühnenboden, Untermaschinerie, Obermaschinerie, Bühnenhimmel, Arbeitsstege.

Alle nicht mehr gebräuchlichen Hilfsmittel sind nur kurz erwähnt, da sie in der „Bühnentechnik der Vergangenheit" näher behandelt werden; hier haben nur *die* Bedeutung, die noch nicht ganz überholt sind oder deren Beschreibung für den Entwicklungsgang notwendig ist. Abbildung 79 zeigt Gestalt und Lage der meisten; ihre gegenwärtige Umwandlung vollzieht sich langsamer wie in anderen Betrieben. Wenn im kaufmännischen Leben Nachfrage und Angebot die Preise oft sprunghaft von heute auf morgen beeinflussen, so ändern sich in der Technik die Formen nur unmittelbar nach dem Einführen neuer Erfindungen. In der Bühnentechnik dauerte es sehr lange, bis Änderungen, die sich in fremden technischen Betrieben bewährt hatten, übernommen wurden. Hydraulische Personenaufzüge waren das Vorbild zu den großen Versenkungen; drehbare Rollen kleiner Förderkarren wurden für Bühnenwagen verwendet, die fertige Bühnenbilder tragen; Linsenstellungen des Fernrohrs gaben die Grundlagen für moderne Lichtbildapparate. Die Schraubzwinge des Tischlers kam in veränderter Form als Befestigungsmittel über den Filmbau zur Bühne und mit dem 1902 für Rockschlitze erfundenen, 1915 auf Handtaschen und Schuhe angewendeten Reißverschluß wurde endlich 1928 ein Versuch gemacht, hängende Bildteile zu verbinden.

Diese langsame Entwicklung hatte meist ihre Ursache in dem Kastengeist der „Zunft"; auch fehlte ein Urteil, ob die bisherigen Hilfsmittel in der Zeit der Technik noch bestehen können. Erst seit einigen Jahren wurde die Gestaltung des Bühnenbodens, der den Abschluß der Untermaschinerie nach oben bildet, seine Gliederung, die in engster Beziehung dazu steht, vor allem aber die überlieferte schräge Lage des Bodens selbst auf ihre Zweckmäßigkeit nachgeprüft. Kulissenwagen, Kassetten, Züge, Bühnenhimmelkurven und -antriebe, Anordnung der Brükken und viele andere Hilfsmittel wurden auf ihren Wirkungsgrad untersucht und geeignetere Formen versuchsweise eingeführt. Das Ergebnis dieser Arbeiten enthalten die folgenden Ausführungen.

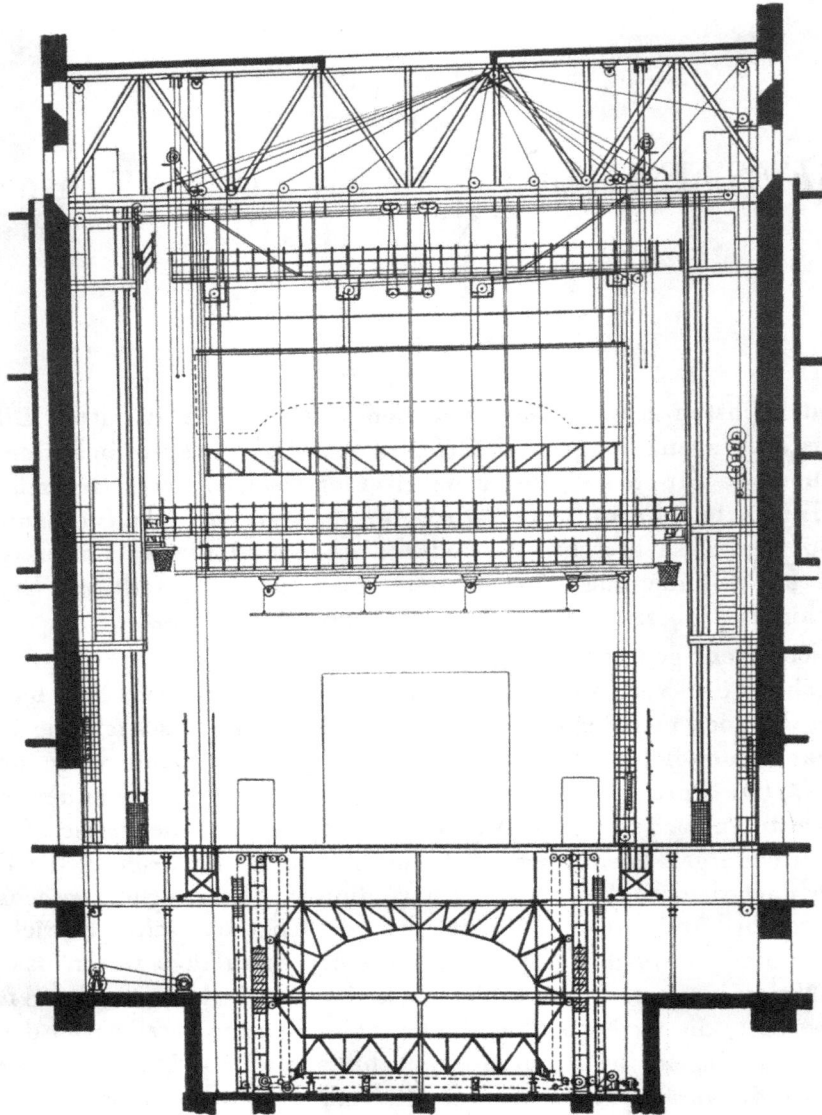

Abb. 79. Gestalt und Lage ortsfester Hilfsmittel bei einer Bühne alter Bauart;
Stadttheater-Frankfurt/M.

BÜHNENBODEN

Die Spielflächen der älteren Theater zeigen drei Hauptmängel: die *Pfosten* der Dachbinder, den *Bühnenfall* und die *Gliederung* des Bodens.

PFOSTEN

Bei der großen Breite der Bühnenhäuser und den hölzernen Dachstühlen ruhen die Binder gewöhnlich auf Pfosten (s. Abb. 52), die nach der früher üblichen Gasseneinteilung einige Meter von den Seitenmauern entfernt sind. Sie hindern den Umbau mit großen Wagen so sehr, daß oft dies einzige Hilfsmittel nicht angewendet werden

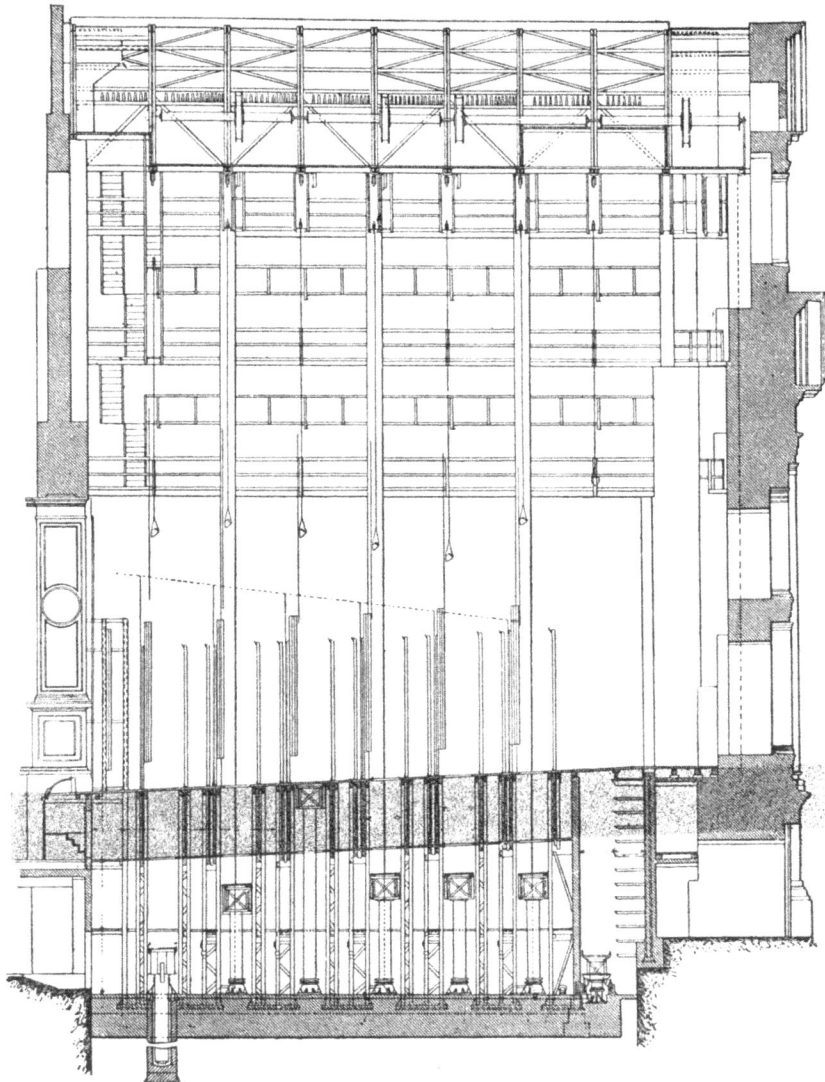

Abb. 80. Bühnenfall

kann und jede Weiterentwicklung im Bildbau dadurch gewaltsam gehemmt wird. So gebaut sind noch: Bayreuth-Festspielhaus, Danzig-Stadttheater, Düsseldorf-Opern- haus, Frankfurt-Opernhaus, Hannover-Opernhaus, Karlsruhe i. B. Ihr Ersatz durch einen starken Träger von der Vorder- zur Hinterwand ist als erster Schritt zur Ver- besserung der Häuser unbedingt nötig.

BÜHNENFALL

Auch der Laienglaube an die älteste Einrichtung der ganzen Bühnenmaschinerie, an den „unbedingt nötigen Bühnenfall", muß endgültig beseitigt werden.

Bestimmend für die zur Schablone gewordene Neigung der Spielebene um 1,5 bis 4 cm auf 1 m ist bei allen alten Bühnenbauten die *damals* berechtigte Forderung der Theatermaler gewesen, wegen der perspektivisch gemalten Bildteile auch den

Boden ansteigen zu lassen (Abb. 80). Stieglitz schreibt 1797 in seiner Enzyklopädie der bürgerlichen Baukunst[1]) unter dem Stichwort „Schauspielhaus":

„Der Fußboden der Bühne darf nicht wagrecht gemacht, sondern er muß nach einer schief liegenden Fläche angelegt werden, so daß er hinten im Fond der Bühne etwas höher ist als vorn, wo er sich am Orchester endigt. Dieser Fall der Bühne ist wegen der Perspektive der Dekoration nötig, damit auch die Fläche des Fußbodens nach dem Augenpunkte zu läuft, weil sie sonst, wo sie wagerecht läge, den Zuschauern, vorzüglich denen, die sich im Parterre befinden, kürzer als sie wirklich ist, und nicht in ihrer gehörigen Tiefe erscheinen würde. Er darf aber nicht zu stark sein, und nicht zu schief herab gehn, weil sonst die Schauspieler einen unbequemen Gang und Stand haben würden."

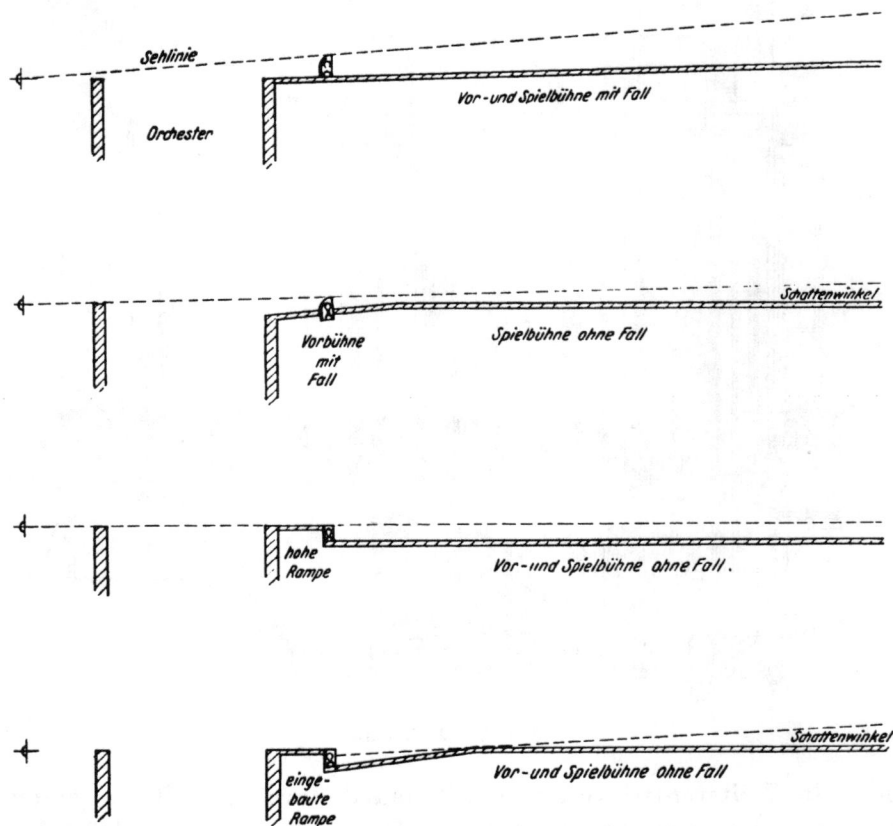

Abb. 81. Entwicklung der Vorbühne

Selbst als die „perspektivische Dekoration" verschwand, wurde das Übel noch mit drei Gründen verteidigt:

1. Die Bewegungen der Darsteller vom Hintergrund nach der Rampe, besonders beim alten Ballett, werden durch den abfallenden Boden erleichtert.
2. Bei Massenszenen sind die hinten stehenden Statisten besser zu sehen.
3. Die Besucher der vorderen Plätze haben einen günstigeren Gesichtswinkel.

---

[1]) Vierter Teil, R bis Sche, S. 640

118

Weitere „Vorteile" können weder die Bühnenpraktiker angeben, noch findet sich in der gesamten Literatur ein Beleg dafür. Prüft man die Gründe, so sind sie völlig unhaltbar und nur durch eine nicht mehr geltende Überlieferung gestützt.

Der Bühnenfall ist der Grundfehler eines Hauses, der alle anderen technischen Unzulänglichkeiten nach sich zieht.

Um die alte Ansicht zu widerlegen, sind die Bühnen- und Spielverhältnisse eines Theaters mit Gefälle von 3,2% *vor* und *nach* dem Geradelegen des Bodens angeführt:

Zu Punkt 1: Ein *moderner* Darsteller bewegt sich nach allen Richtungen gleichmäßig, es kann ihm nur willkommen sein, wenn er auch auf der Bühne einen ebenen Boden unter den Füßen hat; dasselbe gilt für die Tänzer, die heute den ganzen zur Verfügung stehenden Raum in Vor- und Rückwärtsbewegungen ausnutzen und oft sogar terrassenförmige Aufbauten verwenden.

Zu Punkt 2: Wenn bei Massenszenen die Hintenstehenden nur durch den ansteigenden Boden besser zu sehen sein sollen, so müßte er nicht eine Steigung von 3,2, sondern mindestens eine von 20% haben, der des Parketts entsprechend, in dem der Zuschauer auch möglichst ungehindert an seinem Vordermann vorbeisehen soll. Jede geringere Steigung erfüllt also ihren Zweck nicht! Das beweisen die dauernd angewendeten Aufbauten in dem hinteren Raum eines tief spielenden Bühnenbildes, als Ersatz für die fehlenden 20 % Erhöhung. Da sie beliebig hoch hergestellt werden können, ist die vorhandene 3,2 prozentige Steigung zu entbehren[1]).

Zu Punkt 3: Beim Umbau älterer Häuser wird gewöhnlich die vorhandene hohe Rampe durch eine niedrige ersetzt; der Höhenunterschied beträgt oft 20 cm. Die Beseitigung des Bühnenfalles ist, je nach der Sehlinie des Parketts, verschieden. Am ungünstigsten ist es, wenn die 0-Linie bei der Hinterbühne liegt, die ganze Fläche also gehoben werden muß (Festspielhaus-Bayreuth). Je weiter der Drehpunkt nach dem Zuschauerraum rückt, desto günstiger wird es. Aus Abbildung 81 ist die Entwicklung der Vorbühne ersichtlich.

---

[1]) Vgl. Handbuch der Architektur: *Manfred Semper*, VI. 5, 1904; Theater, S. 273, Abs. 3: „Zur Darstellung wirklicher Erhebungen des Terrains oder von Terrassen, Treppen, Felsenwegen u. dgl. kann die hergebrachte Neigung einer Bühne in keinem Fall genügen, für solche Zwecke werden doch stets Aufbauten nötig sein, welche eine etwa vorhandene Neigung des Bühnenfußbodens der Wahrnehmung der Zuschauer auf jeden Fall entziehen und ihren Wert in bezug auf die optischen Verhältnisse in allen diesen zahlreichen Anlässen also ganz illusorisch machen, während ihr Fehlen gerade für die Bauereien viele Vorteile bieten würde."

Dazu *Fritz Brandt*: Die Reformbühne. Bühne und Welt 1901, III. Jahrg., Heft 8, S. 318, Abs. 2: „Die Gründe, welche gegen die horizontale Bühne angeführt werden, dürften wohl hauptsächlich auf der althergebrachten Gewohnheit beruhen. Tänzer sind der Meinung, daß das schräge Podium günstiger sei für größere Kraftentfaltung beim Sprung und Ballett-Tanz. Anderseits werde bei schwach ansteigenden oder horizontalen Parkettsitzreihen ein besserer Überblick über die Bühne gewonnen. Letzter Grund hat wohl eine gewisse Berechtigung, jedoch ist die übliche und mögliche Neigung der Bühne viel zu gering, um in dieser Hinsicht einen wesentlichen Wert zu haben. Der Vorteil eines besseren Überblickes über die Darstellergruppen bei steigender Bühne wird allein schon durch die verschiedene Größe der menschlichen Figuren illusorisch. Sobald Gruppen wirkungsvoll gestellt werden sollen, müssen besondere Erhöhungen bei jeder, auch der stärkst geneigten Bühne aufgebaut werden. — Bei einer einigermaßen ansteigenden Parkettsitzanlage ist es völlig gleichgültig, ob die Bühne ansteigt oder horizontal ist."

Nr. 1 zeigt eine alte „Bühne mit Fall", hoher Rampe und ungünstigem Sehwinkel.

Nr. 2. Der Fall ist teilweise beseitigt, der Drehpunkt liegt unter dem eisernen
Vorhang. Die alte Rampe ist zur Hälfte versenkt; der Sehwinkel ist trotz der Senkung günstiger geworden.

Abb. 82. Hohe Rampe im Stadttheater-Chemnitz

Abb. 83. Eingebaute Rampe im Städtischen Opernhaus-Hannover

Nr. 3 zeigt eine wagerechte Bühne, bei der nur die Rampe (s. Abb. 82) erhöht ist.
Günstigster Lichtwinkel, Sehwinkel fast Null.

Nr. 4. Die ebene Lage ist völlig durchgeführt, die Rampe eingebaut; durch
verstellbare Klappen im Boden (s. Abb. 83) treten die Lichtstrahlen aus. Wird
die Rampe nicht gebraucht, so können die Klappen geschlossen werden. Da der

Kasten für den Vorsager[1]) ebenfalls auf diese Art angelegt ist, kann auch vom ungünstigsten Platz aus der ganze Bühnenboden gesehen werden. Der einzige kleine Nachteil dabei ist der entstandene Schattenwinkel bei kurzer Entfernung des Darstellers von der Lichtquelle. Da jedoch Fußrampenlicht immer seltener angewendet und durch die viel besser wirkende Vorbühnenbeleuchtung vollkommen ersetzt wird, ist dies bei den großen Vorteilen bedeutungslos.

Zusammenfassend ist also zu sagen: Auch der dritte Grund, daß der Inhaber des tiefsten und — soweit die Sicht in Frage kommt — ungünstigsten mittleren Sessels der vordersten Reihe durch die ansteigende Bühne einen besseren Gesichtswinkel bekommen soll, wird durch die beim Geradelegen ohnehin vorzunehmende Änderung der Rampe hinfällig. Es wird sogar erreicht, daß trotz der Senkung des Bodens von diesem Platz aus in Zukunft mehr Bühnenboden zu sehen ist, als jetzt bei ansteigender Bühne. Um so eher werden auch alle anderen Plätze durch das Wagerechtlegen bei Änderung der Rampe gewinnen.

Den drei „Vorteilen" der „Bühne mit Fall" stehen die *tatsächlichen Nachteile* gegenüber:

Sie hat 33% mehr Zimmer-Bildteile nötig als eine ebene Bühne, denn Wandteile, die für die linke Bühnenseite mit schrägen Unterlatten gearbeitet sind, passen nie auf der rechten Seite und umgekehrt, ebensowenig als Rückwände, weil sie dort entweder nach links oder rechts schief stehen.

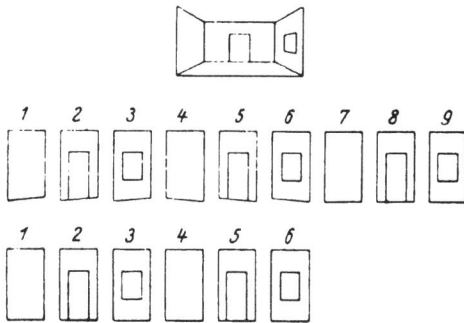

Abb. 84. Bildstellung mit schrägen und graden Wänden

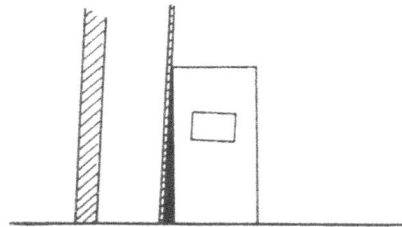

Abb. 85. Keilförmiger Anschluß einer Zimmerwand am Turm

Dasselbe gilt für alle Häuser, Mauern, Treppenverkleidungen usw., die unbedingt lotrecht sein müssen und deshalb mit Bühnenfall, d. h. mit einer schrägen Unterlatte für links oder rechts gebaut sind. Als Schulbeispiel ist ein Bühnenzimmer aus drei Wänden, bei dem je ein bis zwei geschlossene Wände, Fenster oder Türen beliebig gestellt werden können, in Abbildung 84 wiedergegeben.

Bringt man in solche Zimmer plastische Möbel, z. B. hohe Schränke an die Seitenwände, so stehen sie naturgemäß schief, da sie einen schiefen Untergrund bei lotrecht gearbeiteter Umgebung haben, oder sie müssen vorn angehoben werden.

Die erwähnte Verschwendung von Baustoffen für Zimmerwände hat seit einigen Jahren dazu geführt, sie nicht mehr mit schräger Unterlatte, sondern rechtwinklig

---

[1]) statt Souffleur

wie für eine Bühne ohne Fall zu bauen, damit sie untereinander austauschbar sind. Man setzt also eine gerade Wand dauernd auf eine schiefe Ebene, statt einen Schrit weiter zu gehen und sie zu beseitigen.

Dieser Ausweg hat wieder drei Nachteile:

1. Der vordere Anschluß am Beleuchtungsturm, bei dem die schräge Wand an dem lotrechten Turm befestigt wird, ist nicht möglich, ohne daß ein keilför miges Loch entsteht (Abb. 85).

2. Alle in einem solchen Raum aufgehängten Bilder, Kronleuchter, Vorhänge usw folgen dem Gesetz der Schwere und hängen senkrecht, d. h. schief zur Wand

Abb. 86. Beseitigen des Bühnenfalls im Städtischen Opernhaus-Hannover

3. Keine Tür der Seitenwände, deren Scharniere an der dem Zuschauer abge wendeten Seite sitzen, geht auf und zu, ohne zu klemmen; sind sie an der Zu schauerseite „angeschlagen", so geht die Tür von selbst auf, wenn ein Dar steller sie nicht richtig geschlossen hat.

Ebenso groß wie bei Zimmerwänden sind die Nachteile des Bühnenfalles be allen fahrbaren Gegenständen (Fahrzeugen, Schiffen oder Bühnenwagen mit Auf bauten). Sie alle sind bei wagrechtem Boden leicht nach allen Seiten zu bewegen und können niemals von selbst nach vorn rollen.

In älteren Häusern bilden diese fahrbaren Wagen[1]) die einzigen Hilfsmitte für raschen Bildwechsel; oft wird auf ihnen ein ganzes Zimmer aufgebaut. Zun

---

[1]) s. 5. Kapitel, S. 221—23 und 9. Kapitel, S. 299—301

Zurückziehen des Wagens müssen dann alle verfügbaren Kräfte eingesetzt werden, wenn keine maschinelle Vorrichtung dafür vorhanden ist.

Zerlegbare Drehscheiben[1]) können bei Bühnen mit Fall ohne besonderen Unterbau, der die Neigung aufhebt, nicht verwendet werden.

Das Wagrechtlegen des Bühnenbodens ist daher unbedingt notwendig und wird auch in der Fachliteratur seit langem gefordert[2]): . . . „ganz besondere Bedeutung gewinnt dieser Umstand (das Senkrechtstehen der Bildteile und Wagen) mit Rücksicht auf die in der neueren Bühnentechnik in Aufnahme kommenden *Dekorationswagen, deren Verwendung eigentlich nur ermöglicht* wird und bedingt ist durch eine wagrechte Lage des Podiums."

Der Bühnenfall kann also heute nicht mehr verteidigt werden. Es ist gedankenlos, ihn bei Neubauten noch anzuwenden; selbst die kleinste Saalbühne sollte wagrechten Boden haben! Auch in älteren Theatern muß er unbedingt beseitigt werden (Abb. 86); erst dann ist ihre technische Weiterentwicklung möglich. Über den in größeren Häusern heute noch bestehenden oder beseitigten Bühnenfall unterrichtet die folgende Zusammenstellung.

DER BÜHNENFALL

Nr.	Stadt und Theater	eröffnet im Jahre	ohne Fall gebaut?	gerade gelegt seit	noch vorh. in %
1	Augsburg, Stadttheater	1877	nein	—	2
2	Barmen, Stadttheater	1904	ja	—	—
3	Bayreuth, Festspielhaus	1876	nein	—	3
4	Berlin, Staatsoper Unter den Linden	1844	nein	1928	—
5	Berlin, Staatsoper am Platz der Republik	1855	nein	1924	—
6	Berlin, Staatl. Schauspielhaus	1820	nein	1906	—
7	Berlin, Staatl. Schillertheater	1906	ja	—	—
8	Berlin, Städtische Oper	1912	ja	—	—
9	Berlin, Großes Schauspielhaus	1919	ja	—	—
10	Berlin, Theater am Bülowplatz	1914	ja	—	—
11	Berlin, Theater am Nollendorfplatz	1906	ja	—	—
12	Bochum, Stadttheater	1915	ja	=	—
13	Braunschweig, Landestheater	1861	nein	—	1.5
14	Bremen, Stadttheater	1843	nein	1900	—
15	Bremerhaven, Stadttheater	1911	ja	—	—
16	Chemnitz, Opernhaus	1909	ja	—	—
17	Chemnitz, Schauspielhaus	1838	nein	1865	—
18	Darmstadt, Großes Haus	1879	nein	—	3
19	Dessau, Friedrichstheater	1922	ja	—	—
20	Dortmund, Stadttheater	1904	ja	—	—
21	Dresden, Opernhaus	1878	nein	1912	—
22	Dresden, Schauspielhaus	1913	ja	—	—
23	Duisburg, Stadttheater	1912	ja	—	—
24	Düsseldorf, Stadttheater, Großes Haus	1875	nein	1906	—
25	Düsseldorf, Schauspielhaus	1905	ja	—	—
26	Elberfeld, Stadttheater	1887	nein	—	—

[1]) s. 9. Kapitel, S. 285—287
[2]) Handbuch der Architektur, VI. 5, 1904: Manfred Semper; Theater, S. 273

Nr.	Stadt und Theater	eröffnet im Jahre	ohne Fall gebaut?	gerade gelegt seit	nochvorh. in %
27	Essen, Opernhaus	1892	nein	1927[1])	—
28	Essen, Schauspielhaus	1927	nein	1928	—
29	Frankfurt a. M., Opernhaus	1880	nein	—	5
30	Frankfurt a. M., Schauspielhaus	1902	ja	—	—
31	Freiburg i. B., Stadttheater	1910	ja	—	—
32	Gera, Reußisches Theater	1902	ja	—	—
33	Gotha, Landestheater	1840	nein	—	2.3
34	Graz, Opernhaus	1899	nein	—	4
35	Halle a. d. S., Stadttheater	1886	nein	—	4
36	Hamburg, Stadttheater	1827	nein	1926	—
37	Hamburg, Deutsches Schauspielhaus	1900	nein	—	3
38	Hannover, Städtisches Opernhaus	1852	nein	1927	—
39	Hannover, Städtisches Schauspielhaus	1911	ja	—	—
40	Karlsruhe i. B., Badisches Landestheater	1853	nein	—	2.5
41	Kassel, Staatstheater	1909	ja	—	—
42	Kiel, Stadttheater	1907	ja	—	—
43	Koburg, Landestheater	1840	nein	—	3.5
44	Köln a. Rh., Opernhaus	1902	ja	—	—
45	Köln a. Rh., Schauspielhaus	1872	nein	—	2
46	Königsberg i. Pr., Opernhaus	1809	nein	—	3
47	Krefeld, Stadttheater	1825	—	—	3
48	Leipzig, Neues Theater	1868	nein	—	2.5
49	Leipzig, Altes Theater	1817	nein	—	5.6
50	Lübeck, Stadttheater	1908	ja	—	—
51	Magdeburg, Stadttheater	1876	nein	—	3
52	Mainz, Stadttheater	1834	nein	1910	—
53	Mannheim, Nationaltheater[2])	1777	nein	1902	—
54	Meiningen, Landestheater	1908	ja	—	—
55	München, Nationaltheater	1826	nein	—	3.2
56	München, Residenztheater	1753	nein	—	2.9
57	München, Prinzregententheater	1901	nein	—	3
58	Neustrelitz, Landestheater	1927	ja	—	—
59	Nürnberg, Stadttheater	1905	ja	—	—
60	Oldenburg, Landestheater	1893	nein	1926	—
61	Osnabrück, Stadttheater	1909	ja	—	—
62	Prag, Neues Deutsches Theater	1888	—	—	1.5
63	Rostock i. M., Stadttheater	1895	nein	—	3
64	Schwerin i. M., Landestheater	1886	nein	1928	—
65	Stettin, Stadttheater	1849	nein	—	3.5
66	Stuttgart, Großes Haus	1912	ja	—	—
67	Stuttgart, Kleines Haus	1912	ja	—	—
68	Weimar, Nationaltheater	1907	nein	1908	—
69	Wien, Staatsoper	1869	nein	—	1.7
70	Wien, Burgtheater	1886	nein	—	3
71	Wiesbaden, Staatstheater, Großes Haus	1894	nein	—	2.3
72	Zürich, Stadttheater	1891	nein	—	3

[1]) Fall wurde durch aufgelegte Platten vorübergehend beseitigt; jetzt wieder „mit Fall".

[2]) Die 1777 erbaute Bühne der Ifflandzeit wurde bei dem Umbau durch Joseph Mühldorfer 1856 völlig verändert.

Abb. 87. „Die Walküre", Bühnenbild des dritten Aktes von J. Hoffmann 1876; Festspielhaus-Bayreuth. Im Modell nachgebildet für die Deutsche Theater-Ausstellung-Magdeburg 1927, von J. Zehetgruber-Hannover

GLIEDERUNG

Fast alle deutschen Bühnen kranken zurzeit an den Mängeln, die das Umgestalten von Bühnenboden und Untermaschinerie mit sich bringt.

Bogen und Prospekte der Guckkastenbühne wurden stark eingeschränkt, die Kulissen verschwanden, die Bindung an feste Freifahrten hörte auf, alle Bildteile stehen heute frei im Raum an jeder beliebigen Stelle. Die Kulissenwagen sind überflüssig geworden, mit ihnen ihre Führungen, die „Freifahrten" zwischen zwei Friesen, von denen bei alten Bühnen oft 18 und mehr den Boden unterteilten. Den Wandel des Bühnenbildes veranschaulicht ein Beispiel:

Als in Bayreuth 1876 die erste Aufführung des „Ringes des Nibelungen" stattfand, waren die Bühnenbilder noch aus flachen Versatzstücken, Kulissen, Soffitten, Bogen und Prospekten gebaut. Der dritte Akt der „Walküre" ist in Abbildung 87 dargestellt. Zur nächsten Aufführung im Jahre 1896 (s. Abb. 88) entstand zwar ein gänzlich verändertes Bühnenbild, aber in der Bauart war kein Fortschritt zu verzeichnen. Erst die Neugestaltung von 1906 brachte einen kleinen, 12 m hohen Bühnenhimmel und auf einem Wagen mit Holzrollen einen plastischen Felsen nach der alten Brandtschen Darmstädter Art[1]), der auf der Hinterbühne seinen Platz hatte. Drei Bogen mußten wegen des kleinen Bühnenhimmels noch beibehalten werden und engten das Bild links und rechts ein (Abb. 89). 1925 wurden auch sie beseitigt, als ein größerer eingebaut und das Bild abermals völlig neugestaltet wurde.

[1]) Vgl. S. 299

125

Abb. 88. „Die Walküre". Bühnenbild des dritten Aktes von Prof. Max Brückner. 1896;
Festspielhaus-Bayreuth

Abb. 89. „Die Walküre", Bühnenbild des dritten Aktes von Max Brückner und Fr. Kranich d. Ä., 1906;
Festspielhaus-Bayreuth

Abb. 90. „Die Walküre", Bühnenbild des dritten Aktes, von Fr. Kranich d. J.-Hannover, 1928;
Festspielhaus-Bayreuth

Abb. 91. „Die Walküre", Entwurf zum Bühnenbild des dritten Aktes für 1930; Fr. Kranich d. J.
und J. Zebetgruber; Festspielhaus-Bayreuth

In der vorläufig letzten Stufe warf man 1927 optische Wolken auf einen 27 m hohen, weißen Bühnenhimmel, an Stelle des früher mit Wolken bemalten. Als einziges Hängestück ist noch die Krone der Tanne übrig geblieben (Abb. 90). Im Entwurf für 1930 (Abb. 91) ist auch sie verschwunden. Kulissen und ihre Träger, die Freifahrten, sind also überflüssig geworden. Aus einer ähnlichen Entwicklung der Rheingoldbilder ist zu erkennen, daß auch die fast nur bei Verwandlungen nötigen Kassettenklappen durch laufende Lichtbilder heute überholt sind, und die Bewegungsfreiheit für neuzeitliche Bodengestaltung und Bildbau nur hemmen.

NOTWENDIGE VERSENKUNGEN
im Verhältnis zur Anzahl der Bühnenbilder bei Opern des gegenwärtigen Spielplans[1]).

Nr.	Oper	Zahl der Bilder	Versenkungen	Nr.	Oper	Zahl der Bilder	Versenkungen
1	Afrikanerin	5	nein		Übertrag	172	6
2	Aida	7	nein				
3	Armer Heinrich	5	nein	36	Mignon	4	nein
4	Bajazzo	1	nein	37	Mikado	2	nein
5	Barbier von Bagdad	2	ja	38	Mona Lisa	3	nein
6	Barbier von Sevilla	2	nein	39	Oberon	14	ja
7	Boccaccio	3	nein	40	Orpheus und Eurydice	4	ja
8	Bohème	4	nein	41	Othello	4	nein
9	Cardillac	4	nein	42	Palestrina	3	ja
10	Carmen	4	nein	43	Parsifal	7	nein
11	Cavalleria rusticana	1	nein	44	Prophet	8	nein
12	Cosi fan tutte	7	nein	45	Rheingold	4	nein
13	Don Juan	8	ja	46	Rigoletto	4	nein
14	Entführung aus dem Serail	5	nein	47	Rosenkavalier	3	ja
15	Fidelio	4	nein	48	Salome	1	ja
16	Figaros Hochzeit	4	nein	49	Siegfried	4	nein
17	Fledermaus	3	nein	50	Tannhäuser	4	ja
18	Fra Diavolo	3	nein	51	Templer und Jüdin	9	nein
19	Frau ohne Schatten	11	ja	52	Tiefland	2	nein
20	Freischütz	6	ja	53	Tosca	3	nein
21	Götterdämmerung	8	nein	54	Traviata	4	nein
22	Hoffmanns Erzählungen	4	ja	55	Tristan und Isolde	3	nein
23	Holländer	3	nein	56	Troubadour	8	nein
24	Hugenotten	6	nein	57	Turandot	4	nein
25	Jüdin	5	nein	58	Undine	5	ja
26	Königskinder	3	nein	59	Verkaufte Braut	3	nein
27	Lohengrin	4	ja	60	Waffenschmied	5	nein
28	Lustige Weiber v. Windsor	6	nein	61	Walküre	3	nein
29	Macbeth	9	nein	62	Widerspenstigen Zähmung	4	nein
30	Macht des Schicksals	8	nein	63	Wildschütz	3	nein
31	Madame Butterfly	2	nein	64	Wozzeck	14	nein
32	Margarethe	9	nein	65	Wunder der Heliane	3	nein
33	Martha	6	nein	66	Zar und Zimmermann	3	nein
34	Maskenball	6	nein	67	Zauberflöte	14	ja
35	Meistersinger v. Nürnberg	4	nein	68	Zigeunerbaron	3	nein
		172	6 „ja"			334	14 „ja"

[1]) Nach den Einrichtungen im Festspielhaus-Bayreuth und den Städtischen Bühnen-Hannover.

Sogar die festen Tischversenkungen können, wenigstens an Theatern mit Seiten- und Hinterbühnen, nicht mehr voll ausgenutzt werden, bei Bühnen älterer Bauart benutzt man sie hauptsächlich als Hilfsmittel für Umbauten und zu Förderzwecken. Sie dienen nur zu einem verschwindend geringen Teil noch ihrer eigentlichen Bestimmung: dem Versenken von Personen oder Bildteilen während der Aufführung.

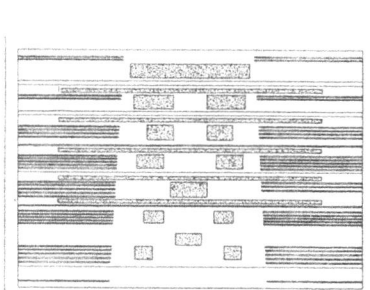

Abb. 92. Bühnenboden der Staatsoper Unter den Linden-Berlin 1843

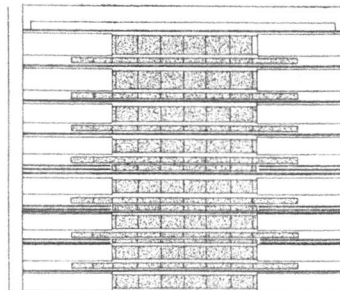

Abb. 93. Bühnenboden des Städtischen Opernhauses-Hannover 1900

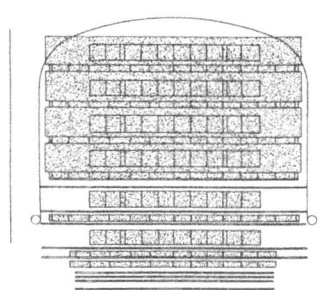

Abb. 94. Bühnenboden des Staatstheaters-Wiesbaden 1923

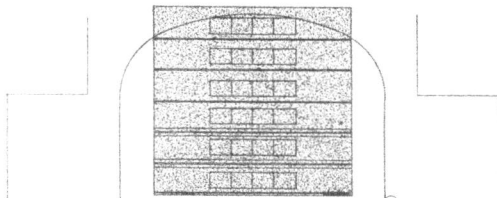

Abb. 95. Bühnenboden des Stadttheaters-Hamburg 1926

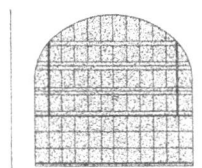

Abb. 96. Dem Bühnenhimmel angepaßter Einheitsboden für kleine Theater; Fr. Kranich d. J.-Hannover

Daß der Verzicht auf fest eingebaute Versenkungen berechtigt ist, läßt sich statistisch nachweisen: nur bei 4,2 Prozent aller Bühnenbilder der z. Zt. den Spielplan beherrschenden Opern und bei noch weit weniger Schauspielbildern[1]) sind Personenversenkungen unbedingt nötig (s. Zusammenstellung auf S. 128). Bei den großen Maschinenopern der vorigen Jahrhunderte waren sie angebracht; heute muß man dazu übergehen, von Fall zu Fall dort eine Versenkung einzurichten, wo sie verlangt wird.

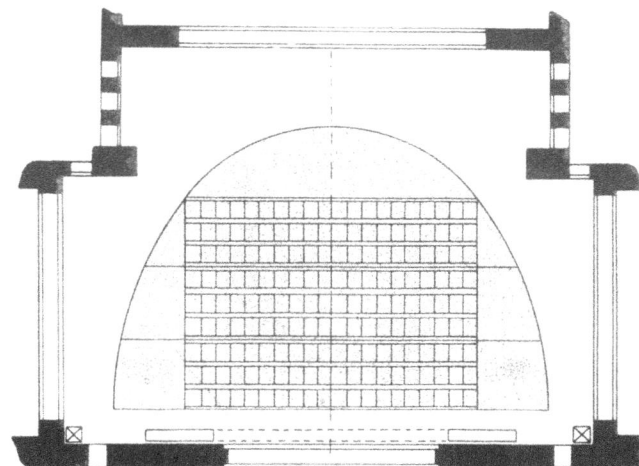

Abb. 97. Feste und versenkbare Teile einer großen, modernen Bühne; Fr. Kranich d. J.-Hannover

---

[1]) Es ist völlig unverständlich, weshalb die technische Leitung des Schauspielhauses-Frankfurt a. M. bei der von der Maschinenfabrik Augsburg-Nürnberg 1928 gelieferten Drehscheibe vier (!) Tischversenkungen mit verdoppelten Schiebern verlangt hat. Sie werden sicherlich niemals zusammen, einzeln nur in ganz seltenen Fällen gebraucht werden. Öffnungen für Personenversenkungen an verschiedenen Stellen hätten genügt und die Anlage wesentlich vereinfacht und verbilligt.

Anders steht es mit den Bodenversenkungen, die größere Teile der Bühne höher oder tiefer legen sollen. Ihre Abmessungen dürfen nicht mehr willkürlich sein, sondern müssen nach der Größe und Gliederung der Schiebebühnen bestimmt werden. Da oft die ganze Mittelbühne innerhalb des Bühnenhimmels versenkt wird, ist es vorteilhafter, wenn die rückwärtigen Seiten der Bodenversenkungen seine runde Form erhalten, damit durch eine entsprechend tiefere Stellung des Himmels, der dann natürlich versenkbar gebaut sein muß, die sonst nötigen Abdeckfronten vermieden werden.

Für die charakteristischsten Abschnitte der Entwicklung des Bühnenbodens dienen sechs Beispiele der Abbildungen 92—97; die festen Teile sind weiß, die beweglichen schwarz gezeichnet.

Die ganz alte Einteilung mit der zerrissenen Gliederung in kleine Personenversenkungen, Kassettenklappen, Freifahrten und Friese zeigt die Staatsoper-Berlin Unter den Linden vor dem Brand von 1843 (Abb. 92). Dieselbe Anordnung mit gleichgroßen durchgehenden Versenkungen hatte das Opernhaus-Hannover (Abb. 93) vor seiner Änderung im Jahre 1926; den Übergang zu einer verminderten Anzahl Freifahrten und zu schon wesentlich verbreiterten Bodenversenkungen bildet die neue Bühne des Staatstheaters-Wiesbaden (Abb. 94). Einen modernen Bühnenboden weist das Stadttheater-Hamburg (Abb. 95) auf; allerdings ist die Möglichkeit, eine Personenversenkung anzubringen, beschränkt und außerdem bleiben links und rechts an den Rändern des Himmels breite, unversenkbare Streifen. In Abb. 96 ist für Bühnen, die über wenig Mittel verfügen, eine neue Art dargestellt, bei der auf Freifahrten, Kassettenklappen und feste Tischversenkungen verzichtet wird und die Bodenversenkungen der Form des Bühnenhimmels angepaßt sind. Der Boden ist in fünf Streifen von je zwei und vier Meter Breite geteilt, die durch handbewegte Winden einzeln bis zu einem gewissen Grad gehoben oder gesenkt werden können. Jede moderne Höhen- oder Tiefengliederung vom Vorhang bis zum Ende des Bildes ist damit zu erreichen. Eine solche Ausdehnung nach vorn kann bis jetzt keine mittlere oder kleine Bühne aufweisen, da die zurzeit bestehenden Bodenversenkungen meist erst in der dritten oder vierten Gasse anfangen und seitlich nie bis zum Bühnenhimmel reichen. Die Anpassung der Versenkungen an seine Form hat den weiteren Vorteil, daß der so dringend notwendige Raum hinter ihm, der gerade bei kleinen Bühnen fast immer zu gering ist, bei tiefliegendem hinteren Bild nicht über den Rahmen des Himmels hinausgeht und unbenutzbar bleibt. Die Unterteilung des Bühnenbodens ist so gewählt, daß fast an jeder beliebigen Stelle eine Personenversenkung ohne große Vorbereitung eingerichtet werden kann. Es ist nur der betreffende rechteckige Bodenbelag, der durch einen Handgriff von seiner Befestigung lösbar ist, zu entfernen und an seiner Stelle eine fahrbare Versenkung einzufügen, von der drei Größen für ein, zwei und vier Rechtecke vorhanden sind. Da die seitlichen und hinteren Schiebebühnen die gleiche Einteilung besitzen, kann jederzeit auch bei ihnen der Bodenbelag fortgenommen und dafür eine Versenkung verwendet werden. Der Höhenunterschied wird durch ihre Verstellbarkeit ausgeglichen. Eine so eingerichtete Bühne ist vielseitig und billig in Anschaffung und Betrieb, da bei kleinen Häusern hydraulische Kraft nicht unbedingt nötig ist.

Für große Bühnenneubauten ist eine etwas andere Anordnung vorgesehen. Der Boden setzt sich aus drei Streifen von je 20 × 5 m zusammen; jeder ruht auf zwei Plunschern und kann 10 m versenkt und 2 m gehoben werden. Ein Streifen besteht aus vier Gitterträgern von 2 m Länge, die seitlich miteinander verbunden sind und als oberen Abschluß Holzfriese von abwechselnd 30—40—40—30 cm Breite haben. Sie sind in Größe und Form den früheren Tischversenkungen entsprechend 1,20 m voneinander entfernt. Die Zwischenräume werden, genau wie bei diesen, durch 1 m breite und 1,20 m lange Schieber ausgefüllt. An der Unterseite der Fünf-Meter-Streifen hängt eine in der Richtung auf den Zuschauer fahrbare elektrische „Kran"-versenkung, die auf Seite 155 näher beschrieben ist. Durch Aufsetzen von Kästen, die der Höhe der Gitter entsprechen, kann sie in beliebiger Breite in die darüberliegende Öffnung eingefahren werden. Die Kranversenkungen der beiden anderen Streifen sind ebenfalls im dritten Streifen zu verwenden.

Der übrige Teil des Bühnenbodens wird, soweit er innerhalb der Senkellinie des Bühnenhimmels liegt, so eingeteilt, daß er ebenfalls in der Breite der Streifen 2 m tiefer gestellt werden kann. Der hintere, bogenförmige Abschnitt bildet für sich eine 10 m versenkbare Fläche, die von zwei Plunschern getragen wird. Der Boden außerhalb des Bühnenhimmels bis zur Hinterbühne und den Seitenbühnen ist unbeweglich und nicht gegliedert (Abb. 97).

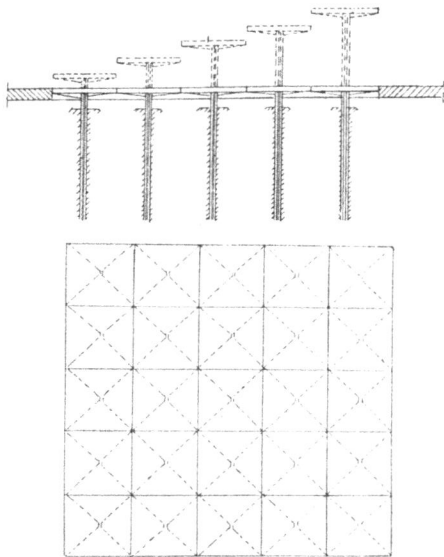

Abb. 98. Schachbrettartiger Bühnenboden;
R. Ph. Waagner & Cie.-Wien

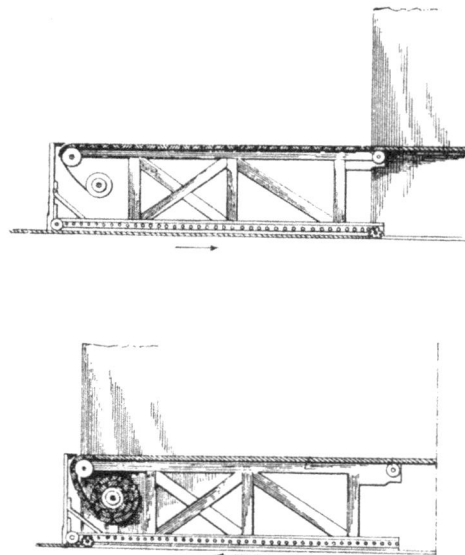

Abb. 99. Aus- und einfahrbare Bühne;
Cl. Werrn-Dortmund

Der *Akt.-Ges. R. Ph. Waagner, L. u. J. Biro und A. Kurz-Wien* ist ein anderer Fußboden für Theater usw. geschützt (DRP. 370 166). Er ist schachbrettartig in einzelne Tafeln unterteilt, die im Winkel von 90° zueinander stehende Reihen ohne feste, die Flächenbildung störende Zwischenteile ergeben und mittels sich in Führungen bewegender Stiele gehoben oder gesenkt werden können. Durch diese Anordnung ist es möglich, Fußböden in der ganzen Fläche oder in beliebig anderer Aufteilung zu heben oder zu senken, ohne daß die Flächenbildung durch feste Zwischenteile behindert wird und ohne Rücksicht auf die Lage des Fußbodens zur Längsachse des Raumes (Abb. 98).

Der Vollständigkeit halber seien noch drei Spielarten erwähnt, die allerdings für größere Theater nicht in Frage kommen:

Clemens Werrn-Dortmund hat das DRP. 354 759 auf eine aus- und einfahrbare Bühne, die nach Art der Rollfensterläden unter dem bestehenden Boden aufbewahrt und in herausgezogenem Zustande seine Verlängerung bildet (Abb. 99).

Eduard Wulff-Budapest hat eine Bühne mit umklappbarem Boden erfunden (Abb. 100). „Sie besteht in einer Bühnenkonstruktion, die es ermöglicht, den Bühnenboden um eine horizontale Achse umzuklappen, so daß, während auf der oberen Fläche des Bühnenbodens die Vorstellung ihren Verlauf nimmt, gleichzeitig auf seiner unteren Fläche die zur nächstfolgenden Szene nötigen Dekorationen befestigt werden können. Nach Ablauf der ersten Szene und Herablassen des Vorhanges wird der Bühnenboden um seine Achse gedreht und in dieser Lage fixiert, so daß die Vorstellung ohne störende Verzögerung ihren Fortgang nehmen kann." Leider schreibt der Erfinder nicht, wie er sich die Befestigung der Bildteile auf dem Bühnenboden denkt, ob z. B. bei einem Zimmer, das in seiner unteren Lage zunächst auf dem Kopf steht, alle Möbel und Ausstattungsgegenstände etwa angeschraubt sein sollen!

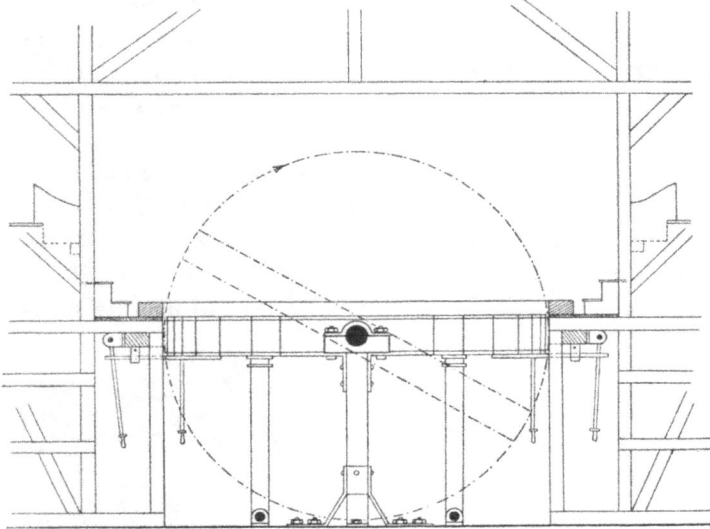

Abb. 100. Bühne mit umklappbarem Boden; E. Wulff-Budapest

Wilhelm Hammann-Düsseldorf ist eine Anordnung geschützt, die gesenkt als Bühnen-, gehoben als Konzertsaalboden verwendet werden kann. Eine besondere Einrichtung ermöglicht es, die Stufen selbsttätig aufzurichten, so daß die Umwandlung nur durch Bewegen der Handwinde in wenigen Augenblicken erreicht ist (Abb. 101).

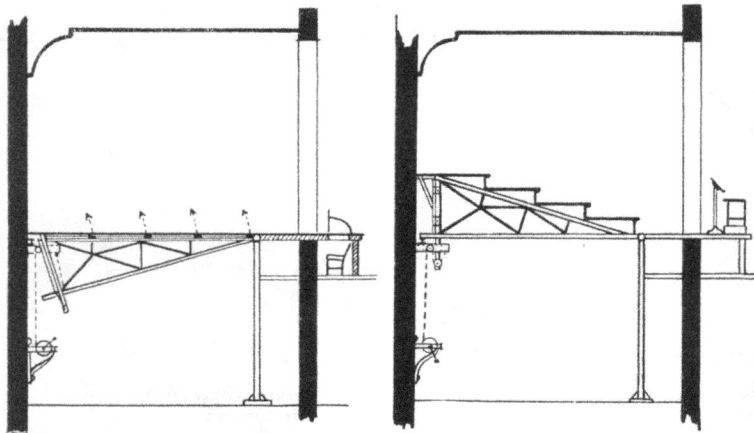

Abb. 101. Bühnen- oder Konzertsaal-Boden; W. Hammann-Düsseldorf

Die überlieferte Gliederung des Bühnenbodens in *feste* und *bewegliche* Teile wird auch bei jeder beliebigen Neugestaltung bestehen bleiben; kleine Verschiebungen treten nur ein, wenn die Lagerung einzelner Bodenteile (sie sind in der Untermaschinerie, zu der sie in engster Beziehung stehen, näher beschrieben) geändert wird, d. h. wenn die früher festen Friese durch Einbau in Versenkungen beweglich, die Kassettenklappen dagegen beseitigt werden und dort, wo die Tischversenkungen verschwinden, die Verlängerungen der Versenkungsschieber im Bühnenboden: die aufgeschraubten Randtafeln, die durch Lösen der Schrauben bisher beweglich gemacht werden konnten, ebenfalls fortfallen.

132

UNTERMASCHINERIE

Die Untermaschinerie einer Bühne bestand früher aus senkrechten Holzpfosten mit Querbalken, die parallel zur Vorbühne liefen; bei den meisten Häusern hat man dieselbe Bauart später in Eisen ausgeführt. Aus den Pfosten wurden Träger und aus den Querbalken Doppel-T-Schienen. Der Abstand der Träger voneinander und die dadurch entstehenden Zwischenräume bedingen die Gliederung des darauf liegenden Bodens [x · (Fries, Freifahrt, Fries), Kassettenklappe, Fries, Versenkung.]; die Anzahl x der Friese und ihre Reihenfolge teils vor, teils hinter der Kassettenklappe ist bei den einzelnen Bühnen verschieden; sie bilden nur die Trennung zwischen den drei Hilfsmitteln: Freifahrten, Kassetten und Versenkungen.

FREIFAHRTEN

sind die 2 bis 4 cm breiten Zwischenräume zwischen zwei Friesen (Abb. 102); sie sind die ältesten ortsfesten Hilfsmittel der Untermaschinerie. Ihr Name hängt damit zusammen, daß diese *freien* Räume hauptsächlich für *fahr*bare Traggestelle

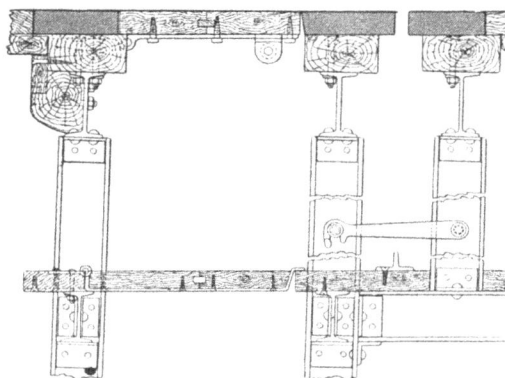

Abb. 102. Friese, Freifahrt und Kassettenklappe

[genannt Kulissenwagen (s. Abb. 107)] benutzt wurden. Außerdem können sie auch für das Versenken von Hänge- oder nicht zu starken Setzstücken und zum Durchlaß von chemischen oder Wasserdämpfen verwendet werden.

Friese sind 4 bis 5 cm starke Bohlen, die unmittelbar auf den Doppel-T-Trägern liegen. Sie sind bei älteren Bühnen feste, unbewegliche Bestandteile des Bodens, bei neueren durch Einbau in Gebälk- oder Bodenversenkungen beweglich geworden.

Federn sind Verschlüsse für Freifahrten; werden diese nicht benutzt, sollten sie stets von oben oder unten verschlossen sein. Von oben geschieht es durch Einlage-

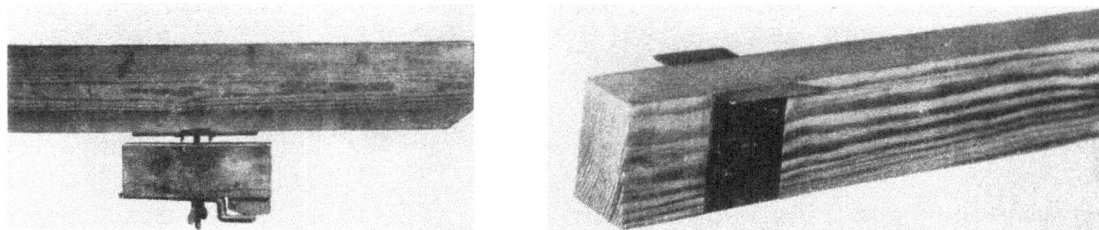

Abb. 103. Obere und untere Freifahrtfedern

133

Abb. 104. Freifahrtfeder mit Handverschluß und geöffnete Schieberverriegelung mit Sicherungsschlüssel;
C. A. Schick; Staatstheater-Kassel

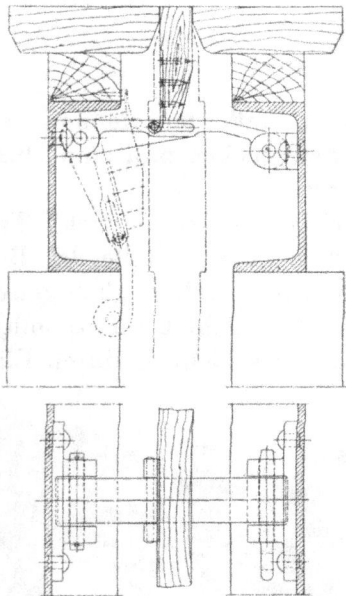

federn mit Auflagewinkeln. Von unten ist die einfachste Art ein zwischen den senkrechten Pfosten befestigtes Brett (Abb. 103).

Der einfache Handverschluß mit Flügelschraube ist in Abbildung 104 durch einen eisernen Griff mit drehbarem Klemmbrett baulich richtiger ersetzt. — In der Anordnung der Maschinenfabrik *Gustav Wippermann-Köln-Kalk* ist dieses um einen Zapfen drehbar und klappt in eine U-Träger-Hälfte hinein (Abb. 105).

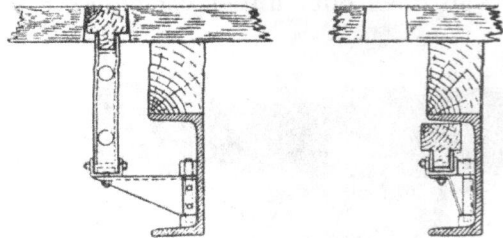

Abb. 105. Freifahrtfeder; Maschinenfabrik
G. Wippermann-Köln-Kalk

Abb. 106. Freifahrtfeder; E. Schwerdtfeger-
Darmstadt

134

Eine mechanisch wirkende Vorrichtung ist von *E. Schwerdtfeger-Darmstadt* angegeben (Abb. 106). Die Freifahrtfeder ist durch Stützen nach Art eines Gelenkparallelogrammes mit einer wagerechten Schiene verbunden. Soll der Schlitz geöffnet werden, so wird sie zunächst in dieser Führung nach unten gedreht, bis sie auf der Schiene sitzt. Diese gestattet dann ein Seitwärtsbewegen der Feder und ihrer Unterlage auf drehbaren Konsolen und somit ein Unterbringen im offenen Raum einer Doppel-T-Trägerhälfte (DRP. 167322).

KULISSENWAGEN

Kulissenwagen (Abb. 107) sind Fahrgestelle für hohe Bildteile, die auf dem Boden der ersten Untermaschinerie in Schienen laufen und zwischen zwei Friesen geführt sind. Ihre Entwicklung ist bei der Bühnentechnik der alten Schule geschildert; hier genügt die Abbildung der eisernen Ausführung und eine nach Angabe von C. A. Schick nur einmal im Staatstheater Kassel angewendete kleine Form (Abb. 108). Sie ist so niedrig gehalten, daß der Wagen zwischen den Querträgern der Untermaschinerie laufen kann.

Nur wenige Häuser (Essen, Kassel, Köln-Opernhaus, Magdeburg, Mannheim, Nürnberg, Stuttgart und Wien) haben dieses alte Hilfsmittel noch nicht beseitigt; in den übrigen sind die Freifahrten entweder beim Ausbessern des Bodens durch eine Vereinigung von zwei Friesen verschwunden oder meist durch eingeleimte

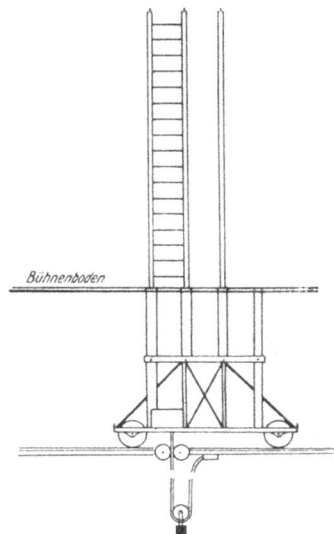

Abb. 107. Eiserner Kulissenwagen

Bretter geschlossen. Jedenfalls sind nach allgemeinem Urteil Kulissenwagen und Freifahrten, soweit letztere nicht für andere Zwecke meist unmittelbar hinter der Vorbühnenöffnung gebraucht werden, überholt. Anders steht es mit dem nächsten Hilfsmittel.

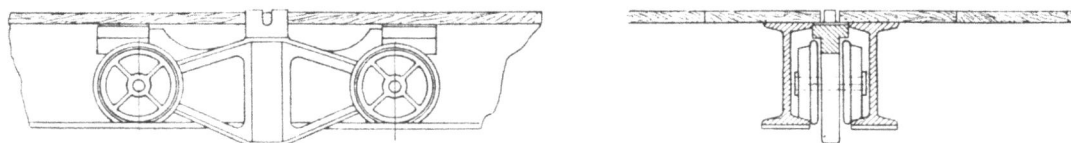

Abb. 108. Kulissenwagen zwischen den Querträgern der Bühne, Staatstheater-Kassel

KASSETTEN

sind teleskopartig ausziehbare, zuerst hölzerne, später eiserne Stempel, die in Führungen laufen und von Hand oder maschinell bewegt werden (Abb. 109). Sie dienten nach der alten Schule zum plötzlichen Erscheinen oder Verschwinden von Bildteilen. Die dazu nötigen Öffnungen im Bühnenboden heißen

Kassettenklappen (s. Abb. 102 u. 146). Sie sind 14—60 cm breit, liegen ebenfalls zwischen zwei Friesen und können in einzelnen Teilen von etwa 50 cm Breite oder in der ganzen Länge von 12 bis 20 m auf einmal durch Drehen um eine Welle nach unten geöffnet werden (Abb. 110). Auch dieses Hilfsmittel alter Verwandlungen

Abb. 109. Kassetten-Stempel,
Festspielhaus-Bayreuth

Abb. 110. Verriegelung einer Holzkassettenklappe,
Fr. Kranich d. Ä.; Festspielhaus-Bayreuth

ist heute überholt und kann ebenso leicht wie Freifahrten und Kulissenwagen als zweiter Schritt beim Neugestalten einer Bühne beseitigt werden.

Bis jetzt haben folgende Theater diese Änderung vorgenommen oder sind ohne Kassettenklappen gebaut: Bayreuth, Berlin-Großes Schauspielhaus, Lessingtheater, Theater am Nollendorfplatz, Bremerhaven, Chemnitz-Schauspielhaus, Darmstadt, Dessau, Dortmund, Dresden-Schauspielhaus, Düsseldorf-Schauspielhaus, Essen-Schauspielhaus, Gera, Gotha, Halle, Hamburg-Deutsches Schauspielhaus, Hannover-Opernhaus und Schauspielhaus, Köln-Schauspielhaus, München-Residenztheater, Oldenburg, Stuttgart-Schauspielhaus und Wien-Burgtheater. Wenn darunter hauptsächlich Schauspielhäuser vertreten sind und die Zahl der Opernhäuser sich auf Bayreuth, Darmstadt, Halle und Hannover beschränkt, so beweist das nichts, da das Fortbestehen der Einrichtung auf Zeit- und Geldmangel oder Bequemlichkeit zurückzuführen und das wirkliche „Nichtmehrbenutzen" allein maßgebend ist. Auch diese Umwälzung zeigt, wie lange es in der Bühnentechnik gedauert hat, bis anerkannte Verbesserungen Allgemeingut wurden.

C. A. Schick schrieb bereits 1908[1]): „So notwendig nun dieses Hilfsmittel manchem Bühnentechniker auch dünken mag, so kann ich persönlich mich nicht dafür erwärmen, denn es ist veraltet und längst durch einfachere Einrichtungen ersetzt. Ich sage einfacher, denn das wird mir jeder Fachmann bestätigen, daß es mit dem Einsetzen und Einrichten mehrerer Kassetten seine Schwierigkeit hatte, zumal der Raum, in welchem die Kassetten ausschließlich angebracht werden mußten (Kassettenkanal) für den sonstigen täglichen Betrieb sehr notwendig war und eine frühe Vorbereitung dieser Arbeit nicht zuließ. Daß es möglich ist, ohne Kassetten

---

[1]) Bühnentechnische Rundschau 1908, Nr. 4: Reform der Bühnenmaschinerie.

zu arbeiten, dürfte erwiesen sein durch die Tatsache, daß, obwohl mir Kassetten-apparate der neuesten Konstruktion, sogar mit motorischem Antrieb zur Verfügung standen, ich selbst seit 13 Jahren ohne diese Apparate ausgekommen bin und die-selben nie, selbst bei Lösung der schwierigsten Aufgaben, vermißte."

Georg Linnebach-Berlin baute in der Berliner Staatsoper-Unter den Linden trotzdem noch 1926/28 in eine moderne Doppelstockbühne wieder Kassetten-klappen ein. Die Gliederung des Bühnenbodens weicht dabei von der früher üblichen Art ab, die in einer Gasse Fries—Kassettenklappe—Fries vereinigte. Es sind in der neuen Anordnung zwei Klappen unmittelbar nebeneinander gelegt, um die dadurch entstehende doppelt so große Öffnung für Versenkungszwecke gelegentlich mit-benutzen zu können. Trotz dieser Neuerung liegt hierin ein Rückschritt zur alten Schule! Die Bedienung der Untermaschinerie wird unnötig erschwert, die Kosten werden größer und wertvoller Raum in der Obermaschinerie geht durch die zu den Kassetten notwendigen Gitter (s. S. 156) verloren. Ausschlaggebend aber sollte die größere Betriebssicherheit sein, da selbst bei sorgfältigster Bedienung Kassetten-klappen nicht ungefährlich sind. Durch die Eigenart ihrer Anlage, die ein plötzliches Öffnen des Bodens bedingt, waren sie die bedenklichsten Hilfsmittel der alten Schule und zahlreiche Unfälle, sogar mit tödlichem Ausgang, sind darauf zurückzuführen. Es lag kein Grund vor, diese Einrichtung beizubehalten; sie ist hauptsächlich bei Verwandlungen leicht zu ersetzen (vgl. S. 263). Auch beim Umbau des Staatstheaters-Schwerin, der auf mehrere Jahre verteilt wird, ist dieser Fehler wieder unterlaufen. Ebenso hat Prof. Adolf Linnebach für den geplanten Umbau des Nationaltheaters-München mit Doppelpodien wieder Kassettenklappen vorgesehen. Er teilt die ganze Fläche der Bühne in vier gleiche Streifen von 18×5 m und läßt in jedem Streifen Raum für zwei Tischversenkungen und eine dazwischenliegende Kassettenklappe.

VERSENKUNGEN

Die wichtigsten Einrichtungen der Untermaschinerie sind die aufzugähnlichen Beförderungsmittel im Bühnenboden, die noch heute „Versenkungen" heißen. Es gibt *fest eingebaute* und *bewegliche*. Die ersten heißen nach der Öffnung im Bühnen-boden *Tisch-, Gebälk-* und *Bodenversenkungen*, die letzten nach der Größe ihrer Grund-fläche und Beweglichkeit *Personen-, fahrbare Tisch-* und *Kran-Versenkungen*.

Die Antriebsart

aller festen Versenkungen hat sich vom Handbetrieb über den elektrischen zum hydraulischen entwickelt; die beweglichen werden nur von Hand oder elektrisch bedient.

Der Handbetrieb ist nur noch an kleinen und mittleren Bühnen zu finden: Augs-burg, Barmen, Berlin-Lessingtheater, Bremen, Bremerhaven, Chemnitz-Opernhaus, Essen-Opernhaus, Gotha, Graz, Hannover-Schauspielhaus, Koburg, Köln-Schauspiel-haus, Magdeburg, Meiningen und Zürich, allerdings auch im Festspielhaus-Bayreuth (Abb. 111), wo die alte Einrichtung wegen der kurzen Sommerspielzeit und der durch den Spielplan gegebenen Ausnahmestellung nie störend empfunden wurde. Daß das National- und das Prinzregententheater-München ebenfalls noch Hand-betrieb haben, beruht vielleicht auf dem schon seit Jahrzehnten geplanten Umbau.

Der elektrische Antrieb war bei seiner Einführung technisch nicht zuverlässig genug und blieb deshalb auf wenige Theater (Berlin-Theater am Bülowplatz, Theater am Nollendorfplatz, Lübeck, Mannheim und Wien-Opernhaus) beschränkt (Abb. 112). Alle in Drehbühnen eingebaute Versenkungen werden ebenfalls von Hand oder besser elektrisch angetrieben.

Abb. 111. Versenkung mit Handantrieb, Festspielhaus-Bayreuth

Abb. 112. Versenkungen mit elektrischem Antrieb, Nationaltheater-
Mannheim

Der hydraulische Antrieb, der von Anfang an einwandfrei arbeitete, bot vollgültigen Ersatz und ist heute unumstritten das beste Antriebsmittel für alle Hebezeuge in Theatern (Abb. 113).

Robert Gwinner und die *„Asphaleia-Gesellschaft für Herstellung zeitgemäßer Theater"* haben 1885 in der Budapester Oper die Hydraulik zum erstenmal angewendet und gaben damit den Anstoß zur allgemeinen Einführung im gesamten

Bühnenbetrieb. In der Einteilung des Bühnenbodens trat gegen früher äußerlich keine Änderung ein. Friese, Freifahrten, Kassettenklappen und Versenkungen blieben; aber was wurde aus ihnen! Der ganze Boden hatte Leben bekommen; es gab keinen Teil mehr, der nicht gehoben, versenkt, gedreht oder schräg gestellt werden konnte. Gwinner teilte ihn in sechs Gassen und bildete jede als eine große Hauptversenkung von 3 × 12 m aus. In ihr bewegte sich eine dazugehörige Tischversen-

Abb. 113. Versenkungen mit hydraulischem Antrieb, Stadttheater-Halle

kung von 1,3 × 11 m für sich allein und darin war wieder noch eine Personenversenkung vorgesehen (Abb. 114). Die Tischversenkungen waren dreifach unterteilt und konnten von vorn nach hinten gedreht werden (Abb. 115). Das Wesentliche der Neuerung war jedoch, daß man die einzelnen Gassen im unmittelbaren Anschluß aneinander kippen konnte und dadurch schräge Aufgänge entstanden, ohne daß Gerüste notwendig waren (Abb. 116). Eine so eingerichtete Bühne wurde jeder Anforderung gerecht. Unerhörte Aussichten boten sich dem Bühnentechniker!

Der Asphaleia-Gesellschaft ist neben der Neugestaltung der Untermaschinerie die Einführung des hydraulischen Antriebs für Züge (s. S. 172) und des ersten Bühnenhimmels zu danken. Das Stadttheater-Halle ist das einzige Theater Deutschlands,

Abb. 114. Versenkungen der Asphaleia-
Gesellschaft, Opernhaus-Budapest

Abb. 115. Drehbare Versenkungstische der
Asphaleia-Gesellschaft, Opernhaus-Budapest

Abb. 116. Schräggestellte Versenkungstische der
Asphaleia-Gesellschaft, Opernhaus-Budapest

das teilweise so eingerichtet wurde. Wohl ersetzten andere Bühnen den Handbetrieb durch maschinellen; an eine Änderung der alten Einteilung jedoch wagte man sich in der Blütezeit der Maschinenkomödie und Guckkastenbühne nicht heran.

Abb. 117. Eiserne Tischversenkungen, Stadttheater-Freiburg i./B.

Fest eingebaute Versenkungen

Die Tischversenkung dient dem Befördern von Personen oder Bildteilen; sie ist bei jeder Bühne alter Bauart anzutreffen. Holzversenkungen haben noch: Augsburg, Bayreuth, Gotha, Koburg, Köln-Schauspielhaus, Magdeburg und München-National-theater; Eisengitter alle übrigen (Abb. 117). Die erste durch Drahtseilverspannung immer wagerecht bleibende hydraulische Art schuf Fritz Brandt-Berlin mit seinem DRP. 41520 (Abb. 118).

Die Abmessungen sind sehr verschieden und richten sich in Länge und Tiefe nach den allgemeinen Größenverhältnissen der Häuser; die Länge schwankt zwischen 5 m (Köln-Schauspielhaus) und 18 m (München-Nationaltheater und Prinzregenten-thater); die nutzbare Tiefe zwischen 1,8 m (Hamburg-Deutsches Schauspielhaus) und 8,28 m (Kassel). Die Breite gibt folgende Zusammenstellung an:

BREITE FÜR TISCHVERSENKUNGEN

Meter	0,70	0,90	0,98	1,00	1,04	1,05	1,08	1,10	1,14	1,15	1,20	1,25	1,40	1,50
Zahl der Bühnen	1	3	1	14	1	2	1	10	1	1	4	3	3	5

Hiernach müßte die Normalbreite einer Tischversenkung 1 m sein, da bei den weitaus meisten Häusern (14 von 50) dieses Maß gewählt ist. Die Erfahrung lehrt jedoch, daß die Häuser, deren Versenkungsbreite mit 1,10 (10 Stück) oder 1,20 m (4 Stück) angegeben sind, vorteilhaftere Arbeitsverhältnisse haben. Das Maß wird durch die Breite eines Einheitsgerüstes bestimmt, an das eine Verkleidungsblende vorn, besser auch noch eine zweite hinten befestigt ist; das ergibt 1,08 bis 1,10 m. Da bei eiligen Verwandlungen nicht mit dem Millimeter gerechnet werden kann, muß dieser Aufbau genügend Platz auf dem Versenkungstisch haben; schlägt man deshalb einen Sicherheitsspielraum hinzu, ergibt sich als Hauptbreitenmaß einer Tisch-versenkung 1,20 m. Über den Wert der Tischversenkungen in neueren Bühnenbauten s. S. 129.

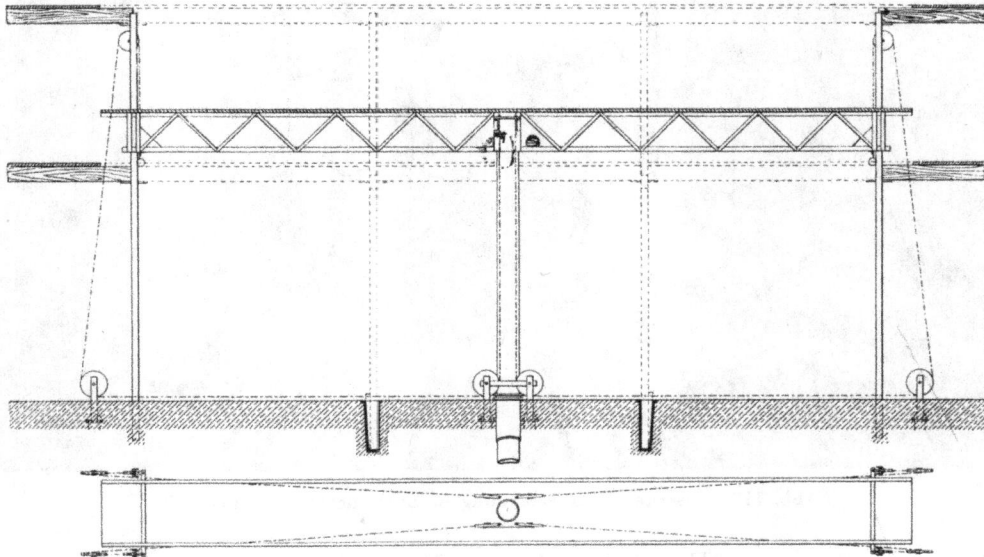

Abb. 118. Tischversenkung mit Drahtseilverspannung; Fritz Brandt-Berlin

Versenkungsschieber. Die im Bühnenboden durch eine herabgefahrene Tisch-versenkung entstehende Öffnung wird durch einen zweiten Boden sofort wieder geschlossen, der aus einzeln oder getrennt verwendbaren Teilen besteht. Diese Versenkungsschieber sind rechteckige, starke Holzrahmen, die in den Hohlräumen der Doppel-T-Träger vor und hinter der Versenkung in Holznuten (Abb. 119) oder auf Rollen (Abb. 120) wagrecht hin und her bewegt werden. Bevor der Tisch hochgefahren wird, sind die Schieber unter die festen Bodenteile links und rechts zurückzuziehen. Abbildung 104 zeigt ihre Verriegelung durch Druckhebelgestänge und den Sicherungsschlüssel, der ein unbefugtes Öffnen der Schieberweiche verhindert. Bei Versenkungstischen, die länger als die halbe Bühnenbreite sind, müssen die Schieber in geöffneter Stellung mit einer Doppelweiche teilweise übereinander angeordnet sein, da die über das Maß hinausgehenden Teile links und rechts bis zu den Seitenmauern nicht untergebracht werden können. Auch bei Drehbühnen mit eingebauten Versenkungen kann sich diese Bauart als notwendig erweisen.

Die *Maschinenfabrik-Wiesbaden* hat dafür eine Anordnung getroffen, bei der sich die Doppelweiche durch eine Richtungsänderung der Schieber vermeiden läßt. Sie hängen scharniermäßig zusammen und gleiten in einem flachen Bogen unmittelbar vor der Seitenwand oder am Rande der Drehscheibe senkrecht nach unten statt wagrecht zur Seite.

142

Die Gebälkversenkung (Abb. 121) vereinigt zwei Tischversenkungen mit den dazwischenliegenden Teilen des Bühnenbodens (x Friese, x—*1* Freifahrten *1* Kassettenklappe) zu einer heb- und versenkbaren Fläche: entweder werden sie an die beiden Nachbarversenkungen gekuppelt, indem starke, durch ihre Gitterwerke geschobene

Abb. 119. Gleitender Versenkungsschieber, Festspielhaus-Bayreuth

Abb. 120. Rollender Versenkungsschieber,
Städtisches Opernhaus-Hannover

Balken oder Eisenträger die Zwischenteile zwangsläufig mitnehmen, oder sie sind als selbständige Versenkungen ausgebildet. Mit der Unterteilung des Bühnenbodens verschwindet langsam auch diese Art.

Die Bodenversenkung[1]) ersetzte die Gebälkversenkung als Bewegungsmittel der nächsten Zukunft (vgl. S. 130/1); sie ist vonder Breite des Bühnenhimmels und der

---

[1]) Bessere Bezeichnung für Plateau-Versenkung.

Einteilung des Bodens abhängig. Etwa 20 × 5 m dürfte das Maß für große Bühnen sein (Abb. 122/23). Sie sollte 10 m versenkt und 2 m über den Bühnenboden gehoben werden können. Von den nach alter Art gebauten Theatern haben die Einrichtung: Bochum, Darmstadt, Freiburg i. B., Graz, Halle, Hannover-Opernhaus und Schauspielhaus, Kassel, Koburg, Lübeck, Mannheim, Schwerin i. M., Stuttgart-Großes Haus und Kleines Haus, Wien, Opernhaus und Wiesbaden. In Bremerhaven

Abb. 121. Gebälkversenkung, Städtisches Opernhaus-Hannover

ist eine Mischform aus Tisch- und Bodenversenkung dadurch entstanden, daß die vierte Versenkung 2 m breit und 8 m lang ist. Nur wenige Bühnen können bis jetzt die Bodenteile über das Maß der üblichen Tischversenkungen hinaus durch Gebälk-, noch seltener durch Bodenversenkungen höher oder tiefer stellen. Daß neuzeitliche Häuser nur Bodenversenkungen benutzen, ist selbstverständlich: Berlin-Staatsoper am Platz der Republik, Großes Schauspielhaus, Theater am Bülowplatz;

144

Abb. 122. Bodenversenkung, C. A. Schick-Wiesbaden; Stadttheater-Freiburg i./B.

Abb. 123. Bodenversenkung, C. A. Schick-Wiesbaden; Staatstheater-Wiesbaden

Dresden-Schauspielhaus, Duisburg, Schwerin i. M.[1]). Über die in Chemnitz-Schauspielhaus, Hamburg-Stadttheater, Berlin-Staatsoper Unter den Linden eingebauten zweistöckigen Bodenversenkungen (Abb. 124—127) siehe Seite 312—15.

Abb. 124. Doppelte Bodenversenkung, Prof. A. Linnebach-München, Schauspielhaus-Chemnitz

Abb. 125. Doppelte Bodenversenkung, Prof. A. Linnebach-München, Stadttheater-Hamburg

---

[1]) z. Zt. im Bau

146

Abb. 126. Doppelte Hinterbühnen-Versenkung, Prof. A. Linnebach-
München, Stadttheater-Hamburg

Abb. 127. Doppelte Bodenversenkungen, G.Linnebach-Berlin, Staatsoper Unter den Linden-Berlin

Ausführungsarten. Alle fest eingebauten Versenkungen sind an den Pfosten aufgehängt und geführt, die Spiel- und Mittelbühne begrenzen. Die verschiedenen Ausführungen sind in den Abbildungen 128—139 schematisch dargestellt.

Abbildung 128 zeigt eine Aufhängung an 4 Drahtseilen; ihre Enden sind an den Ecken des Versenkungstisches und an 2 auf einer gemeinsamen Welle sitzenden Trommeln befestigt. Diese Bewegungstrommeln werden von Hand, elektrisch oder indirekt hydraulisch angetrieben.

In Abbildung 129 ist bei derselben Anordnung noch eine dritte Trommel vorgesehen, um die Eigenlast des Versenkungstisches und die halbe Nutzlast durch Gegengewicht auszugleichen. Der Antrieb ist wie bei Abbildung 128.

Auch Abbildung 130 zeigt noch die gleiche Tischaufhängung. Das einseitig angebrachte Gegengewicht der vorigen Anlage ist gedrittelt. Zwei sind links und rechts am Tisch zum Ausgleich des größten Teiles

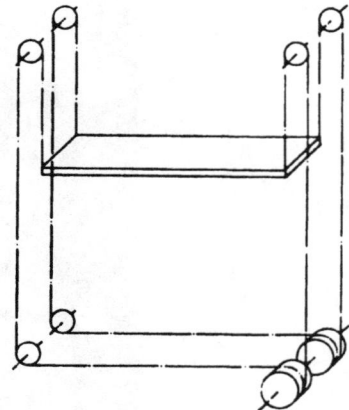

Abb. 128. In vier Drahtseilen hängender Versenkungstisch

seines Eigengewichtes befestigt, ein drittes sitzt auf einer besonderen Trommel, die mit denen der Lastseile auf einer gemeinsamen Welle verkeilt ist. Dieses Gegengewicht dient zum Ausgleich der halben Nutzlast und des Eigengewichtes.

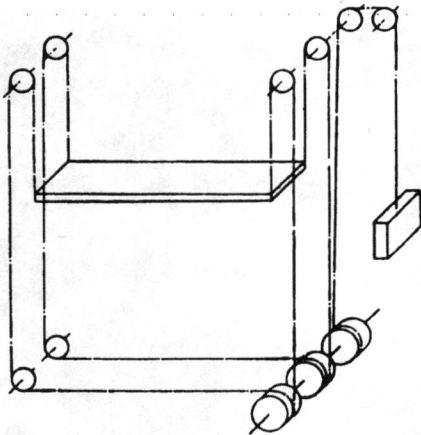

Abb. 129. In vier Drahtseilen hängender Versenkungstisch mit Gegengewicht für Nutzlast

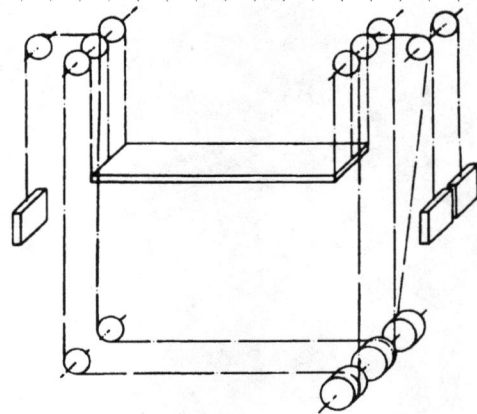

Abb. 130. In vier Drahtseilen hängender Versenkungstisch mit drei Gegengewichten für Tisch und Nutzlast

Bei allen drei Ausführungsarten ist durch das Aufhängen an den vier Ecken ein Schiefstellen der Versenkung unmöglich. Bei den nächsten sechs Ausführungen ist nur direkter hydraulischer Antrieb mit Plungern angewendet.

In Abbildung 131 sitzt der Plunger auf einer Seite des Versenkungstisches. An jeder Ecke der anderen ist ein Drahtseil angebracht, das über Rollen umgeleitet, am Plungerkopf in der Nähe der oberen Befestigung endet. Der Versenkungstisch ist also auf drei Punkten gelagert und so gegen Schrägstellen gesichert.

In Abbildung 132 ist der Plunger in der Mitte der Versenkung angeordnet. Die Ausgleichseile gehen vom Plungerkopf nach beiden Seiten zu den Ecken des Versenkungstisches (Maschinenfabrik G. Wippermann-Köln, DRGM. 927134).

In Abbildung 133 ist ein Plunger in der Mitte des Versenkungstisches angeordnet. Auch hierbei tragen die Seile nur den Belastungsunterschied. Bei dieser Ausführung sind die an den Ecken angreifenden Seile zum Ausgleich der ungleichmäßigen Beanspruchung über zwei Trommeln zum Plungerkopf geführt. Verbindet man die Trommelwellen zweier nebeneinander liegenden Versenkungen, so können diese gleichmäßig bewegt werden.

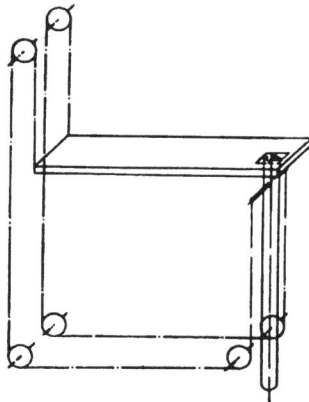

Abb. 131. Versenkungstisch mit einseitigem Plunger

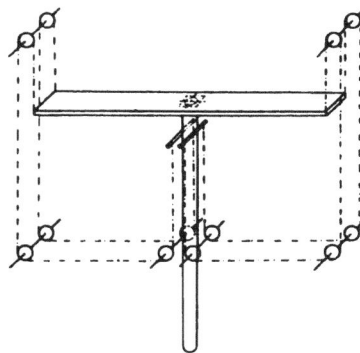

Abb. 132. Versenkungstisch mit Mittelplunger

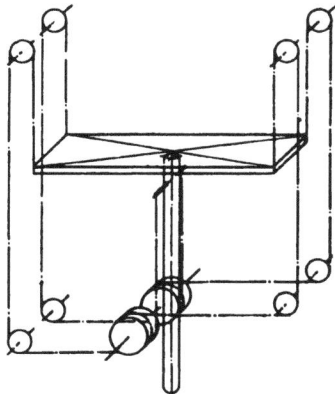

Abb. 133. Versenkungstisch mit Kupplungstrommeln

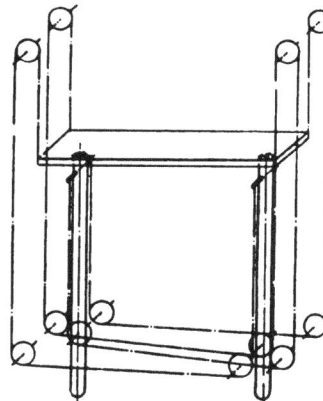

Abb. 134. Versenkungstisch mit zwei Plungern

Abbildung 134 zeigt den hydraulischen Antrieb mit zwei Plungern. Die Seile haben dabei nur den Druckunterschied der beiden Plunger auszugleichen und werden daher verhältnismäßig wenig beansprucht.

Abbildung 135 zeigt eine ähnliche Ausführung in der Staatsoper-Dresden.

In Abbildung 136 ist die Verwendung dieselbe wie bei Abbildung 132. Die Geradeführung in der Längsrichtung wird durch zwei Seile hergestellt, welche die Ausgleichsgewichte des Tisches mit dem Plungerkopf verbinden. Um ein Schräg-

Abb. 135. Versenkungen in der Staatsoper-Dresden, M. Hasait-Dresden

stellen nach der schmalen Seite zu verhindern, sind Ketten angebracht, deren Räder auf gemeinsame Wellen aufgekeilt sind.

Abbildung 137 zeigt, wie verschiedene Versenkungen der vorigen Bauart gekuppelt werden können. Die dazu nötigen Zahnräder sitzen auf einer gemeinsamen Welle und greifen in entsprechende Gegenräder auf den äußersten Kettenradwellen ein.

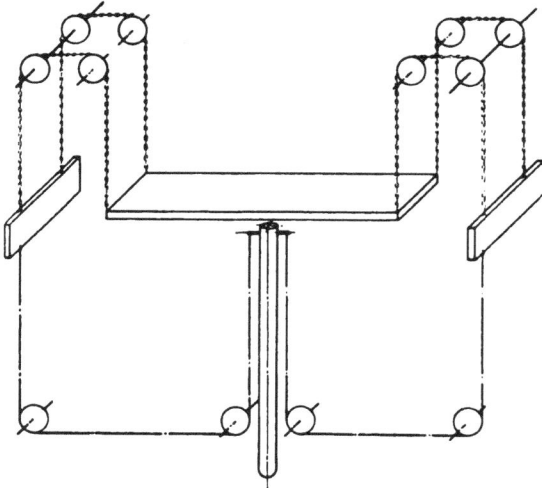

Abb. 136. Versenkungstisch mit Mittelplunger, Gegengewichten und Kettenausgleich

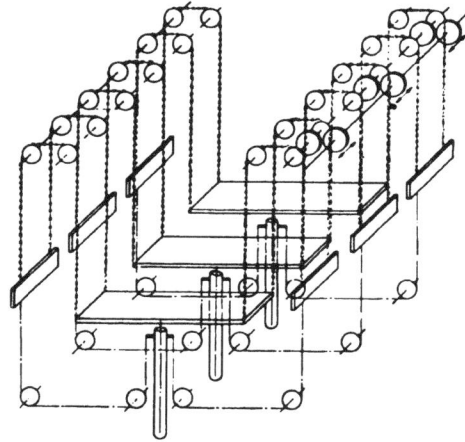

Abb. 137. Drei Versenkungen mit Mittelplunger, Gegengewichten und Kettenausgleich gekuppelt

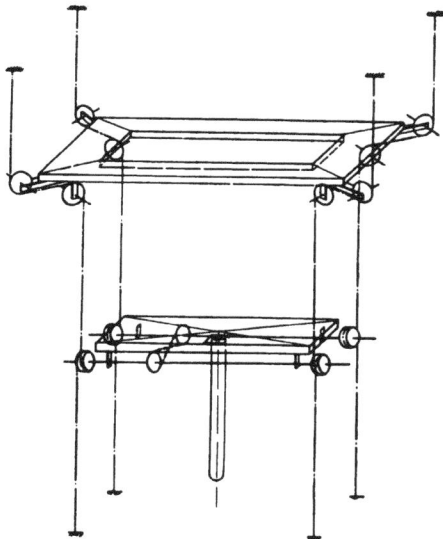

Abb. 138. Zwei ineinander geführte Versenkungen

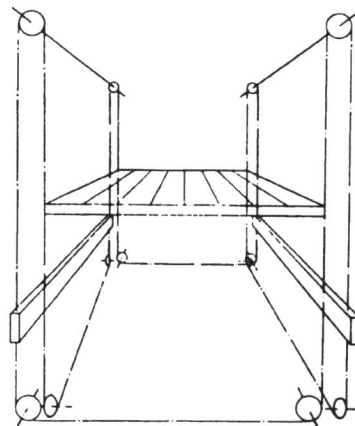

Abb. 139. Geradeführen eines Versenkungstisches; Fritsch & Sohn-Kötzschenbroda

Abbildung 138 zeigt die Geradeführung und Verbindung zweier ineinander laufender Versenkungen mit einem gemeinsamen hydraulischen Plunger als Antrieb. Er ist an der kleinen inneren Versenkung befestigt. Soll die äußere benutzt werden, so wird sie zunächst mit der inneren verriegelt, auf die erforderliche

Höhe eingestellt und dann auch mit den festen Bodenstützen verriegelt. Die vier Seile der Geradeführung sind ober- und unterhalb des Versenkungshubes an den Pfosten verankert und müssen an den Ecken der großen Versenkung umgeleitet werden. Sie laufen über vier Ecktrommeln der kleinen Versenkung, an denen sie befestigt sind. Die Trommelpaare sitzen auf gemeinsamen, durch Kette und Kettenrad verbundenen Wellen. Im Staatstheater-Wiesbaden ist diese Art ausgeführt.

Abbildung 139 zeigt eine Geradeführung, die der Firma *Fritsch & Sohn-Kötzschenbroda* patentiert ist. Sie stellt einen endlosen Zug dar, der sämtliche Ecken des Tisches mit denen der Gegengewichte verbindet. Neigt sich eine Ecke in senkrechter Richtung, so werden gleichzeitig alle anderen mit verstellt und die der Gegengewichte bewegen sich umgekehrt. Dabei müssen jedoch alle Seile straff gespannt sein, da vorhandener toter Gang Unregelmäßigkeiten hervorruft.

DAS VERRIEGELN DES VERSENKUNGSTISCHES

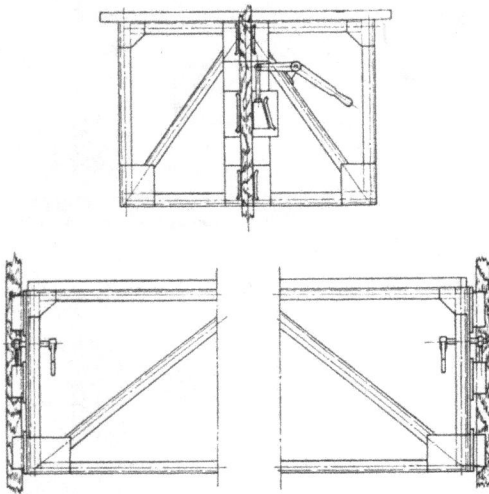

Abb. 140. Verriegeln einer Versenkung durch Keile

Bei der in Abbildung 140 dargestellten Art werden Keile verwendet, die zwischen Führungsschiene und ein Anschlagstück gepreßt werden. Die auftretende Reibung genügt, diesen Keil an der Führungsschiene festzuhalten. Je größer die Belastung des Tisches ist, um so größer wird auch die Anpreßkraft an seine Führungsschienen. In der Abbildung ist eine Holzführungsschiene dargestellt; die Ausführung ist aber auch für eiserne verwendbar. Sie ermöglicht, die Versenkung in jede beliebige Höhe einzustellen, ist also von Rasten oder Löchern, die andere Vorrichtungen nötig haben, völlig unabhängig. Die Verriegelung wird in einfachster Weise durch Handhebel, elektrische Relais oder hydraulische Druckzylinder betätigt.

BEDIENUNGSSTAND FÜR FESTE VERSENKUNGEN

Bisher war es üblich, die Versenkungen von der ersten Untermaschinerie aus zu bewegen. Der Versenkungsmeister wurde während der Arbeitszeit am Tage durch Zuruf von der Bühne, während der Vorstellung durch Lichtzeichen verständigt. Sein Standort ist jedoch nicht der geeignetste, da er sich nie persönlich davon überzeugen kann, ob die Aufbauten beendet oder Personen in Gefahr sind. Nur durch peinlichste Überwachung und streng durchgeführte Dienstanweisung lassen sich Unfälle vermeiden, die schon häufig vorgekommen sind. Man hat deshalb bei den neuesten Umbauten im Stadttheater-Hamburg und der Staatsoper Unter den Linden in Berlin den Versuch gemacht, alle Bedienungshebel in einem Gestell zu vereinigen und diesem einen erhöhten Stand auf der Bühne neben einem Beleuchtungsturm an der Vorbühne gegeben, von wo der Versenkungsmeister das ganze Bild übersehen kann (Abb. 141). Im Staatlichen Schauspielhaus-Dresden wurde 1913 ein ähnliches hydraulisches Stellwerk für die Bewegung der drei Bodenversenkungen und der Seitenbühnenwagen von A. Linnebach eingebaut. Statt der üblichen Steuerhebel hat es noch Handräder. (S. Abb. 196 unterer Teil.)

Abb. 141. Steuerstand für das Bedienen der Versenkungen,
Stadttheater-Hamburg

Bewegliche Versenkungen

Nicht ortsfeste Versenkungen können nach Bedarf an beliebigen Stellen in oder auf der Spielfläche gebraucht werden; sie bestehen schon immer neben den festeingebauten, gewinnen aber bei der neuen Art des Bühnenbaues erhöhte Bedeutung.

PERSONEN- ODER EINSATZ-VERSENKUNG

Verkleinerte, nur für eine Person berechnete Tischversenkungen sind auf keiner Bühne zu entbehren.

Fr. Lorenz-Lauterbach meldete schon 1903 ein Patent auf eine allerdings nicht fahrbare Personenversenkung an, die wohl das einfachste ist, was es auf diesem Gebiete gibt. Sie war für kleine Bühnen mit ganz beschränkten Mitteln gedacht und beruht auf dem Hebelgesetz. Durch den Eisenstab *g* von der Bühne aus betätigt, bewegt sie eine auf dem Kasten *a* stehende Person auf und ab (Abb. 142).

Die alte Bauart beweglicher Personenversenkungen ist ein unhandliches Holzgestell, seine Bodenfläche beträgt etwa 1 qm; es kann an beliebiger Stelle der Bühne stehen oder auf eine Tischversenkung aufgesetzt werden.

Die neue Art besteht aus einem Eisengestell und ist auf Rollen leicht fahrbar. Die Größenverhältnisse sind dieselben (Abb. 143). Der Führungsrahmen des Schiebers ist unmittelbar am Tisch befestigt.

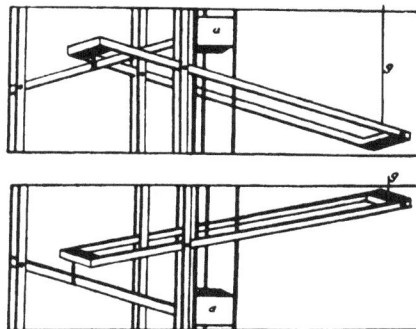

Abb. 142. Personen-Versenkung mit
Handbetrieb; F. Lorenz-Lauterbach

FAHRBARE TISCHVERSENKUNG

Abb. 143. Fahrbare, eiserne Personen-
Versenkung; Maschinenfabrik-Wiesbaden

Da Versenkungen für Bildteile oder mehrere Personen ebenfalls nicht zu entbehren sind, bauten *Adolf und Georg Linnebach* für neuere Bühnen, die keine festen Tisch-, sondern nur Bodenversenkungen besitzen, leicht bewegliche, nicht mehr ortsfeste Versenkungsgestelle nach Art der Fabrikkrane. Um jeder Anforderung zu genügen, sind sie so lang, als es die Pfosten der Bodenversenkungen zulassen, laufen auf Schienen und werden elektrisch angetrieben (Abb. 144). Bei Nichtgebrauch können sie entweder hinter oder vor dem Raum der Untermaschinerie in anschließenden, besonders dafür vorgesehenen Gewölben aufbewahrt werden oder bleiben unter der Mittel- oder Hinterbühne stehen. Im Schauspielhaus-Chemnitz, Stadttheater-Hamburg, in der Staatsoper Unter den Linden-Berlin und dem Landestheater-Neustrelitz sind solche fahrbare Versenkungen eingeführt.

Abb. 144. Fahrbare Tischversenkung, Prof. A. Linnebach-München. Landestheater-Neustrelitz;
Ausführung Kölle & Hensel-Berlin

154

„KRAN"-VERSENKUNG

Die vorher beschriebenen fahrbaren Tischversenkungen, die bei ihrer Größe die ganze Breite der Unterbühne beanspruchen, sind für das Bewegen der Hinterbühnenwagen, die gelegentlich auch in der Untermaschinerie nach vorn fahren müssen und genügend Platz brauchen, ein Hindernis. Es ist deshalb erwünscht, sie aus der wichtigen Vorbereitungszone ganz zu entfernen.

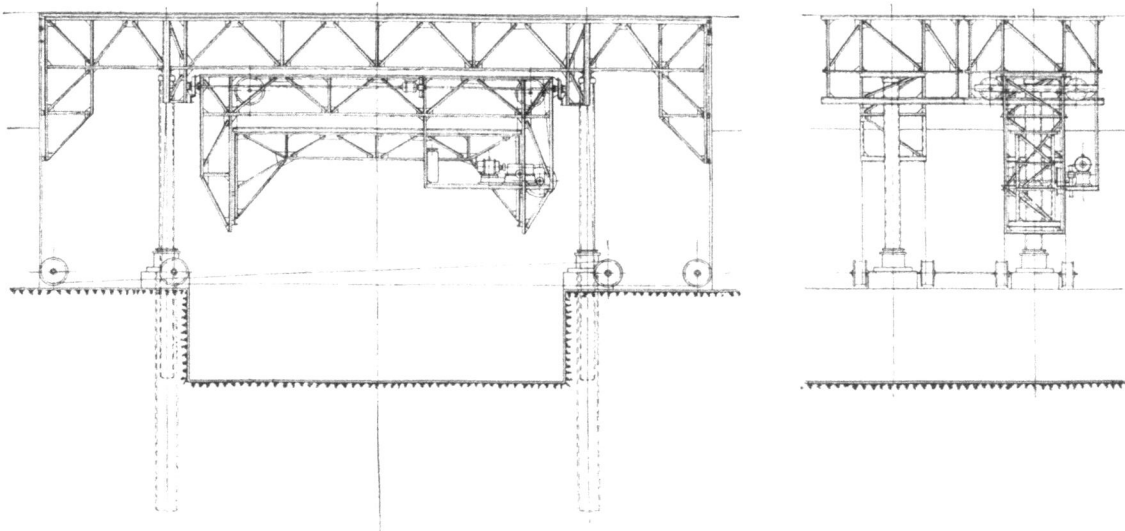

Abb. 145. „Kran"-Versenkung, Fr. Kranich d. J.-Hannover

Meine „Kran"-Versenkung (DRP. a.) ist nach diesem Gesichtspunkt gebaut (Abb. 145). Ihre Abmessung beträgt 15 × 1,60 m. Sie hängt wie ein Kran unmittelbar unter einer Bodenversenkung von 20 × 5 m, geht mit ihr auf und ab und kann senkrecht zur Vorbühne elektrisch hin- und herbewegt werden. Über die Einteilung des Bühnenbodens und ihre dadurch bedingte Verwendung siehe S. 130/31. Durch das Aufhängen ist die Höhe von 10 m, die fahrbare Tischversenkungen anderer Arten haben müssen, vermieden und für Darsteller ein leichter Zugang geschaffen. In den meisten alten Theatern ist der Weg zur Versenkung für die Darsteller sehr unbequem: entweder sie stoßen sich den Kopf in den niedrigen Zwischengeschoßen und können deshalb nur gebückt gehen, oder es muß ein Brett über einen offenen Kassetten-Kanal gelegt werden, von dem für Nichtschwindelfreie ein Blick in die Tiefe kaum die richtige Vorbereitung für ihr Auftreten bildet. Eine Änderung ist deshalb dringend geboten.

Der Zugang zur „Kran"-Versenkung liegt nicht mehr wie bei den bisher üblichen festen Arten auf der Seite, sondern vorn unmittelbar hinter der Vorbühnenwand, so daß jede Berührung der Darsteller mit den Einrichtungen der Untermaschinerie vermieden ist. Von dem dort befindlichen hell erleuchteten Verbindungsgang gelangt man unmittelbar auf die Versenkung; ihr ringsum geschlossener Wagen fährt seitlich unter die offene Stelle des Bühnenbodens und von da nach oben.

Mit zwei bis drei solcher „Kran"-Versenkungen, die gleichzeitig als kleine Personenversenkungen dienen, sind alle Ansprüche auch im größten Bühnenhaus zu erfüllen.

155

OBERMASCHINERIE

SENKRECHTE BEWEGUNG

Maschinelle Anlagen für Befestigen und senkrechtes Bewegen der Bildteile sind Gitter und Züge.

Gitter

Ein Gitter ist ein Traggestell aus kreuzweise angeordneten Latten oder Winkeleisen, das an zwei Enddrahtseilen hängt und in die unter ihm liegende Kassettenklappe des Bühnenbodens versenkt werden kann (Abb. 146). An seiner Vorderseite wird ein Prospekt befestigt und auf den oberen Abschluß ein langes, niedriges Setzstück zum Verdecken der geraden Kante aufgebolzt. Diese Einrichtung, die hauptsächlich bei Verwandlungen benutzt wurde, ist heute überholt, da eine weit bessere und künstlerische Wirkung durch Lichtbilder hervorgerufen werden kann,

Abb. 146. Gitter mit Kopfwinkeln über einer Kassettenklappe

es liegt deshalb kein Grund vor, sie noch länger beizubehalten (vgl. S. 135—137 und S. 263). Bisher haben nur wenige Opernhäuser die vorhandenen Anlagen beseitigt: Bayreuth, Bremen, Danzig, Dessau, Gotha, Halle, Hannover, Oldenburg und Zürich. Andere verzichteten darauf wohl aus übertriebener Ängstlichkeit, Zeitmangel, Bequemlichkeit oder weil sie die neuesten Beleuchtungserfolge nicht kannten. Schon die größere Sicherheit des Zugbetriebes, die durch den bedeutenden Platzgewinn in jeder Gasse erreicht wird, sollte für eine Änderung ausschlaggebend sein.

Züge

Man unterscheidet Hand- und feste Züge.

Der Handzug besteht aus einer oder mehreren auf dem Schnürboden vorübergehend angebrachten Rollen, über die Hanfseile zum Einbinden und Auf- und Abbewegen von Bildteilen laufen. Wird nur ein Seil benötigt, ist es vorteilhaft, ein „geschlagenes" Drahtseil zu verwenden, um den „Drall" im Zug auszuschalten. Ein Handzug kann an jeder gewünschten Stelle eingerichtet werden.

156

Der *feste Zug* besteht aus

der Rollenanordnung parallel zur Vorbühne,
dem Gegengewicht mit Führung,
der Zugstange mit 4 bis 6 Tragseilen,
dem Hanfzugseil mit Sicherung und
den Befestigungsmitteln für Hängestücke.

Rollenanordnung. Zu einem Zug gehören je nach der Prospektlänge: 4 bis 6 Einzelrollen mit schmalen Drahtseilrillen, die in gleichen Abständen auf dem Schnürboden befestigt sind; 1 Sammelrolle mit derselben Anzahl schmaler und einer breiten Hanfseil-Mittelrille an der Schnürboden-Seitenwand; ferner 1 Rolle mit breiter Rille für den Rücklauf des Hanfseiles, die fest oder in einem Schlitten verstellbar in der Untermaschinerie sitzt. Alle Rollen müssen unbedingt in einer Ebene liegen.

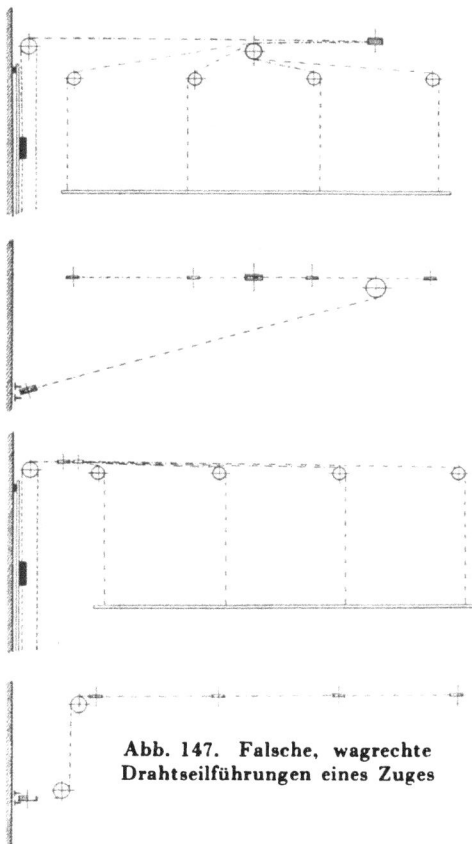

Abb. 147. Falsche, wagrechte Drahtseilführungen eines Zuges

Abb. 148. Falsche, senkrechte Drahtseilführung eines Zuges

Falsch ist jede Drahtseilführung, bei der die Sammelrolle, um den Platz in Verlängerung der Züge für Seitenbühnen oder Türen frei zu lassen, schräg nach vorn oder hinten versetzt ist, wie in den Grundrißzeichnungen (Abb. 147). Die Bedienung wird dadurch bedeutend erschwert, weil das Hängestück nicht unmittelbar vom Zug aus beobachtet werden kann. Das Stadttheater-Innsbruck besitzt eine solche Anlage. Läßt sich dieser Notbehelf gar nicht vermeiden, so muß die Führung wenigstens ohne Mittelrolle und rechtwinklig, wie in der unteren Skizze gebaut sein.

157

Die schematische Anordnung eines festen Zuges mit einer Mittelrolle (Abb. 148) ist ein Beispiel dafür, wie bei der Umstellung von der Holzbühne auf Eisenbauweise ohne zu überlegen die alte Art beibehalten und nur statt Holz Eisen angewendet wurde.

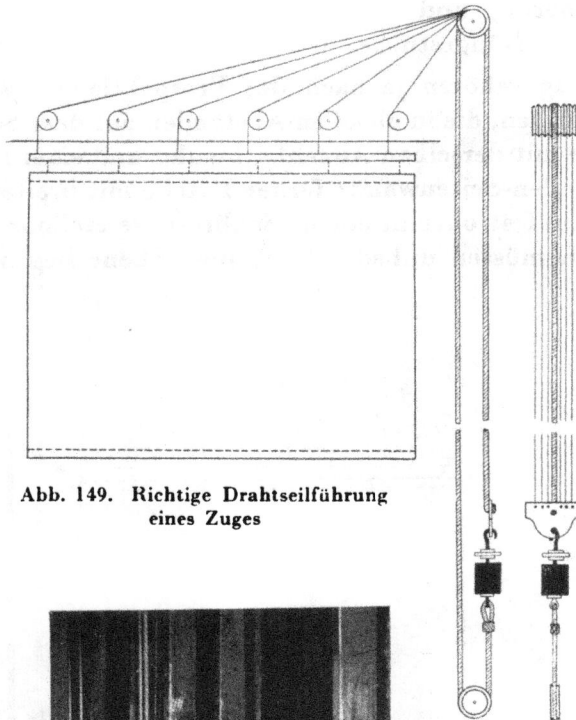
Abb. 149. Richtige Drahtseilführung eines Zuges

Abb. 150. Falsche Gewichtsführung

Abb. 151. Richtige Gewichtsführung

Als früher die Tragseile aus Hanf bestanden, gestattete die nur dafür eingeführte Mittelrolle, alle Seile paarweise gleich lang zu machen und verhinderte so ein ungleiches Ausdehnen. Die Zugstange hing immer wagrecht, was vorher selten der Fall war und im Betrieb oft störte. Diese Mittelrolle kann bei Drahtseilzügen wegfallen.

158

da sich die Seile nicht ausdehnen; die Zugführung muß nach Abbildung 149 angelegt sein. Vorteile für Neubauten bestehen darin, daß 40 bis 60 sechsrillige Mittelrollen fortfallen, rund 30% weniger Drahtseile gebraucht werden und jede unnötige Reibung vermieden ist. Die seit kurzem im Handel befindlichen öllosen Lager sind gerade für Rollen auf dem Schnürboden sehr zu empfehlen, da sonst beim Schmieren herabtropfendes Öl oder Fett die Hängestücke beschädigt.

Abb. 152. Falsches Ausrichten der Hängestücke durch Drahtseilklemmen

Gegengewicht. Die Last eines hängenden Bildteiles wird durch ein Gegengewicht ausgeglichen, damit der Zug leicht von Hand auf- oder abbewegt werden kann. Die Führung an der Seitenwand muß möglichst geräuschlos arbeiten und jedes Berühren der Züge untereinander ausschließen; nach dem Bühnenraum soll die Anlage durch ein Drahtgitter (s. Abb. 42) gesichert sein. Eine veraltete, falsche Anordnung zeigt die Abbildung 150, die richtige die Abbildung 151.

Die Zugstange gilt als „festes" Werkzeug, sie soll aus Eisenrohr bestehen; ihre Drahtseile sind an den Schellen und der Gegengewichtsplatte zu verspleißen oder noch besser mit Spannschlössern zu versehen. Anziehen oder Nachlassen einzelner Drahtseile am Gegengewicht zum Höhenausgleich der eingebundenen Hängestücke bringt sie aus ihrer Grundlage und ist deshalb unbedingt zu verwerfen. Anordnungen, wie sie die Abbildung 152 zeigt, beschädigen außerdem die Drahtseile durch Festklemmen und sollten aus wirtschaftlichen und technischen Gründen nicht angewendet werden. Die Bauart in Abbildung 153 ist zwar einwandfrei, jedoch nicht vorteilhaft, da sie die als „fest" gedachte Zugstange dauernd verbiegt. Daß der Zug nach Befestigen des Hängestückes (s. S. 170/1) noch ein bis zweimal herabgelassen werden muß, um eine ungleiche Länge durch Ausrichten an der Aufhängevorrichtung (nicht am Gegengewicht!) zu beseitigen, läßt sich nicht vermeiden.

Im Landestheater-Stuttgart (Kleines Haus) ist als Zugstange eine Form gewählt, die an ein

Abb. 153. Falsches Ausrichten der Hängestücke durch Kettenzug

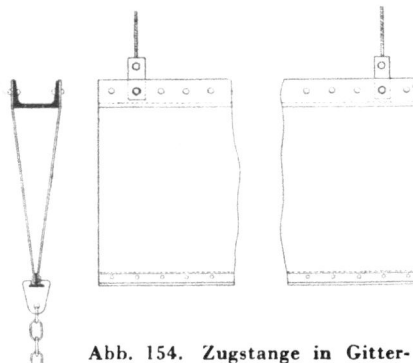

Abb. 154. Zugstange in Gitterform, Kleines Haus-Stuttgart

159

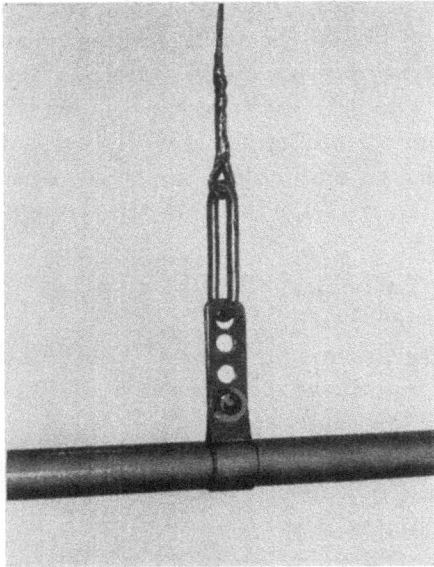

Abb. 155. Abnehmbare Zugstange,
R. Kranich-Zürich

Gitter erinnert (Abb. 154). Der Zug hängt auch nur in zwei Drahtseilen und die Befestigungsketten lassen sich auf der ganzen Länge hin- und herschieben.

Im Betrieb ist die 10 bis 20 m lange Zugstange manchmal hinderlich, wenn z. B. nur auf einer Seite ein Hängestück eingebunden wird und die andere Hälfte der Stange durch den viel höheren Bühnenhimmel nicht gedeckt ist, oder wenn zwischen zwei hohen Wänden ein kleines Hängestück tiefer herabgelassen werden soll. Im ersten Fall muß ein Handzug angewendet werden, was unnötige Zeit beansprucht und wegen der schlechten Befestigungsmöglichkeit des Zugseils zu vermeiden ist. Im zweiten muß das Stück mit besonderen Tauen an der Stange viel tiefer eingebunden werden und ist dann vielleicht in anderen Bildern sichtbar.

Rudolf Kranich-Zürich hat als Lösung eine durch Karabinerhaken an den Drahtseilenden leicht abnehmbare Zugstange (Abb. 155) eingeführt, die, wenn nötig, beim Einhängen des Stückes durch eine entsprechend kürzere Stange ersetzt wird. Die freien Drahtseile der anderen Seite werden, nachdem der Zug eingesetzt ist, vom Schnürboden aus hochgezogen, falls sie nicht hinter anderen Bildteilen verschwinden. In Bayreuth, Gotha und Hannover hat sich die Einrichtung gut bewährt.

Abb. 156. Spannvorrichtung des Zugseils

Hanfzugseil. Die Züge werden mit wenigen Ausnahmen noch von Hand bedient. Dazu ist ein Handzugseil erforderlich, das zweckmäßig am oberen Haken des Gegengewichtes starr und am unteren zum Nachspannen beweglich befestigt wird, da die

160

Länge des Seils sich mit dem Feuchtigkeitsgehalt der Luft ändert. Um dies zu vermeiden, wird vielfach die Zugrolle in der Untermaschinerie mit einem Gegengewicht versehen und in einem Schlitten geführt, dadurch spannt sich das Seil von selbst (Abb. 156).

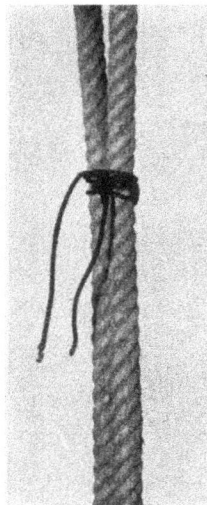

Abb. 157.
Doppelte Seilsicherung
durch Binden

Abb. 158. Doppelte Seilsicherung.
Maschinenfabrik-Wiesbaden

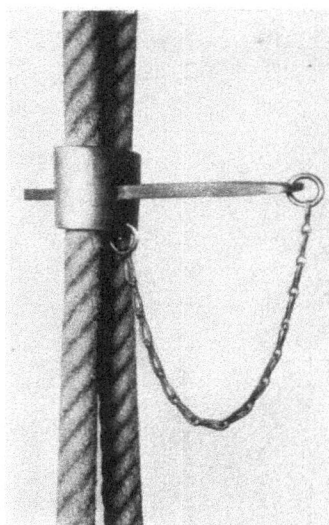

Abb. 159. Doppelte Seilsicherung,
J. Kain-Berlin

Abb. 160.
Doppelte Seilsicherung,
W. & H. Schmidt-Erfurt

Sicherungen. Alle Züge mit Handbetrieb sollten gegen unberufene Betätigung geschützt sein, sobald Bildteile eingehängt sind. Leider geschieht dies nicht überall, weil es dem Personal zu lästig ist oder solche Vorrichtungen der Kosten wegen nicht

angeschafft werden. Gewöhnlich sind nur die Züge gesichert, die Über- oder Unter-
gewicht haben, was bei Verwandlungen oder Abzügen für Fallstücke nötig ist. Eine
große Anzahl solcher Sicherungen ist im Gebrauch; die älteste und schlechteste ist

Abb. 161.
Doppelte Seilsicherung

Abb. 162.
Doppelte Seilsicherung,
E. Schwerdtfeger-Darmstadt

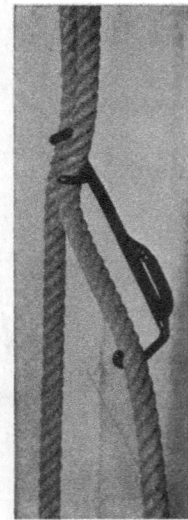

Abb. 163. Doppelte Seil-
sicherung, Ernst Knapp-
meyer-Hannover

Abb. 164. Frühere, einfache Seilsicherung im Städtischen
Opernhaus-Hannover

Abb. 165. Einfache
Seilsicherung, A. Rosen-
berg d. Ä.-Köln/Rh.

das Zusammenbinden der beiden Taue mit einer Schnur oder einem Leinwandstreifen
(s. Abb. 157). Außer dem technisch unschönen Aussehen besteht eine gewisse Gefahr,
daß entweder gelegentlich ein Zug doch „durchgeht" oder daß bei eiligen Verwand-

lungen ein nicht rechtzeitiges Lösen der Verbindung eine bedenkliche Verzögerung herbeiführt. In den Abb. 157—163 sind Sicherungen dargestellt, die auf beide Zugseile einwirken; in den Abb. 164/65 solche, die nur ein Tau festhalten. Beide Arten haben manches für und gegen sich.

Bei der weit verbreiteten Anordnung der Abbildung 165 muß die Spannrolle des Zugseiles in der Untermaschinerie beweglich angeordnet sein (s. Abb. 156), damit das Seil beim Umlegen um den Stift hochgezogen werden kann.

Es lohnt sich nicht mehr, diese Dinge noch zu untersuchen, da das Zugseil bei hydraulischem oder elektrischem Antrieb fortfällt.

Die Befestigungsmittel der Hängestücke an den Zugstangen sind wesentlich wichtiger. Auch hiervon gibt es sehr viele Arten. In den Abbildungen 166—177 sind mehrere dargestellt. Von einem einwandfreien muß gefordert werden:

1. Vollkommene Feuerfestigkeit,
2. unbedingte Sicherheit gegen selbsttätiges Auslösen beim Anstoßen oder Hängenbleiben des Zuges,
3. festes und doch wagrecht bewegliches Glied der Zugstange,
4. leicht nachstellbare Oberlatte des Hängestückes,
5. größte Haltbarkeit,
6. rasche Bedienung,
7. geräuschloses Arbeiten.

Hierbei ist alles zu verwerfen, was nicht aus Metall besteht oder eine Metallseele hat (Forderung 1 und 5).

Feste Klammern ohne Sicherungen kommen nicht in Frage (2 und 4).

Einfache Verlängerungen der Aufhängetaue scheiden aus (3).

Ketten ohne große Endglieder sind unbrauchbar (6).

Klammern und Ketten können kaum geräuschlos sein (7).

Die fünf Bestandteile des festen Zuges lassen im einzelnen Abänderungen zu; sie heißen:

Verdoppelter Zug, wenn das Gegengewicht nur den halben Weg der Zugstange zurücklegt;

Gewichtsloser Zug, wenn das Gegengewicht durch Flaschenzuganordnung ersetzt wird;

Panoramazug, wenn die Rollen nicht parallel, sondern senkrecht zur Vorbühne angeordnet sind;

Zug für geteilte, wagrechte Vorhänge, wenn statt senkrecht beweglicher Hängestücke wagrecht ziehbare Vorhänge eingebunden werden können;

Zug für geteilte Raffvorhänge, wenn sich die beiden Vorhangteile seitlich und zugleich nach oben öffnen lassen, was besonders bei Hauptvorhängen verlangt wird.

Deckenzug, wenn Hilfsseile zum Bewegen von Zimmerdecken an den Tragseilen oder der Zugstange angebracht sind.

Abb. 166. Befestigen von
Hängestücken durch Tau ohne
Zugstange

Abb. 167. Befestigen von
Hängestücken durch Tau
mit Zugstange

Abb. 168. Befestigen
von Hängestücken durch
Tau und Karabiner

Abb. 169. Befestigen von
Hängestücken durch
Oberstangen-Gurt

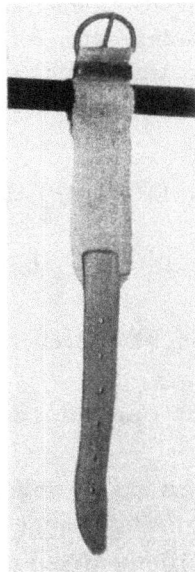

Abb. 170. Befestigen
von Hängestücken
durch Zugstangen-Gurt

Abb. 171. Befestigen von Hängestücken durch Gurt mit verstell-
barem Schloß

Abb. 172. Befestigen von Hängestücken durch feste Greifzange

Abb. 173. Befestigen von Hängestücken durch Greifzange an einem Gurt

Abb. 174. Befestigen von Hängestücken durch Greifzange an einer Kette

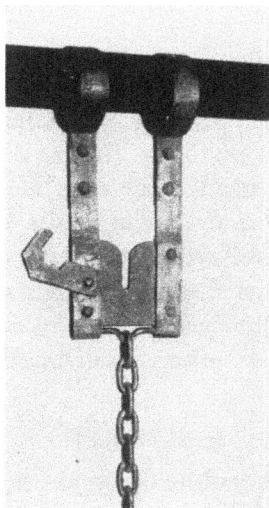

Abb. 175. Befestigen von Hängestücken durch Kette mit offenem Bügel

Abb. 176. Befestigen von Hängestücken durch Kette mit geschlossenem Bügel

Abb. 177. Befestigen von Hängestücken durch Drahtseil mit Schloß

VERDOPPELTER ZUG

In manchen Häusern sind in den Seitenwänden der Bühne Türen zu den Ankleideräumen der Darsteller oder zu Gängen vorhanden; außerdem werden bei Umbauten breite Öffnungen für Seitenbühnen nötig. Da die Gewichtsführungen der
Züge, die bis zur Untermaschinerie gehen, in jedem Fall stören, muß Abhilfe geschaffen werden. Der verdoppelte Zug gibt die Möglichkeit; er braucht bei zweifachem
Gewicht nur den halben Weg und reicht deshalb nur bis zur ersten Arbeitsgalerie.
Das Schema einer solchen Anordnung zeigt die Abbildung 178.

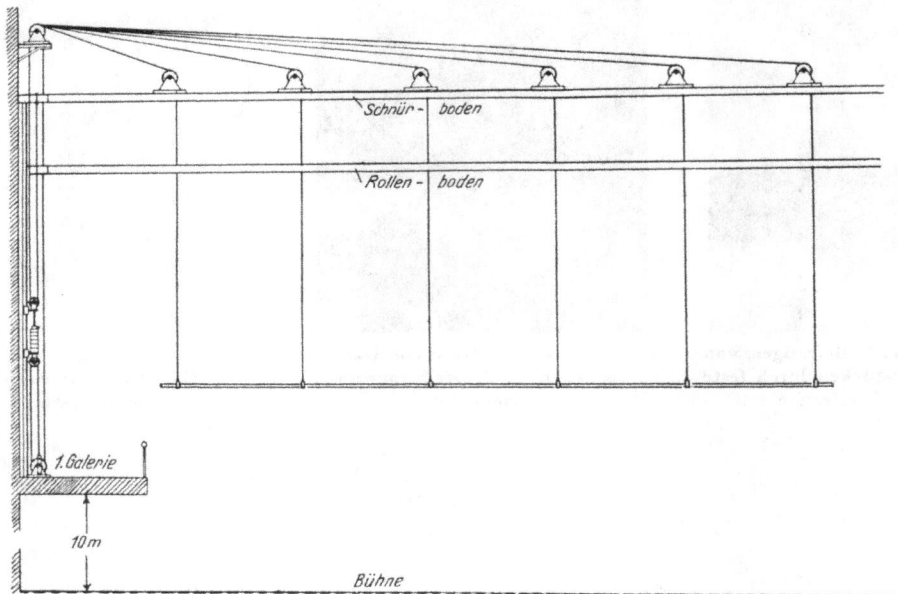

Abb. 178. Verdoppelter Zug

Allerdings sind die Nachteile recht groß. Beim Einhängen des Prospektes muß
das doppelte Gewicht (etwa 180 kg) aufgesetzt werden. Durch die umständlichere
Seilführung über zwei weitere Rollen wird die Reibung stark vergrößert und es sind
bei schweren Stücken mindestens zwei Mann zum Ziehen nötig. Wenn die Züge teils auf
der Bühne, teils auf der ersten Galerie be-
dient werden müssen, ist doppelte Zugmann-
schaft erforderlich. Alle diese Nachteile sind
durch den später behandelten maschinellen
Zug beseitigt.

GEWICHTSLOSER ZUG

Eine Zugvorrichtung ohne Gegengewicht,
die auf dem Gesetz des Flaschenzuges beruht,
ist *Ludwig Hungar-Wien* in einem österrei-
chischen Patent gesichert. Die nähere Anordnung ist aus Abbildung 179 zu erkennen.
Verbreitung hat die Art nicht gefunden.

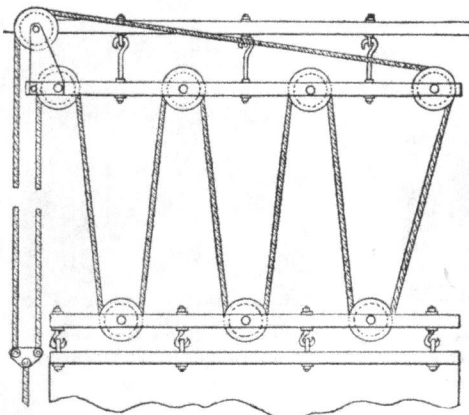

Abb. 179. Gewichtsloser Zug, L. Hungar-Wien

166

PANORAMAZUG

Steht die Rollenanordnung senkrecht zur Vorbühne und sind lose Drahtseile ohne Zugstange vorhanden, so heißt die Aufhängevorrichtung „Panoramazug". Es gibt bei fast jeder Bühne 2 bis 4 solcher unmittelbar vor den Seitengalerien angebrachter Züge. Zum Beschweren der Zugseile werden an den Enden meist Sandsäcke angebunden. Ihr Ersatz durch neuzeitliche Mittel sollte baupolizeilich gefordert werden, denn zahllos sind die kleinen und großen Unfälle (von den glücklich vermiedenen gar nicht zu reden!), die durch ihr Herabstürzen entstanden.

In den städtischen Bühnen-Hannover und im Festspielhaus-Bayreuth ist dafür ein längliches, abgerundetes Eisenstück in eine Ledertasche eingenäht und an den Enden mit zwei Löchern versehen. Durch das obere Loch geht das verspleißte Drahtseil des Zuges; das andere mit Kreuzschlitz dient zur Aufnahme der Ausgleichskette (Abb. 180).

Abb. 180. Ersatz für Sandsack-Gegengewichte

ZUG FÜR GETEILTE, WAGRECHTE VORHÄNGE

Seitlich auseinanderziehbare Vorhänge können verschieden befestigt werden. Die einfachste Art ist eine S-förmig gebogene Rundstange von 8 bis 20 m Länge (Abb. 181). Da sie nur an drei Punkten getragen wird, hat sie den Nachteil, daß schwere Stoffe sich in der Mitte zwischen den Aufhängepunkten stark senken. Auch der Ersatz der Stange durch einen auf der Latte gespannten Draht, über den Ringe gleiten, ist zu behelfsmäßig (Abb. 182).

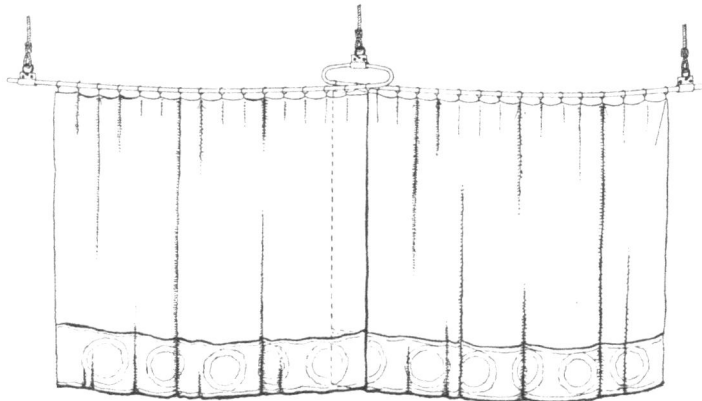

Abb. 181. Vorhangzug (S-förmiges Rundeisen)

Wesentlich besser ist die Bauweise, bei der kleine Holzschlitten als Träger der Ringe auf einer glatten T-Schiene bewegt werden. Durch aufgeleimte Gummiplatten an den Stirnseiten läßt sich völlige Geräuschlosigkeit erzielen (Abb. 183). Bei einer anderen Anordnung sind die Holzschlitten durch kleine Rollen mit Kugellagern ersetzt (Abb. 184).

167

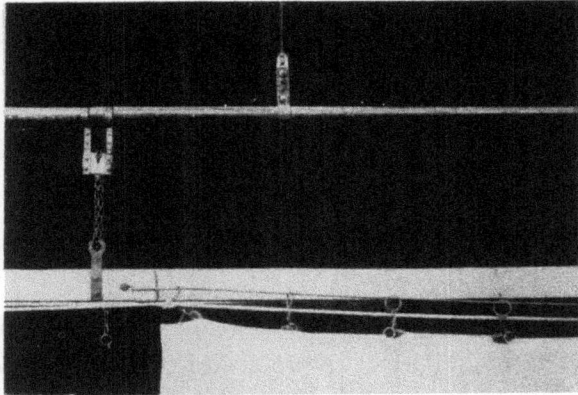

Abb. 182. Vorhangzug (Holzstange mit Drähten)

Abb. 183. Vorhangzug (T-Eisen mit Holzschlitten)

Abb. 184. Vorhangzug (T-Eisen
mit Rollringen)

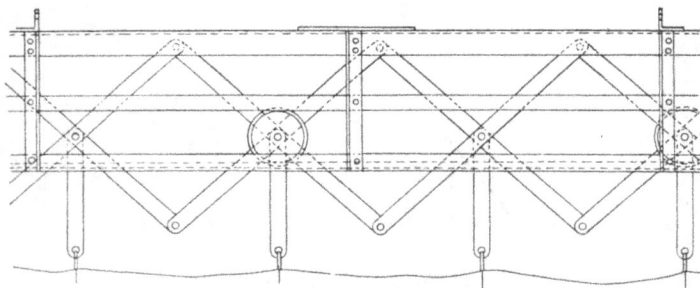

Abb. 185. Vorhangzug (Storchschnabelart), E. Saft-Augsburg

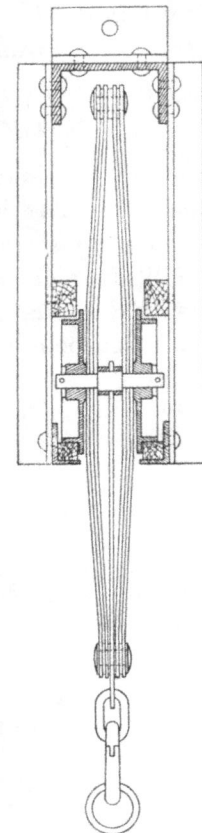

F. *Saft-Augsburg* ist unter DRGM. 528456 ein Vorhangzug geschützt, der sich durch gleichmäßigen Faltenwurf, leisen Gang und leichte Beweglichkeit auszeichnet; er ist an jedem Zug anzubringen (Abb. 185).

W. Unruh-Mannhei m hat für kleinere Bühnen eine Anordnung getroffen (DRGM. 977623), die ein kulissenartiges Herausfahren der beiden Vorhangteile mit seitlicher Drehfähigkeit verbindet (Abb. 186).

Seit einigen Jahren wird versucht, die feste Zugstange so zu ändern, daß sie auch für Vorhänge sofort betriebsbereit ist.

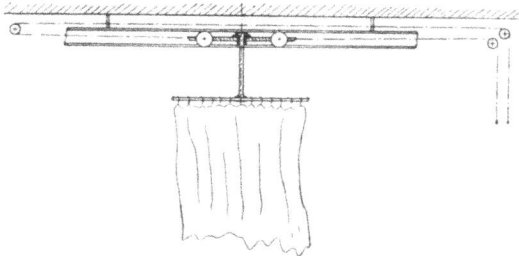

Abb. 186. Vorhangzug (Laufkatzen mit Drehgestell), W. Unruh-Mannheim

Abb. 187. Vorhangzug (Doppel-T-Eisen mit zweiseitigem Schlitten) „Kombistange"; R. Kranich-Zürich

Rudolf Kranich-Zürich hat eine „Kombinationsstange" (DRGM. 955348, Abb. 187) geschaffen. Sie ist mit bogenförmigen Schlitten aus starkem Draht versehen, die in ihrer Mitte einen offenen, durch seine Stellung gesicherten Haken zum Einhängen der Vorhangringe besitzen. Das Zugseil des Vorhanges bleibt beim Benutzen der Stange als Zug dauernd eingezogen, ohne zu stören. Die Vorrichtung läßt sich auch ohne Schwierigkeiten als Rundzug verwenden.

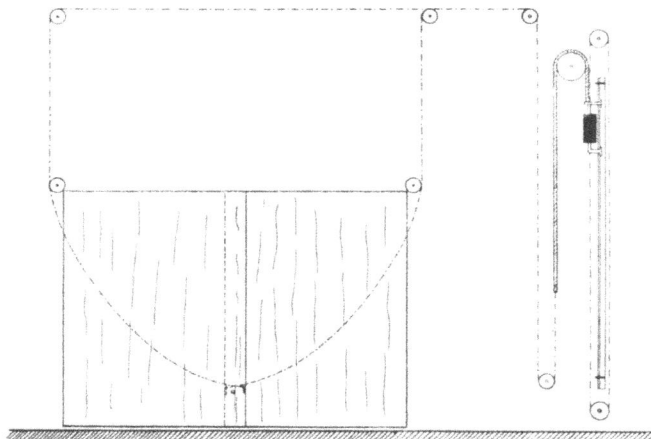

Abb. 188. Vorhangzug für Raffvorhänge; W. Unruh-Mannheim

ZUG FÜR GETEILTE RAFFVORHÄNGE

W. Unruh-Mannheim ist eine Einrichtung geschützt (DRGM. 1048260), die nach Abbildung 188 das zunehmende Gewicht der Vorhangteile, das sich beim Raffen bemerkbar macht, durch ein langgestrecktes Zusatzgewicht wieder aufhebt; es besteht aus einer Kette oder einem schweren Drahtseil.

Fr. Kranich d. Ä. hat schon 1896 im Festspielhaus-Bayreuth, später im Casino-Theater-Monte Carlo, Staatstheater-Schwerin und vielen anderen die in Abbildung 189 dargestellte konische Aufrollvorrichtung für das Zugdrahtseil angewendet. Das Gewicht des Vorhangs ist dabei durch die immer kleiner werdende Spillscheibe beim Drehen kaum zu merken. Mit einer Bremsvorrichtung kann der Vorhang in jeder Geschwindigkeit geschlossen werden und durch zwei in wagrechter Richtung wirkende Gewichte wird ein selbsttätiges Wiederzurückschlagen verhindert.

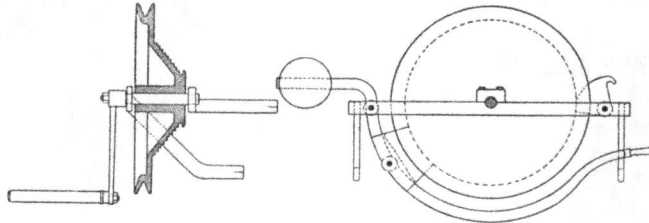

Abb. 189. Vorhangzug für Raffvorhänge; Fr. Kranich d. Ä.-Bayreuth

DECKENZUG

Zum raschen Auflegen, Fortnehmen oder Auswechseln der Zimmerdecken sind vielfach besondere Vorrichtungen an den Zügen angebracht. Da meist derselbe in Frage kommt, der je nach der gewählten Art entweder unmittelbar hinter der ersten Beleuchtungsbrücke oder einige Meter tiefer hängt, ist er ein besonderer „Deckenzug" geworden und wird fast nie zu etwas anderem benutzt. Seine Form hat sich mit der Bauweise der Decke allmählich entwickelt. Die Grundlage bildet stets der einfache oder verdoppelte Zug. Er wird nur nach Bedarf mit Ringen, Karabinern, geteilten Tragetauen, besonderen Zugschnüren, Klapp- und Spreizvorrichtungen usw. versehen. Auf die einzelnen Arten wird bei der Beschreibung der „Übergangsformen beweglicher Hilfsmittel" (s. S. 207—210) näher eingegangen, da die Gestaltung der Decke selbst wichtiger und für ihr Aufhängen maßgebend ist.

DAS EIN- UND AUSHÄNGEN DER BILDTEILE UND IHR BEWEGEN

Um die Oberlatte eines Hängestückes mit einem der bereits beschriebenen Befestigungsmittel am Zug einhängen zu können, muß zum Durchstecken des Taues, der Kette oder des Drahtseiles die Leinwand an den Aufhängepunkten ausgeschnitten sein (s. Abb. 166/67 u. 177) oder die Oberstange Vorrichtungen zum Einhängen haben (s. Abb. 176). Für die erste Art sind Rundstangen vorteilhafter, bei der letzteren können auch flache verwendet werden. Im allgemeinen sind Rundstangen überhaupt vorzuziehen, weil sich das Hängestück, besonders wenn es nicht durchweg aus Leinwand besteht, an den einzelnen Aufhängepunkten besser ausrichten läßt. Werden Gurte gebraucht, dienen sie häufig gleichzeitig dazu, die gerollten Hängestücke beim Befördern und in den Lagern zusammenzuhalten (s. Abb. 58, 169 u. 177).

Handbetrieb

Bei den meisten Bühnen werden die Züge von Hand betrieben. Die leere Zugstange wird herabgezogen, das Hängestück „eingehängt", die Gegengewichtsstange „abgestopft", d. h. durch eine daruntergeschobene Latte festgehalten und mit so viel Gegengewichten beladen, als das Stück wiegt. Nach dem „Ausstopfen" kann der Zug, dessen Last sich aus den Händen der „Roller" zuerst von selbst abwickelt, langsam hochgezogen werden. Wenn er dann frei hängt, ist Gleichgewicht vorhanden. Wird ein Bildteil mit einem andern ausgewechselt, so muß das alte herabgelassen und aufgerollt werden; das erfordert bei Prospekten, deren Gewicht oft 95 kg beträgt, zuletzt erhebliche Kraftanstrengung der „Zieher". Beim Austausch muß nach dem Abstopfen das Gegengewicht ausgeglichen werden; bleibt der Zug leer, ist es ganz abzunehmen.

Durch die Einführung des Bühnenhimmels ist bei Häusern, die im Übergang zur neuen Bildbauweise gezwungen waren, noch viele Bühnenbilder mit Hängestücken herzustellen, eine wesentliche Mehrarbeit während der Umbauten dadurch entstanden, daß diese dauernd auf- oder abgerollt werden mußten, wenn ein Bild mit Bühnenhimmel zwischen zwei anderen mit Bogen und Prospekten spielte. Die unwirtschaftliche Mehrarbeit war nötig, um bis zum obersten Teil des Bühnenhimmels sehen zu können.

Ein vollständiges Aufrollen der im Bühnenraum schwebenden Bildteile ist oft jedoch nicht erforderlich und kostet unnötige Zeit, denn die Sehlinie beginnt bei der oberen Kante der Vorbühne und steigt gleichmäßig an. Dafür gibt es Vorrichtungen, die es gestatten, Hängestücke von oben oder unten nur teilweise einzurollen. Zum Einrollen von oben werden Greifzangen (ähnlich der in Abbildung 172—174 dargestellten) angewendet. Sie haben den Nachteil, daß sie Prospekte aus Schirting fast immer, aus Leinwand sehr oft durchstoßen und dadurch bald unbrauchbar machen. Ist ein Hängestück von unten einzurollen,

Abb. 190. Hangeisen für nur teilweise gerollte Hängestücke

was häufiger der Fall ist, so sind 4 bis 6 „Hangeisen" (Abb. 190) im Gebrauch, deren Tragetaue in gewünschter Länge in die Zugstangen eingebunden werden. Ein Beschädigen der lose in den Eisen liegenden Leinwandrollen findet dabei nicht mehr statt. Um Zeit zu sparen, braucht man nur gerade so viel einzurollen, als der Sicht des Zuschauers zu entziehen ist.

Die beste Lösung ist ein Schnürboden, dessen Höhe es zuläßt, alle ungerollten, hängenden Bildteile über die Sehlinie zur Oberkante des Bühnenhimmels hinweg zu ziehen, wie ihn als einziges Haus bis jetzt das Stadttheater-Hamburg besitzt.

Das täglich sich vielfach wiederholende „Verhängen" entspricht nicht mehr einer modernen Arbeitsweise und ist reif für maschinellen Ersatz.

Halbmaschineller Betrieb

J. Menné und E. Kretzer-Köln haben eine Hilfsmaschine erfunden, die sich im dortigen Opernhaus bewährt hat (DRP. 305 821; Abb. 191). Sie ist auf einer Seitengalerie angebracht und kann leicht vor jeden Zug gefahren werden. Das Seil des

Zuges wird zweimal in die Rillen einer Spillscheibe gelegt und dann durch einen Elektromotor auf- und abbewegt. Da jedoch der beladene Zug nach wie vor von Hand bedient wird, ist die Vorrichtung nur ein halber Ersatz; die wirkliche Lösung bringt erst der hydraulische oder elektrische Zug.

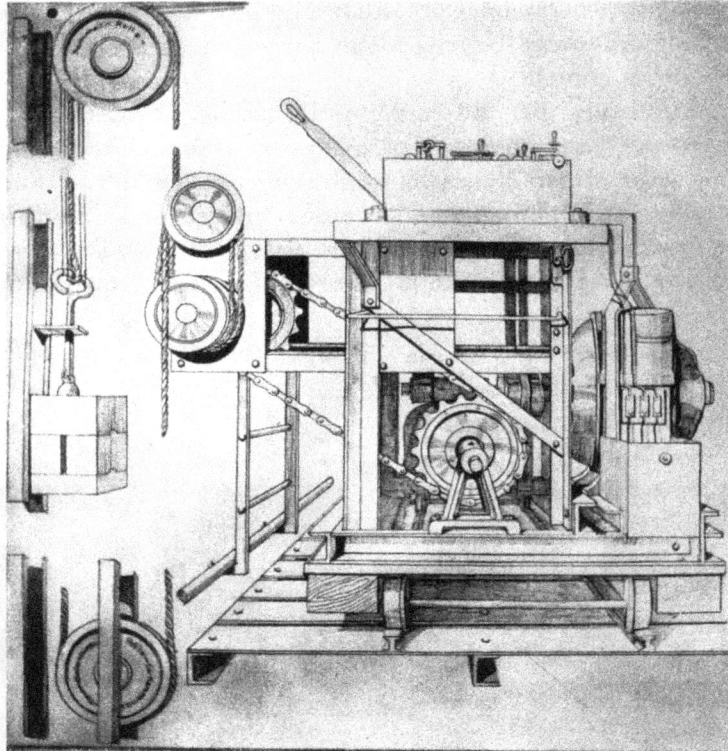

Abb. 191. Rollmaschine; J. Mené und G. Kretzer-Köln

Maschineller Betrieb

Die *Asphaleia-Gesellschaft* wandte im Opernhaus-Budapest zum erstenmal hydraulische Züge an. Die Bauweise hatte jedoch den Nachteil, daß nur eine beschränkte Anzahl Hebewerke zur Verfügung standen und daß durch eine besondere Vorrichtung die Verbindung der gewünschten Züge erst hergestellt wurde (Abb. 192). Im Betrieb erwies sich dies Verfahren als unbrauchbar und wurde deshalb wieder aufgegeben; außerdem war eine äußerst sorgfältige Handhabung nötig, um ein Zerreißen der 60 bis 80 dicht nebeneinander hängenden Leinwandprospekte und Gazeschleier zu verhindern. Durch den Bühnenhimmel und die dadurch bedingte starke Verminderung der hängenden Bildteile fiel diese Befürchtung weg.

Karl Lautenschläger führte im Nationaltheater-München eine andere Art ein (Abb. 193). Sämtliche Züge konnten beliebig miteinander gekuppelt und von zwei Wellen angetrieben werden, von denen die eine zur Aufwärts-, die andere zur Abwärtsbewegung diente. Sie erhielten durch zwei Elektromotore verschiedene Geschwindigkeiten. Jeder einzelne Zug war außerdem auch durch Menschenkraft zu betreiben. Bis acht Züge konnten gleichzeitig nach oben und acht andere nach unten bewegt werden. Die Wellen hatten in jeder Gasse zehn bis zwölf Mitnehmerrollen. Sollten zusammen sechs Züge in sechs Gassen nach oben gehen, so wurden vorher die Hanfzugseile von Hand durch eine Hebelvorrichtung an die betreffenden Mitnehmerrollen angepreßt und von der motorisch bewegten Welle mitgenommen. Die

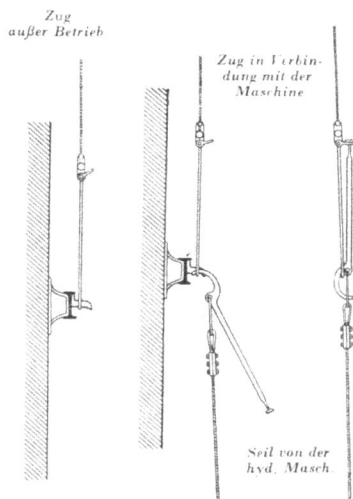

Abb. 192. Verbindungsgreifer beim hydraulischen Zug; Asphaleia-Gesellschaft-Budapest

Abb. 193. Mechanische Zugbedienung, Gesamtanordnung: K. Lautenschläger-München

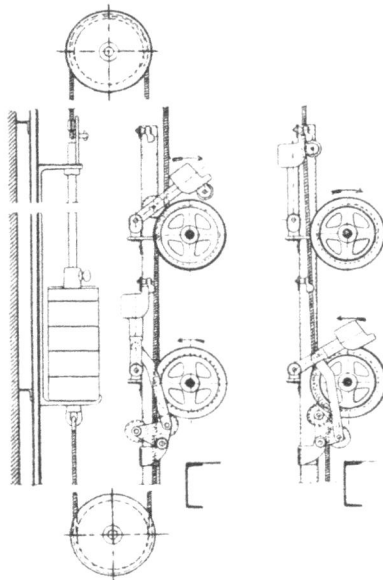

Abb. 194. Mechanische Zugbedienung. Seilführung: K. Lautenschläger-München

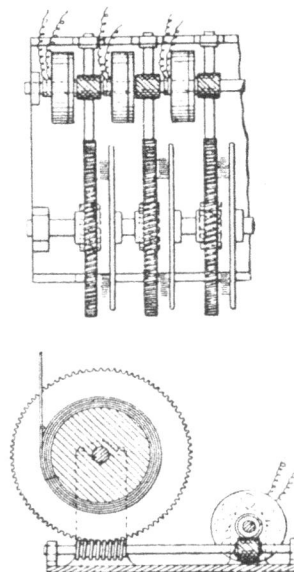

Abb. 195. Elektrische Zugbedienung: E. Lytton-Bedfort-Park

173

Abbildung 194 zeigt, wie das Seil dem Wellenantrieb in beiden Richtungen folgte. Auch diese Anlage hat sich auf die Dauer nicht bewährt.

Edward Lytton-Bedfort-Park (England) ist eine elektrische Art patentiert, die von einer Stelle aus bedient wird. Das Wesentliche dabei ist der Ersatz der Hauptverteilungsrolle durch eine Seiltrommel und ihre Kupplung mit einem Schneckenrad, das durch ein Schneckengetriebe in Bewegung gesetzt werden kann (Abb. 195). Parallel zu den Seiltrommeln ist hier eine durchgehende, elektromotorisch angetriebene Welle angeordnet, die mit elektromagnetischen Kupplungen die ein-

Abb. 196. Hydraulische Zugbedienung; Prof. A. Linnebach-München; Staatliches Schauspielhaus-Dresden

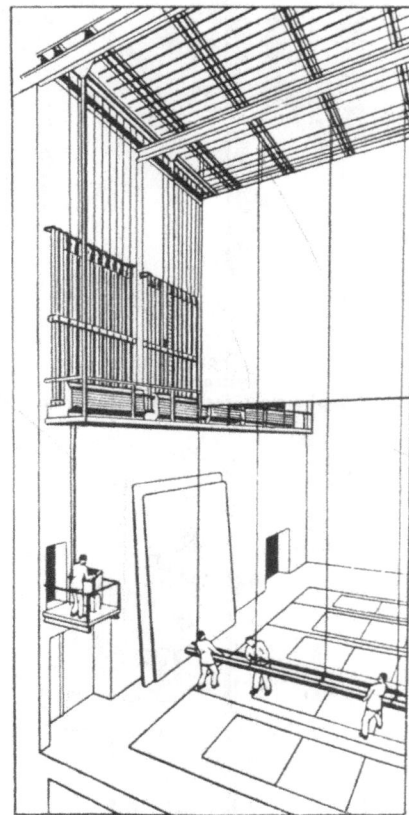

Abb. 197. Schema einer zusammengefaßten Zugbedienung

zelnen Getriebe und durch sie die Seiltrommeln bewegt. Der Nachteil liegt nur darin, daß eine gewünschte Geschwindigkeitsveränderung durch die gemeinsame Welle immer gleichmäßig auf *alle* Züge wirkt. Auch die abgeänderte Form, die auf jeder Seite eine Hauptwelle vorsieht, beseitigt diesen Übelstand nicht.

Im *Staatlichen Schauspielhaus-Dresden* ist ein hydraulisches Stellwerk mit dreizehn Maschinen für je drei Züge eingebaut (Abb. 196). Die Weiterentwicklung

Abb. 198. Hydraulische Züge; Fritsch & Sohn-
Kötzschenbroda

Abb. 199. Stellwerk für hydraulische Züge, Prof.
A. Linnebach-München. Stadttheater-Hamburg,
ausgeführt von Kölle & Hensel-Berlin

Abb. 200. Druckverteiler der hydraulischen Züge, Stadttheater-Hamburg

des Gedankens führte dazu, eine Vereinigung der Zugbedienungen einzubauen, ähnlich
der Anordnung eines Eisenbahnstellwerkes, wie das Schema auf Abbildung 197 zeigt.

Die Firma *Fritsch und Sohn-Kötzschenbroda* bei Dresden[1]) hat auf der Deutschen
Theater-Ausstellung-Magdeburg 1927 eine zusammengefaßte Anlage ausgestellt
(Abb. 198).

---

[1]) Näheres über das Patent der Firma s. Bühnentechnische Rundschau 1926, Nr. 3.

Im *Stadttheater-Hamburg* wurde 1927 und in der *Staatsoper Unter den Linden-Berlin* 1928 durch die Firma *Kölle & Hensel-Berlin* eine ähnliche Anlage eingebaut (Abb. 199/200), nach kurzer Zeit jedoch dahin erweitert, daß auch eine Handbedienung der einzelnen Züge von der Seite möglich war (Abb. 201).

Abb. 201. Hydraulische Züge mit seitlicher Bedienung, Stadttheater-Hamburg

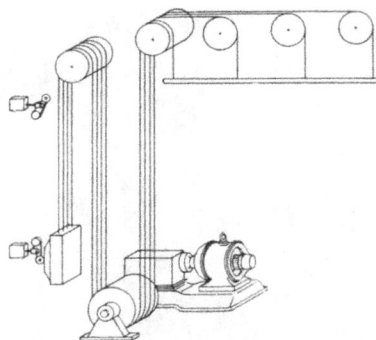

Abb. 202. Schema u. Antriebsmaschine des Elektrozuges; Maschinenfabrik-Wiesbaden

Der Elektrozug der *Maschinenfabrik-Wiesbaden* ist die neueste, vielleicht auch billigste und einfachste Art; sie besteht aus einer Verbindung von Treibseilantrieb und Leonhard-Schaltung (Abb. 202). Alle Züge können von einer Stelle oder seitlich von der ersten Galerie aus bedient werden. Die Geschwindigkeit ist in weitesten Grenzen veränderlich, alle Seilführungen liegen auf einer Seite. Die Antriebsmotore sind (von 1 zu 4 Zügen versetzt) über den Greifrädern der Treibseilantriebe angebracht; hierdurch wird der Raum am besten ausgenutzt und die Zahl der Züge ist unbegrenzt.

ANORDNUNG DER ZÜGE UND BEDIENUNGSSTAND

Die Gewichtsführungen der Züge mit Handbedienung sind entweder an der linken oder rechten Seitenwand oder an beiden angebracht.

Linksseitig sind eingerichtet: Augsburg, Bayreuth, Berlin-Großes Schauspielhaus, Theater am Bülowplatz, Theater am Nollendorfplatz, Bochum, Bremen, Bremerhaven, Dresden-Opernhaus, Düsseldorf-Schauspielhaus, Essen-Opernhaus und Schauspielhaus, Gera, Halle, Hannover-Schauspielhaus, Koburg, Magdeburg, Mainz, Mannheim, München-Prinzregententheater, Oldenburg, Weimar.

Rechtsseitig sind eingerichtet: Berlin-Staatsoper Unter den Linden, Staatliches Schillertheater, Deutsches Theater, Lessingtheater, Chemnitz-Schauspielhaus,

Abbildung 203.
Wandelbild aus Webers „Oberon", von Gebrüder Kautsky-Wien
für die Kaiserfestspiele 1900 im Staatstheater-Wiesbaden gemalt, beim Brand
des Hauses 1923 vernichtet und nach den Skizzen als Modell
wiederhergestellt von Joseph Zehetgruber-Hannover

← ⊟ Laufrichtung

Abbildung 204.
Wandelbild aus Goethes „Faust II"
von Prof. Max Brückner-Koburg; 1908 für das Nationaltheater
Weimar gemalt

Abbildung 207.
Wandelbild aus R. Wagners „Parsifal", dritter Akt, von J. Joukowsky 1882
für das Festspielhaus-Bayreuth gemalt

← ⊟ Laufrichtung

aufrichtung ⇒⟶

Abbildung 205.
Wandelbild aus Goethes „Faust II"
(Klassische Walpurgisnacht) von R. Hraby nach der Einrichtung von
M. Marter-teig 1909 für das Stadttheater-Köln Rh. gemalt

Laufrichtung ⇒⟶

Abbildung 206.
Wandelbild aus R. Wagners „Parsifal", erster Akt von J. Joukowsky 1882
für das Festspielhaus-Bayreuth gemalt

Laufrichtung ⇒⟶

BEWEGUNG DER RHEINTÖCHTER-FLUGAPPARATE IM FESTSPIELHAUS-BAYREUTH

Apparate und Personaleinteilung

Name	Farbe	Stellung	Bedienung			
			Führung	Hilfe	Auf und ab	Hin und her
Woglinde	blau	hinten	A	A 1	A a	A h
Wellgunde	rot	In d. Mitte	B	B 1	B a	B h
Floßhilde	gelb	vorn	C	C 1	C a	C h

Theoretische Höhenmarken für die Bewegung der Apparate

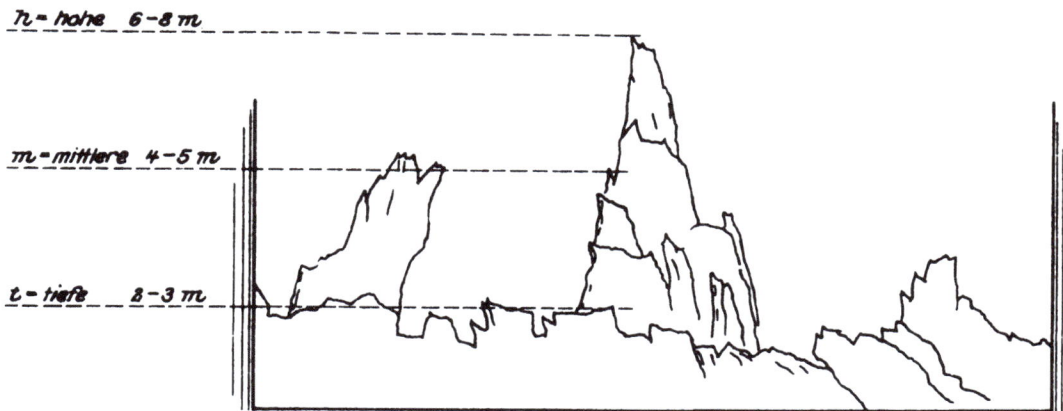

```
h - hohe   6-8 m
m - mittlere  4-5 m
t - tiefe   2-3 m
```

Grundriß der Anfangsstellung

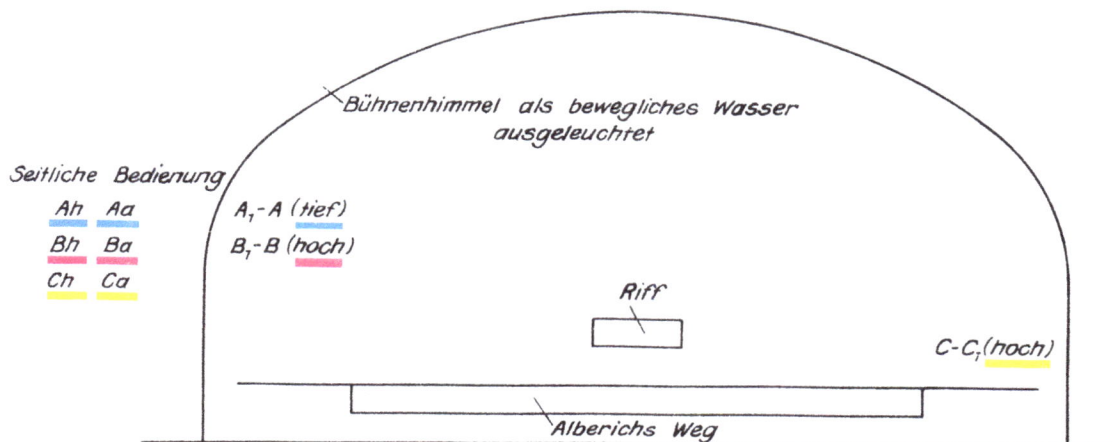

Bühnenhimmel als bewegliches Wasser ausgeleuchtet

Seitliche Bedienung

Ah Aa A_1- A (tief)
Bh Ba B_1- B (hoch)
Ch Ca

Riff

C - C_1 (hoch)

Alberichs Weg

Verlag von R. Oldenbourg, München und Berlin

Vom Aufgehen des Vorhangs bis: „Weia! Waga!"	*t* ansteigend *m*
„Woglinde, wachst du allein?"	*h* absteigend *m*
„Sicher vor dir!" bis: „.... Wildes Geschwister!"	*m* *m* *m* absteigend *h*
„.... sonst büß't ihr beide das Spiel!" bis 9 Takte vor Alberichs Einsatz	*m* nacheinander blau, rot, gelb in Stellung
ausschließend bis: „.... aus Nibelheims Nacht naht ich mich gern,...."	*m* *h* *h* *h*
„Lugt, wer uns belauscht!"	*t* *t* *t*
„Pfui! der Garstige!"	*t* *h* *m*
„Hütet das Gold!"	*h*

"Laßt ihn uns kennen!"

"Willst du mich frei'n?"

"Schwer ward mir,...."

"Wohl besser da unten!"

"Warte, du Falsche!"

"Nur tiefer tauche,...."

"....wie bist du zu schau'n"

"....sonst fließ' ich dir fort!"

Verlag von R. Oldenbourg, München und Berlin

anschließend bis: „Was zankst du, Alp?...."	
anschließend bis: „....bei einer kieste mich keine!"	
„....so gleite herab!" bis: „....lacht mir so zierliches Lob"	
„Wie deine Anmut mein Aug' erfreut,...."	
„....Deinen stechenden Blick,...." bis: „o dürft' ich staunend und stumm, sie nur hören und seh'n!"	
„Lacht ihr Bösen mich aus?"	
„Wie billig am Ende vom Lied!"	
„....ihr treuloses Nickergezücht?" bis zum Schluß vom Terzett.	

anschließend	
sehr lebhafte Bewegungen	

Verlag von R. Oldenbourg, München und Berlin

10 Takte vor:
„Fing' eine diese Faust!"

8 Takte vor:
„Fing' eine diese Faust!...."

6 Takte vor:
„Fing' eine diese Faust!...."

„Fing' eine diese Faust!...."

9 Takte nachher

„Lugt, Schwestern!"

Kranich, Bühnentechnik I   Verlag von R. Oldenbourg, München und Berlin

„Durch den grünen Schwall...."	
„Rheingold!"	
".....im seeligen Bade dein Bett" bis zum Schluß vom Terzett.	
anschließend	
bis	
„....Was ist's, ihr Glatten, das dort so glänzt und gleißt?"	
„Wo bist du Rauher denn heim,...."	
„....der hehr die Wogen durchhellt?" bis: „Eurem Taucherspiel nur taugte das Gold?"	
„....wem nur allein das Gold zu schmieden vergönnt?"	

„. . . . zum Reif zu zwingen das Gold."	
„. . . . seiner Minne Brunst brannte fast mich."	
„. . . . vor Zorn der Liebe zischt er laut!" bis zum Schluß vom Terzett.	
anschließend	
„. . . . der Niblung naht eurem Spiel!"	
„Bangt euch noch nicht?"	
„. . . . so verfluch' ich die Liebe!"	

Dortmund, Erfurt, Gotha, Hamburg-Stadttheater, Koburg, Lübeck, Osnabrück, Schwerin i. M., Zürich.

Züge auf beiden Seiten haben: Barmen, Berlin-Staatsoper Unter den Linden, Staatsoper am Platz der Republik, Städtische Oper, Staatliches Schauspielhaus, Braunschweig, Chemnitz-Opernhaus, Danzig, Dessau, Dresden-Schauspielhaus, Duisburg, Freiburg i. B., Graz, Hamburg-Deutsches Schauspielhaus, Hannover-Opernhaus, Kassel, Köln-Opernhaus und Schauspielhaus, Meiningen, München-Nationaltheater und Residenztheater, Nürnberg-Opernhaus, Prag-Neues Deutsches Theater, Stuttgart-Großes Haus und Kleines Haus, Wien-Opernhaus und Burgtheater, Wiesbaden.

Die doppelte Anordnung der Gewichtsführung ist im Betrieb oft störend. Beim Einhängen aller Teile einer Vorstellung muß die Schnürbodengruppe entweder abwechselnd nach rechts oder links gehen, um die Züge herabzulassen und die Gewichte aufzusetzen, oder die Hängestücke der einen Seite müssen so lange auf der Bühne liegen bleiben, bis die der anderen eingehängt sind. Dadurch wird der für Aufbauarbeiten notwendige Platz viel später frei als es bei einseitigem Betrieb möglich wäre. Wird bei einem Umbau zu maschinellem Betrieb (s. S. 174—176) die Zugbedienung auf die erste Arbeitsgalerie verlegt, so müssen schon der Zusammenfassung wegen alle Züge auf einer Seite vereinigt werden.

Am vorteilhaftesten ist es, die für Hängestücke auf einer, die für Hängerampen auf der anderen Seite anzulegen, da diese von Beleuchtern bedient werden; durch die Trennung wird bei raschen Umbauten ein gegenseitiges Behindern vermieden.

Eine besondere Stellung nehmen die Züge ein, die für szenische Zwecke vor der ersten Beleuchtungsbrücke eingebaut sind und ihrer Lage nach nicht von dem Einheitsstand aus beobachtet werden können; mit 2 derartigen Zügen ist auszukommen. In dem ersten unmittelbar hinter dem Vorhang muß als Wand für Lichtbilder ein dünner Tüllschleier hängen, der seitlich in starken, bleibeschwerten Gurten endet, die an senkrecht gespannten Stahldrähten geführt sind, damit er bei Luftzug nicht über das Orchester weht, seine Abdeckung bildet der Schallvorhang. Der zweite Zug wird gelegentlich gebraucht, um anders geformte Bildumrahmungen hochzuziehen.

Außer diesen beiden Zügen hier noch seitlich laufende Zugschleier anzubringen, wie z. B. im Stadttheater-Hamburg, lohnt nicht mehr, da das Lichtbild besseren Ersatz gebracht hat, und ist eine Verschwendung an Platz, der gerade dort äußerst wichtig ist.

Der zweifellos große Vorteil, alle hinter der Brücke befindlichen Züge in einem besonderen, vielleicht sogar mit dem für die festen Versenkungen gemeinsamen Stand zu bedienen, ist bei Bühnenbildern, die keinen vollständigen Überblick während der Aufführung zulassen, noch nicht erwiesen. Eine allgemeine Einführung kann erst dann empfohlen werden, wenn die Gefahr beseitigt ist, daß eine Verwandlung oder ein rascher Umbau dadurch mißlingen könnte, und wenn bei unübersichtlicher Anordnung des Bildes nicht mehr als ein Beobachtungsposten zum Zeichengeben nötig ist.

Bei Bildern ohne Lufthimmel, die freie Aussicht auf das Hängestück und seine Bewegung von der Seitengalerie gestatten, ist eine Zugbedienung von dort aus jedenfalls einfacher und besser, da jede Zwischenperson ausgeschaltet ist. Um deshalb für alle vorkommenden Bildarten gerüstet zu sein, dürfte eine Anordnung, die Zusammenfassung und maschinelle Einzelbedienung von der Seite vorsieht, die sicherste sein.

WAGRECHTE BEWEGUNG

Wandelbilder

Darunter versteht man hauptsächlich hängende, ausnahmsweise auch gerahmte Bildteile, die von der einen Bühnenseite nach der anderen panoramaähnlich am Zuschauer vorüberziehen. Dazu sind nötig:

> der bemalte Stoff,
> der Kordelkopf,
> die Aufhänge- sowie
> die Auf- und Abrollvorrichtungen.

DER BEMALTE STOFF

wird wie jedes andere Hängestück hergestellt (S. 202—4). Er besteht aus Leinwand (Prospekt und Bogen) oder aus Gaze mit aufgenähten Leinwandteilen (Schleier), die in einer Ebene parallel zur Vorbühne vorüberziehen (vgl. Nr. 1 — 16 der folgenden Aufstellung).

Bei landschaftlichen Wandelbildern kommen mehrere Ebenen in Frage. Zu dem Prospekt treten noch zwei bis drei Bogen hinzu. Alle Teile haben mindestens die doppelte, oft sogar die vielfache Länge eines Prospektes. Die vorderen Bogen sind stark durchbrochen, um einen dauernden Durchblick auf den Hintergrund zu gestatten.

Die hervorragendsten Wandelbilder waren:

1) In Webers „*Oberon*" (Uraufführung London 1826) die Rückreise Hyons. Hier wurde das Wandelbild wohl das erstemal angewendet; später wurde es von allen Bühnen übernommen. Die vollendetste Wiedergabe war vielleicht die von Gebr. Kautzky-Wien für die Kaiserfestspiele in Wiesbaden 1900. Sie wurde beim Brand des Hauses 1923 vernichtet (Abb. 203)[1].

2) In Aubers „*Feensee*", Paris 1839, stellten Wandelbilder die Rheinfahrt des Malers Albert vor.

3) Der bekannte „*Zauberschleier*", eine Nachahmung des Feensees, zeigte das gleiche Bild; er gelangte erst in Wien, dann auf fast allen großen Bühnen zur Aufführung.

4) In Maillarts „*Der Traum Laras*" (1864) bildete der Titel den Vorwurf für das Wandelbild.

5) In Kalidasas „*Urwasi*", deren Erstaufführung als Sondervorstellung 1885 für König Ludwig II. bestimmt war, wandelte indische Märchenpracht über die Bühne. Paradiesvögel, farbenprächtige Papageien, Singvögel usw., weidende Hirsche, ein Elefant und andere Tiere belebten die vorüberziehenden Bilder.

6) Jules Verne's „*Die Reise um die Erde*" (etwa 1873) scheint für die Anwendung von Wandelbildern geschrieben zu sein.

7) Karl Goldmarks „*Königin von Saba*" (1875) war früher ohne einen über die Bühne fegenden Samum nicht denkbar.

---

[1] Nach den Skizzen wiederhergestellt von Joseph Zehetgruber-Hannover. (Abb. 203—207 s. Tafel 11, Seite 176/177.)

8) In Glucks „*Orpheus und Eurydice*" (Neueinstudierung in der Berliner Staatsoper Unter den Linden 1906) wanderten die beiden von der Unterwelt nach der Erde vor drei von rechts nach links bewegten Bahnen.

9) Auch in Goethes „*Faust*" wurden mehrfach Wandelbilder verwendet. Zuerst im Wiener Burgtheater 1883: in der Wilbrandtschen Einrichtung liefen vor einem feststehenden Prospekt drei Bahnen mit Landschaftsbildern vorbei. 1908 hat Max Brückner-Koburg im Nationaltheater-Weimar die Wanderung des Zentaurn von den Ufern des Peneios zum Tempel der Manto so dargestellt (Abb. 204).

Besonders bemerkenswert waren 1909 die Wandelbilder von R. Hraby im Stadttheater-Köln für die vollständige Klassische Walpurgisnacht in der Einrichtung von M. Martersteig (Abb. 205).

10) Für das Staatliche Schauspielhaus-Berlin wurde 1906 in einem Entwurf von Fritz Kautzky die Terrasse im „*Hamlet*" ebenfalls als Wandelbild vorgesehen[1]).

11) Josef Lauffs „*Kerkyra*", Festspiel in zwei Bildern aus Vergangenheit und Gegenwart (Berliner Staatsoper Unter den Linden, 27. Januar 1913) brachte Wandelbilder, die Korfus landschaftliche Pracht zeigten.

12) In Webers „*Freischütz*" jagt noch heute an einigen Bühnen das wilde Heer, auf Gazeschleier aufgenäht oder aufgemalt, vorüber.

Richard Wagners Werke fordern vielfach Wandelbilder.

13) So zogen z. B. in Bayreuth bis 1924 im „*Rheingold*" während des ersten Bildes ununterbrochen auf Gaze gemalte Wasserwogen von links nach rechts.

14) In der „*Walküre*" wurde in umgekehrter Richtung der Kampf Hundings und Sigmunds in Gewitterwolken gehüllt.

15) In der „*Götterdämmerung*" verschwand der Leichenzug Siegfrieds im vorübergleitenden Rheinnebel, und die brennende Walhall tauchte am Schluß der Trilogie aus Rauchwolken auf, die sich nach links und rechts verzogen.

16) Im „*Parsifal*" schritten noch 1928 Gurnemanz und Parsifal vom Wald zur Gralsburg in den berühmten Joukowskyschen Wandelbildern von 1882 (Abb. 206/207).

Die neue Schule kennt keine Wandelbilder aus Stoff oder Gaze; sie werden entweder durch laufende Lichtbilder oder Film dargestellt, was den Vorteil hat, daß die Wiedergabe nicht nur naturgetreuer und technisch einfacher ist, sondern auch durch die Bewegung im Bild selbst Leben bekommt.

Der Kordelkopf ist der Träger des Stoffes. Er besteht aus starkem Segelleinen, das durch zwei- bis dreifache Nähte mit ihm verbunden ist. Eine Tasche an seinem oberen Ende dient zur Aufnahme des Zugseiles. Um eine Abnutzung des Stoffes zu verhindern, hat man gelegentlich auch ein Zug- und zwei Tragseile angeordnet. Vielfach haben Kordelkopf und Leinwand in 10 bis 50 cm Abstand Ösen, durch die verstellbare Schnüre die Verbindung herstellen.

---

[1]) Nach freundlicher Mitteilung von Herrn Privatdozent Dr. K. Niessen-Köln a. Rh

Das Aufhängen des Stoffes wird meist durch ein Holz- oder Winkeleisen-schienenpaar ermöglicht, das durch eiserne Bügel zusammengeschlossen in einen

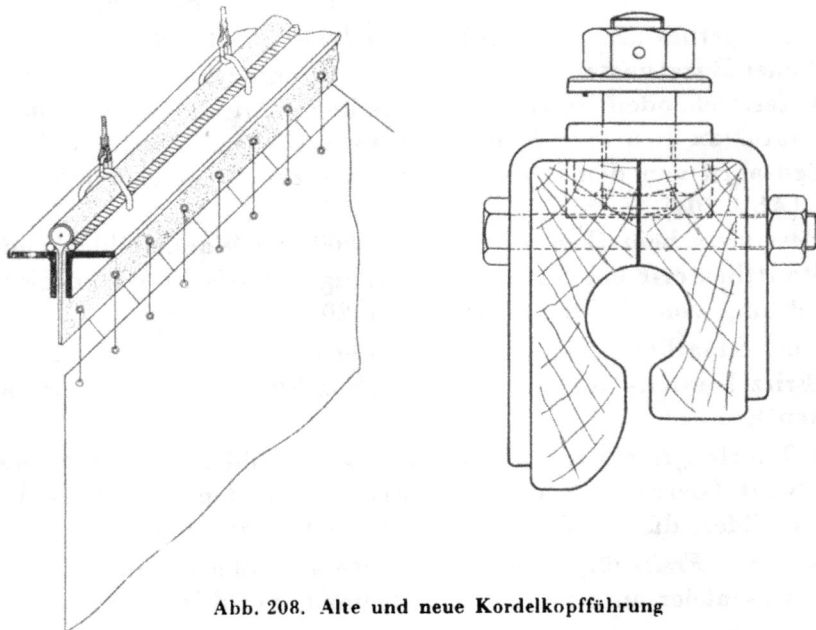

Abb. 208. Alte und neue Kordelkopfführung

Abb. 209. Greifbügel zum Aufrollen der
Wandelbahnen

Abb. 210. Konus zum Aufrollen der
Wandelbahnen

Zug eingebunden ist. Der bemalte Stoff hängt zwischen den Schienen und wird durch das auf ihnen gleitende Zugseil geführt (Abb. 208). Die rechts dargestellte Art der Kordelkopfführung ist die neuere Anordnung.

Die Auf- und Abroll-Vorrichtungen des Stoffes sind die wichtigsten Teile. Sie haben bis zu ihrer heutigen Form einen großen Wandel durchgemacht. Zuerst waren feste, senkrechte Walzen links und rechts in jeder Gasse aufgestellt, um die der Stoff gewickelt wurde; ihr oberer Teil war mit eisernen Bügeln versehen, die besonders gebogene Greifer trugen, mit denen jede Stofflage gegen Herabfallen gesichert wurde (Abb. 209). Die neueste Art ist ein elektromotorisch angetriebener Aluminium-Konus mit eingedrehten Rillen zur Aufnahme des Zugseiles, der sich auf einer Spindel mit der Bewegung des Stoffes hebt oder senkt (Abb. 210).

Die Antriebsart war zuerst einfache Handzugübertragung, dann wurden Kegelräder eingebaut (Abb. 211), der Motor kam als Kraft hinzu und eine Transmission vereinigte alle Walzen (Abb. 212). Bei den neuesten Anlagen kann jeder Konus verschiedene Umlaufszeit erhalten, wodurch eine naturgetreuere Wiedergabe einer vorbeiziehenden Landschaft erreicht wird, indem die entfernteren Teile langsamer und die näheren sich schneller bewegen, wie man es z. B. aus einem fahrenden Eisenbahnzug zu sehen glaubt.

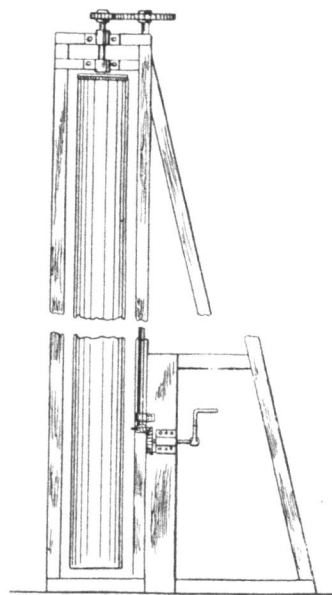

Abb. 211. Alte Antriebsart der Wandelbahnen

Diese Darstellungsart weiter auszubauen, lohnt nicht mehr: der Film hat das Problem restlos gelöst; je eher er überall eingeführt wird, um so mehr ist es zu begrüßen.

Abb. 212. Neue Antriebsart der Wandelbahnen

SENKRECHTE UND WAGRECHTE BEWEGUNG

Laufkrane

Eine eigenartige, völlig von der bisherigen Arbeitsweise abweichende Einrichtung zum raschen Wechsel hängender Bildteile ist *Aug. Umlauf-Wien* unter DRP. 416933 geschützt. An großen Laufkranen, die unmittelbar unter dem Schnürboden parallel zur Vorbühne beweglich sind, hängen drei hohe, drehbare Gittertürme, an denen Bildteile befestigt werden (Abb.213). Sie ist bisher noch nicht ausgeführt worden.

Zwei Hilfsmittel, die allerdings nur zum Befördern von schweren Teilen dienen, der Bauart nach aber hier erwähnt werden müssen, sind auf S. 226 unter Tragevorrichtungen näher beschrieben.

Abb. 213. Hängetürme für raschen Bildwechsel; A. Umlauf-Wien

Flugwerke

Die Bauweise eines Flugwerkes (Abb. 214) steht seit Einführung eiserner Obermaschinerien fest; sie besteht aus:

einer Laufkatze auf Schienen für den wagrechten und senkrechten Zug sowie ein bis vier Stahldrahtseilen als Lastträger, einem Stoßdämpfer, einem Flugwagen, -gestell oder -korsett.

Laufkatzeneinrichtungen mit geräuschlosem Gang auf geschliffenen Stahlschienenbahnen sind heute vielfach im Bühnenbetrieb vorhanden.

Stoßdämpfer sind fast an keiner Bühne eingeführt, obwohl dieser wichtige Bestandteil unbedingt Beachtung verdient.

C. A. Schick schreibt darüber[1]): „Als Hauptfaktor hierbei möchte ich die Zwischenschaltung eines elastischen Körpers bezeichnen, der die Erschütterung, die der Flugwagen auf der stabilen Fahrbahn erzeugt und auf das Flugobjekt überträgt, aufhebt oder doch dermaßen abschwächt, daß keine störende Wirkung zutage tritt. Aber nicht nur dieses Vorteils wegen ist diese Neuerung zu begrüßen; weit wichtiger dürfte sie durch die Überwindung des ersten Hebemomentes werden, in welchem der zu hebende Körper vom Boden sich trennt. Dies konnte ohne die elastische Vermittlung nur mit einem starken Ruck geschehen, der sowohl auf die Stellung des Fliegenden als auch auf den Flugdraht gleich ungünstig wirkte. Der betreffende elastische Körper kann aus starken Gummisträngen bestehen, die zwischen Flugdraht und Katze eingeschaltet sind. Ich selbst arbeite seit Jahren mit ca. 1 m langen starken Spiralfedern, die auf ein bestimmtes Gewicht so ausgerechnet sind, daß der in Betracht kommende Körper usw. in der Schwebe gehalten wird."

Zum erstenmal wurden Gummidämpfer in den achtziger Jahren des vorigen Jahrhunderts beim „Fliegenden Ballett" (Grigolatis) in vollendetster Weise angewandt.

Bei allen Dämpfungsmitteln muß noch als besondere Sicherheitsvorrichtung ein Stahldrahtseil angebracht sein, das den *angespannten* Gummizug an Länge übertrifft.

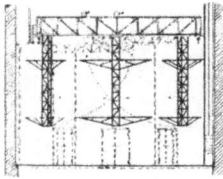

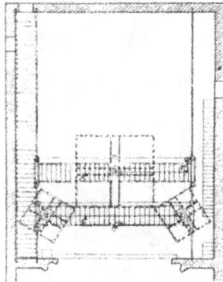

---

[1]) Bühnentechnische Rundschau 1907, Nr. 3

182

Flugwagen sind kleine niedrige Holzgestelle, die in Drahtseilen hängen; sie werden nach den Anforderungen des Bühnenbildes meist mit Wolken aus Gaze-

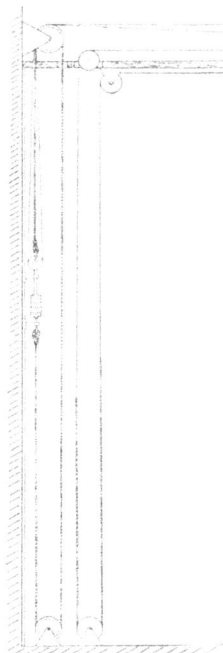

Abb. 214. Flugwerk

Abb. 216. Flugkorsett

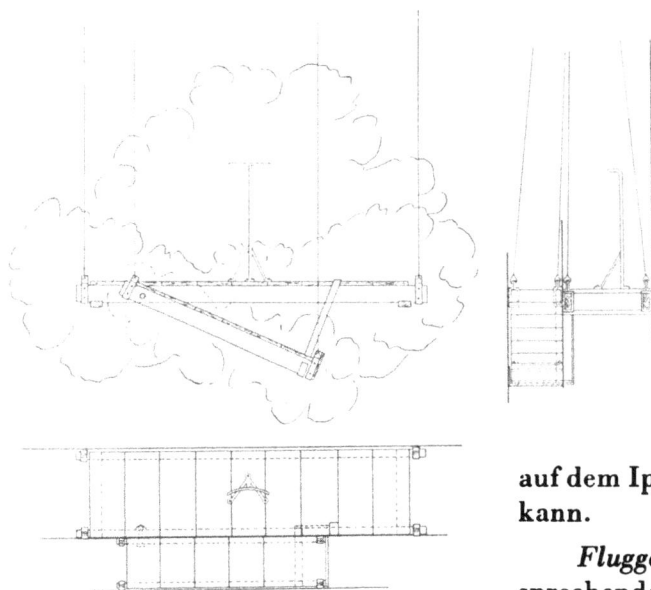

Abb. 215. Flugwagen

schleiern verkleidet und bilden so einen letzten Anklang an die Barockbühne, bei der eine Oper ohne dieses „Requisit" kaum denkbar und die gesamte Obermaschinerie besonders dafür eingerichtet war. In Abbildung 215 ist ein zweiteiliger Flugwagen für Glucks „Iphigenie auf Aulis" dargestellt; die größere hintere Tafel trägt die Rückenstütze für die Artemis, die kleine vordere ist als schräger Weg ausgebildet, auf dem Iphigenie den Wolkenwagen betreten kann.

Fluggestelle sind der Körperform entsprechende eiserne Bügel, die ebenfalls in Stahldrähten hängen (s. Abb. 222).

Flugkorsetts werden am Körper angeschnallt und meist nur durch einen Stahldraht mit der Laufkatze verbunden (Abb. 216). Eine völlig einwandfreie Form ist noch nicht gefunden. Äußerste Sicherheit, unauffälliges Tragen, genügende

Bewegungsfreiheit und eine zuverlässige, durch die Trägerin selbst leicht lösbare Befestigung des Aufhängedrahtes sind Bedingung.

Flugwerke werden nur noch bei älteren Opern und Schauspielen angewendet; der sichtbare Draht wirkt störend. Früher konnte er durch die Wald- oder Felsen-

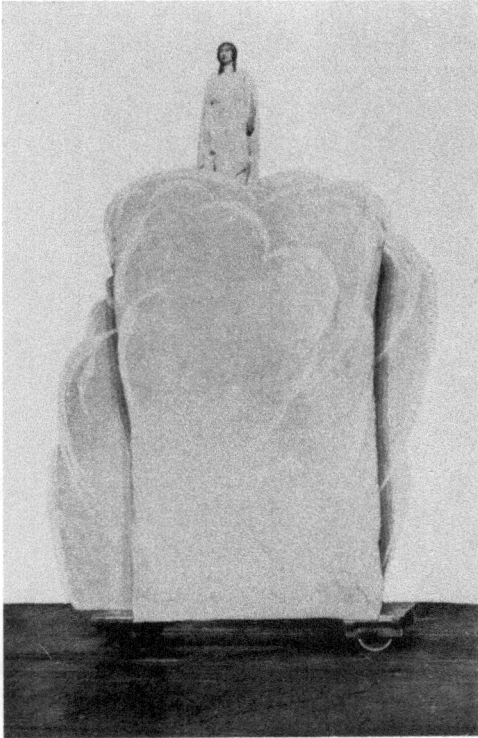

Abb. 217. Ersatz für Flugwerke

Abb. 218. „Rheingold"-Schwimmwagen 1876, Festspielhaus-Bayreuth

Abb. 219. Bedienung der „Rheingold"-Schwimmwagen 1876, Festspielhaus-Bayreuth

bogen und Luftsoffitten zum größten Teil verdeckt werden, heute hebt er sich bei der helleren Beleuchtung des Bühnenhimmels zu stark ab.

Einen sehr guten Ersatz bietet oft ein 5 bis 7 m hoher schmaler Wagen, der mit Wolkenverkleidung versehen, der betreffenden Person zum Standort dient. Er wird auf einer gleichzeitig abwärts bewegten Versenkung von einer Seite zur anderen gefahren und täuscht so eine schräge Flugbahn vor. Die Artemis in Glucks „Iphigenie auf Aulis" und der Bote in der „Frau ohne Schatten" von Richard Strauß erscheinen z. B. so im Opernhaus-Hannover (Abb. 217).

Besondere Flugwerke werden für die Bewegung der Rheintöchter in Wagners „Rheingold" angewendet. Bei der Erstaufführung in Bayreuth im Jahre 1876 löste man bekanntlich die Aufgabe so, daß senkrecht ausziehbare Gestelle mit eisernen Bügeln als Lager für die Darsteller innen auf kleinen dreieckigen Wagen befestigt waren (Abb. 218), die von je zwei bis drei Personen um das große Riff herumgefahren wurden (Abb. 219).

Die Apparate waren nur wenig nach oben oder unten zu verstellen und die Wirkung entsprach kaum Wagners Forderungen: „Woglinde kreist in anmutig schwimmender Bewegung um das Riff . . .

Abb. 220. „Rheingold"-Schwimmapparate, Opernhaus-Budapest

tauch aus der Flut zum Riff herab . . . entweicht ihr schwimmend . . . necken sich und suchen sich spielend zu fangen. — Floßhilde taucht herab und fährt zwischen die Spielenden . . . mit munterem Gekreisch fahren die beiden auseinander . . . Floß-

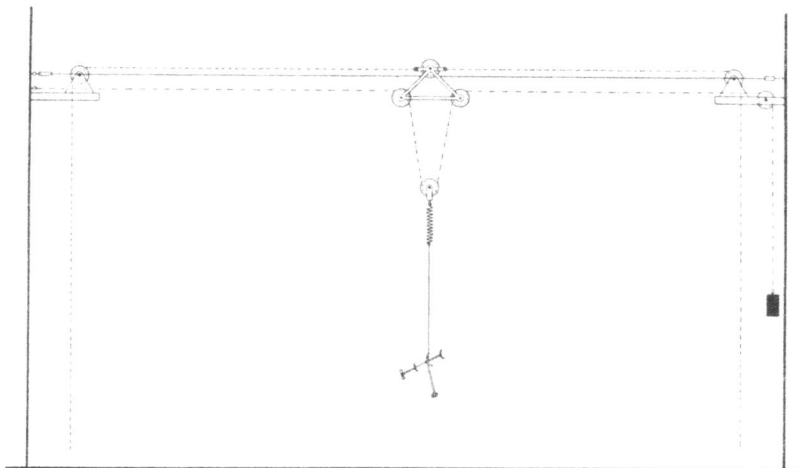

Abb. 221. „Rheingold"-Schwimmapparate, C. A. Schick; Staatstheater-Wiesbaden

hilde sucht die eine, bald die andere zu erhaschen; sie entschlüpfen ihr und vereinigen sich endlich, um gemeinsam auf Floßhilde Jagd zu machen. So schnellen sie gleich Fischen von Riff zu Riff, scherzend und lachend . . . Woglinde schnellt sich rasch aufwärts nach einem höheren Riff zur Seite . . . sie schwimmen auseinander, hierher und dorthin, bald tiefer, bald höher, um Alberich zur Jagd auf sie zu reizen ... mit immer ausgelassenerer Lust umschwimmen die Mädchen das Riff ... die Mädchen tauchen jach dem Räuber in die Tiefe nach."

Bei Aufführungen des Werkes an anderen Bühnen wurden ähnlich gebaute Flugapparate verwendet. Ihre Entwicklung mag hier festgehalten werden.

Die alte Art der *Budapester Oper* bestand aus wagerecht beweglichen Laufkatzen, zur senkrechten Bewegung benutzte man Handwinden; jede Figur hing in zwei Stahldrähten (Abb. 220).

Schick-Wiesbaden hat ein 10 mm starkes, gespanntes Drahtseil eingeführt, auf dem eine kleine dreieckige Laufkatze hin- und hergezogen wird. Über ihre beiden unteren Rollen läuft ein schwächeres für die senkrechte Bewegung. Der Bügel der tiefer liegenden Mittelrolle, der als Lastträger ausgebildet ist, endet in eine 8 mm starke Stahldrahtfeder, die in ungespanntem Zustand 60 cm lang ist. Die Fortsetzung bildet ein nur 2 mm starker Stahldraht, an dem der Flugkorb hängt; er kann mit einer eisernen Führungsstange um etwa 2 m gehoben werden (Abb. 221).

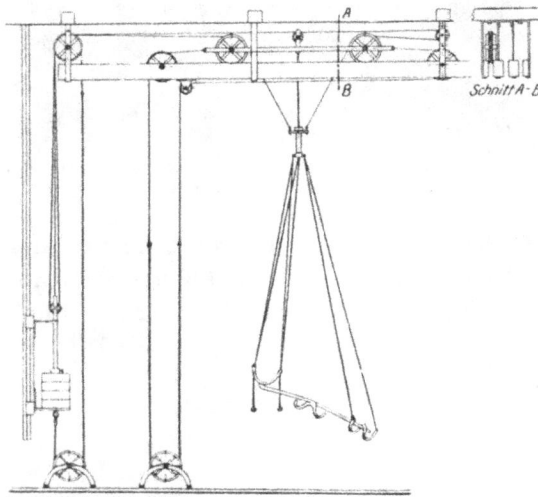

Abb. 222. „Rheingold"-Schwimmapparate; Fr. Kranich d. Ä.; Festspielhaus-Bayreuth

Kranich d. Ä.-Bayreuth benutzte Buchen-Laufschienen für die zweirädrigen, langgestreckten, leichten Laufkatzen unmittelbar unter dem Schnürboden. Die Fluggestelle können wagrecht und senkrecht über die ganze Bühne gezogen werden. Durch das Verlegen der Mittelrolle nach dem Gegengewicht war es möglich, ein Messingdrehgestell auf Kugellagern mit vier Stahldrahtseilen zum Befestigen der Fluggestelle anzubringen. Dadurch kann die Darstellerin an den beiden festen Führungsdrähten von gleichbleibender Länge beliebig oft gedreht und jede gewünschte Bewegung ausgeführt werden (Abb. 222).

Es gibt nicht allzu viele Theater, bei denen dies sicher und einwandfrei geschieht. Bei falscher Handhabung der Flugeinrichtung werden die Sängerinnen — ohnehin oft nicht schwindelfrei — leicht unsicher und es entstehen Verwirrungen, die man meist der Bauweise zuschreibt. Die eigentliche Ursache ist aber fast immer, daß die Bedienungsmannschaft nicht genügend Zeit zu eingehenden Proben gehabt hat, oder daß ein Leiter fehlt, der bei der nur wenig beleuchteten Szene jedem einzelnen die nächste Stellung auswendig ansagen kann. Deshalb sei hier eine eingehende Anleitung beigefügt (Tafel 12), nach der sich die Bewegungen in drei Proben fehlerfrei einüben lassen. Angestellte Versuche mit ungeübtem Personal haben ein einwandfreies Arbeiten ergeben.

Oft hat man auf Kosten der Darstellung zu Ersatzmitteln Zuflucht genommen. Tänzerinnen führen in den Fluggestellen die Bewegungen aus, während die Sängerinnen unsichtbar hinter dem ersten Felsen stehen. Hierbei werden dann auch Fluggestelle angewendet, die eine weit größere Bewegungsfreiheit erlauben. So ist z. B. in Frankfurt a. M. ein Überschlagen der Personen möglich, da sie an drehbaren Platten hängen, die an den Hüften befestigt sind. Manchmal sind sogar die Menschen durch Puppen ersetzt.

Im Stadttheater-Duisburg werden bei den Rheintöchtern die Flugwerke nach der in Abbildung 217 dargestellten Weise (vgl. S. 184/85) vermieden. Nach einem Vorschlag von Johannes Schröder hat Aug. Rudolph-Duisburg folgende Einrichtung getroffen: Auf der dritten Versenkung steht ein eiserner Turm als Stütze für

Abb. 223. Rheingold-Laufgestell,
Aug. Rudolph-Duisburg; Stadttheater-Duisburg

einen ringartigen Laufsteg (Abb. 223), der um das auf dem Bühnenboden davor aufgebaute Riff herumläuft und mit ihr auf- und abbewegt werden kann. Der Steg ist schwarz bezogen und bildet den allerdings etwas gleichförmigen und nicht allzuweiten Weg für die Rheintöchter.

Die folgende Anordnung beseitigt die Flugeinrichtung völlig und ersetzt sie durch Leuchtfarben. A. Ludwig-Lübeck schreibt darüber[1]): „Bei der diesjährigen Neueinstudierung des „Rheingold" am Lübecker Stadttheater sind wir noch einen großen Schritt weitergegangen: die gesamte Schwimmeinrichtung ist zum alten Eisen gekommen, die Rheintöchter hängen nicht mehr in der Luft, sondern bewegen sich während der ganzen Szene auf festem Boden. Rings um das Riff, dessen Spitze das Gold trägt, befindet sich ein terrassenförmiger Aufbau, ziemlich unregelmäßig und reichlich groß, um den Rheintöchtern und Alberich genügend Spielraum für ihre

---

[1]) Bühnentechnische Rundschau 1926, Nr. 2: „Rheingold ohne Schwimmapparate".

187

tolle Jagd zu gewähren. Der ganze Aufbau samt Verkleidungen ist schwarz gestrichen. Die Rheintöchter sind in flatternde Seidengewänder gehüllt, die am unteren Rande unregelmäßig ausgezackt sind. Diese Kostüme wurden mit grüner Leuchtfarbe präpariert; Gesicht, Hals und Arme der Darstellerinnen mit Leuchtschminke behandelt. Die Füße müssen in schwarzen Strümpfen stecken, wodurch der Eindruck des Schwebens im Raume erhöht wird. Der Darsteller des Alberich hatte nur Gesicht, Hals und Arme mit Leuchtschminke bedeckt und trug im übrigen das Kostüm des zweiten Aktes[1]). Dadurch, daß sein Körper völlig im Dunkeln verschwamm, wurde das Koboldische der Partie vorteilhaft hervorgehoben. Die Bühne ist in völliges Dunkel gehüllt. Zwei gewöhnliche Scheinwerfer von rechts und links oben mit den erforderlichen Lumineszensfiltern beleuchten die drei Rheintöchter, und ein Apparat für Kopfbeleuchtung dient dazu, die mit Leuchtschminke geschminkten Körperteile Alberichs aus dem Dunkel herauszuleuchten. Die Wirkung ist eine ausgezeichnete und wurde ein unbestrittener Erfolg erzielt. Es muß betont werden, daß die Darsteller trotz des schwarzen Untergrundes keinen Augenblick das Gefühl absoluter Sicherheit verloren haben. Dieses Sicherheitsgefühl wurde vor allem dadurch gehoben, daß alle begehbaren Stellen des Aufbaues durch schmale Wellenlinien mit Leuchtfarbe gekennzeichnet waren."

Abb. 224. Gestell für einen gewölbten Stoffhimmel

[1]) Gemeint ist das 3. Bild

188

DER BÜHNENHIMMEL

Die jüngste Aufgabe der Bühnentechnik besteht darin, ein Abbild des Himmels mit all seinen Erscheinungen zu geben. Den dazu nötigen Leinwandabschluß als „Horizont" zu bezeichnen, ist nicht ganz richtig; ich benutze dafür das Wort „Bühnenhimmel". An seiner Lösung wird allseitig gearbeitet, denn das bis jetzt Erreichte ist noch nicht zufriedenstellend. Nichts hat einen so großen Wandel durchgemacht und das Bühnenbild, seine Gliederung und Bauweise, den Grundriß der Bühne und den ganzen Bau des Theaters so stark beeinflußt, wie er.

Fast bis zum Beginn des 20. Jahrhunderts waren Luft und Wolken im Bühnenbild auf Prospekte und Soffitten gemalt. Veränderungen wurden entweder mechanisch durch Herablassen von dunkler gehaltenen Soffitten (Weiterentwicklung der ausgesteiften Wolken der Barockbühne) oder optisch durch Farbenwechsel der Beleuchtung erzielt. Später benutzte man die vorhandenen Einrichtungen für Wandelbilder dazu und ließ auf Gazeschleier genähte Wolken vorbeiziehen. *Prof. Max Brückner-Koburg*, der Jahrzehnte hindurch Bayreuths Bühnenbilder schuf, hat damals diese Kunst zur höchsten Vollendung gebracht. Die Einrichtungen des Ringes des Nibelungen in Bayreuth vom Jahre 1896 waren wohl das Beste, was auf diesem Gebiet geleistet wurde. Heute gehört es der Vergangenheit an und nur ganz wenige Theater arbeiten noch mit Wolkenschleiern.

Zwei Dinge haben eine vollständige Umwälzung hervorgerufen: das elektrische Licht und der Bühnenhimmel, der die Luftsoffitte ersetzte; er ist die Übertragung der Wandelbilder aus der Ebene in den Raum, hat dieselbe Bauart mit dem Unterschied, daß sein Weg nicht *gerade* über die Bühne geht, sondern im weiten Bogen, und daß er mindestens doppelt so hoch ist als ein Prospekt, aus dem er hervorging. Den Werdegang in den Einzelheiten der Bauart[1]) festzuhalten, gehört in die „Bühnentechnik der Vergangenheit"; hier muß eine Andeutung genügen.

Der Bühnenhimmel wurde nach und nach breiter und höher und änderte mehrfach seine Grundlinie: aus der fast viereckigen Form entstand der Korbbogen, dann der Halbkreis mit gerade auslaufenden Schenkeln. Die Baustoffe wechselten zwischen Leinwand, Schirting und Mauerwerk; als schlimmste Abart kam der feste „Kuppelhorizont", den später der bewegliche mit gewaltigem Eisengerippe ablöste (Abb. 224). Ganze, doppelte, mehrfache und endlose Längen wurden hergestellt; Laufschienen, Kordelköpfe und Spindeln zeigen heute noch die verschiedenartigsten Bauweisen. Vom bemalten, fast für jedes Werk besonders hergestellten Himmel ist man zum rein weißen, dann zum etwas bläulichen übergegangen.

Auch das Beleuchtungswesen mußte sich ihm anpassen: Glühlicht und Bogenlampen, manchmal beide zusammen, direkte und indirekte Beleuchtung, Schirting-, Seide-, Glas- und Cellonfilter haben sich abgelöst, ohne daß man auch hierbei bis jetzt zu einem vollkommen befriedigenden Ergebnis gelangt wäre.

Zahllos sind die Patente für große, kleine und kleinste Verbesserungen, die jedoch bisher nicht restlos *alle* folgenden Punkte berücksichtigten:

---

[1]) Ausführliches darüber: Bühnentechnische Rundschau 1916, Nr. 5; ferner F. Brandt: Der Rundhorizont und seine Entwicklung, Bühnentechnische Rundschau 1920, Nr. 8 bis 11; ebenda, 1921, Nr. 2, 4 und 5: Der Kuppelhorizont.

1) Leinwand oder Schirting sind feuergefährlich.

2) Die Sicherheit auf der Bühne leidet bei nur zwei Abgängen links und rechts.

3) Auftritte von der zweiten Gasse ab nach hinten sind schwer möglich.

4) Die unvermeidlichen Falten und ihre Schatten stören.

5) Noch so sorgfältig ausgebesserte Risse sind immer zu sehen.

6) Für Seitenscheinwerfer müssen Löcher in die Leinwand geschnitten werden.

7) Sterne lassen sich nicht dauerhaft anbringen.

8) Durch das Auf- und Abrollen geht beim Umbauen viel Zeit verloren.

9) Die seitliche Stoffwalze stört die Bewegung der Schiebebühnen.

10) Die Kurve verläuft für Wolkenlichtbilder falsch.

Keine der bestehenden Ausführungen des Bühnenhimmels ist einwandfrei; die Lösung für kleine und große Theater bringt erst

DER ALUMINIUMHIMMEL

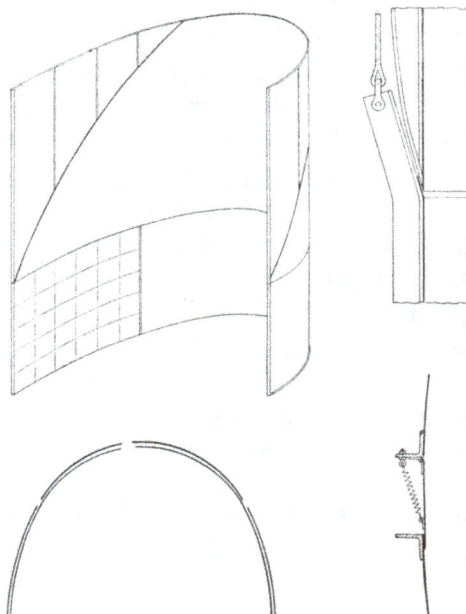

Abb. 225. Geteilte Form des Aluminium-Himmels, Fr. Kranich d. J.-Hannover

Ein Winkeleisengerippe, auf das 2×2 m große, auswechselbare Aluminiumplatten aufgeschraubt sind, hängt in Stahldrahtseilen und kann bis zur ersten Galerie hydraulisch gehoben werden. Die unteren Platten sind leicht abzunehmen oder die Endlinie ist nach Bedarf durch weitere Platten zu verlängern, damit die gedachte „Horizontlinie des Himmels" bei einem nach hinten, unter den Boden abfallenden Bühnenbild noch weiter nach unten gehen kann.

Dieser Bühnenhimmel berücksichtigt alle oben angeführten zehn Punkte:

Zu 1) Die Feuersgefahr ist durch den Fortfall von Stoff beseitigt.

2) Die Sicherheit ist dadurch erhöht.

3) Da die unteren Platten in einer Höhe von 2 m entfernt werden können, ist an jeder beliebigen Stelle der Bühne sofort ein guter Auftritt für Darsteller zu schaffen.

4) Falten und dadurch entstehende Schatten sind hier nicht möglich.

5) Durch irgendeine Unachtsamkeit verbeulte Platten sind sofort und leicht auszuwechseln.

6) Da der obere Teil des Himmels an der Vorbühne nur bis zur Sichthöhe der Zuschauer zu reichen braucht, kann er schräg abgeschnitten sein, was bei Stoffhimmeln unmöglich ist. Dadurch können Scheinwerfer wieder von der vorderen Hälfte der Seitengalerie aufgestellt werden.

7) Sterne sind wie bei einem gemauerten Himmel leicht einzubauen.

8) Ein Stoffhimmel hat mindestens ein bis zwei Minuten Umlaufszeit, der Metallhimmel geht hydraulisch in wenigen Sekunden hoch.

9) Schiebebühnen können sofort nach dem Fallen des Vorhanges eingefahren werden.

10) Die Kurve verläuft in allen Punkten fast gleichweit vom Zuschauer.

Hierzu kommen noch folgende Vorteile:

Der Stoffhimmel wurde durch fortgesetztes Hochheben beschädigt; die Metallausführung ist widerstandsfähig. — Das Bild wird nicht mehr durch eine zu hohe „Horizontlinie" der vorgestellten Fronten gestört, wie es bisher bei Stoff, der 2 m vom Boden endete, der Fall war. — Auf die leicht abwaschbaren Metallflächen lassen sich jederzeit Wolken oder Landschaften für besondere Zwecke aufmalen; ebenso können abnehmbare Stücke in beliebiger Zahl an Stelle der jetzt üblichen Leinwandfronten vorrätig sein, die mit ihren rechtwinkeligen Klappen niemals einen weichen Übergang zur Horizontlinie bildeten. Damit fallen auch ihre Beleuchtungs-Versatzrampen fort, die bei Umbauten viel Zeit in Anspruch nahmen. Ist die Mittelbühne z. B. als tiefliegender Garten oder Landschaft versenkt, so kann die Horizontlinie durch Anhängen von weiteren Platten beliebig nach unten verlängert werden.

Von allen Plätzen ist ein der Natur entsprechenderes Abbild des Himmels zu sehen und ein richtiger Verlauf der Lichtwolken möglich, da durch Verschmälern der beinahe entbehrlichen Arbeitsgalerien an den Seitenwänden der Bühne der Himmelsbogen erweitert wird und sein Mittelpunkt dann fast im Zuschauerraum liegt. Die beschriebene Bauart bringt endlich eine restlose Lösung für alle Theater mit hohem[1]) Schnürboden; für Häuser, die ihn nicht um 9 bis 10 m erhöhen können, gibt es eine geteilte Form (Abb. 225).

Der Bühnenhimmel wird wagrecht in zwei Teile zerlegt. Der obere am Schnürboden befestigte ist ein Winkeleisengestänge mit Aluminiumplatten wie bei der ersten Art; in ihm liegen die Zuleitungen für die Sterne. Die untere Hälfte dagegen besteht aus einem linken, einem mittleren und einem rechten Teil. Alle drei hängen unmittelbar hinter dem oberen festen Teil in Drahtseilen, die über Schnürbodenrollen geführt, zu drei hydraulischen Zügen geleitet sind. Sie können hinter dem oberen Teil unabhängig von einander von der Bühne aus auf- und abbewegt werden, um den Platz für Schiebebühnen links, rechts oder hinten in wenigen Sekunden frei zu machen. Soll nach dem Senken der Teile das Himmelsbild geschlossen werden, so

---

[1]) s. S. 82.

Abb. 226. „Walhall" im Schirtinghimmel, Staatsoper-Dresden

Abb. 227. „Walhall" als Setzstück, Festspielhaus-Bayreuth

genügt, sie unter die Unterkante des Oberteils herabzulassen und durch eine besondere Schließvorrichtung eine Bewegung nach dem Kreismittelpunkt und so ein Einstellen senkrecht unter den oberen Teil herbeizuführen. Durch umlegbare Deck-

Abb. 228. „Walhall" als Lichtbild, Städtisches Opernhaus-Hannover

schienen werden die Zwischenräume zwischen den drei Teilen links und rechts so verdeckt, daß die Unterbrechung der Fläche nicht sichtbar ist. In der tiefsten Stellung ist der untere Teil 10 cm vom Bühnenfußboden entfernt. Die erwähnten Ergänzungsplatten können auch hierbei verwendet werden.

Mit diesem einen, *rein weißen Metallbühnenhimmel* sind jedoch nicht alle Anforderungen zu erfüllen. So lange die Sonderbeleuchtung für die Wiedergabe der blauen Luft nicht wesentlich verbessert wird, gehört zu einer allgemeinen Ausrüstung noch ein *blauer Leinwandhimmel*, der mit weißem Licht angeleuchtet werden kann, um einen „strahlenden Tag" vorzutäuschen, und ein fast ebenso großer *Rundprospekt aus schwarzem Samt* für Ballette, Zaubererscheinungen, Stilbühnenbilder usw.

Außer diesen drei Bildbegrenzungen werden immer noch gelegentlich Sonderanforderungen gestellt, z. B. für die Darstellung der Walhall im „Rheingold". Den Vorschriften Richard Wagners: „In prächtiger Glut strahlt glänzend die Burg" kann nur dann entsprochen werden, wenn ein Schirtingbild der Walhall in einem eigens dafür hergestellten Leinwandhimmel eingenäht und von rückwärts angeleuchtet wird (Abb. 226). Alle anderen Versuche mit Setzstücken (Abb. 227) oder Lichtbild (Abb. 228) gaben bisher entweder falsche Schatten oder die Burg blieb beim Tageshimmel zu dunkel.

Wie die Abbildung 229 zeigt, wird an der Staatsoper-Dresden mit mehreren Himmeln gearbeitet. Drei haben außerdem: Hamburg-Stadttheater und Wien-Opernhaus. Zwei: Koburg, Mannheim, München-National-, Residenz-, Prinzregententheater und Zürich. Als vorläufig einziges Haus hat Bremen einen weißen Himmel und einen schwarzen Rundprospekt. Der erste kann nach rechts, der andere nach links mit derselben Antriebsmaschine laufen.

13

Abb. 229. Mehrere Bühnenhimmel in der Staatsoper-Dresden

Die Bauweise bei den einzelnen Bühnenhimmelanlagen ist in großen Häusern sehr verschieden.

Gemauerte, feste Abdeckungen, teilweise in Kuppelform sind in Berlin-Großes Schauspielhaus, Theater am Bülowplatz, Deutsches Theater, Lessingtheater, Chemnitz-Schauspielhaus, Dessau, Dresden-Schauspielhaus, Frankfurt a.M.-Schauspielhaus.

Eine fahrbare Kuppel hat die Städtische Oper-Berlin.

Leinwand- oder Schirtinghimmel besitzen alle übrigen Bühnen. Die technische Ausführung ist dabei dieselbe wie die der Wandelbilder (s. S. 178—81).

Imprägniert ist der Stoff in: Chemnitz-Opernhaus, Darmstadt, Dresden-Opernhaus und Schauspielhaus, Essen-Opernhaus, Freiburg, Graz, Halle, Hamburg-Stadttheater, Hannover-Opernhaus und Schauspielhaus, Kassel, Köln-Schauspielhaus, Lübeck, Magdeburg, München-National-, Residenz- und Prinzregententheater; Osnabrück, Schwerin i. M., Stuttgart-Opernhaus; Wien-Opernhaus und Wiesbaden. Nicht ganz mit Unrecht sträuben sich Maler und Techniker gegen diesen teilweise vorgeschriebenen Feuerschutz, denn das Gewebe wird schneller brüchig, die Farben sind weniger haltbar und sie lösen sich als feiner Staub leicht ab.

Die meisten Bühnenhimmel laufen in Schienenführungen und können links oder rechts motorisch aufgerollt werden.

Einseitig links sind eingerichtet: Berlin-Staatliches Schillertheater, Bayreuth, Darmstadt, Duisburg, Essen-Schauspielhaus, Hamburg-Deutsches Schauspielhaus, Hannover-Opernhaus, Oldenburg und Zürich.

Einseitig rechts: Augsburg, Koburg, Magdeburg und Prag-Neues Deutsches Theater.

Mit *Handbetrieb* arbeiten nur noch Gotha und Koburg.

Zum *Hochziehen* nach Art der Hängestücke sind die Anlagen in Bochum, Bremerhaven, Chemnitz-Opernhaus, Dortmund, Essen-Opernhaus, Graz, Halle, Hannover-Schauspielhaus, Lübeck und Nürnberg-Neues Stadttheater.

194

Abb. 230. Eisernes Gestänge für Himmelsleuchten und Wolkenapparat

ARBEITSSTEGE

Ein großer Teil der technischen Arbeit spielt sich nicht auf dem Bühnenboden, sondern über ihm ab. Für diesen Zweck sind besondere Arbeitsstege vorhanden: Galerien, Brücken und Türme. Auch sie haben ihre Gestalt oft geändert und sind je nach den Anforderungen als unwichtig ab- oder als dringend notwendig zu Hilfs-werkzeugen ausgebaut worden.

GALERIEN

Auf den Seiten der Bühne befinden sich je 3 bis 4 Arbeitsgalerien übereinander (s. Abb. 52); die tiefste ist gewöhnlich in Prospekthöhe. Durch den Bühnenhimmel, der einen seitlichen Blick auf die Bühne oder eine Beleuchtung von dort nicht mehr zuläßt, verlieren sie mehr und mehr an Wert. Bei Häusern mit Seitenbühnen ohne zusammengefaßte Züge werden die unteren Galerien für die Bedienung der ver-doppelten Züge benutzt und müssen möglichst schmal sein, um eine weite Übersicht über den Bühnenboden zu gestatten. Bei Bühnenhimmel-Anlagen mit einer halb-kreisförmigen Kurve werden jetzt[1]) kleine Seitengalerien von der vorderen Wand vor dem Himmel angelegt für motorisch bewegte Scheinwerfer und Lichtbildapparate, die von dort aus ein freies Leuchtfeld haben.

BRÜCKEN

In fast allen Häusern gibt es unmittelbar unter dem Schnürboden fest mit den Dachbindern verbundene Brücken (s. Abb. 53) zwischen den seitlichen Arbeits-galerien. Früher waren nach der jeweiligen Gasseneinteilung 4 bis 6 in bestimmten Abständen von- und meist 2 bis 3 übereinander angeordnet. Sie dienten im Anfang

---

[1]) Umbauplan des Opernhauses-Hannover

Abb. 231. Vorderste Beleuchtungsbrücke, Städtisches Opernhaus-Hannover

nur dazu, um von dort aus Verwirrungen unter den vielen Hängestücken und ihren Tragetauen leichter zu beseitigen. Später wurden sie auch für Beleuchtungszwecke benutzt.

Als der zunächst nur bis zur untersten Galerie reichende Bühnenhimmel immer länger wurde, waren die Brücken sehr hinderlich und mußten seitlich verkürzt und mit Klappen versehen werden. Bei dieser Gelegenheit entfernte man fast überall die unteren. Nachdem er dann bis dicht unter den Schnürboden geführt wurde, verschwanden auch alle übrigen; nur die drei vorderen blieben. An Stelle der zweiten und dritten traten später starke, eiserne Gestänge (Abb. 230) zum Anbringen der Himmelsleuchten, deren Zahl von 3 bis 160 bei den einzelnen Bühnen schwankt.

Die Wartung der Lampen erfordert besonders bei Kohleapparaten ein tägliches Herablassen der schweren Gerüste; deshalb ist man zurzeit bestrebt, sie wieder als Brücken auszubilden und entweder an die Dachbinder anzuhängen oder in gewissen Grenzen beweglich zu machen. Sie sind durch eine Steigeleiter vom Schnürboden aus zu erreichen; ein Nachstellen oder Auswechseln der Kohlenstifte ist dann sogar während des Spiels möglich.

Die Lichtstärke hochkerziger Lampen ist in der letzten Zeit so gesteigert worden, daß die bereits hergestellten 10 000-Watt-Lampen sehr bald zum Ausleuchten des Himmels zu verwenden sind. Dem Vorteil, die Lichtquelle mehr und mehr in *einem* Punkt (Sonne) zu vereinigen, steht der Nachteil gegenüber, daß diese Lampen mehr Wärme ausstrahlen. Zu ihrer Ableitung durch Wasser- oder Luftkühlung gehört Raum; eine Verbreiterung der Brücken würde aber den ohnehin sehr beschränkten Platz für Hängestücke noch mehr einengen. Als Ausweg wird für den Umbau des Opernhauses-Hannover ein senkrecht und wagrecht vor beiden Brücken *fahrbarer kleiner Bedienungswagen* vorgesehen. Der Beleuchter in dem elektrisch gesteuerten Fahrzeug kann auch während der Aufführung selbständig hinter jeder Lampe halten und vorübergehend am Gestänge angebrachte Lichtbildapparate einrichten oder nachstellen, ohne daß das Bild wackelt, was sonst nie zu vermeiden ist, wenn er neben dem Apparat steht. Durch diese Neuerung braucht das zweite und dritte Gestänge nicht als Brücke ausgebaut werden und der gewonnene Platz gestattet, größere gutgekühlte Lampen zu verwenden.

Auf der vorderen Brücke (Abb. 231), unmittelbar hinter den Vorhängen sind heute oft bis zu vier Mann zur Bedienung der Personen-Effektapparate und Spielflächen während einer Vorstellung beschäftigt. So haben sich drei der alten Holzbrücken zu Trägern der wichtigsten Hauptbeleuchtungsteile eines neuzeitlichen Bühnenbildes entwickelt und ihre frühere Bestimmung vollständig verloren.

Während die zweite und dritte Brücke dem Gesichtsfeld der Zuschauer entzogen werden müssen, dient die untere Verkleidung als Abschluß des Bildes selbst. Seine seitlichen Begrenzungen sind ebenfalls als technische Hilfsmittel ausgebaut und heißen Türme.

TÜRME

Die reich verzierten, meist mit goldenen Quasten versehenen „Harlekin-Mäntel" bildeten bei der alten Bühne zunächst den festen, später nach Kulissenart den einige Meter seitlich beweglichen vorderen Abschluß; ihr oberer Teil hieß „Draperie" (Abb. 232). Die Stilbühne hat sie verbannt: sie verlangte einen einfarbigen, einheitlich-plastischen Rahmen für die Bühnenbilder, der in allen Richtungen verstellbar ist. Er wird aus der Brücke und den Seitentürmen gebildet und wegen seiner vielfachen Vorteile heute fast überall eingeführt. Die später folgenden Abb. 236—241 zeigen beide Teile und stellen eine kurze Entwicklung dar. Das Tiefenmaß der Vorbühne ist abhängig von der Brücke, auf der neben den Beleuchtungsapparaten noch ein schmaler Gang für die Bedienung bleiben muß. Das Mindestmaß ist 70 cm. Anlagen von 1,30 m, wie z. B. in Stuttgart, sind zu breit und beeinträchtigen das Bild und seine gute Ausleuchtung, die sich möglichst weit in die Vorbühne erstrecken soll.

Abb. 232. „Harlekin-Mantel und Draperie" einer Bühne alter Bauart

Erfinder dieses „variablen Proszeniums", DRP. 184611, ist Professor *Max Littmann*, der die Neuerung wie folgt beschreibt[1]): „Dieses Proszenium ist eingebaut in einen doppelten Proszeniumsrahmen und besteht in der Hauptsache aus einem seitlich und oben schließenden Schalltrichter, aus einem versenkbaren Orchestertisch mit ausziehbaren Stufen, aus einer Brüstungswand mit verschiebbaren Schalldeckeln für das versenkte Orchester. In seiner Grundstellung ist das variable Proszenium ein offener Orchesterraum, dessen Einfassung sich nur durch den Fortfall der Proszeniumslogen unterscheidet. An deren Stelle befinden sich geschlossene

---

[1]) Bühnentechnische Rundschau 1908, Nr. 4: „Theatertechnische Neuerung im Hoftheater in Weimar".

197

Wände, die nur gegen den Orchesterraum zu durch die den Zugang vermittelnden Türen durchgebrochen sind (Abb. 233). Soll nun die Umgestaltung des Raumes für das gesprochene Drama erfolgen, so wird die vordere Brüstungswand herabgelassen.

Abb. 233. Veränderliche Vorbühne, Prof. M. Littmann (offenes Orchester, seitlich geschlossene Schallwände); Nationaltheater-Weimar

Abb. 234. Veränderliche Vorbühne, Prof. M. Littmann (gedecktes Orchester, seitlich Schallwände mit Türen); Nationaltheater-Weimar

Abb. 235. Veränderliche Vorbühne, Prof. M. Littmann (verdecktes Orchester, Schallwände zurückgezogen); Nationaltheater-Weimar

der Orchestertisch gehoben und aus diesem eine Stufenanlage herausgeschoben. Mt dem Orchestertisch heben sich die seitlichen Wände; die vorher den Zugang zun Orchester vermittelnden Türen bieten von der Bühne aus Zutritt zu dem nun gschaffenen Proszenium, das durch die Stufenanlage in eine ideelle Verbindung mt

dem Zuschauerraum gebracht ist. Das so erzielte Proszenium hat nun den Vorteil,
daß es zu Vorspielen benutzt werden kann, bei denen der Vorhang die für den nächsten
Akt aufgestellte Szene noch deckt. Dieses Proszenium erfüllt alle Anforderungen
der sogenannten Shakespearebühne, es ermöglicht die Aufführungen von Spielen
im Sinne eines Hans Herrig und gibt nach dem Vorschlag Gottfried Sempers den
Darstellern Gelegenheit, einem Hervorruf durch Benutzung der seitlich der Prosze-

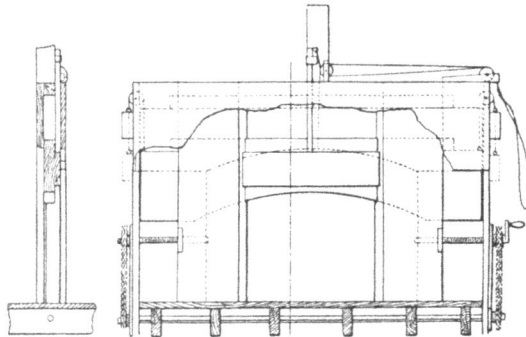

Abb. 236. Älteste bewegliche Vorbühne:
„Herkomer-Portal"

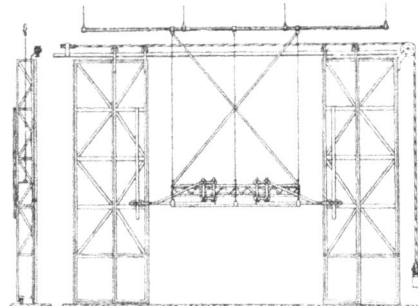

Abb. 237.
Vorbühne; K. Löffler-Bochum

niumsöffnung angebrachten Türen Folge zu geben, während hinter dem Vorhange
die Szenerie abgebaut und Vorbereitungen für den nächsten Akt getroffen werden
können (Abb. 234). Und braucht man das verdeckte Orchester für das Tondrama,
so wird der obere Teil des Schalltrichters nach oben, seine seitlichen Teile werden
seitwärts geschoben, so daß zur Dämpfung und
Mischung der Klänge ein wesentlich größerer
Proszeniumsraum verfügbar wird. Durch Zurückziehen der deckenden Stufen, Senken des
Orchestertisches und Aufstellen von Prakti-
kabels entsteht ein Orchesterpodium mit abfallenden Terrassen. Eine Brüstungswand mit
den vorderen Schalldeckeln löst sich aus dem
Bühnenpodium und wenn schließlich noch im
Orchester selbst die rückwärtige Wand versenkt wird, so ist damit der Orchesterraum zur
Aufnahme eines riesigen Orchesterkörpers be-
fähigt. Wir haben dann ein allen Forderungen
Richard Wagners entsprechendes und verdecktes Orchester" (Abb. 235).

Abb. 238. Vorbühne; R. Kranich, A. Weil und
Franz X. Scherl-Darmstadt

Die älteste Lösung einer flachen verstellbaren Holzumrahmung ist das „Herkomer-Portal"; seine Bauart geht aus der Abbildung 236 hervor.

Die Anordnung von Karl Loeffel-Bochum DRP. 300331 (Abb. 237) hat noch
keine Beleuchtungsbrücke und sieht nur einen oberen und seitlichen Rahmen vor,
die allerdings schon in weiteren Grenzen beweglich sind.

Die von Rudolf Kranich, Weil und Scherl-Darmstadt hat bereits einen kleinen
Beleuchtungsturm unter einer festen Brücke. Bemerkenswert sind die Leiterzugänge
zu den drei Stockwerken der seitlichen Türme (Abb. 238).

Abb. 239. Elektromotorische Steuerung einer Brücke, Festspielhaus-
Bayreuth; Maschinenfabrik-Wiesbaden

Im *Staatstheater-Schwe-
rin* bestand bis 1928 die
Seitendeckung aus je einem
festen Turm mit Fahrstuhl
und einem beweglichen auf
zwei Kulissenwagen. Die
Brücke wurde durch eine
Handwinde gehoben und
gesenkt. Ihre Wand nach
dem Zuschauerraum war
zuerst mit schwarzem Samt
verkleidet, der sich jeder
weiten oder engen Stellung
anschmiegte und den Vor-
teil hatte, daß darauf fal-
lendes Orchesterlicht nicht
in den Zuschauerraum zu-
rückgeworfen wurde.

Die weit verbreitete Ausführung der elektromotorischen Steuerung einer Brücke
zeigt die Abbildung 239.

Im *Opernhaus-Hannover* werden die Seitentürme durch kleine Handwinden
bewegt (Abb. 240).

Im *Stadttheater-Hamburg* sind die Ecken zwischen Brücke und Türmen abge-
rundet (Abb. 241).

Hans Schilling-Ziemßen-Augsburg besitzt ein Patent für eine eingerahmte
Vorderbühne (Abb. 242). Er sagt[1]: „Bühnen, welche eine durch eine feste Einrahmung abgegrenzte Vorderbühne besitzen, sind bekannt. Indem bei diesen Bühnen
der szenische Apparat ausschließlich rückwärts dieser Einrahmung vorgesehen ist,
entsteht der Nachteil, daß entweder der auf der Vorderbühne befindliche Schauspieler außer jeder Beziehung zu diesem tritt oder daß, wenn er, um diese Beziehungen
herzustellen, auf die Hinter-
bühne zurückgeht, er sich gleichsam in einem zweiten Raum befindet, wodurch offensichtlich
und anerkanntermaßen höchst-
gesteigerte Anforderungen an
seine Stimmittel erwachsen.
Besonders ungünstig gestalten
sich diese Verhältnisse bei Bühnen, wo der mit dem szenischen
Apparat versehene Teil die Form
eines Guckkastens hat, oder
durch Gliederung der Einrahmung in Haupt- und Neben-

Abb. 240. Handwinde zum Bewegen eines Seitenturms; Fr. Kranich
d. J., Städtisches Opernhaus-Hannover

----
[1] DRP. 359282 und 428574

szenen in eine Anzahl solcher zerlegt wird, oder wo die Bühne mit einem kasten-förmigen Einbau versehen ist, welcher, um in erster Linie zum Aufstellen von Beleuchtungsapparaten u. dgl. technischen Hilfsmitteln zu dienen, nur durch eine kleine Mittelöffnung den Ausblick auf die Hinterbühne ermöglicht, wodurch der Sehwinkel, der durch die Anbringung der Vorderbühne nach der Seite gewonnen hatte, wiederum eingeschränkt wird. Gegenstand der Erfindung ist eine Bühne, bei welcher durch die neuartige Anordnung und Ausbildung der Einfassung die Bühnenfläche in vorteilhafter Weise ausge-nutzt, gegliedert und akustisch verbessert wird.

Abb. 241. Beleuchtungsbrücke und Turm, Stadttheater-Hamburg

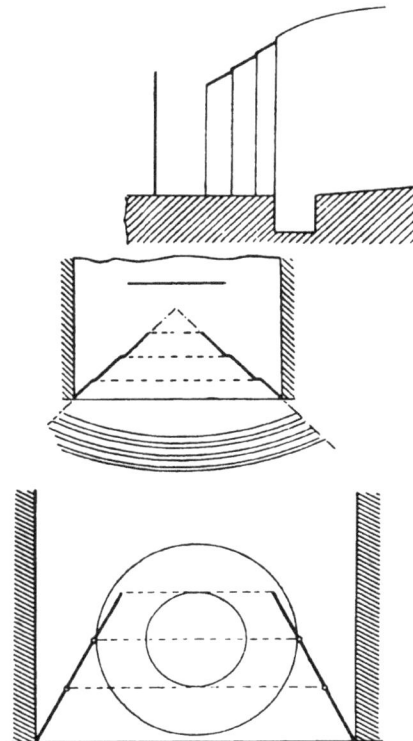

Abb. 242. Vorbühne für feste Bühnen und Drehbühnen; Schilling-Ziemssen-Augsburg

Das Neue der Erfindung besteht darin, daß der Rahmen an der Bühnenöffnung be-ginnt und trichterartig bis zur Hinterbühne sich erstreckt in der Weise, daß der erstere als Schallwand dient, den Sehwinkel des Zuschauerraums verbreitert sowie die Gliederung der Bühne in Teilbühnen nach der Tiefe ermöglicht."

Bei Verwendung beweglicher Bühnen, z. B. Drehbühnen, sind nach dem Zu-satzpatent DRP. 428574 die hinteren Rahmenteile beweglich angeordnet (s. Abb. 242). Wie bei dieser völlig zum Rahmen gewordenen Bühne Ausstattungsgegenstände angebracht und bewegt werden sollen, gibt auch dieser Erfinder leider nicht an.

201

5. KAPITEL

BEWEGLICHE HILFSMITTEL FÜR DEN AUFBAU
DER BÜHNENBILDER

Zum Begriff „Bild" gehört irgendeine Wiedergabe auf einer umrahmten Fläche, wie sie z. B. der Film vermittelt.

Das Bühnenbild weicht davon ab, weil es nur in Ausnahmefällen auf einer Fläche, statt im Raum erscheint. Während das Bild nach Länge und Breite gemessen wird, nimmt das Bühnenbild noch die Tiefe in Anspruch. Es wird auf dem Bühnenboden aufgebaut und besteht aus Gegenständen verschiedenster Art, Gestalt und Farbe, die den Zuschauern sichtbar sind (Bildteile, Geräte), nur zu Bodenveränderungen gebraucht werden (Gerüste, Keile, Schrägen, Treppen, Brücken) oder für das Bewegen und den Aufbau der Bildteile vorhanden sein müssen (Wagen, Trage- und Befestigungsvorrichtungen).

Der *Rahmen* eines Bildes ist fest, der des Bühnenbildes muß sich seiner stets wechselnden Größe anpassen und ist deshalb beweglich.

Der künstlerische Gehalt des Bühnenbildes wird hier nicht behandelt, er ist abhängig vom Geschmack der Zeit, vom Stil des Bildners und wird stark beeinflußt von der wirtschaftlichen Lage des Theaters und der Einstellung seines Leiters zu dem betreffenden Werk.

Die technische Gestaltung dagegen und die Baustoffe sind fast eindeutig bestimmt; die Formen kehren immer wieder. Gelegentliche kleine Änderungen und Verbesserungen sind belanglos; deshalb ist eine Bauweise, die mit Einheitsformen arbeitet, berechtigt.

Zum Bau eines Bühnenbildes gehören die oben schon erwähnten fünf Hauptgruppen: Bildteile, Geräte, Gerüste, Wagen, Trag- und Befestigungsvorrichtungen.

BILDTEILE

Sie sind dem Zuschauer sichtbar und bestehen aus fünf Untergruppen:

1) Freihängende Teile aus Stoff . . . . : Hängestücke.
2) Holzrahmen mit Leinwand oder Sperrholz: Setzstücke.
3) Mischformen beider Arten.
4) Plastisch gearbeitete Teile . . . . : Kaschierungen.
5) Teppiche.

1) Hängestücke

Alle auf Tafel 13 dargestellten Teile haben nach ihrer Größe, Form und Stellung im Bühnenbild entsprechende Namen. Kleine, nur einige Meter breite heißen: *Hänger (a)*, *Seitenhänger (b)*, *Hängebäume (c)* und *Halbbogen (d)*; nehmen sie die obere Breite eines Bildes ein: Soffitten, lassen sie nur den mittleren Durchblick frei:

Bogen (e). Geschlossene Stücke, die eine Rückwand bilden, nennt man *Prospekte (f)*[1]). Hängen sie als linke oder rechte Seitenabschlüsse senkrecht zum Zuschauer, so sind es bei etwa 2 bis 4 m Breite *Panoramahänger*, bei größerer *Panoramawände*. Umschließt das Hängestück ein ganzes Bild kreisförmig, so heißt es bei weißer oder blauer Farbe *Bühnenhimmel (g)*, bei anderer *Rundprospekt*.

Die Stoffe für diese Hängestücke sind: *Leinwand*, Nessel, Rupfen, Molton, *Schirting*, *Tüll*, *Samt* und *Metall*. Sie werden allein oder in Verbindung miteinander verarbeitet. Ausschlaggebend für die Anwendung des einen oder anderen ist neben dem Preis die „Lichtwirkung".

Leinwand, Nessel, Rupfen, Molton sind zum Anleuchten von vorn geeignet.

Schirting läßt, von rückwärts belichtet, die Malerei besonders hervortreten.

Durch geschickte Verbindung dieser Stoffe lassen sich besondere Lichtwirkungen erzielen. Um z. B. lichtdurchlässige Stellen (Abendrotwolken) zu erhalten, werden Schirtingstreifen in einen Leinwandprospekt eingesetzt.

Tüll läßt sich an- und durchleuchten. Soll sich ein Bild ohne Wechsel seiner Teile nur durch Licht in ein anderes verwandeln, so müssen die Rückwand oder Teile derselben aus Tüll bestehen; bemalt und nur von vorn angeleuchtet wirken sie wie ein fester Prospekt. Entfernt man dagegen das Vorderlicht und leuchtet die hinter dem Tüllschleier aufgebauten Bildteile an, so wird er durchsichtig und verschwindet fast ganz im Licht des neuen Bildes.

Schwarzer Sammet hat die Eigenschaft, Lichtstrahlen unsichtbar zu machen. Zum plötzlichen Erscheinen von Personen oder Gegenständen im freien Raum, also für alle Zaubererscheinungen, ist er unentbehrlich.

Alle Stoffe werden bemalt oder eingefärbt. Durch Bemalen werden sie steif

Abb. 243. Metallwand für Filmbild im Zug hängend; Ausführung Maschinenfabrik-Wiesbaden

und dienen nur als glatt hängende Bildteile (Hänger, Bogen, Prospekte); beim Einfärben bleibt ihre weiche Form erhalten und sie lassen sich als Zugvorhänge, Decken, Kissen und Bodenbelag verwenden.

Metallwände. In neuerer Zeit muß eine Bühne auch für den Film mit einer vollständig ebenen Fläche ausgerüstet sein, die sich rasch entfernen läßt. Zunächst wurden mit Sperrholzplatten belegte Holzrahmen dazu verwendet; sie

---

[1]) Die dafür auch üblichen Bezeichnungen Gardinen oder Vorhänge sind falsch und sollten nur dort angewendet werden, wo sie am Platze sind: Gardinen für Fenstergardinen, Vorhänge für Zugvorhänge.

waren jedoch auf die Dauer nicht brauchbar, weil sich die Oberfläche im Wärmewechsel warf. Die Maschinenfabrik-Wiesbaden hat jetzt eine zum Patent angemeldete eiserne Wand gebaut, die sich schon mehrfach gut bewährte: aus dünnem Blech gepreßte U-Profile bilden das Gerippe; sie wird wie ein Prospekt aufgehängt und von Hand oder hydraulisch bedient (Abb. 243).

Viele Bühnen, die aus der Vorkriegszeit über einen reichen Bestand verfügten, brauchten bis jetzt nur im beschränkten Maße neue Leinwand anzuschaffen; sie lassen die alte auswaschen und immer wieder ummalen. Dadurch wird wirtschaftlich viel billiger gearbeitet als in früheren Zeiten.

Brauchbares *Theaterleinen* hat etwa 12 Kettenfäden auf den Zentimeter (die Kette läuft durch die ganze Stofflänge) und 15 Schußfäden (der Schuß läuft durch die Stoffbreite). Ein Quadratmeter wiegt rund 270 g; es wird bis zu einer Breite von 5 m gearbeitet.

Die Güte der Ware hängt aber nicht allein von der Zahl der Fäden ab, da oft trocken gesponnenes Werggarn verwendet wird. Die Mangel preßt beim Verarbeiten das Gewebe zusammen, so daß es zwar der Fadenzahl nach dicht genug erscheint, beim „Grundieren" aber die Farbe durchläßt. An dem Staub, der sich beim Ausbreiten entwickelt und an den kleinen abfallenden Holzteilchen ist minderwertige Ware am leichtesten zu erkennen.

Für *Bühnenhimmel* kann nur bestes, 5 m breites Leinen verwendet werden; der Quadratmeter wiegt etwa 270 g. *Schirting* wird bis zu 8 m Breite geliefert, so daß durchleuchtbare Prospekte in jeder Größe nahtlos herzustellen sind; der Quadratmeter wiegt etwa 144 g. *Tüllschleier* sind bis 8,20 m breit, feuerfest imprägniert und in den verschiedensten Farben und Stärken vorhanden. Die Art der Verwendung ist für die Wahl der Fadenstärke maßgebend. Wird bei einer Lichtbildwiedergabe ein zweiter Schleier und ein Deckprospekt gebraucht, so ist beim dünnsten Stoff die Malerei noch gut zu sehen, während der Schleier vollkommen verschwindet, wenn die Abdeckungs-Hängestücke hochgezogen und das rückwärtige Bild beleuchtet ist. Muß er allein den Hintergrund bilden, sind stärkere Arten nötig.

2) Setzstücke

Tafel 13 zeigt auch alle hier vorkommenden Formen. Dienen sie zum Verdecken von Aufbauten, Treppen, Felsen usw., so heißen sie *Verkleidungen*, *Versätze*; haben sie eine bestimmte, in der Umwelt vorkommende Form, so wird der betreffende Name übernommen und man spricht von Hecken, Büschen (h), Bäumen, Pfosten, Pfählen, Mauern (i), Zinnen, Geländern, Brüstungen, Brunnen, Brücken, Häusern (k), Dächern usw. Ein großes Setzstück von 2 bis 3 m Breite und 4 bis 9 m Höhe heißt auch heute noch Kulisse (l)[1]. Die jüngste Form sind die *Fronten* (m). Durch den Bühnenhimmel sind fast alle das Bild nach rückwärts abschließenden Prospekte überflüssig geworden. Der früher auf sie gemalte Hintergrund erscheint jetzt auf einer ausgesteiften Front, während die Farben der Luft durch Lampen mit bunten Filtern und die Wolken durch Lichtbilder auf den Bühnenhimmel übertragen werden.

---

[1]) Die Bühnenbilder früherer Zeiten bestanden nur aus Kulissen und Soffitten, deshalb ist der Name verallgemeinert worden und wird vom großen Publikum für jede Art Bildteile angewandt, obwohl es eigentliche Kulissen fast nicht mehr gibt.

Das „*Rahmen*" der Setzstücke geschieht in der Tischlerei und ist im Laufe der Zeit eine Arbeit geworden, für die jede Bühne besondere Erfahrungen gesammelt hat. Die Bauart hängt ab von der Lage der Unterbringungsräume, der Größe der Türöffnungen und der Beförderungsmöglichkeit. Bei Stadtspeichern wird die Breite der einzelnen Stücke durch den Wagen und die örtlich vorgeschriebene Ladehöhe bestimmt. Hat eine Bühne im wesentlichen nur Hauslager, so kann die Rahmenstärke schwächer sein, als wenn die Stücke dauernd von Hand über die Straße getragen werden müssen und gelegentlich starkem Winddruck ausgesetzt sind.

Bei den hohen Verbindungstüren zwischen Lager und Bühne fällt das lästige Umlegen und Wiederaufrichten (s: Abb. 29/30) fort und sie können auch aus diesem Grund leichter gebaut sein. Es ist mehrfach vorgekommen, daß jahrzehntelang wegen der unzureichenden Größe einer einzigen Tür alle Teile nicht über 2,30 m hoch sein durften. War dies trotzdem nötig, so mußten sie zum Zusammenklappen eingerichtet werden. Wird aus solchem Notbehelf ein Dauerzustand, so tritt im Laufe der Jahre eine bedeutende Mehrausgabe für Holz, Eisenteile, Leinwand usw. ein; die einmalige Ausgabe zur Behebung des Fehlers hätte sich reichlich bezahlt gemacht.

Setzstücke von meist viereckiger Form, die für Innenräume gebraucht werden, heißen *Wände* (n — p). Sie bestehen aus Holzrahmen, auf die in neuerer Zeit Sperrholz oder Ensoplatten sowie Aluminiumtafeln genagelt sind[1]) und die dadurch den Darstellern beim Anfassen einen gewissen natürlichen Widerstand bieten.

Die Entwicklung der „Bühnenzimmer" ging von den offenen „Seitenkulissen" mit abschließender „Decken-Soffitte" zur Bogen- und Prospektdarstellung über, um ihre rasche Verwandlung möglich zu machen und die Trennungslinie an der Decke zu vermeiden. Damals wurde nicht beanstandet, daß die aus hängender Leinwand bestehenden Bogen bei jedem Auftritt durch den Luftzug hin- und herflatterten. Die zuerst fehlenden Seitentüren wurden später als gerahmte Setzstücke zwischen die Bogen gestellt[2]). War für einen Umbau mehr Zeit vorhanden, fügte man in naturgetreuer Bauweise Seiten- und Rückwände aneinander und legte eine gerahmte Decke darüber. Ursprünglich waren diese Wände noch perspektivisch nach hinten niedriger gebaut. Später fiel auch dieser letzte Rest der alten Barockbühne und gerade Wände standen auf ebenem Boden. Durch die neuzeitlichen Hilfsmittel für raschen Bildwechsel war es möglich, auch bei Verwandlungen geschlossene Zimmer zu verwenden und die Hängestücke für Innenräume verschwanden überall. Der Nachteil, daß bei allen holzgerahmten Stoffwänden die Leinwand nach längerem Gebrauch nachgibt und beim Tragen eingebeult wird, war die Ursache, die beim Film schon immer angewendeten festen Sperrholzwände auch im Bühnenbetrieb einzuführen.

Wird dies verallgemeinert und ohne Überlegung angewandt, so liegt darin für die Wirtschaftlichkeit der betreffenden Bühne eine große Gefahr; Sperrholz und seine Ersatzmittel sind viel teurer als immer wieder verwendbare Leinwand. Wie beim Umstellen des Holz- und Hanfseilbetriebes der Züge auf Eisen- und Drahtseile die überflüssig gewordene Mittelrolle beseitigt wurde, so muß auch beim restlos durchgeführten Übergang von Leinwand- zu Sperrholzwänden die ganze Bauweise geändert werden.

---

[1]) Neuerdings können sie fest mit dem Holz verleimt werden.
[2]) Vgl. Kurt Sommerfeld, a. a. O., S. 97 flg.

Früher war es üblich, daß jede Bühne eine Reihe von Zimmern[1]) für „allgemeinen Gebrauch" bereit hatte, bei denen immer einzelne Teile nach Bedarf in beliebiger Größe ergänzt wurden, so daß beispielsweise ein Rokokozimmer mit 30 bis 40 verschiedenen Wänden, Türen, Fenstern usw. keine Seltenheit war. Die Teile nahmen sehr viel Platz in Anspruch und wurden oft jahrelang überhaupt nicht benutzt. Es wäre sinnlos, dieselbe Bauart bei Sperrholzwänden zu wiederholen. Es muß zunächst eine Reihe *Einheitswände* (*n*) in zwei bis drei Größen mit entsprechenden *Einheitsfenstern* (*o*) und *-türen* (*p*) angefertigt werden (s. Tafel 13). Aus diesem Bestand wird die für jedes neue Bühnenbild nötige Zahl in gewünschter Art bemalt und, sobald das Stück abgespielt ist, wieder zur allgemeinen Verwendung bereitgestellt, so daß tatsächlich nur die für den Spielplan erforderlichen Zimmer in den Lagern stehen; diese sind dann nie überfüllt, es wird mit dem denkbar geringsten Fundus gearbeitet und alle Werke erscheinen trotzdem stets in neuer Ausstattung.

Auch für kleine Verkleidungen von Gerüsten, Schrägen, Treppen usw. sind Einheitsteile im modernen Bildbau unentbehrlich. Sie werden Blenden (*q* und *r*) genannt und müssen in nächster Nähe der Aufbauräume in verschiedenen, den Gerüstmaßen entsprechenden Größen bereit liegen.

Ihre Herstellung in den Theaterwerkstätten hat sich aus einfachsten Anfängen allmählich fabrikmäßig entwickelt. Einheitsformen sind noch nicht überall eingeführt; wie weit dies für die Teile, aus denen sich ein Bühnenbild zusammensetzt, überhaupt angängig ist, hängt von dessen Bauart und ein- oder mehrfachen Verwendung ab.

Die auf der Tafel 13 unter *a—m* und *s—w* abgebildeten Gegenstände erhalten nach der für das neu auszustattende Bühnenbild geschaffenen Skizze ihre Gestalt und Farbe; nicht alle können einheitlich gearbeitet werden, wie die auf Tafel 14 dauernd wiederkehrenden Teile. Die Forderung, daß der Bühnenbildner bei neuen Skizzen sich danach richtet, ist nicht hoch, der Kostenanschlag dagegen um so niedriger.

3) Mischformen beider Arten

Neben den reinen Formen der Hängestücke und Setzstücke kommen auch Zwischenformen vor. Sie sind meist aus Sparsamkeit oder Platzmangel entstanden und können, wenn das Bildteil nur kurze Zeit gebraucht wird, auch gute Dienste leisten. Für häufig verwendete Teile eignen sie sich jedoch keineswegs, da sie nur schwer in die Lager passen und beim Tragen viel größeren Beschädigungen ausgesetzt sind als aufgerollte flache Bildteile oder feste Kaschierungen.

a) Hängestücke mit ausgesteiftem Kopf

Meist handelt es sich dabei um Bäume mit ausgesteiften Kronen oder um Panoramawände mit oberer Ausladung, deren untere Teile die Hauptsache sind und ebenfalls aus loser Leinwand bestehen. Diese Bauweise muß angewendet werden, wenn die Stücke ihrer Höhe wegen ganz ausgesteift nicht mehr zu tragen sind und außerdem über sie hinweg der Bühnenhimmel sichtbar sein soll. Die dünnen Drähte, an denen der feste Kopf hängt, sind kaum zu sehen, während die früher übliche Netzgaze besonders bei heller Beleuchtung störend wirkte.

---

[1]) Vgl. die „Zusammenstellung der Dekorationen" bei Satori-Neumann, a. a. O., S. 149, 154, und Kurt Sommerfeld, a. a. O., S. 48 flg.

206

b) Setzstücke mit loser Leinwand

Ein niedriges Bildteil oder eine Kaschierung, die auf einem hohen Gerüst angebracht ist, kann zur Verkleidung dieses Traggestelles am kurzen unteren Ende aus loser Leinwand bestehen (Abb. 244). Da das Gerüst vorhanden sein muß, wird durch diese Bauweise das sonst für ein Setzstück nötige Holz gespart. Beim Tragen wird die Leinwand bis zur Unterlatte aufgerollt und durch übergeworfene Taue gehalten.

c) Zimmerdecken

Die Entwicklung des oberen Zimmerabschlusses war folgende: auf die Kulissenwände des 18. und 19. Jahrhunderts wurden zunächst Soffitten herabgelassen. Dann entstand aus

Abb. 244. Setzstück, unten mit loser Leinwand

zwei Wänden und einer Soffitte ein Hängebogen. Nach geschlossenen, anfänglich perspektivischen Zimmern kam die ebenfalls so gemalte Deckensoffitte wieder zur Geltung. Als endlich alle Innenräume mit gleich hohen Wänden gebaut wurden,

Abb. 245. Konzertsaaldecke mit eingebauten Hängerampen

207

legte man eine dazu passende, ausgesteifte Leinwanddecke darauf, die aus mehreren, in Zügen hängenden Teilen bestand. Durch die Stilbühne trat langsam eine Rückbildung zur Soffitte ein und heute werden, abgesehen von modernen Schau- und Lustspielen, vielfach schwarze Stoff- und Sammetsoffitten erneut als Abschluß nach oben angewendet.

Die dem Zuschauer nicht sichtbaren, vielfachen Änderungen in der Bauweise begannen mit der ersten in Zügen hängenden Decke. Sie war nach der üblichen Gasseneinteilung in rhombische, immer kleiner werdende Abschnitte zerlegt, von denen jeder in zwei Zügen hing; diese fügten sich nicht dicht aneinander, sondern ließen einen Spalt frei, durch den das Zimmer von den dort herabgezogenen elektrischen Hängerampen erleuchtet wurde. Um ihn vergrößern zu können, umgab man die bis unter die Decke reichenden Rampen mit balkenförmigen Setzstücken und schuf so eine stark gegliederte und geschlossen erscheinende Balkendecke. Nachteilig waren hier die langen Umbauten, da beim Bildwechsel meist alle Züge herabgelassen werden mußten, um von jedem zusammengehörenden Zugpaar eines Deckenteils eines ausbinden zu können. Sind sie dagegen von Anfang an nur einseitig aufgehängt, in der tiefsten Stelle umgekippt und mit Stangen auf die Wände gelegt, so hängen sie bei der großen Spannweite in der Mitte meist stark durch. Deshalb stellte man für den täglichen Bedarf Decken aus einem, höchstens zwei Stücken her und behielt die alte Bauweise hauptsächlich nur für Konzertsäle, die den ganzen Abend stehen bleiben (Abb. 245).

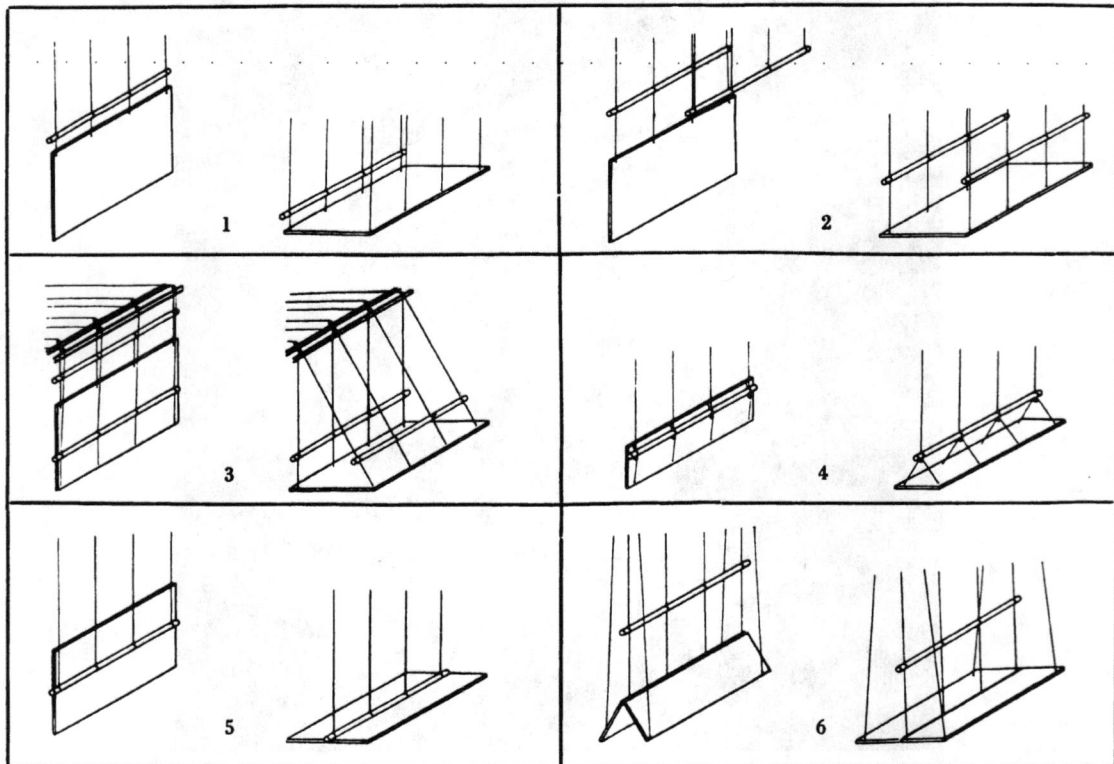

Abb. 246. Aufhängearten einteiliger Zimmerdecken in Ruhe- und Betriebsstellung

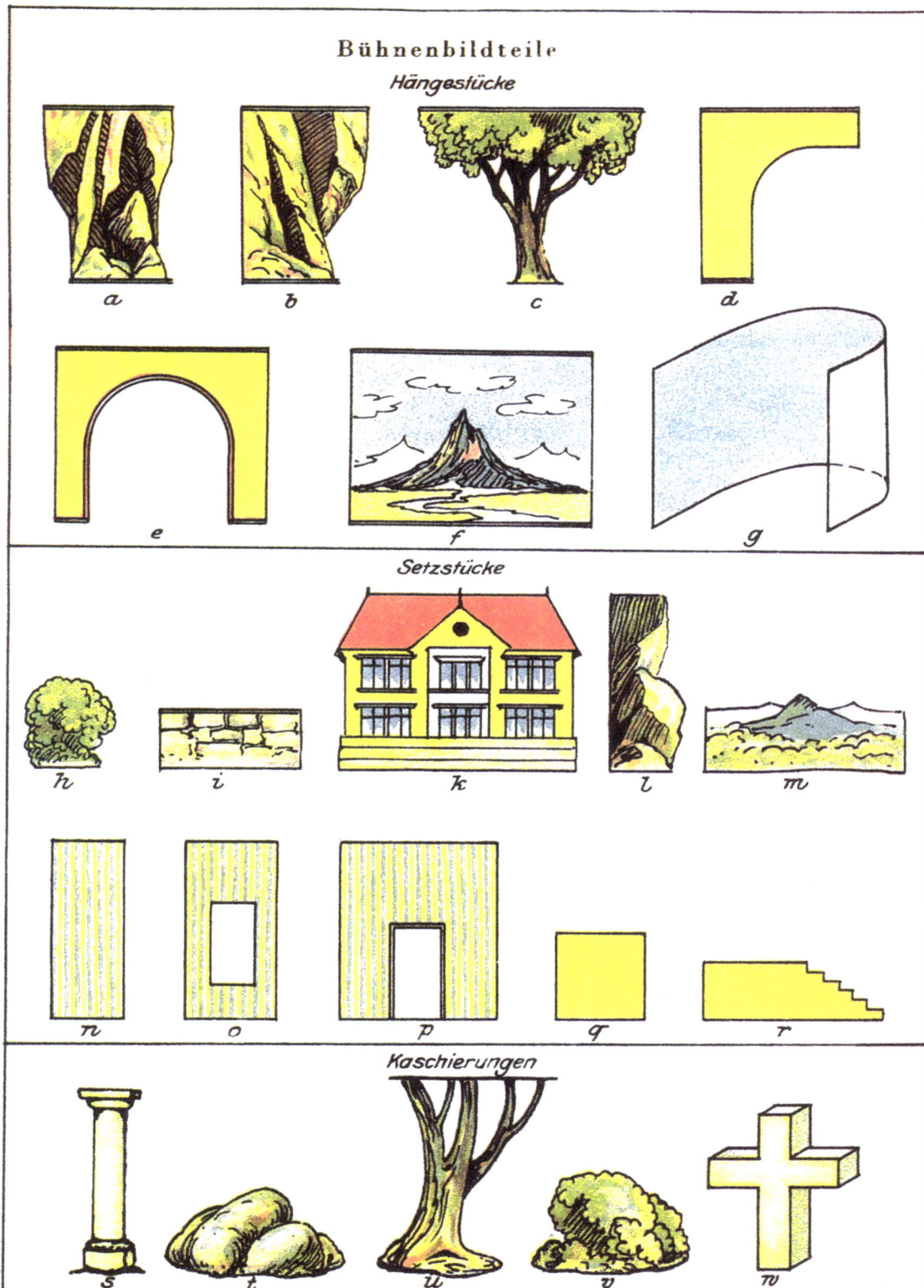

Bühnenbildteile

Hängestücke

a b c d

e f g

Setzstücke

h i k l m

n o p q r

Kaschierungen

s t u v w

Kranich, Bühnentechnik I   Verlag von R. Oldenbourg, München und Berlin

Abb. 247. Freitragende Zimmerdecke, Städtisches Opernhaus-Hannover

Die sechs gebräuchlichsten Aufhängearten einteiliger Decken sind aus Abbildungen 246 zu ersehen. Keine von ihnen ist die vorteilhafteste; für die Art des Baues muß vielmehr die zum Auflegen und Wegnehmen zur Verfügung stehende Zeit ausschlaggebend sein.

Die *Zweizug-Aufhängung* hat den Nachteil, daß bei allen Arten das Gegengewicht geändert (s. Abb. 246, 1—3), bei zweien außerdem (1 und 2) die Deckenfläche auf die Bühne herabgelassen werden muß.

Das *Aufhängen an einem Zug* verlangt zum Kippen der Decke Hilfsvorrichtungen (Zugtaue, Scharniere, Rollen, Federn) und beim Auflegen auf die Wände (s. Abb. 246, *4—6*) Unterstützung durch Stangen.

Die bisher beschriebenen Decken sind flache Versatzstücke mit festem oder zerlegbarem Rahmen. Die erste Art ist zum Tragen meist zu groß und muß deshalb dauernd in dem besonderen Deckenzug hängen. Die Leinwand wird gewöhnlich gelblichweiß bemalt, um möglichst für alle Bilder geeignet zu sein. Die andere besteht aus verschieden bemalten Hängestücken, in die vorn und hinten Latten eingenäht sind; die Leinwand wird dabei durch aufgebolzte Querlatten versteift. Nach Gebrauch wird die Decke wieder auseinandergenommen, aufgerollt und wie ein Hängestück aufgehoben.

Die dritte, weit schwierigere Art sind plastische Decken. Sie müssen unbedingt in mindestens zwei Zügen hängen und aus mehreren Teilen bestehen, die auf dem

14

Bühnenboden mit Steckscharnieren zusammengefügt, in Züge gebunden und dann hochgezogen werden. Bei geeigneter Bauart ist es möglich, die Decken für zwei hintereinander spielende Innenräume übereinander zu hängen und so beim Wechsel Zeit zu sparen; die im zweiten Bild gebrauchte muß dann etwas kleiner sein. Beim Umbau ist nur nötig, Wände und Decke des ersten Zimmers auseinanderzunehmen und die zweite auf die inzwischen gestellten Teile des anderen Raumes herabzulassen. Ein Schulbeispiel für eine derartige Bauweise sind die Bühnenbilder des ersten und zweiten Aktes im „Rosenkavalier" mit zwei gewölbten plastischen Rokokodecken.

Alle Theater, die über Seiten- oder Versenkbühnen verfügen und beim Wechsel eines Zimmerbildes die Decke auf den Wänden liegen lassen können, haben diese Nachteile nicht. Selbstverständlich darf sie dann nicht in Zügen hängen, sondern muß so stark gebaut sein, daß sie sich frei trägt. Sie hat an den durch anscharnierte Gitterträger versteiften Längs- und Querlatten kurze herabhängende Taue, die in zwei auf den Hilfsbühnen angebrachten Zügen eingebunden werden, und wird mit diesen aufgelegt oder abgenommen (Abb. 247).

4) Kaschierungen

Mit dem Bühnenhimmel wurden neben den Fronten auch die plastischen Bildteile eingeführt. Sie bestehen aus einem Lattengestell, das ungefähr der gewünschten Form entspricht, zur Versteifung mit Maschendraht übersponnen ist und als Unterlage für die darüber gezogene, in Leimwasser getränkte Leinwand dient, mit der die feinere Modellierung hervorgebracht wird; gelegentlich benutzt man auch eine besondere Kaschiermasse[1]) oder das Papiermaché-Verfahren. Stücke, die genau aneinander passen sollen, müssen mit genügend Schwindmaß und auf Spannung gearbeitet werden, da die Teile beim Hartwerden und Eintrocknen stark zusammenschrumpfen und der Rahmen sich verzieht.

Die gebräuchlichsten dieser Gegenstände sind auf Tafel 13 s — w abgebildet.

Allmählich kam bei einzelnen Bühnen eine besondere Herstellungsweise für die Kaschierungen zustande, die für Bühnenbild, Beleuchtung, Technik, Beförderung und Lagerung eine wesentliche Umstellung nach sich zog.

Über die künstlerische Wirkung plastischer Bildteile äußert sich der Bühnenbildner Kurt Söhnlein-Hannover und Bayreuth: „Für den künstlerisch-bildmäßigen Eindruck ist bei richtiger Handhabung unbedingt ein Gewinn erzielt. Einmal durch die Stabilität: schlotternde Felsen, flatternde Baumstämme u. dgl. sind Dinge, die das Auge nicht mehr verletzen. Material wie Technik zwingen zu einer einfach-klaren, Details vernachlässigenden Formbehandlung. Vor allem aber haben sich diese so gestalteten Gegenstände endlich die dritte Dimension erobert, die dem künstlerischen Exponenten des Bildes, dem Darsteller-Menschen, von Natur eigen ist. Was ihm zur nächsten Umwelt, zur Bild- und Ausdrucksfolie dienen soll, muß nach unserer heutigen Empfindung körperhaft mit ihm verschmelzen. Dem widersetzt sich die flächige Kulisse unter allen Umständen im rein illusionistischen wie auch in dem aus bestimm-

---

[1]) In 20 Teile Wasser werden 2 Teile Kreide, je 2 Teile Mehlkleister und mittelstarker Leim sowie 1 Teil Firnislack nacheinander eingerührt, bis keine Ölstreifen mehr sichtbar sind und die Masse nach kurzem Stehen gallertartig wird. Zum Gebrauch bringt man sie wieder durch Hitze zum Fließen, rührt 10 Teile Gips darunter und gießt sie zwischen gespannten Maschendraht in Platten von 1 × 2 m, die dann beliebig verarbeitet werden.

tem Formwillen gestalteten, veredelt-naturnahen Bühnenbild. Die farbige Plastik aber bietet sich bereitwillig dem heute obersten Herrscher der Szene, dem Licht, dar; sie wird Lichtträger wie der Darsteller selbst, erhält in Einheit mit diesem den bestimmten und gewollten Platz als Farb- und Lichtkomponente des Bildes."

Die Beleuchtung mußte auf den veränderten Bildbau umgestellt werden: unmittelbares oder einseitiges Anleuchten verwendet man bei flachen Bildteilen im Gegensatz zur früheren Technik kaum noch; bei plastischen wird es jetzt wegen der reizvollen Schattenwirkung Gesetz und bedingt eine wesentliche Vermehrung der „Effektapparate".

Abb. 248. „Rheingold"-Schlange aus Gummi zum Aufblasen

Abb. 249.
Aufgeblasene „Rheingold"-Schlange

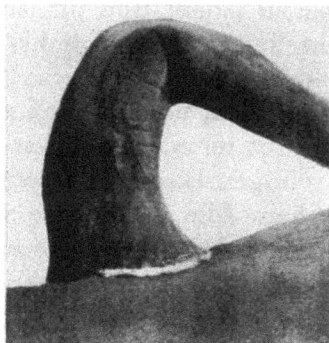

Abb. 250.
Halb aufgeblasener Baum

Abb. 251.
Aufgeblasener Baum

Die Bühnentechniker standen hier vor völlig neuen Aufgaben. War es früher möglich, Setzstücke rasch auf Kulissenwagen seitlich und in Freifahrten oder Kassettenklappen nach unten zu entfernen, so genügten jetzt kaum die 1—1,40 m breiten Versenkungen. Die althergebrachte Gliederung des Bühnenbodens war dadurch überholt (vgl. S. 125—131). Für Verwandlungen und rasche Umbauten mußten andere Wege gefunden werden; sie sind im 8.—10. Kapitel näher beschrieben.

Auch Lager- und Förderdienst mußten sich dem anpassen. Früher wurden alle Bauteile einer Vorstellung, 15 und mehr flache Kulissen und einige Setzstücke mit einer Fahrt aus den Stadtspeichern zur Bühne gebracht, jetzt reichten kaum drei. Die vielen Sperrgüter häuften sich so, daß dauerndes Umschichten den Hauptteil der Arbeitszeit in Anspruch nahm, eine geregelte Beförderung unmöglich machte oder weit größere Speicher verlangte. Deshalb muß die Plastik möglichst sparsam verwendet werden; sie bleibt heute dem Vordergrund des Bildes vorbehalten. Die zuerst übertriebenen Tiefenmaße der einzelnen Stücke werden außerdem wesentlich verringert und mehr Halbreliefformen hergestellt. Teile für allgemeinen Gebrauch, hauptsächlich Felsen, werden zum Austausch in bestimmten, zueinander passenden Größen angefertigt. Die meist unbespannte Rückseite arbeitet man in anderer Art wie die Vorderseite aus, um für ein Stück zwei Verwendungsmöglichkeiten zu haben.

Bei plastischen Säulen hat es sich gut bewährt, Einheitsformen mit verschiedenfarbigen straffsitzenden Leinwandüberzügen und auswechselbaren Füßen und Köpfen zu schaffen.

Aufblasbare Plastik

Die Firma *Georg Piek-Berlin* hat zusammen mit *Franz Dworsky* nach langjährigen Versuchen alle für Bühnenzwecke notwendigen plastischen Gegenstände aus luftundurchlässigem Stoff hergestellt: Bäume, Felsen, Säulen, Tiere, sogar Sitzgelegenheiten, Schränke, Konzertflügel usw. werden für die Aufführungen mit Druckluft so stark aufgeblasen, daß sie auch Personen tragen können. Nach Gebrauch sind sie leicht zu verpacken, wobei sie nur den Bruchteil an Raum einnehmen, der für feste plastische Gegenstände nötig wäre. Die Abb. 248—51 zeigen den Zustand vor, bei und nach dem Aufblasen.

5) Teppiche

Ein wesentlicher Ausstattungsteil ist auch der zu jedem Bild passende Bodenbelag; vielfache Anforderungen werden an ihn gestellt. Er soll möglichst aus einem Stück bestehen und doch so leicht sein, daß er rasch und ohne Schwierigkeiten bei den Umbauten ausgewechselt werden kann; nicht zu dick, um den Ton nicht abzuschwächen, doch auch nicht zu dünn, damit beim Tanz niemand ausgleitet. Er muß dem Charakter des Bildes entsprechen, sich gut reinigen lassen und sein Preis soll in angemessenem Verhältnis zum ganzen Bild stehen. Alle Ansprüche zu erfüllen, ist nicht einfach. Die meisten kleineren und mittleren Bühnen benutzen nur bemalte Leinwand- und gelegentlich kleinere Grasteppiche. Die größeren Häuser haben besonders gewebte Arten: Rasen-, Waldboden-, Moos-, Kies-, Sand-, Stoppel- und Schneeteppiche; für Innenräume finden oft auf beiden Seiten verschiedenfarbige Verwendung. Sogar Holzdielen und Parkett werden so nachgebildet.

Alle diese beweglichen Hilfsmittel zum Aufbau der Bilder belasten oft sehr stark den Etat eines Hauses, in dem künstlerisch gearbeitet wird und bei dem auch der äußere Rahmen der Darstellung entsprechen soll. Von dem verantwortlichen technischen Leiter ist deshalb eine gründliche Kenntnis der ortsfesten Hilfsmittel und ihrer richtigen Anwendungsmöglichkeiten zu verlangen; er muß ein gutes Gedächtnis haben, um Vorhandenes mit kleinen Änderungen wieder zu verwenden, und einen Blick für die beste Gliederung einer Skizze und ihr Umsetzen in die drei Maße der kommenden Aufführung. Erfüllt er diese Forderungen, so lassen sich große Summen sparen, vorausgesetzt, daß Hand-in-Hand gearbeitet wird und nicht ein Spielleiter, wie es vielfach vorkommt, den andern durch möglichst prunkhafte Bilder zu übertreffen sucht und der technische Direktor keine Macht hat, solchen ehrgeizigen, nicht selten pro domo erhobenen Wünschen zum Nutzen des Ganzen Einhalt zu tun. Hauptsächlich gilt dies für mittlere und kleine Bühnen; bei großen werden die Stücke meist neu und einheitlich ausgestattet nach dem Gesichtspunkt:

„Jedem Werk sein eigener Stil".

Anzahl, Form und Art der einzelnen Teile haben sich im Laufe der letzten 110 Jahre sehr geändert; die folgende Zusammenstellung aus dem „Inventarium" des früheren Hoftheaters in Hannover vom Jahre 1818 und der heutigen Kartei der Städtischen Bühnen läßt dies deutlich erkennen:

Art der Bildteile	*1818*	*1928*
Hängestücke	102	1320
Setzstücke	557	6222
Kaschierungen	—	516
Zusammen	659	8058

Wie einfach nach heutigen Begriffen damals die Bilder waren und wie wenige Teile zu einem neuen Werk angeschafft wurden, das auch bei den größten Bühnen in erster Linie aus dem vorhandenen Fundus zusammengestellt werden mußte, ist aus dem „Inventarium" ersichtlich. Es bietet nebenbei einen reizvollen Einblick in den bleibenden oder vergänglichen Wert der einzelnen Opern und Schauspiele. Für die heute vergessenen hat Paul Alfred Merbach-Berlin in dankenswerter Weise die erklärenden Anmerkungen beigesteuert.

INVENTARIUM
sämtlicher Dekorationen des Königlichen Hannoverschen Hoftheaters. 1818

1. Ein gelbes modernes Zimmer, besteht aus 4 Paar Coulissen, 4 Soffitten, 2 Hinterwände, 2 Seitenthüren, 1 Seitenfenster.
2. Ein gelber gothischer Saal, besteht aus 6 Paar Coulissen, 6 Stück Soffitten, 2 Hinterwände, 1 Seitenfenster.
3. Ein grauer gothischer Saal, besteht aus 4 Stück hängenden Bogen mit einer Hinterwand.
4. Ein Säulensaal mit blauen Drapperien, besteht aus 4 Paar Coulissen, 1 Hintergrund und 1 ausgeschnittenen Bogen.
5. Ein Säulensaal mit vergoldeten Capitälern, besteht aus 4 Paar Coulissen und 1 Bogen.
6. Luft und Wasser, besteht aus 6 Wasserstreifen, 7 Luftsoffitten und dem Horizont.
7. Eine Landschaft mit einer Brücke.
8. Ein Strahlenhintergrund.
9. Ein Gefängniss, besteht aus 4 Paar Coulissen, 4 Soffitten, 2 Seitenthüren, 1 Seitenfenster und 2 Hinterwänden.
10. Ein graues Zimmer, besteht aus 3 Paar Coulissen, 2 Seitenthüren, 2 Seitenfenstern, 2 Hinterwänden und einer Durchsicht, welches zu „Die Schleichhändler"[1] angefertigt wurde.
11. Eine Bauernstube, besteht aus 2 Paar Coulissen und 1 Hinterwand.
12. Eine Felsenlandschaft.
13. Ein Schleier-Vorhang.
14. Das Innere eines türkischen Zeltes, besteht aus 3 Paar Coulissen, 3 Soffitten und 1 Hinterwand.
15. Das Innere eines Tempels, besteht aus 4 Paar Coulissen, 4 Stück Soffitten, 1 Hinterwand.

---

[1] Lustspiel von Ernst Raupach; Erstaufführung in Hannover am 17. September 1828.

16. Ein transparenter Hintergrund, worauf ein Tempel gemahlt ist.
17. Ein Hintergrund mit einem Schloß (antiker Bauart).
18. Ein schwarzes Zimmer, besteht aus drei Paar Coulissen und 1 Hinterwand.
19. Ein Hintergrund mit einem egiptischen Tempel, nebst 2 Seitentempeln, zu der „Zauber-flöte" gehörig.
20. Eine Landschaft mit der Stadt Hannover.
21. Ein Gewölbe, besteht aus 4 hängenden Bogen und 1 Hinterwand, welche schon früher von d. Hr. Hofmahler Ramberg[1]) gemahlt wurde.
22. Eine Hinterwand, worauf das Innere einer Küche gemahlt ist.
23. Eine Straße im italienischen Stiel, besteht aus 5 Paar Coulissen mit einer Hinterwand.
24. Eine kleinstädtische Straße, besteht aus 5 Paar Coulissen und 1 Hinterwand.
25. Ein Wald, besteht aus 7 Paar Coulissen und 1 Hinterwand.
26. Eine Landschaft mit einem kleinen Wasserfall (zum „Freischützen"[2]) gemahlt worden).
27. Die Wolfsschlucht, besteht aus 4 Paar Coulissen, 5 Soffitten. Der Hintergrund wird von Versetzstücken gestellt (siehe Versetzstücke).
28. Ein Zimmer mit Jagdstücken ausgeschmückt, besteht aus 2 Paar Coulissen, 2 Soffitten und 1 Hinterwand. (Zum Freischützen verfertigt.)
29. Ein türkischer Saal, besteht aus 4 Paar Coulissen, 4 Soffitten, 2 Hinterwänden.
30. Ein vornehmes Zimmer mit blauer Grundfarbe und vergoldeten Verzierungen, besteht aus 3 Paar Coulissen, 4 Soffitten, 2 Hinterwänden, 2 Seitenthüren, 2 Seitenfenstern.
31. Eine Rosenlaube, besteht aus 1 Bogen und 1 Hinterwand.
32. Ein Palmwald, besteht aus 5 Paar Coulissen und 2 Hinterwänden (Landschaften).
33. Das Innere einer indischen Hütte, besteht aus einem großen Baum und einer Hinterwand.
34. Ein kleiner Hintergrund als Apotheke gemahlt.
35. Ein Zimmer mit blauer Grundfarbe und einem Ofen mit einer Statue in der Mitte, besteht aus 2 Paar Coulissen, 1 Hinterwand und 1 Seitenfenster.
36. Ein Gartenhintergrund mit einem Schloß.
37. Ein gothisches Zimmer aus rother Farbe mit Gold, besteht aus 2 Paar Coulissen, 2 Soffitten, 1 Hinterwand, 3 Seitenthüren.
38. Eine Wintergegend.
39. Eine Landschaft.
40. Ein Hintergrund mit einer Dorfgegend.

Folgen die Versetzstücke:

1. Das brennende Schloß zu dem „Käthchen von Heilbronn", und eine gothische Säule.
2. Eine Hütte zu der „Schweizerfamilie"[3]), eine Mauer eben dazu und eine Hütte.
3. Zu der „Ahnfrau"[4]) ein Stück von einem Pfeiler, woran sich eine Figur lehnt und ein Grabmal mit zwei Figuren.
4. Zum „Sternmädchen"[5]), ein Grabmal mit Thür und transparenter Inschrift. Ein kleiner Tempel und zwei Gemälde auf Piedestallen.
5. Zu „Aschenbrödel"[6]) ein Kamin mit einem Spiegel.
6. 4 Stück Zelte, 3 Reihen kleine Zelte, ein großes römisches Zelt.
7. 3 Kanonen, 3 Tonnen, 3 Schanzkörbe, 1 Kugelhaufen, sämtlich von Pappe.
8. Ein kleines Versetzstück mit einem Kreuz.
9. Vier kleine Felsenstücke mit Häuser.

---

[1]) Johannes Heinrich Ramberg (1763—1840) war als Theatermaler an der Hannoverschen Hofbühne tätig.
[2]) Die Erstaufführung des „Freischütz" fand in Hannover am 13. März 1822 statt.
[3]) Oper von Joseph Weigl (1766/1846).
[4]) Trauerspiel von Franz Grillparzer, 1817.
[5]) „Das Sternenmädchen im Mödlinger Wald", Volksmärchen von Huber, 1802.
[6]) „Aschenbrödel oder Die Zauberrose", Oper von Niccolo Isouard (1775/1818); Aufführung in Hannover am 9. April 1821.

10. Ein kleines Dorf und 2 Städte.
11. Ein dunkles Felsenstück mit einer Ruine zu „Yngurd"[1]).
12. Ein Sonnenwagen zu „Apollos Wettgesang"[2]).
13. Zwei Ruinenstücke mit 2 Zugbrücken-Schlagbäumen.
14. Ein Uhrkasten zu die „Pagenstreiche"[3]).
15. Drei Urnen und ein kleines Grabmal, zu „Arete"[4]) gemacht von Pappe.
16. Ein Marienbild.
17. Ein Muschelwagen für Neptun, und eine Janussäule.
18. Drey Fontainen von Blechstreifen.
19. Ein Triumpfwagen, zu „Joseph"[5]).
20. Der zusammenstürzende Tempel zu „Simson"[6]), besteht aus vielen kleinen Stücken.
21. Die Thore zu „Simson".
22. Eine große Trauerweide und ein Weinberg zu „Simson".
23. Ein chinesischer Parasol[7]).
24. Ein kleines Gebäude im antiken Stiel ist gemacht zu „Titus"[8]).
25. Fünf Stück Piramiden in egiptischer Form.
26. Ein Karren zum „Wasserträger"[9]), eine Lanzenbarriere und ein hohler Baum eben dazu.
27. Drey Stück Landhäuser, 1 Bienenhäuschen, 2 Windmühlen, eine Laube. Zu „Adrian von Ostade"[10]).
28. Eine große Blumenvase und ein Sarkophag.
29. Zwei hohe Felsstücke, das Zauberschloß, ein Luftballon, ein Reh, zu der „Zauberzitter"[11]).
30. Drey Pappeln von Pappe, ein kleines Schiff. Zum „Wundertätigen Magus"[12]).
31. Eine Schlange, der Sarastro Wagen mit den Elephanten zu der „Zauberflöte".
32. Eine Sonne aus Messingblech.
33. Eine Brücke und 2 Schilderhäuser wie Stein gemahlt zu „Faniska"[13]).
34. Neun Stück Wolkenstücke, ein kleiner Wolkenhintergrund, ein Wolkenkranz.
35. Ein Stern von Messingblech zum „Spiegel von Arkadien"[14]).
36. Eine kleine Laube.
37. Ein türkischer Thron, 2 Tragsessel zu „Aline"[15]).
38. Acht niedrige Blumenstücke.
39. Zwei große Wolkenparthien auf Gaze gemahlt zu „Aschenbrödel".
40. Zwei große Gemälde zu „Hamlet".
41. Zwölf Stück Schaafe und eine Trauerweide, zum „Dorf im Gebürge"[16]).
42. Drey Stück schwarze Bogen mit transparenten Sternen und 1 Marmorbrunnen, zu „Ludlamshöhle"[17]) gemacht worden.

---

[1]) „König Yngurd", Trauerspiel von Ad. Müllner; Aufführung in Hannover am 8. Mai 1817.
[2]) „Apollos Wettgesang oder Die Not des Midas", Oper von W. Sutor (1774/1828); Aufführung in Hannover am 16. Mai 1824.
[3]) Lustspiel von August von Kotzebue (1820).
[4]) „Arete oder Kindesliebe", historisches Schauspiel von F. Lambert aus dem Jahre 1810.
[5]) „Joseph und seine Brüder", Oper von Méhul; Erstaufführung in Hannover am 9. März 1817.
[6]) Trauerspiel von Wilhelm Blumenhagen (1781/1839) aus dem Jahre 1816.
[7]) Sonnenschirm.
[8]) Oper von Mozart; 1791.
[9]) Oper von Cherubini; 1800.
[10]) Einaktiges Singspiel von Joseph Weigl.
[11]) Komische Oper von Wenzel Müller; 1791.
[12]) Nach Calderon deutsch von W. Gries; Erstaufführung in Hannover am 31. Januar 1819.
[13]) Oper von Luigi Cherubini (1760/1843) aus dem Jahre 1806.
[14]) Singspiel von Fr. X. Süßmayer; 1794.
[15]) „Aline, Königin von Golkonda", Singspiel von H. M. Borton; 1803.
[16]) Oper von J. Weigl, nach einem Texte Kotzebues; Erstaufführung in Hannover am 11. Januar 1822.
[17]) Oper von C. E. F. Weyse (1774/1842) aus dem Jahre 1808.

43. Ein großes Haus mit einem Balkon.
44. Eine große Felsenhinterwand mit 3 Höhlen. 8 Piramiden, 1 kleiner Tempel, 2 Stück Gallerie, 2 Sphinxe, 2 Coulissen, eine große Treppe, 3 Wasserwalzen, 4 Feuerräder, 1 Feuerwalze, 1 Höhlenhinterwand, 2 Höhlenbogen. Bildet die Feuer- und Wasser-Dekoration in der „Zauberflöte".
45. Eine gothische Burg und eine gothische Pforte.
46. Ein Bogen-Eingang. Ist gemacht worden zu der „Vestalin"[1]).
47. Eine graue Wand mit Mittelthür, welche die ganze Breite des Theaters einnimmt. 2 weiße Barrieren. Gemacht worden zu „Don Gutiere"[2]).
48. Zum „Teufelstein"[3]). Ein Kessel. Ein großer Humpen, ein Kirchweihbaum. 1 Hühnerhaus. 2 Berge. 2 Gebüsche. 1 Höhle. 1 collosale Figur. Das vorlaufende Wasser besteht aus 16 Wellen und 2 Ufern.
49. Ein Tisch, welcher sich in ein Bett verwandelt. 1 Windmühle, 1 Muschel mit 2 Schwanen. Ein Felsenstück wie Erz gemahlt. Zum „Donauweibchen"[4]) I. Theil.
50. Ein Thurm, vier Mauern, 5 Stück Laternen auf Pfählen zu „Richard Löwenherz"[5]).
51. Ein vergittertes Bureau und eine Postkutsche. Zu der „Reise zur Hochzeit"[6]).
52. Ein großes Ey.
53. Eine Fregatte, 1 Fischkasten, 3 Feuerherde, 1 Fort zum „Bräutigam von Mexiko"[7]).
54. Sechs große Felsenversetzstücke, graues Colorit, 1 Wasserfall, 2 Eulen, 1 glimmender Baum, 1 blauer Horizont. Die wilde Jagd, 1 Jagdzelt, 1 Stück Sternhimmel, 2 Drachen, 1 Gebüsch, 1 Haus. Ist sämtl. zum „Freischützen" gemahlt worden.
55. 1 Thurm, 1 Zugbrücke, 3 Mauern, 1 hohes gothisches Gebäude. Zu „Zrini"[8]).
56. Zwei Rosenlauben. 2 Grotten. 1 Tanne. 1 Apfelbaum. Wurde gemacht zu der „Klugen Frau im Walde"[9]).
57. Acht Stück Rosengebüsche.
58. Eine chinesische Brücke.
59. Zehn Stück Figuren auf Piedestale.
60. Eine Menagerie. Zu „Bär und Bassa"[10]) gemahlt worden.
61. Ein Gloriet. 2 blaue Barrieren. Zu „Die Schöne und die Häßliche"[11]). . . . .
62. Eine Eremitage.
63. Eine Gallerie mit 10 Säulen. Zu „Die Flucht nach Kenilworth"[12]).
64. Das Bild des Brama, zu „Maria von Montalban"[13]).
65. Acht Stück Wasserstreifen. 5 Palmbäume. 1 Apfelbaum. 7 niedrige Uferstücke. 2 große Felsenstücke. 2 Hütten. 1 indischer Thron. 1 Schloß, welches zusammenstürzt. 1 Barriere mit Blumenvasen. 1 Blumenvase. 1 kleines Schloß. 1 Muschel. 4 Stück Wolken von Gaze. Ist sämtlich zu „Magandola"[14]) gemahlt worden.

---

[1]) Oper von Gasparo Spontini; 1807.
[2]) Von Calderon, übersetzt von West.
[3]) „Der Teufelsstein in Mödlingen", Volksmärchen; Musik von Wenzel Müller; Erstaufführung in Hannover am 18. Februar 1821.
[4]) Oper; Musik von Ferdinand Kauer (1751/1831).
[5]) Oper von F. X. von Seyfried (1776/1841).
[6]) Schauspiel von Erich aus dem Tale; 1824.
[7]) Lustspiel von H. Clauren (Pseudonym für Karl Heun, 1771/1854); Erstaufführung in Hannover am 18. November 1821.
[8]) Trauerspiel von Theodor Körner; Erstaufführung in Hannover am 1. Mai 1822.
[9]) „Die kluge Frau im Walde oder Der stumme Ritter"; Zauberposse von August von Kotzebue; Aufführung in Hannover am 24. April 1822.
[10]) Lustspiel von Carl Blum; Aufführung in Hannover am 10. November 1822.
[11]) Lustspiel von F. W. Ziegler aus dem Jahre 1822.
[12]) Schauspiel nach Scott bearbeitet von Kühn; Aufführung in Hannover am 14. Februar 1823.
[13]) Oper von Peter Winter (1754/1825); Aufführung in Hannover am 1. Dezember 1822.
[14]) „Magandola oder Die Wunderperle", indisches Märchen mit Chören; Musik von F. X. v. Seyfried; Erstaufführung in Hannover am 19. Mai 1823.

66. Der Schmelzofen zu „Friedolin“[1]).
67. Ein Gartenhaus, besteht aus 2 Coulissen und 1 Balkon. Zu „Romeo und Julia“.
68. Drey Stück Figuren auf Piedestale.
69. Eine Kapelle, ein Berg, eine Brücke, zum „Einsiedler“[2]).
70. Zwei Stück Felsen in das Thor des Gewölbes passend zu „Caspar der Thorringer“[3]).
71. Eine Kapelle zu „Euryanthe“[4]).
72. Ein Backofen zu „Die Verwandtschaften“[5]).
73. Zwei Ungeheuer, 8 Fratzen, 1 Scheibe, 1 Menschengerippe, 6 chinesische Laternen, 1 Hahn, 6 kleine Scheiben. Zum parodirten „Freischütz“[6]).
74. Zwei wasserspeiende Seepferde. 4 Büsten auf Postamenter mit Laternen. 1 Barriere mit 18 Laternen zu „Preziosa“[7]).
75. Ein Festungsthor. 1 Postament mit der Statue des Königs von Spanien. Zu „Fidelio“.
76. Ein großes Haus nebst Eingerichte, unten als Keller und oben als Zimmer. 3 Coulissen als Ruinen gemahlt und eine Figur zu „Cardilac“[8]).
77. Ein großes Crucifix. 3 Leichensteine. 1 kolosale sitzende Figur, die Zeit vorstellend. 4 Trophaien von Nasen; zum „Ewigen Juden“[9]).
78. Ein großes Haus zu „Nro. 777“[10]).
79. Die Sonne zum „Opferfest“[11]).

---

[1]) „Friedolin oder Der Gang nach dem Eisenhammer“, Schauspiel von Franz von Holbein (1779/1855; 1824/41 Direktor des Hannoverschen Hoftheaters) aus dem Jahre 1811.

[2]) Trauerspiel von Karl Pfeffel, aus dem Jahre 1777.

[3]) Schauspiel von I. A. Graf Törring-Cronsfeld; aus dem Jahre 1782.

[4]) Oper von Carl Maria von Weber, 1823.

[5]) Lustspiel von August von Kotzebue.

[6]) Der parodierte „Freischütz oder Staberl in der Löwenschlucht“, Posse von Karl; Erstaufführung in Hannover am 5. Oktober 1824.

[7]) Von Carl Maria von Weber. Erstaufführung in Hannover am 11. Juni 1822.

[8]) „Cardilac oder Das Stadtviertel des Arsenals“; Drama in drei Aufzügen nach dem Französischen von W. Stich; Erstaufführung in Hannover am 6. Februar 1825.

[9]) Dramatische Legende von August Klingemann; Erstaufführung in Hannover am 4. April 1825.

[10]) Posse von Carl Lebrun aus dem Jahre 1822; Aufführung in Hannover am 30. November 1827.

[11]) „Das unterbrochene Opferfest“, Oper von Peter Winter; Aufführung in Hannover am 16. März 1828.

GERÄTE

Gebrauchs- und Ausschmückungsgegenstände heißen an den meisten Bühnen jetzt „Geräte". Diese nach Tausenden zählenden Teile (s. Abb. 35) sind entweder echt oder billige, im Gewicht leichtere, vergrößerte oder verkleinerte Nachbildungen. Sehr oft werden auch hier Kaschierungen angewendet. Bei Möbeln (s. Abb. 34), die zu den Geräten zählen, waren zeitweise Formen beliebt, die durch Ergänzungen anders zusammengestellt werden konnten; Sitzkissen und Rückenlehnen der Polstermöbel sind fast immer auswechselbar. Schränke werden durch Beseitigen aller unnötigen Teile (Holzrückwand, innere Einteilung) leichter und durch eingebaute Rollen beweglicher. Bilder haben auswechselbare Rahmen; Vorhänge sind vielfach von beiden Seiten zu benutzen. Alles wird nach Arten geordnet oder besser vorstellungsweise zusammengestellt. Die Geräte eines abgespielten Stückes brauchen nicht wie die Bildteile vernichtet zu werden, da sie weit weniger Platz einnehmen und ein möglichst großer Fundus bei Neueinstudierungen sehr erwünscht ist.

GERÜSTE

Diese Gruppe umfaßt die wichtigen, dem Zuschauer meist unsichtbaren Bauteile, aus denen fast alle Erhöhungen im Bühnenbild hergestellt werden, die der Darsteller betritt. Die Mittel dazu sind zerlegbare Gerüste und Keile, feste Kästen, Schrägen, Treppen und Brücken. Die zerlegbaren Teile bestehen aus dem eigentlichen Gerüst, einem in Scharnieren zusammenklappbaren Gestell (s. Abb. 244) von bestimmter Höhe, Länge und Breite und einer darauf passenden Tafel als Deckplatte. Das Wesentliche dabei ist das Festlegen der Maße und die Einführung einheitlicher Bauweise.

Es gibt in Deutschland eine große Anzahl mittlerer Bühnen, die auch heute noch nach „Fuß", „Zoll" oder „Schuh" rechnen. Wenn der Bühnenmeister beim Aufbau eines Bildes ruft: „Hier kommen zwei 18-Zoll-Appareillen her, dahinter ein 3-Fuß-Podest und der Hugenottenkeil", so ist das nicht mehr zeitgemäß. Nur durch überall gültige Einheitsmaße und -benennungen kann Abhilfe geschaffen werden; Ansätze dazu sind seit längerer Zeit vorhanden. Der „Verband der technischen Bühnenvorstände" beschloß in der Augsburger Versammlung vom 16. Juli 1922: „Bei neuen Theatern soll künftighin als Tritthöhe das Normalmaß der Architekten $16^2/_3$ (3 Stufen auf 50 cm) zugrunde gelegt werden." Diese Forderung ist bisher nicht überall erfüllt; die Entwicklung darf jedoch nicht auf halbem Weg stehen bleiben.

Ein Fachausschuß sollte von den guten Bauweisen, die seit Jahren bei einigen Bühnen bestehen, eine als allgemeingültig anerkennen und einheitliche deutsche Bezeichnungen wie in jedem anderen technischen Betrieb einführen, damit durch fabrikmäßiges Herstellen der Hilfsmittel den kleinen Theatern ohne eigene Werkstätten die Anschaffungen erleichtert werden[1]). Im folgenden sind zwei der bestehenden Einheitsarten erläutert:

---

[1]) s. auch S. 203 — 6.

1) Gerüsteinteilung nach dem 25-cm-Grundmaß

Diese Art, die sich am besten mit der Gliederung eines Steinbaukastens vergleichen läßt, bei dem jeder große Stein in einem bestimmten Verhältnis zu den kleineren steht, beruht auf der Meter-Einteilung. Ein Würfel von 25 cm Grundmaß wird als kleinster Bauteil zugrunde gelegt. Durch Vervielfältigung entstehen dann die auf der Tafel 14 dargestellten Formen, wobei zu bemerken ist, daß nach dem vorher erwähnten Verbandsbeschluß drei Treppenstufen von je 25 cm Tiefe auf 50 cm Höhe gerechnet sind.

Um eine stets eindeutig bestimmte Bezeichnung für jedes Stück zu haben, sind die drei Maßzahlen für Höhe, Länge und Breite dazu verwendet und es gelten folgende Regeln:

1) Es wird für die Zahl 25 cm die Ziffer 1 eingeführt,
dann bedeuten: 50 cm die Ziffer 2,
100 cm die Ziffer 4,
400 cm die Ziffer 16 usw.

2) Jedes Stück ist mit einer dreistelligen Zahl benannt, z. B.: 128 (Aussprache wie im Fernsprechverkehr: eins-achtundzwanzig).

3) Die Hundert-Ziffer bedeutet stets die Höhe und wird immer allein ausgesprochen.

4) Die Zehner- und Einer-Ziffer gibt die Länge und Breite an, wobei die kleinere Zahl an der Zehnerstelle zu stehen hat.

5) Die Höhenziffer wird durch einen Querstrich (/) getrennt (2/48 zwei-achtundvierzig) geschrieben. Treten bei großen Maßen für Länge und Breite über 2,5 m Doppelziffern auf, so werden diese durch einen Punkt getrennt geschrieben und gesprochen: 4/4.12 = vier-vier-zwölf.

6) Große Unterscheidungsbuchstaben, die vor den Zahlen stehen, bedeuten:

K = Keile, Ka = Kasten, S = Schrägen,
Ks = Keilschrägen, T = Treppen, Et = Ecktreppen,
It = Innentreppen.

7) Kleine Buchstaben hinter den Zahlen bedeuten:
e = eckig, rd = rund, w = winklig, r = rechts, l = links.

8) Bei Treppen wird nur die Höhe und Breite angegeben, da die Länge sich aus der Höhe von selbst ergibt; z. B. T 4/8 = 1 m hoch, 2 m breit. Die Treppe hat 6 Stufen, ist also 1,5 m tief; die Ziffer 6 für die Tiefe kann also fehlen.

9) Bei Schrägen wird das Tiefenmaß in der Zehnerstelle geschrieben = S 4/86.

Diese eindeutige Benennung ist beim Zeichnen von Bühnengrundrissen für die Bildstellungen von großem Vorteil, da alle Unterscheidungsbemerkungen fortfallen können.

Bei einem Gang durch die überfüllten Speicher einer Bühne, die noch ohne Einheitsmaße arbeitet, sieht der Fachmann auf den ersten Blick, daß fast die Hälfte der Gerüste überflüssig ist und unnötigen Raum beansprucht: kaum zehn passen richtig zueinander; Ersatzstücke werden immer wieder in alten, falschen Maßen hergestellt.

In Weiterentwicklung des Vorschlags müssen dann auch die unter i, g und r der Tafel 13 angeführten Bildteile, hauptsächlich Verkleidungen für Gerüste, im

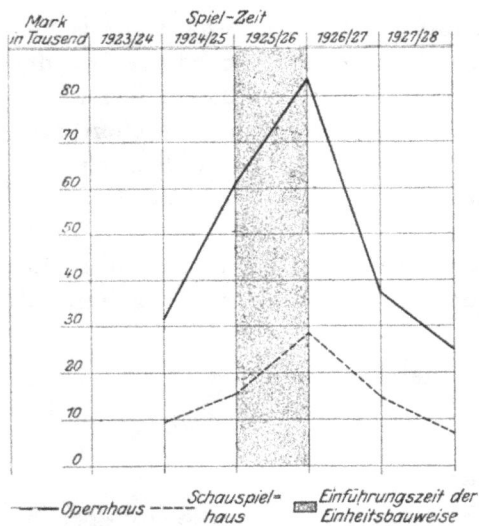

Abb. 252. Einfluß der Einheitsbauweise auf die Ausstattungskosten

gleichen Maßstab angefertigt werden und dieselbe, allerdings nur zweistellige Bezeichnung für Länge und Breite führen; z. B. 48 = achtundvierziger Blende.

So lassen sich viel Baustoffe, Raum, Zeit und Geld sparen (Abb. 252). Nach Vorversuchen im Staatstheater-Schwerin wurde bei den Städtischen Bühnen-Hannover, im Festspielhaus-Bayreuth und bei mehreren anderen Theatern die Bauweise eingeführt und hat sich sehr gut bewährt. Auch an die einheitliche Bezeichnung gewöhnte sich das Personal sehr schnell, so daß keine Schwierigkeiten entstanden.

2) Gerüsteinteilung nach „Fuß"

Im Landestheater-Gotha ist durch Rudolf Kranich-Zürich[1]) eine andere Art eingeführt, die auf der Länge des menschlichen Fußes beruht und für ein möglichst unbehindertes Gehen der Darsteller auf den Treppen lieber auf die Vorteile der Metereinteilung verzichtet. Er sagt: „Bei allen Bühnentreppen, von der Ein- oder Zweistufe an bis zum mehrere Meter hohen Treppenbau, müssen zwei Maße besonders beachtet werden: die Stufenhöhe und die Stufenbreite. An vielen Bühnen ist das sogenannte Normalgerüst von 1 m Breite und 1 m Höhe maßgebend für die Treppengrößen. Dies ergibt eine Stufenhöhe von 16,66 cm bei 6 Stufen auf 1 m. Als Breite der Stufe ist 0,25 m gegeben. Diese ist jedoch nicht bequem und sicher gehbar, zumal bei schnellen Auftritten oder wenn der Darsteller Sporen trägt. Die Höhe von 16,5 cm ist wegen der nicht zu den üblichen Podesthöhen passenden Zwischenhöhen 33 cm, 66,5 cm usw. unpraktisch.

Wenn man von der Länge des männlichen Fußes ausgeht, muß man 30 cm als normale Stufenbreite wählen. Nimmt man dazu 20 cm Stufenhöhe, so erhält man eine bequem und sicher gehbare Treppe. Als passende Gerüstmaße ergeben sich aus dieser Stufe Gerüste von 20, 40, 60 usw. Höhe und 90 cm Breite = dreimal eine Stufenbreite. Die geeignetste Länge ist 1,80 m, sie ist durch 30 teilbar, was bei längs gestellten Gerüsten mit darauf gesetzten Stufen notwendig ist. Steht eine Zweistufe auf einem Gerüst, so bleibt vor der Stufe eine Stufenbreite von 30 cm frei. Die Vierstufe, die zu einem 1 m hohen Gerüst paßt, ist in der Grundfläche 4 × 30 cm = 1,20 m lang, während die zu demselben Gerüst passende Fünfstufe bei 16,66 cm Stufenhöhe und 25 cm Stufenbreite 5 × 25 = 1,25 m lang ist. Ein Beweis, daß diese Art trotz der größeren Stufenbreite nicht mehr Grundfläche beansprucht, als ein anderes, was bei kleineren Bühnen sehr wichtig ist. Die Stufenhöhe von 20 cm ist selbst von den Darstellerinnen als sehr bequem gehbar bezeichnet worden.

Da der menschliche Fuß als Grundmaß angenommen ist, muß die Form aber auch bei größeren Bühnen verwendbar sein, denn der Mensch bleibt immer der Maßstab für die Bühne. Waren doch die alten Maße vom menschlichen Körper hergenommen."

---

[1]) Vgl. „Podeste und Treppen": Bühnentechnische Rundschau 1927, Nr. 2.

220

Einheitsgerüste

M. 1:100

1/22 1/24 1/26 1/28 1/44 1/46 1/48   Ka.1/11 Ka.1/12 Ka.1/14

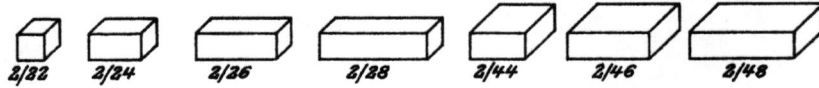

2/22 2/24 2/26 2/28 2/44 2/46 2/48

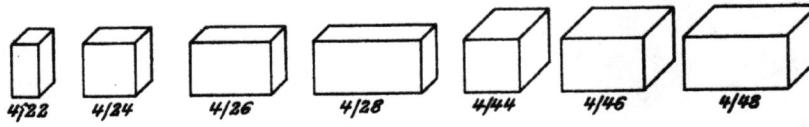

4/22 4/24 4/26 4/28 4/44 4/46 4/48   K.1/22 K.1/24

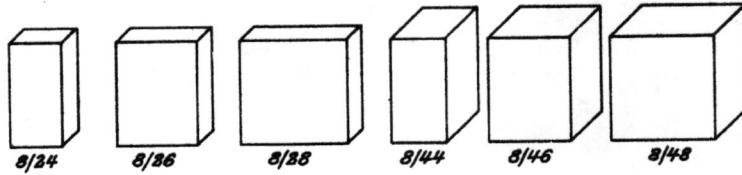

8/24 8/26 8/28 8/44 8/46 8/48   K.2/24

K.4/24

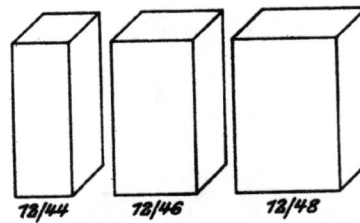

12/44 12/46 12/48

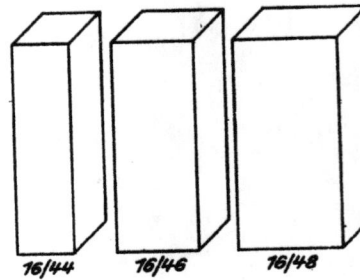

16/44 16/46 16/48

ÜSTE

Kästen (Ka.)

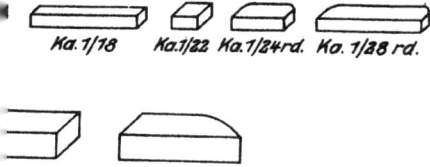

Ka.1/18 Ka.1/22 Ka.1/24rd. Ka.1/28 rd.

Schrägen (S.)

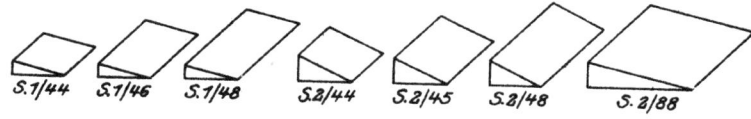

S.1/44 S.1/46 S.1/48 S.2/44 S.2/45 S.2/48 S.2/88

Keilgerüste (K.)

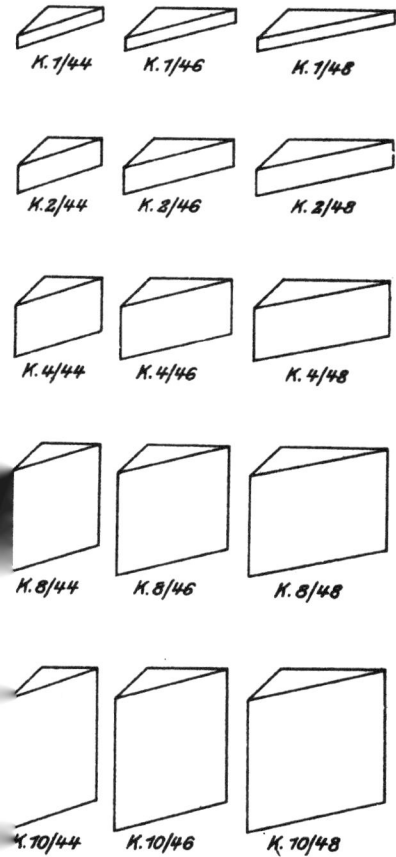

K.1/44 K.1/46 K.1/48

K.2/44 K.2/46 K.2/48

K.4/44 K.4/46 K.4/48

K.8/44 K.8/46 K.8/48

K.10/44 K.10/46 K.10/48

Keilschrägen (K. S.)

K.S.2/76.0 K.S.2/88.00 K.S.2/88.0

Treppen (T.)

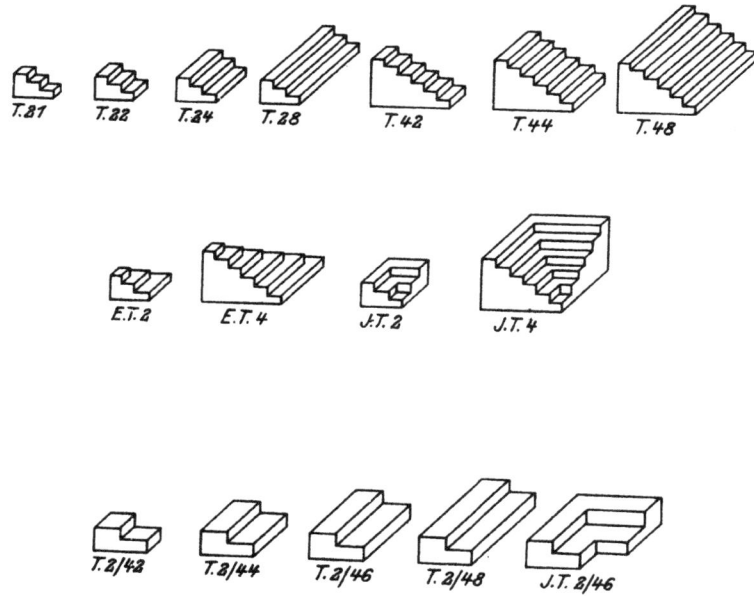

T.21 T.22 T.24 T.28 T.42 T.44 T.48

E.T.2 E.T.4 J.T.2 J.T.4

T.2/42 T.2/44 T.2/46 T.2/48 J.T.2/46

Verlag von R. Oldenbourg, München und Berlin

WAGEN

Bühnenwagen sind eines der wichtigsten Hilfsmittel für den raschen Bildwechsel und heute nicht mehr zu entbehren; sie müssen nach folgenden Gesichtspunkten gebaut und verwendet werden:

1) Am vorteilhaftesten ist es, verschiedene Größen herzustellen, die im richtigen Verhältnis zueinander und zu den Gerüsten stehen, um durch Aneinanderfügen wieder größere Einheiten zu erhalten.

2) Dazu empfiehlt es sich, auf allen Seiten Löcher in gleichen Abständen anzubringen, durch die sie mit Bolzen rasch gekuppelt werden können.

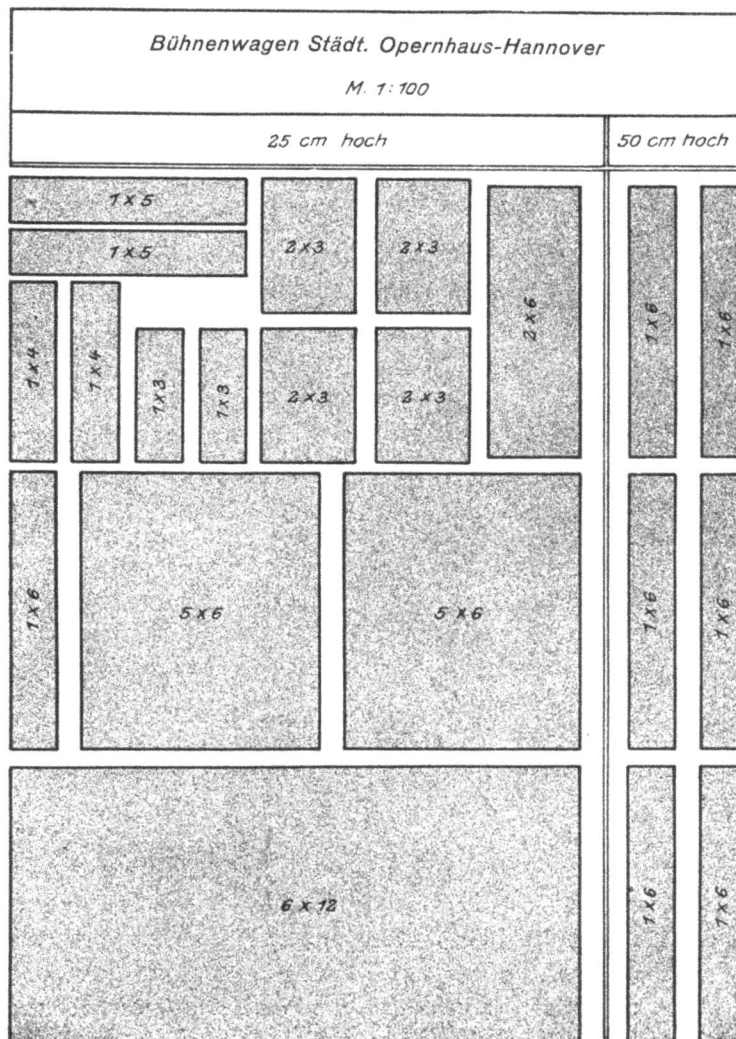

Abb. 253. Wagenpark des Städtischen Opernhauses-Hannover

3) Alle Wagen müssen dieselbe oder die doppelte Höhe haben wie die niedrigsten Einheitsgerüste; bei solchen nach Metern also 0,25 und 0,50 m. Ihre Längen und Breiten werden am besten dem etwa vorhandenen großen Wagen angepaßt. Auch die Versenkungsmaße sind zu berücksichtigen, damit die Wagen und ihre Aufbauten rasch von der Spielfläche zu entfernen sind. Die Bühnenwagen des Städtischen Opernhauses-Hannover haben sich in ihrer vorteilhaften Maßeinteilung bewährt (Abb. 253).

4) Als Baustoff ist Eisen dem Holz unbedingt vorzuziehen, da bei kleineren Abmessungen die Belastungsmöglichkeit viel größer ist und die Bruchgefahr durch das unausbleibliche Anbohren der Holzzargen wegfällt.

5) Werden große Flächen aus mehreren kleinen Wagen zusammengesetzt, so leidet die Lenkfähigkeit durch die vielen Rollen; man verbindet sie deshalb nur bis zur nächstgrößeren Einheit miteinander.

6) Je weniger Rollen ein Wagen hat, um so leichter läßt er sich fahren; deshalb besteht das Gerippe am besten aus Gitterträgern oder gepreßten, durchlochten Stahlblechen, um ein Durchbiegen zu vermeiden.

7) Baustoffe werden gespart, wenn bei kleinen Wagen auch die Einheitstafeln der Gerüste in den Eisenrahmen passen. Für größere empfiehlt es sich, besondere Platten oder fest verschraubten Holzbelag zu wählen.

8) Die Stirnseiten ersetzen die sonst nötigen Blenden, wenn sie als Blechwände ausgebildet 1 bis 2 cm vom Boden entfernt sind.

9) Die Rollen müssen auf Kugellagern laufen und allseitig drehbar sein. Bei größeren Wagen (etwa von 6 bis 8 m aufwärts) empfiehlt es sich, sie in zwei um 90° versetzten Stellungen durch einen Bolzen festzuhalten, um bei raschen Verwandlungen sofort die gewünschte Richtung zu haben. So wird z. B. bei dem 8 × 10 m großen Felsenwagen im Festspielhaus-Bayreuth während der Rheinuferszene im dritten Akt der Götterdämmerung (s. Abb. 379) durch einen kleinen Öldruckwagenheber jede Rolle leicht angehoben, in Richtung auf die Hinterbühne eingestellt und festgebolzt; 15 Mann fahren ihn dann gegen den Bühnenfall rasch zurück, wozu früher ohne diese Vorrichtung 40 bis 50 nicht imstande waren. Da elektrische, hydraulische oder Handwinden nicht immer vorhanden sind, lohnt sich sehr oft diese Erleichterung.

10) Ist bei größeren Wagen das Eisengerippe wegen der verschraubten Holztafeln nicht überall zugänglich, so werden vorteilhaft kleine Klappen über den mittleren Rollenkästen im Boden zum Drehen und Schmieren angebracht.

11) Sobald ein Wagen über den Bühnenboden fährt, müssen unbedingt alle Freifahrten geschlossen sein. Die Ränder der Friese werden sonst durch das Aufschlagen der Rollen in die Vertiefung in kurzer Zeit abgenutzt oder sie platzen. Ebenso rasch werden die in solche Friese eingesetzten Federn unbrauchbar, da jede Rolle auf die neu entstandene Vertiefung davor und dahinter aufschlägt. Das bei raschen Verwandlungen meist sehr störende, dumpfe Geräusch rollender Wagen rührt ebenfalls von offenen Freifahrten her.

222

Die kleineren Wagen lassen sich leicht in der Nähe der Bühne unterbringen; da fast täglich mehrere im Gebrauch sind, wird der Raum dafür, auch wenn er nicht groß ist, ausreichen.

Abb. 254. Hängende Bühnenwagen, Städtisches
Opernhaus-Hannover

Macht das Unterbringen größerer Wagen Schwierigkeiten, so empfiehlt es sich, sie an Drahtseilen senkrecht an einer Bühnenseitenwand aufzuhängen und durch eine Winde auf- und abzubewegen. Eine solche Anlage für zwei Wagen von 5 × 6 m hintereinander besitzt das Städtische Opernhaus-Hannover (Abb. 254).

223

TRAG- UND BEFESTIGUNGSVORRICHTUNGEN

Fast alle beweglichen Hilfsmittel für den Aufbau der Bühnenbilder bedürfen, wenn sie die durchschnittlichen Größen- und Gewichtsverhältnisse überschreiten, beim Platzwechsel besonderer *Trage-*, zum Aufstellen im Bühnenbild besonderer *Befestigungs-Vorrichtungen.*

TRAGE-VORRICHTUNGEN

Der größte Teil der Arbeitszeit im technischen Bühnenbetrieb wird auf das Hin- und Hertragen der Ausstattungsgegenstände verwendet. Es muß deshalb nach dem Grundsatz: „Vergeude keine Energie!" und, um die Teile zu schonen, untersucht werden, ob die eingebürgerten Arten verbesserungsfähig sind. Selbst große Bühnen treffen z. B. beim Tragen von Zimmerwänden keine Vorkehrungen zum Schutz der Stoffbespannung oder Malerei. Der Zuschauer sieht vielleicht ab und zu an den Rändern der Wandteile eines Zimmers in Traghöhe häßliche Flecke: sie sind durch das Anfassen entstanden. Hierdurch werden wertvolle Gobelins, Stoffwände oder gemalte, reich verzierte Leinwandstücke oft ausbesserungsbedürftig, was wieder Stoff, Zeit und Geld kostet. Es ist falsch, sich damit abzufinden, daß „abgegriffene" Stücke eben wieder aufgemalt werden müssen, wenn Abhilfe möglich ist.

Jeder falsche Handgriff erzeugt einen Fleck!

Abb. 255. Falsches und richtiges Tragen von Setzstücken mit doppelten Traglatten

Um frühzeitiges Abnutzen zu verhindern, ist deshalb ein Anfassen an den bemalten Seiten zu vermeiden. Der Bau der Hand weist dazu einen Weg: sobald sie einen Gegenstand geschlossen umfaßt, wird die Kraft voll ausgenutzt und der Tragende spürt größere Sicherheit, als wenn das Stück nur zwischen dem Daumen und den übrigen Fingern gleichsam schwebt.

Werden deshalb schon beim Bau der Bildteile in der Werkstatt auf der Rückseite handlich abgerundete Querlatten in Traghöhe oben und unten angebracht, so ist ein Umfassen der Endlatte und ein Beschädigen der Vorderseite unmöglich (Abb. 255). Andere Mittel, die oft Privatdirektoren vorschreiben, z. B. Handschuhe oder angenagelte Schutzlappen, sind ungeeignet. Handschuhe bekommen durch das dauernde Scheuern an rauhen Holzlatten sehr bald Löcher oder sie sind in kurzer

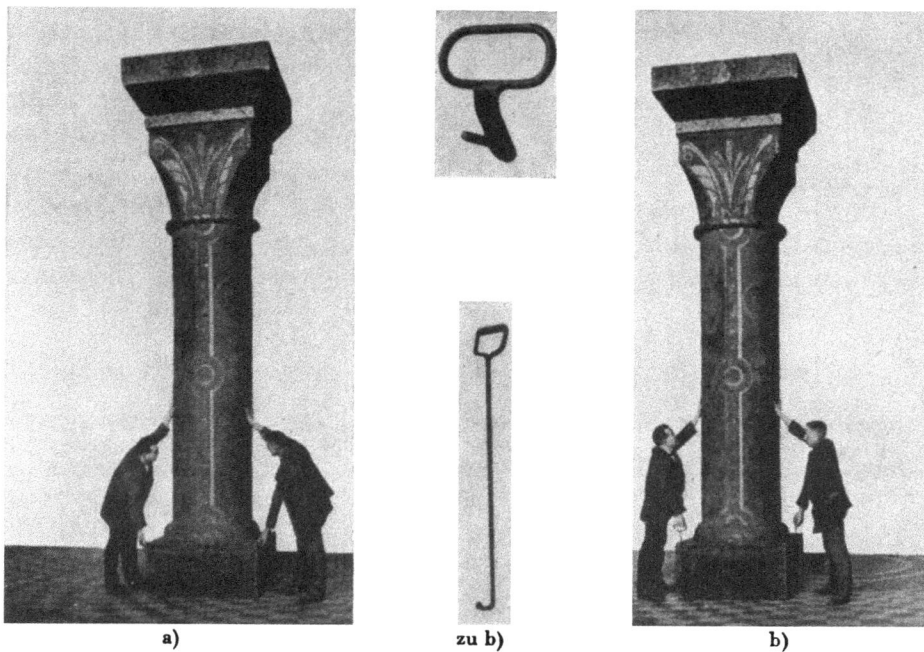

a)   zu b)   b)

Abb. 256. Richtiges und falsches Tragen hoher Kaschierungen

Zeit ebenso schmutzig wie die nackte Arbeitshand. Schutzlappen können sich beim raschen Aufstellen der Wände, besonders im Dunkeln, einklemmen und dienen dann als unangebrachte Verzierung. Sind die Stücke nach Form oder Stellung zum Anbringen der Tragelatten nicht geeignet, so bietet ein kleiner eiserner Griff (Abb. 256a), den jeder Bühnenarbeiter als Werkzeug in der Arbeitstasche mitführen kann, leicht Ersatz. Voraussetzung bei seiner Anwendung ist, daß an der Anfaßstelle ein kurzes Metallrohr, in das der Dorn des Griffes paßt, schon beim Bau eingelassen wurde.

Die Neuerung hat sich, namentlich bei hohen Kaschierungen, ausgezeichnet bewährt und ist weit besser als der früher übliche 50 cm lange eiserne Hakengriff, der unter das zu tragende Stück geschoben wurde, ein Kippen oder Anheben notwendig machte und zum dauernden Mitführen zu groß war (Abb. 256b).

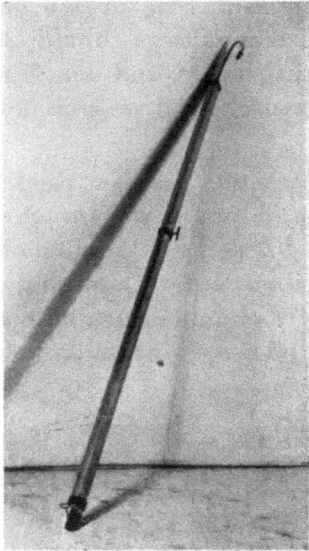

Abb. 257. Ausziehbare Traglatte
für hohe Wände

Besonders hohe Wände von 7 bis 10 m Höhe werden vorteilhaft beim Tragen durch eine lange Stütze gegen Umschlagen gesichert. Sie muß ausziehbar sein, damit der Tragende in der richtigen Entfernung vom Stück gehen kann und eine gegen Zug und Druck widerstandsfähige, leicht lösbare Befestigungsvorrichtung besitzen (Abb. 257).

Vielleicht könnte bei den immer mehr aufkommenden hohen kaschierten Teilen (Bäume, Säulen), die wegen ihrer schmalen Form und des großen Gewichtes unhandlich sind, das Befördern an leicht beweglichen Laufkatzen wie in Maschinenfabriken auch auf der Bühne angewendet werden. Es kommt dort in Frage, wo die Lager auf Bühnenhöhe liegen und die Stücke aufrecht untergebracht werden können. Das Festspielhaus-Bayreuth soll im Sommer 1930 mit einer solchen Vorrichtung versehen werden. Eine ähnliche ist bereits auf der Hinterbühne des Großen Hauses-Stuttgart vorhanden (Abb. 258).

Für die vielen, kleinen Geräteteile und Möbelstücke empfiehlt es sich, leichte Handkarren mit Drehrollen wie z. B. die Gepäck-Beförderungswagen auf den Bahnhöfen zu benutzen. In schwere Möbel baut man vorteilhaft drehbare Rollen mit möglichst großem Durchmesser ein.

Abb. 258. Kran auf der Hinterbühne, Großes Haus-Stuttgart

BEFESTIGUNGS-VORRICHTUNGEN

Das wichtigste Befestigungsmittel für die Kulissen der alten Guckkastenbühne waren die Bolzen der Freifahrtwagen. Bei der neuen Bildbauweise werden auch hohe Wände nur wie Setzstücke am Boden festgebohrt und mit einer schräggestellten Latte gegen Umfallen gesichert. Diesen Notbehelf gedankenlos auf alle Teile anzuwenden, verträgt sich nicht mit der Forderung, den technischen Bühnenbetrieb wirtschaftlich zu gestalten.

Jedes Bohrloch zerstört das Holz!

Bildteile und Fußboden werden erst unansehnlich, dann unbrauchbar (Abb. 259).

Abb. 259. Durch Bohrlöcher zerstörter Blendenrahmen und Bühnenboden

Jedes vermiedene Bohrloch ist ein Gewinn!

Deshalb kein unnötiges Befestigen! Äußerstes Einschränken des Anbohrens bei Vorproben! Kein überflüssiger Nagel bei Aufführungen! Hämmern verursacht außerdem unerwünschtes Geräusch! Bei eiligem Bildwechsel *liegengebliebene* Nägel sind für Darsteller, namentlich für Tänzer, sehr gefährlich, *hervorstehende* können Ursache von Verletzungen sein! Die üblichen Befestigungsmittel, Nägel und Bohrer, sind leicht durch bessere Hilfsmittel zu ersetzen, deren Auswahl von der Größe und Form des Gegenstandes und seines Stützpunktes abhängig ist.

Beim Aufbau der Bühnenbilder müssen befestigt werden:

1) Teppiche am Boden oder auf Gerüsten,
2) Hängestücke an Setzstücken,
3) Setzstücke am Bühnenboden,
4) Setzstücke aneinander,
5) Setzstücke an Gerüsten,
6) Gerüste aneinander,
7) Hängestücke aneinander.

Abb. 260. Falsches und richtiges Befestigen von Bodentüchern

Bei der *ersten Gruppe* sind kleine Drahtstifte nur anzuwenden, wo es sich nicht vermeiden läßt, z. B. wenn der Stoff nicht den ganzen Boden bedeckt oder über Gerüste usw. gespannt werden muß. Bodentücher sollten grundsätzlich nicht angenagelt werden; ihre Vorderseite ist in einer besonderen Freifahrt unmittelbar hinter den Türmen durch eine Feder festzuklemmen oder durch den Schlitz auf eine in der Untermaschinerie befindliche Trommel aufzurollen. Bei Seitenwagen, die nach dem Einfahren eine Ebene mit der Spielbühne bilden, ist es zweckmäßig, auf der ganzen Länge eine kleine federnde Metallklappe zur Aufnahme der vorderen Bodentuchkante anzubringen. Es wird durch diese Befestigung geschont und die gerade Linie als Ansatz des Bildes sieht weit besser aus als eine in Wellen verlaufende Nagelkante (Abb. 260).

Bei der *zweiten* Gruppe sind bis jetzt Drahtstifte noch nicht zu entbehren, um das Flattern der Leinwand bei der Bewegung der Darsteller zu verhindern. Kann das Hängestück in den nächsten Zug gebunden werden, so preßt es sich von selbst durch seine nicht mehr ganz senkrechte Lage fest an das darunter stehende Setzstück an.

Die *dritte* Gruppe bietet beim Befestigen flacher Bildteile am Boden die meisten Schwierigkeiten und Bohrlöcher lassen sich nicht immer vermeiden. Kleine, bis etwa 1 m hohe Teile können mit dreieckigen anscharnierten Winkelrahmen versehen werden, deren wagrechte Strebe mit einem eisernen Gewicht beschwert wird. (Abb. 261). Bei höheren Stücken muß die Möglichkeit, daß sie umfallen könnten, unter allen Umständen ausgeschaltet werden. Sie sind mit ein bis zwei Bohrern am Bühnenboden zu befestigen und durch einen etwas höheren Winkelrahmen oder eine besondere Stütze zu halten. Dabei sind Bohrer mit eisernen Griffen vorzuziehen; sie verhindern Handverletzungen, die durch geplatzte Holzgriffe leicht entstehen.

Die zum Befestigen üblichen *Stützen, Steifen, Sprießen, Streben* haben die verschiedensten Formen. Die einfachste ist eine Latte mit einem Bohrer oben und unten (Abb. 262).

C. A. Schick-Wiesbaden hat eine brauchbare, sehr gut eingeführte Stütze erfunden (Abb. 263). Es ist eine ausziehbare eiserne Rundstange mit schraubzwingenähnlichem drehbarem Kopf und Flügelmutter als Ersatz für den oberen Bohrer.

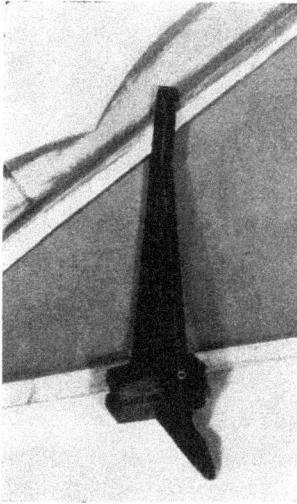

Abb. 261. Anscharnierter Winkelrahmen mit Gewicht

Abb. 262. Schlechtes Be-
festigen von Setzstücken

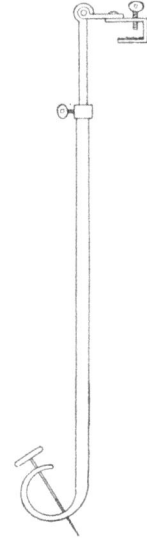

Abb. 263. Gelenk-Stütze,
C. A. Schick-Wiesbaden

Abb. 264. Haken-Stütze, H. Meier-Kaiserslautern

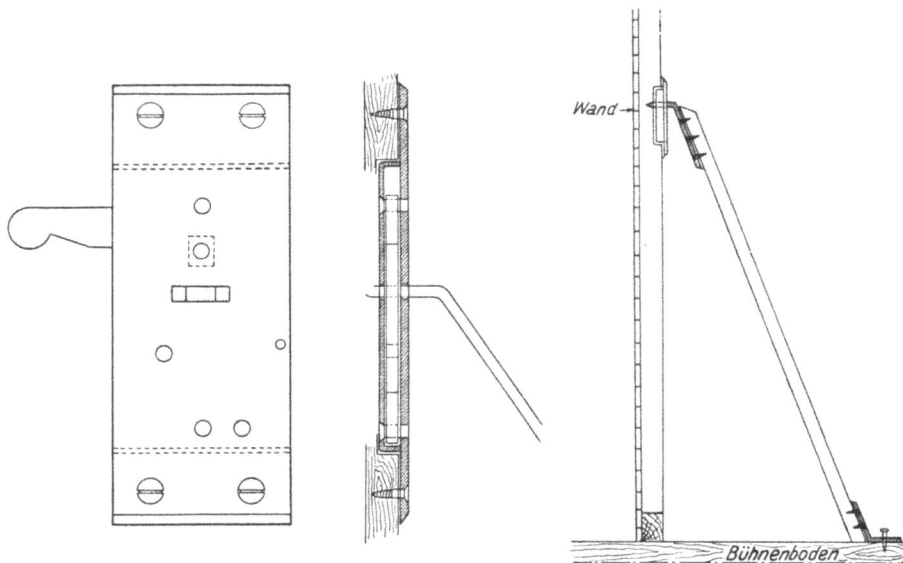

Abb. 265. Schloß-Stütze, B. Kunze-München

Hans Meier-Kaiserslautern ist ein Patent (DRP. 81406) erteilt auf eine Stütze, die am oberen Ende einen Haken besitzt. Dieser greift in eine an jedem Setzstück angebrachte Öse ein und stellt so eine feste Verbindung her (Abb. 264).

Bernhardt Kunze-München ist eine andere Ausführung geschützt (DRGM. 374019). Sie besteht aus einem besonderen Schloß, das in jedes Stück eingelassen wird, und einer Stütze mit einem eingekerbten Dorn. Durch einen Druck wird die Stütze im Schloß befestigt und durch Niederdrücken des Hebels wieder entriegelt (Abb. 265).

G. Pohlenz-München hat ein Patent (DRP. 344435) auf eine zweiteilige Stütze (Abb. 266). Der Kopf kann allein als Befestigungsklammer von zwei Wänden

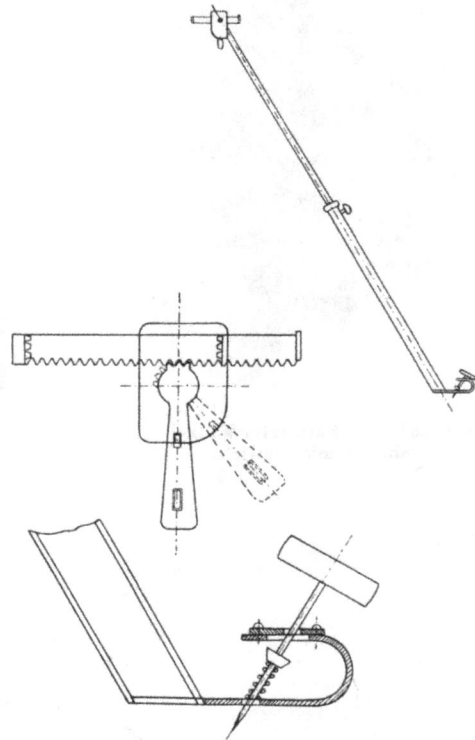

Abb. 266. Greifer-Stütze,
G. Polenz-München

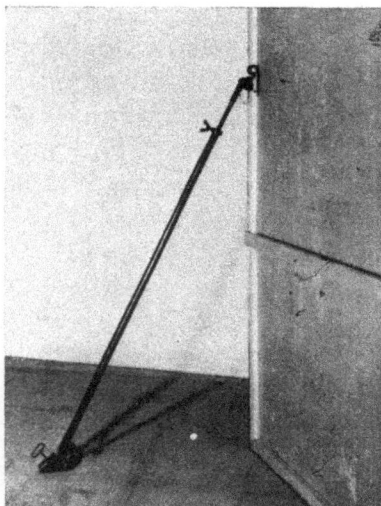

Abb. 267.
Klammer-Stütze, H. Duffner-Mannheim

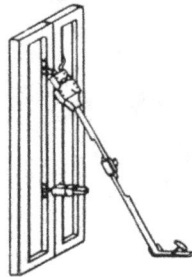

Abb. 268. Bolzen-Stütze,
R. Kranich-Zürich

Abb. 269.
Bohrerlose Stütze

Abb. 270.
Haken-Stütze

benutzt werden. Er besteht aus federnden Greifern, die durch einen zwischen ihnen angebrachten Griff um zwei Bolzen zu drehen sind. Die Greifer werden dadurch an eine Traglatte der zu befestigenden Wand angepreßt und bleiben in dieser Stellung stehen. Wird eine ausziehbare Stütze in eine dafür vorgesehene Öffnung des Kopfes eingesetzt, so bildet das Ganze eine Steife für Setzstücke, die ebenfalls nur einen Fußbohrer braucht.

Heinrich Duffner-Mannheim hat das DRGM. 1001991 auf eine ähnliche Einrichtung, die als Klammer für zwei Bildteile und gleichzeitig als Stütze dient. Der Fußbohrer ist so eingesetzt, daß er nicht verloren gehen kann (Abb. 267).

Rudolf Kranich-Zürich hat eine ausziehbare Stütze ohne oberen Bohrer mit unverlierbarem und gleichzeitig gesichertem Fußbohrer gebaut, die sich an das Setzstück beim Tragen anlegt (Abb. 268). Der Kopf besteht aus einem 10 cm langen Rohr, das genau zwischen zwei in jedem Setzstück angebrachte Schraubösen paßt und durch einen etwas konischen Bolzen mit ihnen starr verbunden wird. Das Rohr läßt sich in jeder Richtung drehen. Der Fuß ist kleinen Bilderhaken mit Stahlstiften nachgebildet und ebenfalls drehbar; dabei verschwindet die Bohrerspitze, um Verletzungen beim Tragen zu vermeiden, in dem Schaft der Stütze. Befestigen und Lösen geht wesentlich schneller als bei anderen Arten.

Die *bohrerlose Stütze* (Abb. 269) hat als obere Befestigung eine dreh- und verstellbare Schraubzwinge und am unteren Ende eine Querlatte mit einem gabelförmigen Haken, der beim Anbringen an einem Setzstück um die Unterlatte des Rahmens herumgreift. Auf diese Querlatte wird ein Zuggewicht mit der Ausfräsung nach unten zum Beschweren eingehängt. Wird die Stütze abgenommen, so läßt sich die Latte in einem Scharnier hochklappen und durch eine gabelförmige Plattfeder festhalten.

Abb. 271. Überwurftau

Hakenstützen (Abb. 270), die nach Art der in Abbildung 257 gezeigten Hilfstragestützen gebaut sind, werden für sehr hohe Teile, deren Angriffspunkt von der Bühne aus von Hand nicht zu erreichen ist, vielfach angewendet.

Bei der *vierten* Gruppe — zwei Setzstücke miteinander zu verbinden — lassen sich Bohrer fast immer vermeiden. Die im Filmbau übliche Art, zwei senkrecht zueinander stehende Wände anzunageln, ist für die Bühne unbedingt zu verwerfen. Kleinere Teile (Dickungen, Türen, Fenster, Läden usw.) befestigt man an größere durch „Steckscharniere". Zwei Zimmer- und Hauswände werden fast allgemein durch „Überwurfstaue" (Abb. 271) verbunden. Dabei ist die eine Wand auf der Rückseite, um kein Licht durch die Fuge dringen zu lassen, mit einer „Deckschiene" versehen.

Wenn nicht völlig trockenes Holz benutzt wird, werfen sich hohe Wände oft und der meist in der Mitte entstehende Spalt kann durch Überwurfstaue allein nicht zusammengezogen werden. In diesem Fall werden entweder „Schraubzwingen" (Abb. 272) angesetzt oder *Holzkeile* auf die Wände an den weitesten Stellen aufgenagelt, über die ein besonderes, T-förmig gebogenes „Scharniereisen" gepreßt wird, das aus zwei beweglichen Teilen besteht, damit es auch für Eckstücke paßt (Abb. 273). Bei Sperrholzwänden werden häufig aus der Filmtechnik stammende „Blenden-klammern" (Abb. 274) gebraucht.

G. Wimmer-Königsberg besitzt den DRGM. 37974 auf einen „Dekorations-Zusammenhalter", der aus der Abbildung 275 ersichtlich ist.

H. Pohlenz und H. Duffner-Mannheim haben ähnliche Anordnungen herausge-bracht, die bei den Stützen bereits besprochen wurden.

L. Lippmann-Hannover ist die bei den Städtischen Bühnen-Hannover und im Festspielhaus-Bayreuth eingeführte verstellbare Klammer (DRGM. 1030767) ge-schützt (Abb. 276). Sie läßt sich bei wag- und senkrechten Gerüstverbindungen und bei geraden und eckigen Wandteilen verwenden.

Abb. 272. Schraubzwinge   Abb. 273. Scharniereisen

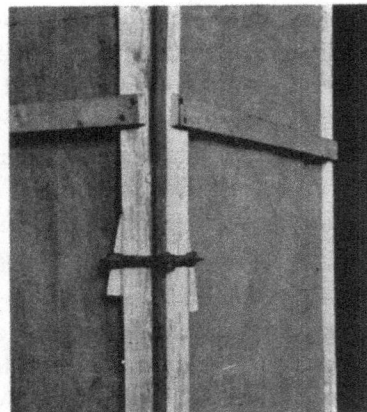

Mein Eckenriegel (Abb. 277) ist für Wände, die „über Eck" stehen, bei denselben Bühnen im Gebrauch; er greift in die auf S. 234 beschriebenen Eckenschutzbleche ein.

Alle diese Verbindungsarten verhindern jedoch nicht, daß die Bildteile außerdem durch eine der vorher erwähnten Stützen gegen Umfallen gesichert werden müssen.

Bei der fünften Gruppe, dem Befestigen von Bildteilen an Gerüsten, lassen sich stets Bohrer oder Nägel vermeiden. Bei Gerüsten, Brücken oder Teilen, die tragen müssen, besteht außerdem im fortgesetzten, immer zunehmenden Schwächen der Latten durch Bohrlöcher eine große Gefahr für Personal und Darsteller, wenn aus falscher Sparsamkeit beschädigte Stücke nicht rechtzeitig ausgewechselt werden. Mehrere der Befestigungsmittel haben sogar den Vorteil, daß die damit verbundenen Teile viel schneller wieder zerlegt werden können als beim Anbohren. Die einfachste, aber zeitraubendste Art ist, Bildteile an das Gerüst mit einem dünnen Tau anzu-binden. Bessere Mittel sind eiserne Verbindungsstücke, die in verschiedener Form ausgeführt und hauptsächlich für das Befestigen von Blenden geeignet sind.

Rudolf Kranich-Zürich hat am Landestheater-Gotha folgende Art eingeführt (Abb. 278): an jeder Blende sind zwei kleine Flacheisenstücke von 6 cm Länge und 1,5 cm Breite mit je einer Holzschraube so befestigt, daß nach Vorsetzen der Blende

Abb. 274. Blendenklammern

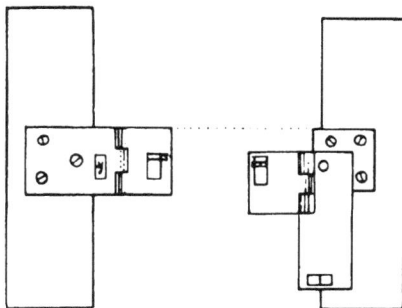

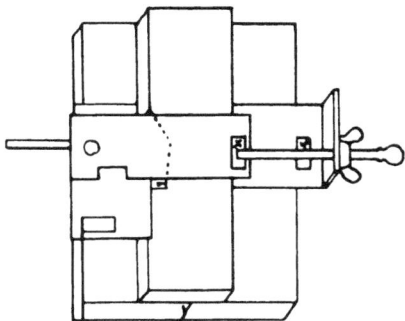

Abb. 275.
Klammer, G. Wimmer-Königsberg

Abb. 276. Verstellbare Klammer,
L. Lippmann-Hannover

vor das Gerüst die Flacheisenstücke um ihre Halteschrauben über die Gerüsttafel gedreht und durch Reißnägel oder kleine Drahtstifte mit ihr vorübergehend fest verbunden werden können. Da der Zug der Blende beim Umfallen rechtwinkelig zu den Befestigungsstiften wirkt, genügen ganz schwache Nägel.

Eine andere Form, die ebenso billig herzustellen ist und sich deshalb bei sorgfältiger Wartung auch für kleine Theater eignet, wurde bis 1927 bei den Städtischen Bühnen-Hannover als *Blendenhaken* verwendet. Es sind 3 mm starke, U-förmig

Abb. 277. Eckenriegel, Fr. Kranich d. J.-Hannover

Abb. 278.
Blendenblättchen, R. Kranich-Zürich

Abb. 279. Blendenhaken,
Fr. Kranich d. J.-Hannover

gebogene Stahldrähte von 7 cm Breite und 6 cm Länge. Voraussetzung für ihren einwandfreien Sitz ist, daß die dazu nötigen Löcher in allen Gerüsttafeln, Treppen, Schrägen usw. genau an derselben Stelle mittels Lehre gebohrt sind und daß durch Verbiegen unbrauchbar gewordene Haken rechtzeitig aus dem Betrieb gezogen werden (Abb. 279).

Die Lösung der Frage: wie ist ein Blendeneckenschutz mit der einwandfreien Befestigung der Blende am Gerüst zu vereinigen, hat erst der Ersatz gebracht, der dann 1928 für die vorige Art eingeführt wurde. Er besteht aus Stahlblechen, die

234

an den Ecken der Blende angeschraubt, schützend herumgreifen und auf ihrer Rückseite 5 cm länger sind als die Rahmenlatte (Abb. 280). Beim Anbringen der Blende
fassen die Bleche (a) in zwei kleine eiserne Haken (b), die zwischen Gerüstrahmen
und Tafel über die Oberlatte gesteckt werden. Jeder Maschinist führt mehrere
Haken lose in seiner Werkzeugtasche bei sich. Ein selbsttätiges Lösen der Blende
ist ausgeschlossen, die Darsteller sind nicht mehr durch überstehende Teile behindert,
Kostüme können nicht hängen bleiben, Nägel sind vermieden, die aus Eisenblech
bestehenden Blendenecken werden weder abgestoßen noch vernagelt. Die Blenden
halten deshalb fast unbegrenzt. Ähnliche Blechstreifen lassen sich beim Bau aller
Bildteile, die als Setzstücke vor Gerüsten stehen, leicht anbringen und machen
Bohrer vollkommen entbehrlich. In die Langlochaussparungen werden die auf
S. 232 beschriebenen Eckenriegel eingesetzt.

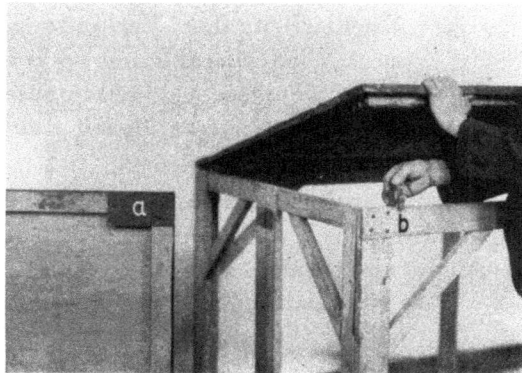

Abb. 280. Blendenhalter und -Eckenschutz,
Fr. Kranich d. J.-Hannover

Bei der *sechsten Gruppe*, der Verbindung zweier Gerüste untereinander, dürfen
unter keinen Umständen Bohrer oder Nägel verwendet werden, um die Tragfähigkeit
durch dauerndes Anbohren nicht zu schwächen. Gute Ersatzmittel sind vorhanden.
Sie werden entweder nach der alten, billigen, aber technisch unschönen und zeit-
raubenden Art mit Bändern oder Tauen zusammengebunden oder durch Schraubzwingen, Bolzen oder besondere Klammern, die bereits bei der vierten Gruppe erwähnt sind, gehalten.

Die *siebente Gruppe*, der Zusammenschluß zweier Hängestücke, war bis jetzt
die schwierigste. Die Verbindung eines Prospektes mit einer Panoramawand oder
eines Bogens mit einem senkrecht zum Zuschauer eingebundenen Hänger konnte
bisher nie so abgedichtet werden, daß die Fuge beim Bewegen der Leinwand nicht
zu sehen war.

Bänder, die in 0,5—2 m Abständen angenäht und zusammengebunden wurden,
genügen nicht und brauchen unnötig Zeit.

Deckblenden aus Sperrholztafeln sind bei Längen über 8 m schwer anzufertigen,
ohne daß sie brechen.

235

Der *Reißverschluß* (Abb. 281) löst die Frage restlos. Das Verbinden eines 12 m hohen Bogens mit einem Hänger dauert wenige Sekunden, wenn folgendes beachtet wird: Jedes Einklemmen von Leinwandfäden ist sorgfältig zu vermeiden und beim Einführen des Schlosses in den natürlich einseitig offenen Zahnstreifen müssen sich die beiden Enden gleich lang gegenüberstehen. Die Oberlatten der Hängestücke werden aus demselben Grund vorteilhaft vor dem Hochziehen zusammengebunden, damit die linken und rechten Verschlußteile möglichst nahe aneinander liegen und die kleinen Glieder nicht durch zu starkes Ziehen verbogen werden. An dem Schnittpunkt der Teile muß über einen Ring an der Oberlatte ein Tau herabgelassen werden, in das der kleine Verschlußschieber, am besten mit einem Karabinerhaken so hoch eingebunden wird, daß nach dem Hochziehen des Verbindungsstückes das Tauende zum Wiederherabholen noch lang genug ist. Werden diese wenigen Vorsichtsmaßregeln beachtet, ist der Reißverschluß die schönste und einwandfreieste, rasch lösbare Verbindung zweier Hängestücke.

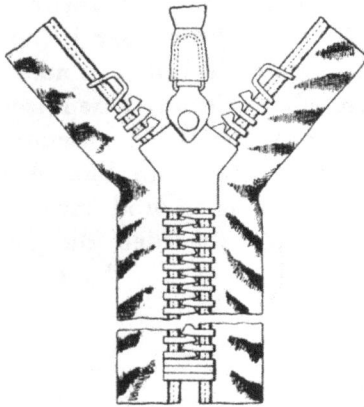

Abb. 281. Der „Reißverschluß"
im Bühnenbetrieb

Diese scheinbar unwesentlichen Punkte bühnentechnischer Kleinarbeit gewinnen durch ihre dauernde Anwendung doch an Bedeutung und sind für die Wirtschaftlichkeit durchaus nicht zu unterschätzen.

6. KAPITEL

KLEINTECHNIK

Den nachhaltigsten Eindruck bei der Besichtigung einer Bühne machen auf den Laien alle Einrichtungen, die der bildlichen oder akustischen Wiedergabe von Naturerscheinungen, Nachahmung von Geräuschen und Tönen sowie der Nachbildung von Lebewesen dienen. Die erste Frage gilt meist der Donnermaschine oder dem Drachen im Siegfried. Es ist bedauerlich, daß der Allgemeinheit diese Nichtigkeiten *die* Bühnentechnik bedeuten! Bei der mangelnden Aufklärung der Zuschauer über die eigentlichen architektonischen, technischen und künstlerischen Ziele des Berufes ist es jedoch begreiflich. Im Gegensatz zu diesen Hauptaufgaben, die dem Bau und Bewegen der Bühnenbilder gelten, werden die erwähnten Nachbildungen mit „Kleintechnik" bezeichnet. Eine ausführliche Beschreibung aller Formen soll hier nicht gegeben werden, da sie für die Wirtschaftlichkeit eines Betriebes von völlig untergeordneter Bedeutung sind; Geschmack und Zeitstil spielen dabei eine zu große Rolle, um feste Richtlinien aufzustellen; einige Angaben dürften genügen.

BILDLICHE WIEDERGABE VON NATURERSCHEINUNGEN

Die Bühne kennt ungefähr 19 Nachbildungen; die Tafel 15 zeigt, welchen Anteil Malerei, Technik und Licht dabei haben. *Malerei* heißt die unbewegte, bemalte Leinwand, *Technik* sind maschinell bewegte Bildteile sowie Wasser, Dämpfe, Luftzug u. a., *Licht* ist das starre oder bewegte Lichtbild und der Film.

Aus der Zusammenstellung ist zu ersehen, wie die Malerei bei der Barockbühne noch das Feld beherrscht, bei der Illusionsbühne der Technik langsam weicht, und das Lichtbild und der Film bei der modernen Bühne die Aufgaben der Technik mehr und mehr übernehmen[1]). Alle in der Fußnote an-

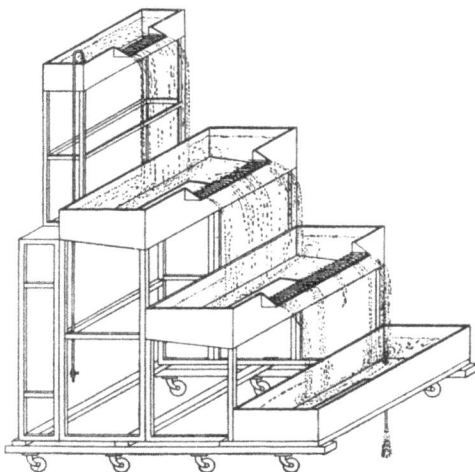

Abb. 282. Gestell für einen Wasserfall

[1]) Früher wurden noch Wasserwellen durch drei exzentrisch bewegte, ausgesteifte Setzstücke, die Wellenumrisse hatten (Abb. 283) oder durch drehbare Walzen dargestellt, deren Durchmesser nach rückwärts abnahm (Abb. 284). Die so entstehende Perspektive setzte sich durch immer kleiner werdende drehbare, gewundene Blechstreifen auf der letzten Front fort (Abb. 285).

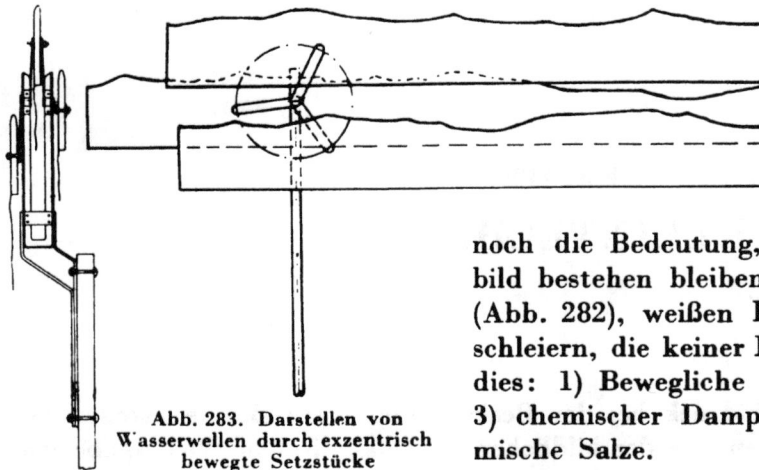

Abb. 283. Darstellen von Wasserwellen durch exzentrisch bewegte Setzstücke

gegebenen Erscheinungen sind bei großen Bühnen heute kaum noch anzutreffen.

Von den maschinellen Hilfsmitteln haben nur noch die Bedeutung, welche neben dem Lichtbild bestehen bleiben; außer fließendem Wasser (Abb. 282), weißen Papierschnitzeln und Gazeschleiern, die keiner Beschreibung bedürfen, sind dies: 1) Bewegliche Bildteile, 2) Wasserdampf, 3) chemischer Dampf, 4) Ventilatoren, 5) chemische Salze.

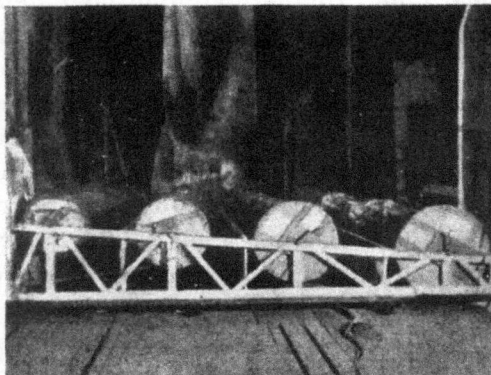

Abb. 284. Darstellen von Wasserwellen durch Walzen mit Drahtgaze

Abb. 285. Darstellen von Wasserwellen durch gewundene Blechstreifen

So werden dargestellt:

	z. B. in:	durch:
Einsturz	Götterdämmerung, Schluß Samson und Dalila, Schluß	Plastik und Fallstück-Abzüge
Feuer	Walküre, Walkürenfelsen	Wasserdampf, chemischer Dampf, Seidenflammen u. Ventilator
Nebel	Götterdämmerung, Rheinufer	Schleier, chemischer Dampf
Schnee	Königskinder Brand	Papierschnitzel erwärmtes chemisches Salz
Vulkanausbruch	Stumme von Portici	erwärmtes chemisches Salz, chemischer Dampf
Wind (als Bewegung) . .	Königin von Saba Fliegender Holländer Brand	Ventilator und Wasserdampf Ventilator und Wasserdampf Ventilator, Wasserdampf und chemisches Salz

Abb. 286. Einsturz der Gibichungenhalle in der „Götterdämmerung",
Festspielhaus-Bayreuth; Einrichtung 1924

Abb. 287. Einsturz der Gibichungenhalle in der „Götterdämmerung", Festspielhaus-Bayreuth; Einrichtung 1928

1) Die *beweglichen Bildteile* sind solche, deren Form oder Ort im Laufe des Spieles (nicht während Umbau oder Verwandlung) geändert werden. Bildteile, die nur durch eine Freifahrt, an einer Kassette oder auf einer Versenkung hochgehoben, auf einem Kulissen- oder Bühnenwagen seitlich herausgeschoben oder in einem Zug- oder Flugwerk herabgelassen werden, gehören nicht hierher, da weder ihre Form noch ihre Befestigung an den Hilfsmitteln geändert werden.

Es ist nicht nötig, alle vorkommenden Bildteile einzeln aufzuzählen, einige aus Richard Wagners Werken mögen genügen. Die *Form* wird z. B. im ersten Akt „Siegfried" beim Amboß geändert, wenn er ihn in zwei Stücke spaltet. Der *Ort* wird meist bei Einsturzerscheinungen gewechselt: in der „Götterdämmerung" die umfallenden Säulen der Gibichungenhalle (Abb. 286/87), im „Rienzi" das zusammenbrechende

Abb. 288. „Der Fliegende Holländer", 3. Bild, Städtisches Opernhaus-Hannover.
Einrichtung: Fr. Kranich d. J.

Kapitol, im „Parsifal" der herabstürzende Blumengarten (s. Abb. 317—320). Form *und* Ort werden auch noch in der Neueinrichtung des „Fliegenden Holländer" im Opernhaus-Hannover notgedrungen mit alten bühnentechnischen Mitteln geändert; das 18 m lange Schiff, das sich in seiner Breite über zwei Versenkungen erstreckt und 3 bis 8 m hohe Masten besitzt, bricht in der Mitte zusammen, die Rahen stürzen mit den aufgeblähten Segeln herab und das ganze Schiff versinkt; an seiner Stelle ist nur die wogende See noch sichtbar (Abb. 288).

Zum Bewegen aller dieser Teile sind besondere Einrichtungen nötig, die meist langer Vorbereitung bedürfen und, dem Zuschauer unsichtbar, von Bühnenmaschinisten bedient werden; ihr Bau ist fast auf jeder Bühne verschieden und abhängig von der mehr technischen oder handwerksmäßigen Einstellung des Leiters. Stets sollte jedoch dabei von dem Grundsatz ausgegangen werden: „Je einfacher, desto

240

Vergleiche über den Anteil von Malerei, Technik und Licht bei „Naturerscheinungen" auf Barock-, Illusions- und moderner Bühne

Malerei – Technik und Licht.

(Legende: Malerei = grün, Technik = blau, Licht = gelb)

Nr.	Natur-Erscheinung.	Barockbühne			Illusionsbühne			Moderne Bühne		
		Malerei	Technik	Licht	Malerei	Technik	Licht	Malerei	Technik	Licht
1	Brand	grün	blau		grün	blau	gelb		blau	gelb
2	Einsturz		blau			blau	gelb		blau	gelb
3	Explosion	grün	blau			blau	gelb			gelb
4	Eis	grün			grün			grün		
5	Gewitter	grün	grün		grün	grün				
6	Lawine	grün	grün		grün	grün				
7	Meer	grün	grün		grün	grün				
8	Mond	grün	blau	gelb		blau	gelb		blau	gelb
9	Nebel	grün	grün		grün					gelb
10	Nordlicht	grün					gelb			gelb
11	Regen		blau			blau			blau	
12	Regenbog.	grün			grün		gelb			gelb
13	Schnee	grün	blau		grün	blau			blau	
14	Sonne			gelb		blau				gelb
15	Sterne	grün		gelb	grün	blau	gelb			gelb
16	Vulkane		blau			blau			blau	
17	Wasser	grün	blau		grün	blau			blau	
18	Wind		blau			blau			blau	gelb
19	Wolken	grün	blau		grün	blau				gelb

Verlag von R. Oldenbourg, München und Berlin

sicherer!" Bei kleinen Bühnen findet gelegentlich wohl noch ein alter „Theaterhase" Freude an Nachbildungen kleiner beweglicher Bildteile, mit Schnüren, Drähten, Gummi usw. Ein Techniker aber darf nicht durch derartige Spielereien Zeit und Kraft vergeuden; er soll vielmehr darauf sinnen, seine Aufgaben von den alten bühnentechnischen Hilfsmitteln zu befreien und sie künstlerisch vollendet zu lösen.

Lichtbild[1]) und Film werden in den meisten Fällen vollgültigen Ersatz bieten. Die zuständigen bau- und feuerpolizeilichen Stellen müssen immer wieder darauf aufmerksam gemacht werden, daß die Bühne der Zukunft ohne dies Hilfsmittel nicht mehr auskommen kann; auch in den ältesten Häusern müssen sich Mittel und Wege finden lassen, ohne langwierige Vorbereitungen und Nachsuchen von Genehmigungen den Film anwenden zu können.

Wo maschinelle Formen bleiben müssen, wie z. B. beim „Siegfried"-Amboß, ist beim Bau unbedingt ein zweiter Grundsatz zu beachten: „Unabhängigkeit vom

Abb. 289. Verteilungskasten für 20
Dampfanschlüsse

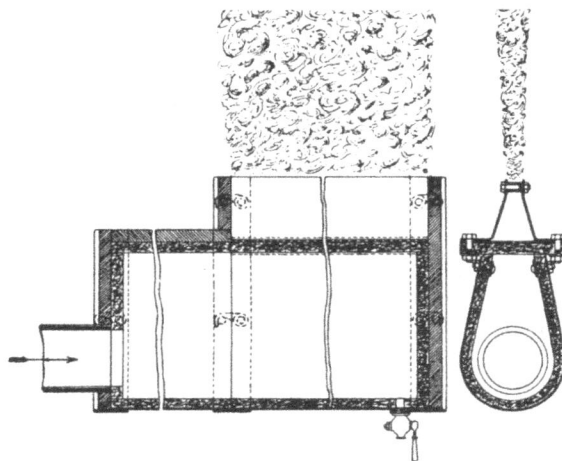

Abb. 290.   Dampflamellen,
Ph. Katz-Köln/Rh.

Darsteller!" Es ist oft vorgekommen (1912 auch in Bayreuth!), daß ein Sänger den vorgeschriebenen Handgriff oder die Fußauslösung verfehlte und der Amboß bei den Worten: „So schneidet Siegfrieds Schwert!" nicht auseinanderfiel. Die Bedienung muß deshalb in Händen eines technischen Angestellten liegen und die Bauart den beiden eben erwähnten Forderungen entsprechen.

Der *Wasserdampf* wird durch Röhren von einem Kessel aus nach 8 bis 12 Stellen unter den Bühnenboden geleitet, wo sich auch die Ventile für die Ausströmungskästen befinden. Diese Anordnung hat den Nachteil, daß der entwickelte Dampf nicht beobachtet werden kann; deshalb ist vorgesehen, die Ventile von einer Sammelstelle aus bedienen zu lassen, die einen freien Überblick über die Bühne gestattet. Zwei solche Anlagen mit einer Bedienung für je 20 Anschlüsse, die nicht fest eingebaut, sondern beweglich sind (Abb. 289), hat das Städtische Opernhaus-Hannover beim Schlußbild der „Zauberflöte" (s. Abb. 63) in Betrieb.

---

[1]) In diesem Sinne war die „Macbeth"-Einrichtung im Theater am Bülowplatz-Berlin im Dezember 1928 sehr beachtenswert.

Die Hauptforderungen für eine Dampfanlage sind: großes Volumen, geräuschloses Ausströmen, trockener, wasserfreier Dampf. Sie werden erfüllt durch Kessel von genügender Größe, etwa 3 Atm. Druck, möglichst weite Ventile und runde Rohrleitungen, Entwässerungen der Hauptsammelleitung und der Einzelanschlüsse, elastische und poröse Füllmasse in den Dampfkästen kurz vor dem Ausströmen.

Ph. Katz-Köln besitzt ein Patent auf eine Anordnung aus einzelnen Lamellen, die beliebig miteinander gekuppelt werden können (Abb. 290).

F. Kranich d. Ä. hat zum erstenmal mit Filz ausgeschlagene Holzkästen im Festspielhaus-Bayreuth angewendet, die sich auch an vielen anderen Theatern sehr gut bewährten (Abb. 291).

Dr. W. Buddhäus-München hat in seiner Anordnung alle Dämpfungsmittel vermieden (Abb. 292).

Abb. 291. Dampfkasten mit Filz,
Fr. Kranich d. Ä.-Bayreuth

Abb. 293. Elektrischer Dampf,
A. Rosenberg d. Ä.-Köln/Rh.

Abb. 292. Dampfkästen ohne Dämpfung, Dr. W. Buddhäus-München

A. Rosenberg-Köln besitzt das DRP. 195399 auf eine Einrichtung, die für kleine Verbrauchsstellen, Opferschalen, Kaminfeuer usw. Wasserdampf auf elektrischem Wege erzeugt (Abb. 293).

3) Der *chemische Dampf* ist ebenfalls durch F. Kranich d. Ä. zum erstenmal für Bühnenzwecke benutzt worden. Durch die Verbindung von Salzsäure- und Ammoniakdämpfen entsteht ein weißer, schwerer Nebel, der sich durch einen kleinen Tischventilator leicht verteilen läßt. Durch Wasser gereinigt, ist er für die Darsteller ganz unschädlich. Kranichs alte Anordnung, die später von der Fa. Ströhlein & Co. in den Handel gebracht wurde (Abb. 294), ist durch seine vereinfachte überholt. Sie besteht aus einem durch vier Zwischenwände unterteilten, luftdicht verschlossenen Holzkasten, der mit Teer ausgegossen wird (Abb. 295).

4) *Ventilatoren* bewegen durch Anschluß an die Reglerwiderstände Schiffssegel, Tannenbäume, Fenstergardinen, Rauch, Nebel usw. in jeder gewünschten Stärke. Auch bei der Wiedergabe von Flammen werden sie angewendet. Offene Flammen sind jetzt auf allen Bühnen polizei-lich verboten[1]). Maschinelle oder optische Hilfsmittel ersetzen sie in so vollendeter und naturgetreuer

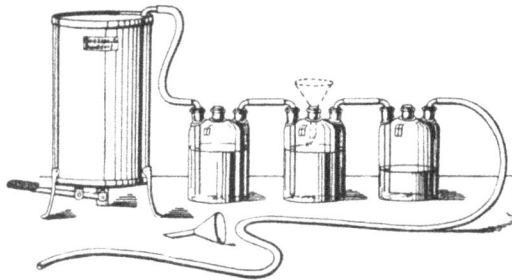

Abb. 294. Alte Anordnung für chemischen Dampf;
Fr. Kranich d. Ä.-Bayreuth

Abb. 295. Neue Anordnung für chemischen Dampf;
Fr. Kranich d. Ä.-Bayreuth

Weise, daß künstlerische Bedenken dagegen nicht mehr bestehen.

Den *maschinellen Ersatz* bilden ganz dünne, gelb bis rot, auch grünlich gefärbte schmale Seidenstreifen, die an einem Drahtgitter angenäht, durch Ventilatoren

Abb. 296. „Fullerflammen" im Kaminfeuer

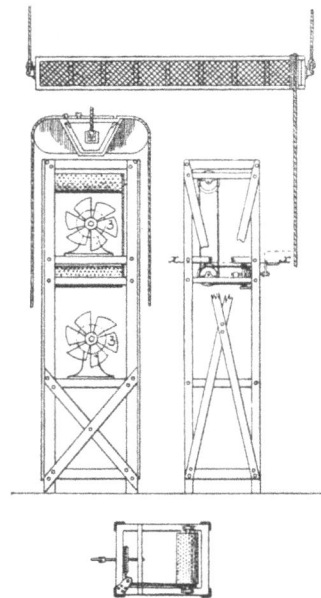

Abb. 297. Schneeflockenapparate

---

[1]) Wo es noch nicht der Fall ist, sollte es unbedingt sofort geschehen, damit Vorfälle, wie die in Gera, sich nicht wiederholen können. Die Münchener Neuesten Nachrichten schreiben am 11. März 1929 in Nr. 69 darüber: „Frau Kammersängerin Marte Schellenberg von der Münchner Staatsoper sang am Samstag, 9. März am Landestheater in Gera die Rosaura in den „Neugierigen Frauen". Während des Straßenbildes im Anfang des 3. Aktes fing das Kostüm der Frau Schellenberg durch eine umgefallene Laterne Feuer und brannte sofort lichterloh. Der Zuschauer bemächtigte sich ungeheure Aufregung, der Vorhang fiel. Es gelang, die Flammen zu ersticken. Frau Schellenberg hat ernstlichen Schaden nicht genommen und hat, nachdem sie sich beruhigt hat, die Partie zu Ende gesungen."

hochgewirbelt und farbig beleuchtet werden. Das erste amerikanische Patent hatte hierauf die Tänzerin Loë Fuller; deshalb wurden sie nach ihr „Fullerflammen" genannt (Abb. 296). Die Seidenbänder lassen sich rasch hochtreiben, wenn sie nicht über einen Meter lang sind. Sollen größere Flammen vorgetäuscht werden, so sind einige Sekunden zur Entwicklung nötig, bis sich die Bänder ganz entfaltet haben, sonst verrät das anfängliche Umkippen der Spitzen leicht den mechanischen Antrieb. Deshalb empfiehlt es sich dabei, die ganze Anordnung mit dem Ventilator auf eine Versenkung zu bauen, die Flamme vorher fertig zu entwickeln und auf das Stichwort rasch hochzufahren. Bei allen maschinellen Flammen ist die Täuschung jedoch nur dann eine vollkommene, wenn die harten Umrisse des Stoffes durch Wasser- oder chemische Dämpfe gemildert werden.

Der *optische* Ersatz hat in den letzten Jahren vielfach auch die Seidenflammen verdrängt. Für größere Flächen, z. B. beim Feuerzauber in der Walküre und dem Brand der Walhall in der Götterdämmerung (s. Abb. 287), eignet sich eine in schmalen weißen, gelben und roten Streifen aus der Versenkung von hinten angeleuchtete breite Dampfwand am besten, auf die von vorn bewegliche Lichtbildflammen geworfen werden.

5) *Chemische Salze.* Für Schneeflocken, Ruß, Rauch, Aschenregen usw. stellt der Pyrotechniker Kipke-Hannover ein chemisches Salz her, das leicht erwärmt flockenähnliche Gebilde erzeugt; sie können durch einen Ventilator überall hingetrieben werden. Dies Verfahren ersetzt auch mit Erfolg die sonst üblichen mit Papierschnitzeln gefüllten Schneeflocken-Apparate (Abb. 297). Auch die Anwendung von Räucherkerzen, besonders in Opferbecken (Aida) oder bei Kirchenszenen, gehört hierher.

AKUSTISCHE WIEDERGABE VON NATURERSCHEINUNGEN, GERÄUSCHEN UND TÖNEN

Donner, Einschlag, Krach, Meeresbrandung, Regen und Wind müssen in ihren charakteristischen Lauten in zahlreichen Werken nachgeahmt werden. Die Aufgabe ist so alt, wie das Theater selbst[1]).

Die *Donnermaschine* kannte schon die griechische Tragödie. Vom geschwungenen Blech ging der Weg über den steinbeladenen Wagen mit eckigen Rädern zum paukenähnlichen mit Kalbsfell bespannten Donnerkasten, der mit starken Lederhämmern zunächst von Hand bearbeitet, später elektrisch betätigt wurde (Abb. 298—301).

Beim *Einschlag* rollen Eisenkugeln in einem Holzkasten herab und schlagen auf Querhölzer, die in gleichen Zwischenräumen als Widerstände angebracht sind (Abb. 302).

Abb. 298. Donnerblech

Abb. 299. Donnerwagen

[1]) Näheres siehe „Theatermaschinen" von Baurat Manfred Semper. Bühne und Welt, Jahrgang 8, Nr. 6, S. 197—209.

Eine andere Anordnung (Abb. 303), bei der Eisenbleche verschiedener Stärke durch eine Abzugvorrichtung von einem Gestell herabfallen, hat Fr. Kranich d. Ä. im Festspielhaus-Bayreuth eingerichtet.

Die *Krachmaschine* erzeugt ihren Ton noch immer durch rasch wiederholtes, kurzes Aufschlagen mehrerer Latten auf ein Brett (Abb. 304).

Für *Meeresbrandung* wird eine drehbare Trommel mit Stoffbelag verwendet, in der Steine und Sand nach dem Gesetz der Schwere bei ihrer Bewegung abwärts rollen (Abb. 305).

Der *Regen* wird durch Steinchen oder Erbsen vorgetäuscht, die in einem länglichen schmalen Kasten über schräg gestellte Querbretter (Abb. 306) oder in einer runden Blechtrommel (Abb. 307) herabfallen, die ähnlich gebaut ist, wie der Apparat für Meeresbrandung.

Der *Wind* wird durch Drehen einer mit scharfen Rippen versehenen

Abb. 300. Donnerkasten

Abb. 301. Donnermaschine

Abb. 302. Gestell für Einschlagkasten

Trommel vorgetäuscht, über die Seidenstoff stramm gespannt ist (Abb. 308). Diese veraltete Anordnung ist durch die elektrisch angetriebene Sirene ersetzt.

Für *Tierstimmen, Hufschlag* usw. gibt es besondere Tonwerkzeuge, um die Laute täuschend nachzuahmen.

Auch der Glockenschlag bereitet im allgemeinen keine Schwierigkeiten, nachdem abgestimmte Stahlplatten, Messingrohre oder seit kurzem Glockenklaviere dafür

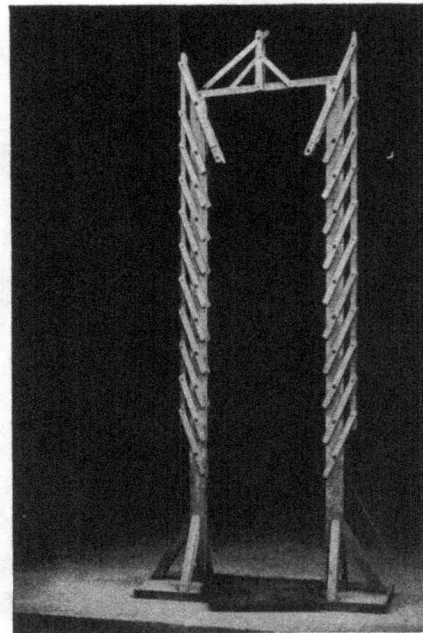

Abb. 303. Gestell für Einschlagbleche, Fr. Kranich d. Ä.; Festspielhaus-Bayreuth

Abb. 304. Krachmaschine

Abb. 305. Maschine für Meeresbrandung

in Gebrauch sind. Die berühmten vier tiefen Glockentöne in Richard Wagners „Parsifal" bilden eine Ausnahme und ihre einwandfreie Wiedergabe ist bisher nicht an allen Bühnen möglich gewesen. Im Festspielhaus-Bayreuth verwendet man vier abgestimmte Kreissägenblätter von beträchtlichem Durchmesser, die in großen Tonnen aufgehängt und mit Filzhämmern angeschlagen werden. Zur Unterstützung dient ein Gong und ein von der Firma W. Steingräber-Bayreuth gebautes großes Glockenklavier, bei dem die vier Grund- und zugleich alle Obertöne erklingen (Abb. 309).

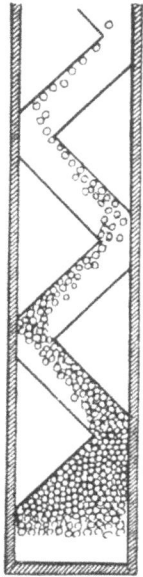

Abb. 306. Längliche
Regenvorrichtung

Abb. 307.
Runde Regenmaschine

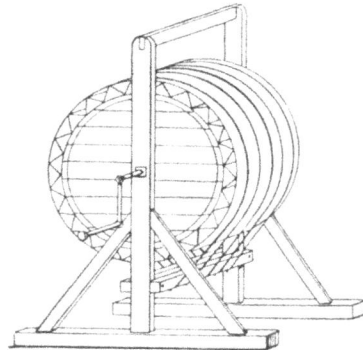

Abb. 308.
Windmaschine

Abb. 309. Gralsglocken und Glockenklavier, Festspielhaus-Bayreuth

DIE NACHBILDUNG VON LEBEWESEN

Lebende Tiere oder Fabelwesen nachzubilden[1]) gehört heute — bis auf ganz geringe Ausnahmen[2]) — nicht mehr zur Aufgabe der Bühnentechnik. Die Zeiten des Barock sind vorüber, in dem jedes „Theatermeer" mit den abenteuerlichsten Gestalten belebt war und Ungeheuer in mythologischen Spielen die Schaulust der Menge befriedigten (Abb. 312). Ebenso zwecklos ist es auch, über mechanische Spielereien nachzudenken, wie sie z. B. die Abbildung 313 darstellt. Die Bühnentechnik hat wichtigere Aufgaben zu lösen.

Richard Wagner brachte in unbewußter Übereinstimmung mit der charakteristischen Zahl[3]), die in seinem Leben eine große Rolle spielte, „13 Tiere" auf die Bühne:

Abb. 310. Der Drache im Nibelungenfilm der Ufa, Seitenansicht (phot. Ufa)

[1]) Näheres siehe: Fritz Brandt: Künstliche Tiere auf der Bühne. Bühnentechnische Rundschau 1915, Nr. 5 und 6.

[2]) Für den Nibelungenfilm der Ufa ist 1923 ein Drache geschaffen worden, der künstlerisch und technisch gleich vollendet war (Abb. 310 und 311). Wenn auch Theater und Film zwei getrennte Gebiete sind, hat doch die Technik dieser Darstellung genügend Berührungspunkte, um hier angeführt zu werden.

[3]) Er ist 1813 geboren (auch Quersumme 13!), sein Name hat 13 Buchstaben, er war 13 Jahre verbannt, 13 Jahre mit Cosima verheiratet und starb am 13. Februar 1(88)3, 13 Jahre nach Errichtung des Deutschen Kaiserreiches. Der letzte von ihm in Bayreuth verlebte Tag war der 13. September 1882, sein Schwiegervater Franz Liszt besuchte ihn zum letztenmal am 13. Januar 1(88)3 in Venedig. Die allererste Anregung zu eigenem Schaffen empfing er in Dresden in einer Freischützaufführung am 13. Oktober 1826. Er hat 13 Bühnenwerke geschrieben. Seine Laufbahn als Kapellmeister begann er am Rigaer Stadttheater, das am 13. September 1(8)3(7) eröffnet wurde. Er vollendete am 13. April 1844 den Tannhäuser, dessen Pariser Erstaufführung am 13. März 1861 mit dem bekannten Theaterkrach endete und am 13. Mai 1895 wieder in den Spielplan dort aufgenommen wurde. Der Ring des Nibelungen hat 13 Bühnenbilder und wurde am 13. August 1876 zum erstenmal in Bayreuth aufgeführt.

Stier, Schwan, Taube, Schlange, Kröte, Widder, Pferd, Vogel, Drache, Bock, Eber, Schaf und Rabe. Viele sind, nicht zum Schaden der Werke, durch den Strich des Spielleiters verschwunden; andere, die „führende Rollen" haben, wie Schwan und Taube, lassen sich schwer beseitigen[1]). Bei Schlange, Drache und Pferd ist der Kampf noch nicht entschieden; auch hier haben Zeitgeschmack und Stil mitzureden.

Über die Darstellungstechnik dieser Wesen ist wenig zu sagen. Draht- oder Rohrgestelle, mit Leinwand oder Stoff überzogen, bilden die Gerippe, die durch Federn, Scharniere, Gummischnüre, Drähte, Rollen usw. annähernd lebensähnliche Bewegungen erhalten. Meist wird die Erscheinung in eine Wolke von chemischem Dampf gehüllt, um sie mehr ahnen, als deutlich sehen zu lassen. Der 1927 gemachte Versuch, für Fafner die Nachbildung eines Brontosaurus zu wählen, ist zu verwerfen.

Abb. 311. Der Drache im Nibelungenfilm der Ufa, Vorderansicht (phot. Ufa)

Dem Publikum die Bekanntschaft mit Fossilien zu vermitteln, kann dem Zoologischen Garten oder Naturwissenschaftlichen Museum überlassen bleiben; außerdem war der Brontosaurus erectus ein Pflanzenfresser, der nie mit den Menschen der Steinzeit in Berührung kam und dann widerspricht diese Form auch völlig den Vorschriften der Dichtung, die unbedingt beachtet werden müssen, selbst wenn sie naturwissenschaftlich falsch sind: „*Wurmesgestalt* schuf sich der Wilde . . . unmaßen *grimmig* ist er und groß . . . ein *gräßlicher Rachen* reckt sich ihm auf . . . giftig gießt sich ein Geifer ihm aus . . .".

---

[1]) Adolphe Appia-Nyon (Schweiz) zeigte auf der Deutschen Theaterausstellung-Magdeburg 1927 Entwürfe zum Lohengrin (1926), bei denen auch die Erscheinung des Schwanes vermieden war.

Lebewesen lassen sich nie restlos durch Nachbildungen ersetzen: irgendeine ungeschickte Bewegung verrät doch die Täuschung. Lebende Tiere können aber oft die Aufführungen empfindlich stören, weil sie der Holzbelag des Bühnenbodens mit dem Hohlraum unter ihm unsicher und ängstlich macht und zu unfreiwilligen festen oder flüssigen „Zugaben" reizt. So zwang gelegentlich im Staatstheater-Dresden in der „Afrikanerin" ein Elefant sein ganzes Gefolge zu einem großen Umweg um den plötzlich entstandenen Hügel und im Staatstheater-Schwerin mußte Siegfried einmal in der „Götterdämmerung" das ihm von Brünhilde geschenkte Roß aus einem der Fußrampe zueilenden Bach in Empfang nehmen. Noch ungebührlicher benahm sich im Landestheater-Braunschweig in den „Königskindern" ein Gänserich gegenüber einer seiner geflügelten Mitdarstellerinnen. Durch seine vorher nicht angemeldete „Einlage" zwang er die errötende jugendliche Hüterin der Herde an seinen Taten das vorgeschriebene „öffentliche Ärgernis" zu nehmen. Am nächsten Tage wurde höheren Ortes die sofortige Entlassung des Missetäters und seines sechsköpfigen Harems verfügt und der Befehl so gründlich ausgeführt, daß die Oberrechnungskammer noch jetzt den Verbleib der sieben Gänse oder den für ihren Verkauf erzielten Betrag unter „Requisiten" sucht.

Kenner der Verhältnisse behaupten, die geflügelten „Darsteller" seien von neidischen Kollegen einfach aufgegessen worden.

Abb. 312. Drache
am Flugwerk in einem Barocktheater

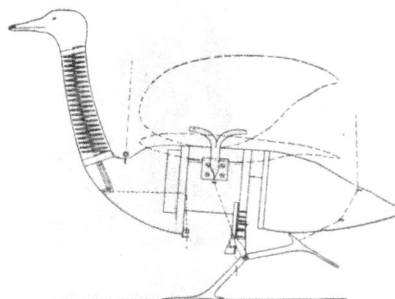

Abb. 313. Mechanisch-bewegliche
Gans aus den „Königskindern"

Daß Tiere sogar den Ehrgeiz besitzen, „sinngemäß handelnd einzugreifen", zeigte dort im zweiten „Walküren"-Akt ein prächtiges Widdergespann der Fricka, das aus einem Pärchen gleichen Wurfs bestand. Gerade hatte die gekränkte Göttin an ihren Gatten die Frage gerichtet: „Wann — ward es erlebt, daß leiblich Geschwister sich liebten?" als vor den Augen der erstaunten Zuschauer der Widdermann einem unwiderstehlichen Liebesdrange zu seiner schönen Schwester erlag und Wotan konnte mit Doppelsinn antworten: „Heut' — hast du's erlebt".

Der richtige Standpunkt in der Frage: Sollen Tiere auf die Bühne gebracht werden? ist der: lassen sich lebende Tiere oder ihre Nachbildungen auch nur mit einem Schein von Berechtigung vermeiden, so muß es geschehen. Wo sie unbedingt notwendig sind, soll man sie so unauffällig wie möglich zeigen. Effekthaschereien und die Sucht, die Gelegenheit unter allen Umständen zu einer technischen Parade auszunutzen, schaden dem Kunstwerk.

250

7. KAPITEL

BILDWECHSEL

ALLGEMEINES

Die bisher behandelten Verbesserungsvorschläge genügen noch nicht zu einer Personalersparnis und einem mehr fabrikmäßig-wirtschaftlichen Arbeiten. Das Hauptaugenmerk ist auf die *Arbeitsleistung beim Bildwechsel* zu richten.

An die Lösung dieser Aufgabe gingen die Vertreter der verschiedensten Berufe; für die Art war ihre Einstellung zur Technik und die eigene Tätigkeit ausschlaggebend.

Spielleiter und *Dramaturgen* versuchten durch Zusammenlegen und Umstellen von Szenen, durch Wechsel von tiefen und kurzen Bildern[1]) oder durch verringerte Ausstattung Baustoffe, Zeit und Arbeitskräfte zu sparen.

Maler schufen durch weitgehendste Vereinfachung der Bilder die „*Stilbühne*", die viel Gutes, bei falscher Anwendung aber auch viel Häßliches brachte.

Bühnentechniker gelangten auf bildlichen, maschinellen oder lichttechnischen Wegen zum Ziel. Sie führten einheitliche Bauweise ein, erfanden vielfach verwendbare Bildteile, erweiterten den Gebrauch kleiner Hilfswagen zum Aufbau der Teile und waren auf äußerste Ausnutzung und wesentliche Verbesserung der Versenkungsanlagen und Zugvorrichtungen bedacht. Alle diese Versuche, gelegentlich für besondere Werke geeignet, bedeuteten auf die Dauer keinen Gewinn. Nur die Beleuchtungstechnik hat in der Erfindung des Lichtbildes als Ersatz für gemalte Fronten und Prospekte eine wirkliche Verbesserung geschaffen und ihr dürfte bei weiterem Ausbau eine große Zukunft beschieden sein.

Die Bahn für neue Gedanken war erst frei, als der Grundsatz aufgestellt wurde:

Ein Bühnenbild ist als Einheit zu behandeln und darf während der Vorstellung nicht zerlegt werden!

Bühneningenieure und Laien, die Lösungen versuchten, blieben zunächst mit ihren Vorschlägen schüchtern im gegebenen, viereckigen Raum der Bühne; bald aber kamen kühnere Wünsche nach Erweiterung der Häuser und dann fielen bei einigen Erfindern alle Schranken. In ihrer Phantasie entstanden Entwürfe, deren Ausführung kaum möglich gewesen wäre. Hätte die Kapitalbewilligung mit den Absichten der Patenterwerber gleichen Schritt gehalten, so besäße heute mindestens jede deutsche Großstadt in ihren Theatern ein eigenes Verfahren für raschen Bildwechsel. Glücklicherweise wurden nur wenige ausgeführt.

---

[1]) Julius Petersen zeigt in „Schiller und die Bühne", daß bereits die Dramatiker des 18. Jahrhunderts den Wechsel „von tiefer und kurzer Bühne" vorschrieben.

Und doch drängt die Frage nach einer Lösung, denn auf allen Bühnen älterer Bauart muß in den nächsten Jahren im Sinne des raschen Ortswechsels unzerlegter Bühnenbilder Wandel geschaffen werden. Das „Wie" ist noch umstritten, die neue Form noch nicht gefunden.

Es zeigt sich, daß jede Gruppe einen Höhepunkt übertriebener Bauweise aufweist; um zu einer brauchbaren Einheitsform zu kommen, ist es nötig, erst einmal Forderungen und Voraussetzungen wissenschaftlich zu untersuchen und Richtlinien für die Arbeitsweise der technischen Bühnenbetriebe und ihre weitere Entwicklung aufzustellen.

Wird ein altes Bühnenhaus als unbrauchbar für modernen Betrieb erkannt und seine Neugestaltung notwendig, so muß man von einem gegen früher völlig veränderten Gesichtspunkt ausgehen.

Der zweite Grundsatz für jeden Neubau oder größeren Umbau lautet:

Die Spielbühne muß der Spielleitung dauernd zur Verfügung stehen; das Arbeitsfeld der technischen Leitung ist in andere Räume zu verlegen!

Dazu sind vier Vorbedingungen zu erfüllen:

1) Alle zur Aufführung nötigen *Hängestücke* müssen früh von 7 bis 10 Uhr an Ort und Stelle und die gebrauchten in derselben Zeit zurück zum Lager gebracht sein. Das kann jede Bühne, da es allgemein üblich ist, am Vormittag bis zum Probenbeginn zu „verhängen".

2) Wenn die Arbeiten nicht mehr auf der Spielbühne stattfinden können, muß das Bühnenbild als Einheit in einem anderen Raum zusammengestellt und von dort auf die Bühne gefahren werden. Es sind *rollende, möglichst große, flache Wagen* zu bauen, die eine solche Arbeitsweise zulassen. Sie sind bei fast allen Theatern bereits vorhanden und die Verwendung stößt auf keine Schwierigkeit, falls der Raum dafür geschaffen wird.

3) Der *Bühnenfall* muß beseitigt werden, damit die Wagen nach allen Richtungen gleichmäßig fahren; das ist noch nicht überall der Fall, jedoch ohne große Umbauten in kurzer Zeit zu erreichen. Für eine Neugestaltung des technischen Betriebes ist es unbedingt notwendig (s. S. 117—124).

4) Da also das bisherige Arbeitsfeld der Technik von der Bühne in andere Räume verlegt werden muß, sind sie auf *Bühnenhöhe oder im Kellergeschoß* anzulegen; hierbei treten oft Schwierigkeiten auf.

Viele Theater liegen auf allen Seiten eingebaut und lassen keine Erweiterung zu, andere sind von Straßen umgeben und können nur bis zur Häuserflucht verbreitert werden (Umbau der Staatsoper Unter den Linden-Berlin, Abb. 314), oder es müssen wie beim Hamburger Stadttheater sogar die Bürgersteige überbaut werden (Abb. 315). Bei Häusern, die vollkommen frei stehen, sprechen oft architektonische Rücksichten oder der nicht immer der Entwicklung günstige Denkmalsschutz gegen eine Grundrißänderung, soweit sie nach außen in Erscheinung tritt.

Der dritte Grundsatz lautet:

Die Bühnenbilder sind am Tage aufzubauen! Ihr Austausch während der Aufführung darf höchstens nach Sekunden zählen!

Im Sinne dieser heute selbstverständlichen Forderung baute schon Karl Brandt im Landestheater Darmstadt am 18. September 1857 für das Einlageballett „Die vier Jahreszeiten" in Verdis Oper „Die Sizilianische Vesper" ein geschlossenes Bühnenbild auf einen rechteckigen, 50 cm hohen Wagen[1]), der auf großen Holzrollen lief und vor- und zurückgezogen werden konnte.

Brandts Schwiegersohn, Ludwig Winter, hat in seinem Buch „Vor und hinter den Kulissen", das „Erlebnisse aus seiner Dienstzeit am Hoftheater zu Darmstadt" schildert, dieses Ballett auf Grund zeitgenössischer Zeugnisse ausführlich beschrieben[2]). Da in einem späteren Kapitel noch ein anderer technischer Vorgang daraus erwähnt wird, folgt die Schilderung ungekürzt:

„Im dritten Akt kam das mit großer Spannung erwartete Ballett. Szene: ein großer Saal, quer über die Mitte der Bühne war ein dichter Vorhang gezogen, zu beiden Seiten waren die Festgäste des Grafen Montfort in zwangloser Unterhaltung begriffen. Der Vorhang öffnete sich: ein grauer Nebelschleier ließ die im Hintergrund aufgebaute Winterland-

Abb. 314. Umbau der Staatsoper
Unter den Linden-Berlin 1926/28

Abb. 315. Umbau des Stadttheaters-Hamburg
1925/27

schaft nur undeutlich erkennen. Es wurde heller, Zwerge, Gnomen, Erd- und Wichtelmännchen kamen aus dem Hintergrund hervor; sie waren mit roten Zipfelmützen, Baschliks, bedeckt und in graue Kittel gekleidet, schlenkerten mit den Armen und bekundeten in Gebärden, daß sie froren. Mittlerweile hatte sich der Saal in eine prachtvolle Winterlandschaft in aller Stille umgewandelt. Das kleine, in rote Kapuzen gehüllte Zwerggesindel begann nun zur Erwärmung der Glieder Reigen zu schreiten und hub lebhaft zu tanzen an, ermuntert vom hinzugekommenen Winterkönig. Jetzt drängt sich ein Trupp nach der Mitte der Bühne, rollt den

---

[1]) Der damals vom Personal dafür geprägte Ausdruck „Vesper-Wagen" wurde für ähnliche Wagen auf anderen Bühnen noch angewendet, als die Nachkommen längst nichts mehr von dem ersten Versuch und dem Sinn des Namens wußten oder ihn anders auslegten.

[2]) Darmstadt 1925, S. 10—12

Schnee zu mächtigen Ballen zusammen und baut einen einwandfreien Schneemann, der mit der Rübennase und den Kohlenaugen nebst einem alten Hut auf dem Kopfe täuschend den Schneemännern ähnelte, welche wir Buben anfertigten. Es gab nun ein tolles Treiben, die Zwerge trennten sich in einzelne Gruppen, welche sich gegenseitig mit Schneeballen bombardierten, dazu ertönte prächtige Musik. Der Jubel bei den Zuschauern war groß und wuchs immer mehr. Da wurde es fahl und grau auf der Bühne — hoch aus den Soffitten war ein kleines Bündelchen mitten auf die Szene gefallen — ein Zwerglein hob es auf und brachte es zum Winterkönig, der das Veilchensträußchen, denn ein solches war das Bündelchen, mit allen Zeichen des Schreckens dem Zwergvolk zeigte. Alle blicken neugierig und verlegen nach oben. Nun kamen weitere Blumen aus der Höhe herabgeflattert, alle Arten, die der Frühling der Erde beschert, in reicher, reicher Menge. Da versanken[1]) Winterkönig, Zwerge und Schneemann unter die Erde. Von oben kamen nun Guirlandenranken herab, bedeckt mit Blumen in allen Frühlingsfarben, dazwischen Engelchen und Putten, mit blonden Locken und Flügeln geziert. Wie lachte und grüßte die kleine Engelschar aus der Höhe, bis sie auf dem Bühnenboden stand und sich zum Frühlingsreigen rüstete. Mit einem Schlag war die Winterlandschaft dem lachenden Frühling gewichen.

Aber auch der liebliche Frühling mußte schwinden. Die Englein flogen wieder in den lachenden blauen Äther zurück, aus dem sie gekommen waren; alle die mannigfaltigen, reizenden Frühlingsgestalten zogen zu beiden Seiten mit freundlichen Abschiedsgrüßen an die zum Fest Gekommenen ab und der Sommer hielt seinen Einzug. Im Nu war die ganze Szenerie verwandelt. Aus dem tiefsten Hintergrunde bewegte sich eine prächtige Gruppe lautlos nach vorn: Ceres mit der Sichel und einer mächtigen Garbe reifer Früchte, umgeben von einer großen Menge entsprechender mythologischer Gestalten, die alle in den neckischsten Stellungen gelagert waren. Die Möglichkeit dieses verblüffend raschen Szenenwechsels war einer einfachen, aber doch ein Ei des Kolumbus bildenden Erfindung des Meisters Brandt zu verdanken. Er hatte eine der Größe der steinernen Hinterbühne angemessene, etwas erhöhte, auf der Hauptbühne ruhende zweite Bühne erbaut, die auf lautlos funktionierenden Walzen und Rollen mittels Hebelwerk vor- und rückwärts bewegt werden konnte. Auf dieser zweiten Bühne waren, während sich die Zuschauer an den Frühlingsszenen ergötzten, die Gruppen und Dekorationen für den Sommer aufgestellt worden, nachdem alle den Winter darstellenden Gestalten im Nu verschwunden waren. Der Laie wird sich nur schwer von dieser blitzschnellen Tätigkeit einen Begriff machen können, mit welcher eine an Minuten gebundene Verwandlung und Einrichtung des neuen Szenenbildes dieser Art stattfinden mußte. Alles, auch das Kleinste, muß da bereit gehalten sein, jede Person lautlos und ohne jedes Geräusch auf den angewiesenen Platz eilen. In größter Hast schwirrt das technische Personal, Maschinisten, Beleuchter, Requisiteure, Garderobiers durcheinander, in unheimlicher Stille, wie eine Geistergemeinschaft.

Auch die Sommerzeit ging zu Ende. Lautlos verschwanden Personen und Dekorationen wieder im dunklen Hintergrund, woher sie gekommen waren. — Rauschende Musik verkündete das Nahen des Herbstes. Unmerklich hatte sich die Bühne

---

[1]) Beschreibung der technischen Einrichtung s. S. 311

in einen Weinberg verwandelt, und ein toller Zug betrat von beiden Seiten die Szene. Gott Bacchus, auf einem Fasse reitend, von seinen Getreuen umgeben, wurde von vier Frauen hereingetragen, Bacchantinnen und Heben umkreisten die Gruppen mit tollen Sprüngen, ein Bild der ausgelassensten Fröhlichkeit. Jetzt nahten auch die Urbilder der Herbstblumen — Sonnenblumen — im Zug. Die Heiterkeit ging auf die Zuschauer über, alles war Freude und Ergötzen. Es war aber auch reizend zu schauen, wie die Sonnenblumen, alle in grünen Kostümen, die Gesichter mit den gelben, spitzen Blättern umrahmt, einherstolzierten, geführt von der ernst dreinschauenden „Ober-Sonnenblume". Alle Größen waren vertreten, von der lang aufgeschossenen Ober-Blume an bis zum winzigsten Sonnenblümchen herab, welches wohl noch nicht lange laufen gelernt hatte. Ein frohes, großes, farbenbelebtes Herbstfest beschloß das Ballett „Die Jahreszeiten".

Niemand war sich damals der Tragweite der Brandtschen Erfindung bewußt. Erst 1896 wurde mit der Drehbühne von „Umbauverkürzung" gesprochen und diese Neuerung gepriesen.

Nachstehend sind alle Versuche angeführt, die die erwähnten drei Grundsätze (S. 251/52) bei baulichen Veränderungen befolgen.

AUSFÜHRUNGSARTEN

Statt der zeitlichen Anordnung ist eine nach Arten wertvoller, von denen sich jede in das Schema der Tafel 16 einordnen läßt; die in der Einleitung kurz behandelte Entwicklung der Bühnentechnik gibt dazu die Unterlage.

Die drei Hauptgruppen sind:

1) Vereinfachte Bühnenbildformen des 16. bis 18. Jahrhunderts,
2) maschinelle, bildliche und lichttechnische Hilfsmittel für den vereinfachten Aufbau der Bilder,
3) *Grundarten* für den Ortswechsel unzerlegter Bilder: Dreh-, Schiebe-, Versenkbühnen und *zusammengesetzte:* zweifache, mehrfache Verbindungen; Raumbühnen.

Die erste Gruppe hat rein geschichtlichen Wert und wird deshalb in der „Bühnentechnik der Vergangenheit" behandelt; die zweite dagegen greift noch gelegentlich in die Gegenwart über. Wenn sie auch für den eigentlichen Bildwechsel nicht mehr in Frage kommt, so enthält sie doch ebenso wie die erste Richtlinien für das Anfertigen, Auf- und Abbauen der Bilder und besitzt deshalb dauernde Geltung. Im achten Kapitel ist näher darauf eingegangen.

Aus der dritten Gruppe wird die neue Bühnenform entstehen. Auch ihre Grundarten haben heute nur geschichtliche Bedeutung, da sie zu wenig Möglichkeiten bieten, allen Anforderungen gerecht zu werden. Wie bei der Gestaltung des Bühnenbodens erweist sich auch hier die alte Theatererfahrung als richtig, daß *die* Formen aller Hilfsmittel die vorteilhaftesten sind, die, an die wenigsten Bedingungen gebunden, den weitesten Spielraum zulassen.

Nur einige zusammengesetzte Arten bieten diese Möglichkeit: über sie geht der Weg. Damit kann jedoch nicht zugestanden werden, daß sie nun beliebig oft, wie es in der ersten Zeit der Entwicklung vielfach der Fall war, nach der freien Phantasie theaterbegeisterter Laien ausgeführt werden. Es hat sich vielmehr gezeigt, daß es notwendig ist, bereits bewährte Richtlinien einzuhalten. Auch für den Bau selbst müssen Gesetze gefunden werden, um Überkonstruktionen zu vermeiden, die sich leider in jeder Gruppe eingestellt haben. Es gibt davon drei Arten; die erste: ein geschlossenes Bild mit dem folgenden möglichst rasch auszutauschen setzt dabei mehrere andere nicht beteiligte Bilder ebenfalls mit in Bewegung. Der Drehscheibe ist dies gestattet; sie bewegt bei einem Wechsel zwar auch etwa vier Bilder gleichzeitig, durch ihre einfache Bauart stört es jedoch nicht. Die zweite Art betrifft das unnötige Mitbewegen technischer Einrichtungen, z. B. Versenkungen, soweit sie nicht zum Abbau des Bildes selbst dienen. Die dritte beachtet nicht die natürlichen, noch ausführbaren Abmessungen der verlangten Räume, größte Wirtschaftlichkeit des Betriebes, gleichmäßige Berücksichtigung aller Abteilungen, sondern ist nur auf die reine ungebundene Technik bedacht.

Hieraus lassen sich folgende Forderungen aufstellen:

1. Jede Bauart für raschen Ortswechsel unzerlegter Bilder hat sich möglichst nur auf die beiden zunächst beteiligten zu beschränken.
2. Die zu bewegende Masse soll so gering wie möglich sein.

Die neun Grundarten für den Ortswechsel unzerlegter Bühnenbilder

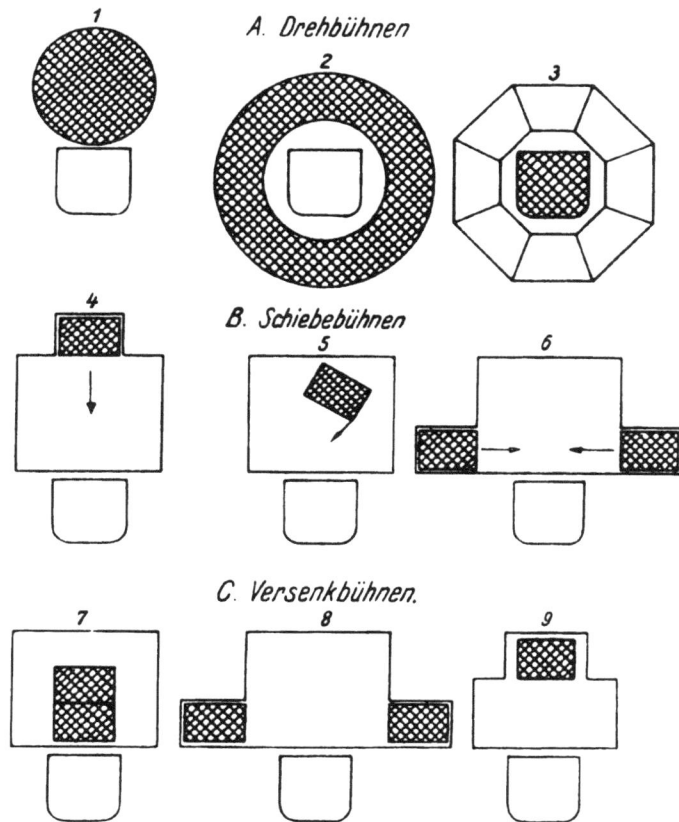

A. Drehbühnen

B. Schiebebühnen

C. Versenkbühnen.

3. Der Vorgang sei einfach, zuverlässig und billig.

4. Der beanspruchte Raum darf wohl größer wie früher, aber in keinem Mißverhältnis zum bisherigen stehen.

5. Tote Räume sind unbedingt zu vermeiden.

6. Die arbeitsparende Wirtschaftlichkeit des Betriebes ist in allen Fragen ausschlaggebend.

7. Der Vorteil eines raschen Bildwechsels darf nicht auf Kosten einer anderen Abteilung erzwungen sein.

Nach den aufgestellten drei Grundsätzen und den sieben Forderungen liegen also alle Arten, die den Bildaufbau und -umbau wie bei der alten Schule nur auf, unter oder über der Spielbühne vorsehen, abseits vom Wege. Für Neuanlagen sind diese Formen unbedingt zu verwerfen. Ohne erweiterten Bühnenraum ist nicht auszukommen. Die notwendige größere Ausdehnung der Häuser wird durch bessere Wirtschaftlichkeit wieder eingeholt. Wie weit sie für die Umbauten älterer Häuser zweckmäßig sind, hängt von den örtlichen Umständen, dem gesamten Betrieb des Hauses und vor allem von den bewilligten Mitteln ab. Jedenfalls muß bei einem geplanten Umbau reiflich überlegt werden, ob sich die aufgewendete Arbeit lohnt oder ob ein Neubau vorteilhafter ist.

VERWANDLUNGEN

Eine besondere Art des Bildwechsels ist die Verwandlung, womit der oft sehr kurze, oft auch mehrere Minuten dauernde Übergang von einem Bühnenbild zum anderen bezeichnet wird. Sie hat ihre eigenen Gesetze, die auf der zeitlichen oder optischen Bindung beruhen.

Eine *zeitliche* Bindung ist durch das musikalische Zwischenspiel festgelegt; eine *optische* tritt ein, wenn die Verwandlung bei offenem Vorhang stattfindet („offene Verwandlung").

Lassen technische Schwierigkeiten oder Personalmangel das Mißlingen einer solchen als möglich erscheinen, dann wird besser eine dahingehende Vorschrift des Verfassers nicht eingehalten, sondern „geschlossen" umgebaut.

Es gibt sieben Verwandlungsarten:

1) die maschinelle bei Licht,
2) die maschinelle im Finstern,
3) das Verdecken durch eine gemalte Leinwand, die entweder auf und ab oder von einer Seite zur anderen wandert und scheinbar als Vorhang wirkt (ziehende, gemalte Wolkenschleier),
4) das Verdecken der Vorgänge durch Gazeschleier,
5) das Wandelbild,
6) das Verdecken durch ein stehendes Lichtbild,
7) das Verdecken durch ein laufendes Lichtbild oder den Film.

Die ersten fünf Arten gehören der alten Schule an, sie werden jetzt überall durch die beiden letzten (6 und 7) zu ersetzen versucht. Die Wahl einer falschen Art kann erhebliche Störungen verursachen.

An den zehn offenen Verwandlungen, die Richard Wagner in seinen Werken vorschreibt, sind die früheren Verwandlungsarten und ihre jetzige Vereinfachung gezeigt:

	1876—1925 Art	ab 1927 Art
Tannhäuser:		
1. Vom Venusberg nach dem Wartburgtal	4	7
Rheingold:		
2. Von der Tiefe des Rheins nach Walhall	3	7
3. Von Walhall nach Nibelheim	3	7
4. Von Nibelheim nach Walhall	3	7
Siegfried:		
5. Vom Feuerberg nach dem Walkürenfelsen	4	7
Götterdämmerung:		
6. Vom Rheinufer nach der Gibichungenhalle	3	7
Parsifal:		
7. Vom Wald nach dem Gralstempel	5	7
8. Vom Klingsorturm nach dem Blumengarten	2	7
9. Vom Blumengarten in die Einöde	1	7
10. Von der Aue nach dem Gralstempel	5	7

Die maschinelle Verwandlung eines Bildes bei Licht setzt voraus, daß alle seine Teile so befestigt sind, daß sie durch Maschinen oder Handbetrieb in wenigen Sekunden der Sicht der Zuschauer entzogen werden und anderen Teilen des neuen Bildes Platz machen oder daß diese durch plötzliches Erscheinen die früheren verdecken.

Ihre größten Erfolge feierte diese Art, die aus den Periakten der griechischen Theater hervorging, im 18. und 19. Jahrhundert; jede Bühne suchte die andere durch neue Zaubereien zu überbieten. Ihr verdankt auch der Bühnenfußboden seine alte, schon erwähnte Gliederung, um Versenkungsmöglichkeiten zu schaffen. Die als Seitendeckung dienenden Kulissen wurden durch schwerfällige Haspelzüge nach links oder rechts vom Platz bewegt; ähnliche Vorkehrungen ließen die oberen Soffitten in die Höhe verschwinden (Abb. 316).

So war 1882 bis 1906 im Festspielhaus-Bayreuth die Verwandlung im zweiten Akt Parsifal vom Blumengarten in die Einöde eingerichtet (Abb. 317/18). Später ersetzten große Hängebogen alle Kulissen und die holzgerahmten Buschversatzstücke, die in Kassetten oder Freifahrtschlitze nach unten verschwanden. Durch eine Abzugsvorrichtung von ihrer Befestigungsstange gelöst, fielen sie infolge ihrer eigenen Schwere herab und gaben die Sicht auf die bereits hinter ihnen hängenden Bogen der Einöde frei (Abb. 319/20). 1927 wurde zum erstenmal durch Lichtbild verwandelt und die Anlage 1928 weiter ausgebaut (Abb. 321/22).

Abb. 316. Schema der Bewegungsvorrichtungen für Kulissen und Soffitten im 18. Jahrhundert

Die alte maschinelle Verwandlung bei Licht hat einzig und allein ihre Berechtigung, wenn die Darsteller das Bild nicht verlassen und die Handlung unmittelbar im Zusammenhang mit der Verwandlung selbst steht, also bei „Zaubervorgängen", die innerhalb weniger Sekunden vor sich gehen müssen.

Im Finstern dagegen wird verwandelt bei einem Schauplatzwechsel zwischen einer abgeschlossenen und einer beginnenden Szene, z. B. im Parsifal vom Klingsorturm nach dem Blumengarten. Zu einem Blick der Zuschauer in die „Technik" dieser Verwandlung liegt kein Grund vor. Der Anwendung sind Grenzen gesetzt, wenn das Orchesterlicht auf die völlig verdunkelte Bühne dringt und so die Vorgänge doch noch halb sichtbar werden. Die einzige Lösung wäre dann die, daß das Orchester die wenigen Takte bei abgeschalteter Pultbeleuchtung auswendig spielt; das scheitert fast immer am mangelnden Verständnis des Kapellmeisters für die Schwierigkeiten der Technik. Eine weitere Grenze der Anwendung liegt in dem störenden Geräusch der Verwandlung bei leiser Musik.

Die dritte Art bedingt eine reichlich bemessene Zwischenmusik. Beim Übergang von einem Bild zum anderen wird das erste allmählich von der Seite oder von oben

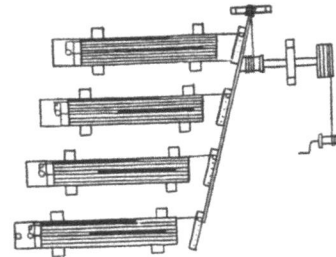

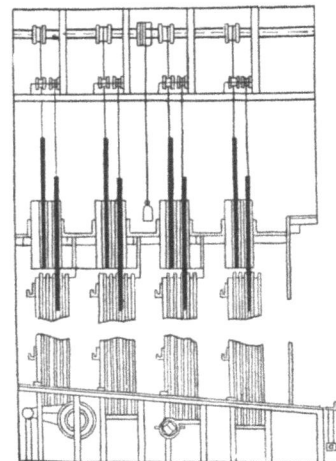

Abb. 317. „Parsifal"-Blumengarten, 1882; J. Joukowsky-Bayreuth. Festspielhaus-Bayreuth

Abb. 318. „Parsifal"-Einöde, 1882; J. Joukowsky-Bayreuth. Festspielhaus-Bayreuth

260

Abb. 319. „Parsifal"-Blumengarten, 1907; Max Brückner-Koburg. Festspielhaus-Bayreuth

Abb. 320. „Parsifal"-Einöde, 1907; Max Brückner-Koburg. Festspielhaus-Bayreuth

Abb. 321. „Parsifal"-Blumengarten, 1928; Kurt Söhnlein-Hannover. Festspielhaus-Bayreuth

Abb. 322. „Parsifal"-Einöde, 1928; Kurt Söhnlein-Hannover. Festspielhaus-Bayreuth

262

nach unten verdeckt. In der Endstellung ist so scheinbar ein Vorhang erreicht, der dem Zuschauer die Trennung der Bilder kaum zum Bewußtsein kommen läßt. Es sollte vermieden werden, als Ersatz den Zwischenvorhang zu benutzen und durch ihn jeden Zusammenhang der Bilder zu zerreißen.

Hierher gehören die drei Verwandlungen im Rheingold sowie die vom Rheinufer nach der Gibichungenhalle in der Götterdämmerung. Die ersten waren in Bayreuth von 1876 bis 1925 „Gitterverwandlungen", d. h. ein an einem Gitterträger befestigter doppelthoher Prospekt, auf dem der Übergang von Wasser- in Felsenlandschaften gemalt war, senkte sich langsam herab; unterdessen fand hinter ihm der Umbau statt. Bei der Verwandlung nach und von Nibelheim kann zu den vorbeiziehenden, teils von rückwärts erhellten Felsen noch rot beleuchteter Dampf zur Belebung des Bildes hinzu.

Statt von oben nach unten oder umgekehrt kann der Prospekt auch von der Seite her vorübergleiten. Dabei wird der Vorgang durch langsam beginnende, auf Gaze gemalte Wolkengebilde eingeleitet, die sich immer mehr verdichten und schließlich in einem festen Leinwandvorhang mit gemalten, durchleuchtbaren Wolken enden, hinter dem wieder umgebaut wird (Götterdämmerung, Rheinufer bis 1925).

Die vierte Art der alten Schule sind die Verwandlungen durch Gazeschleier; sie wurden bei Wolkenbildungen angewendet (Siegfried: vom Feuerberg nach dem Walkürenfelsen; Tannhäuser: vom Venusberg nach dem Wartburgtal). Durch mehrere Gazeschleier wird allmählich ein völliges Abdichten des Bildes erreicht und dann unmittelbar hinter dem ersten Schleier ein „Deckprospekt" als Vorhang herabgelassen.

Eine Abart ist das Wandelbild, das im Bayreuther Parsifal „vom Wald und von der Aue in den Gralstempel" bis 1928 angewendet wurde und Übergangslandschaften darstellte[1]) (s. Abb. 205/6).

Trotzdem diese Verwandlungen oft einwandfrei und unter Aufwendung großer Mittel vor sich gehen, haftete ihnen doch das „Maschinelle" zu sehr an. So läßt sich z. B. der Dunst des sich verziehenden Morgennebels durch festen Stoff und Malerei allein nicht darstellen: erst die Optik wies hier neue Wege.

Nachdem es gelungen ist, an Stelle des Bogenlichtes 3000-Watt-Lampen in Lichtbildapparate einzubauen, können Dunst, Nebel, Wolken auf ganz dünnen, dem Auge der Zuschauer nicht wahrnehmbaren Gazeschleiern dargestellt und langsam wieder zum Verschwinden gebracht werden. Der so von vorn angeleuchtete Schleier hat die Eigenschaft, fast undurchsichtig zu sein, wenn es hinter ihm dunkel bleibt; ein Deckvorhang wird bei völlig weichem Übergang zum Schalldämpfen unsichtbar herabgelassen und hinter ihm kann verwandelt werden. Wird dem Schleier das vordere Licht langsam entzogen und das dahinter befindliche Bühnenbild, nachdem der Deckvorhang wieder hochgezogen ist, zunehmend angeleuchtet, so wird er durchsichtig und selbst unsichtbar.

Diese neueste und mit großem Erfolg in Hannover angewendete Art ist 1927 in Bayreuth zum erstenmal in verbesserter Form mit zwei Apparaten und Laufbildern bei allen offenen Verwandlungen gezeigt worden.

Das so erzeugte Bild bedeutet durch seine Weichheit einen wesentlichen Schritt vorwärts. Leider ist es, wie seine auf Leinwand gemalten Vorgänger, noch unbeweg-

---

[1]) s. auch S. 178—187 flg.

lich. Das reizvolle, natürliche Spiel der Wolken kann bis zu einem gewissen Grad nur mit mehreren Apparaten hervorgebracht werden.

Den Bühnentechnikern ist das Ziel einer Weiterentwicklung seit langem bekannt:

Anwendung der Films im Bühnenbild!

Schüchtern wagen sich bereits an mehreren Theatern die ersten Versuche hervor. Leider stehen ihnen immer noch feuerpolizeiliche Vorschriften, Vorurteile der Direktoren und einiger Spielleiter, teilweise auch der Zuschauer entgegen, die eine Verquickung des „Kintopps" mit der „höheren Kunst" ablehnen. Trotzdem läßt sie sich nicht aufhalten und es ist bei bühnentechnischen Erneuerungen unbedingte Pflicht, alle kommenden Möglichkeiten zu bedenken, um mindestens motorisch gesteuerte Lichtbild-, besser jedoch auch mehrere Kinoapparate, die mit Fernbedienungsvorrichtungen eingerichtet sein müssen, im Zuschauerraum unterbringen zu können.

Wenn dann hinter einer Gazefilmwand und einem unsichtbaren Deckvorhang die Verwandlungen geräuschlos vor sich gehen und das Übergangs-Filmbild sich der Musik und Handlung anpaßt, ist ein Mißlingen so gut wie ausgeschlossen, künstlerische Verbindung der Bühnenbilder geschaffen und durch wirtschaftliche Arbeitsweise endlich ein Zustand erreicht, der die jetzt vorherrschende Hast ausschaltet und freie Bahn schafft für die größeren Aufgaben der Bühne.

8. KAPITEL

HILFSMITTEL FÜR DEN VEREINFACHTEN AUF-BAU DER BÜHNENBILDER

Die eine Aufgabe der Bühnentechnik: rascher Bildwechsel während der Aufführung bietet dem Laien, der einmal solchem „Schauspiel" beiwohnen darf, den Anblick eines Ameisenhaufens. Für die Darsteller ist er ein notwendiges Übel[1]), das nur Lärm erzeugt und Staub aufwirbelt, für die Ausführenden fast immer eine Quelle der Aufregung und des Ärgers. Und doch ist er für Fachleute ein dankbares Feld für wertvolle Versuche und Erfindungen, mit denen sich hauptsächlich drei Berufe beschäftigen: Maschinentechniker, Bühnenbildner und Lichttechniker, die in den mannigfachen Formen der Elektrizität das Heilmittel für alles sehen. Eine reinliche Trennung dieser Arbeitsgruppen ist bei keiner Bühne zu erzielen; die Fäden ihrer Betätigung sind so miteinander verknüpft, daß nur das engste Hand-in-Hand-arbeiten oder oft sogar ihre Vereinigung in einer Person wirkliche Erfolge bringt. Alles, was auf diesem Gebiete bisher erreicht wurde, ist ausschließlich Vertretern dieser Gruppen zu danken.

Die ersten Anfänge, Hilfsmittel für den vereinfachten Aufbau der Bühnenbilder zu finden, liefen zunächst auf kleine Verbesserungen an den Bildteilen selbst hinaus. Die meisten Verwandlungsarten kamen dabei von den üblichen Kulissen und Soffitten früherer Zeiten nicht los; dieser Weg ist im Ausland, besonders in Amerika, zu verfolgen. Bei allen Lösungsversuchen wurden maschinelle, bildliche oder lichttechnische Hilfsmittel angewendet.

MASCHINELLE HILFSMITTEL

Die einen waren bestrebt, alle Bildteile, besonders in Innenräumen, am Platze zu lassen und sie nur durch Drehen, Klappen oder Ineinanderschieben zu verändern; die anderen wollten einen raschen Wechsel durch Schienenführung, bewegliche Bodenflächen oder maschinelles Beseitigen erreichen. Dabei wurde immer wieder

---

[1]) Hedwig Wangel-Berlin erwähnt in einer Skizze: „Kleine Ursachen..." (Berliner Tageblatt Nr. 527, 7. November 1928) den Eindruck dieser Arbeit auf die Darsteller: „Plötzlich ertönt das Wort: ‚Umbau'! Dann wackeln alle Wände, dann geht der Kronleuchter wie 'n Luftballon hoch, die Gardinen fallen mit der Stange auf die Erde; wo eben noch 'ne Tür war... ist in der ‚Mauer' ein großes Loch... der Teppich wird uns — ‚Vorsehen'!!! — unter den Füßen weggerollt, wir wollen nach rechts ab... da ist es finster... und wir verknaxen uns die Beine beinahe über einen Bohrer, der in den Fußboden gebohrt ist..."

der Fehler gemacht, das Bild beim Umbau zu zerlegen. So schufen die Erfindungen fortwährend neue Gefahren- und Fehlerquellen, statt die ohnehin reichlich vorhandenen zu beseitigen oder wenigstens zu verringern; sie erschwerten den Umbau oft derart, daß es nur Zufall war, wenn nichts fehlging. Da jedoch diese Hilfsmittel für kleine und kleinste Bühnen, die über gar keine oder mangelhafte technische Einrichtungen verfügen, wohl nie ganz zu entbehren sein werden, mag hier ihre Zusammenstellung folgen. Dabei sind die der alten Schule, die nur für diesen Zweck gebaut waren, nicht erwähnt; sie gehören in die „Bühnentechnik der Vergangenheit". Manchmal haben die Erfindungen besondere Namen, unter denen sie gelegentlich einmal in einer Zeitschrift veröffentlicht wurden.

Neue Drehprismenbühne

Abb. 323. Drehprismen-Bühne; Emil Pirchan-Berlin

Emil Pirchan-Berlin hat, in Anlehnung an die Periakten der Griechen, für eine Revue im ehemaligen Nelsontheater-Berlin dreiteilig verbundene Kulissen geschaffen, die in wenigen Sekunden, von Hand gedreht, drei verschiedene Bühnenbilder zeigten. Die Leinwand der einen Seite konnte außerdem hochgerollt werden, so daß der mit elektrischen Kandelabern ausgestattete Innenraum der Prismen sichtbar wurde. Eine andere Seite war mit Sternlochung versehen und zeigte bei verdunkelter Bühne einen Sternenhimmel. Auf Abbildung 323 sind die aneinandergereihten Prismen zu erkennen.

Die Gliederbühne

Georg Schmidt-Dingolfing schuf eine ähnliche Einrichtung, die nur aus doppelseitig bemalten, drehbaren Kulissen besteht.

Die Jalousie-Dekoration

John Thomas, Kilham und Fred William Richter-Loville (U. S. A.) bauten im Jahre 1887 Bühnenbilder, die aus jalousieartig verstellbaren Teilen zusammengesetzt waren. Die Drehung einer Seite gab den Ausblick auf eine andere frei.

Wandelbare Dekorationen

Der Wunsch, unter allen Umständen die lästigen Umbaupausen zu verkürzen, hat selbst namhafte Spielleiter angespornt, diese Frage zu lösen. Wie sehr man sich dabei in eine Sackgasse verrennen kann, soll ein Beispiel zeigen.

Adolf Winds sen. gab die Anregung zum Bau von „Klappdekorationen"; er schreibt[1]: „Es handelt sich um die rasche Verwandlung von einem Zimmer in das andere. Die Wände der Dekorationen sind doppelt und so beschaffen, daß sie in der Mitte sich (in Angeln) umklappen lassen. Die Außenseite stellt z. B. ein reiches Zimmer dar, die innere ein ärmliches. Der Schieber oder die Schnur, welche die obere Hälfte der Wanddekoration hält, wird gelöst, die halbe obere Wand klappt über die untere Hälfte und deckt sie. Gleichzeitig kehrt jetzt die obere umgeklappte Hälfte ihre Innenseite nach außen und ist so nach unten gekommen; oben wird die bis dahin verdeckte innere Malerei sichtbar, und diese einfache Verwandlung geschieht wie mit Zauberschlag. Unterscheidet sich nur die innere Malerei in der Ornament- und Farbenzeichnung wesentlich von der äußeren, so wird man ein anderes Zimmer zu sehen glauben, wenn auch die Dimensionen gleichgeblieben, Plafond, Türen und Fenster noch dieselben sind. Auf diese einfache Weise ließe sich sogar das Zimmer in einen Garten verwandeln, die rückseitige Wand klappt mitsamt ihrem Oberteil diesmal in der Mitte völlig zusammen und stellt nach rascher Beseitigung der Mitteltür eine Gartenmauer vor, hinter der der landschaftliche Prospekt schon hängen mag; die Seitenwände klappen in der oben beschriebenen Weise nieder, werden zusammengeschoben, kehren ihr Inneres nach außen und stellen, rechts und links, je ein Haus vor. Auch eine Veränderung durch aufgerollte und rasch niederfallende Gobelins wäre denkbar, aber alles das sind nur rohe Anregungen, die der erfinderische Kopf des Bühnentechnikers ausgestalten müßte; es ließe sich wohl denken, daß z. B. der Kamin eines Zimmers um- und zusammengeklappt, in einem anderen zum Tritt, zur Erkerstufe würde, daß neben dem Klapp- noch ein Schiebemechanismus in Anwendung käme, der durch Vor-, Rück- und Ineinanderschieben von einzelnen Teilen auch die räumlichen Verhältnisse der Dekoration zu ändern imstande wäre."

Welche Mehrarbeit müßte beim Anfertigen derartiger Doppelbilder in den Werkstätten geleistet werden, wie viel teurer wäre eine Ausstattung und wie viel mangelhafter die innere Einrichtung der Zimmer, wenn die Seitenteile ohne Bildschmuck und Plastik sind und die Möbel wegen der Klappfähigkeit der Wände fast fehlen.

---

[1] Wandelbare Dekorationen, Bühne und Welt, Jahrgang 1909, Nr. 17, S. 737/39.

Die dynamische Bühne

C. v. Mitschke-Collander-Dresden hat auf seine Anordnung den DRGM. 905273. Hinter lot- und wagrecht verschiebbaren Kulissen sind Bildteile in Segmentform angebracht, die um einen Drehpunkt in der Bühnenebene bewegt werden können (Abb. 324).

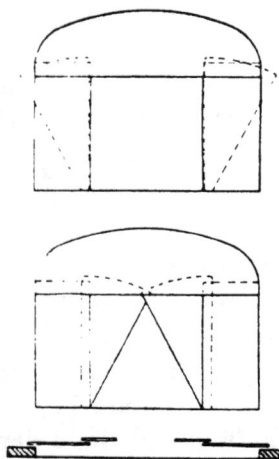

Die horizontale Teleskop-Dekoration

Eduard Wulf-Dortmund will damit die Zeit für das Verschwinden der Bildteile nach oben möglichst verkürzen. Die umständlich herzustellenden, zusammenschiebbaren Stücke lassen sich viel zu selten verwenden, als daß es lohnte, näher darauf einzugehen.

Die vertikale Teleskop-Dekoration

Diese Form ist für den Betrieb bedeutungslos. Sie baut sich auf der Anwendung der Greifer oder Mitnehmer auf, die in anderen technischen Betrieben oft eine große Rolle spielen, sich jedoch bei der Vielseitigkeit der Bühne nicht verallgemeinern lassen.

Abb. 324. Dynamische Bühne; C. v. Mitschke-Collander-Dresden

Die Schienendekoration

Die Spectatoria-Compagny-Chicago baute zum selben Zweck eine Abart der alten Kulissenbewegung. Die Teile besitzen Antriebe, mit denen sie einzeln oder gekuppelt bewegt werden können, wie sie auch bei Wandelbildern vorkommen.

Alle diese Versuche setzten die Anwendung immer gleichartiger Bildteile voraus; das ist bei einem heutigen Bühnenbild jedoch völlig ausgeschlossen.

Laufbänder

Erwin Piscator-Berlin ließ nach der Ausführung von *Clemens Werrn-Dortmund*[1]) für das Theater am Nollendorfplatz-Berlin im Januar 1928 zwei endlose Laufbänder von 2,7 m Breite, nicht wie bei Werrn senkrecht, sondern parallel zum Zuschauer über den Bühnenboden legen, auf denen Bildteile und Personen von beiden Seiten auf die Spielbühne hereingerollt wurden. Als abschließende Prospekte verwendete er Lichtbilder oder Filme. Dieses Laufband ist nicht das erste in Deutschland gewesen; schon 1906 bei der Neueinrichtung von Glucks „Orpheus und Eurydike" in der Staatsoper Unter den Linden-Berlin[2]) hat Fritz Brandt ein solches in Verbindung mit drei Wandelbildern (s. S. 179, Nr. 8) benutzt. Es war auf der zweiten Versenkung angebracht, um mit dem Bühnenboden eine Ebene zu bilden. Auf ihm schritt das wiedervereinte Gattenpaar aus den Gefilden der Seligen zur Unterwelt zurück. Die Art ist als „trottoir roulant" bekannt und wird in anderer Form in modernen Fabriken als Laufband bei Fließarbeit vielfach angewendet. Auch ausländische Theater haben schon in früheren Jahren damit gearbeitet und z. B. die Wanderung im ersten und dritten Akt Parsifal so dargestellt.

---

[1]) s. S. 131, Abb. 99
[2]) Am 24. Februar als „Gala-Vorstellung zur Silberhochzeit des Kaiserpaares" wurde nur die zweite Hälfte der Oper mit dem Laufband, am 11. April das ganze Werk aufgeführt.

Die Diagonalbühne

Rudolf Hartig-Wolfenbüttel bringt in seinem DRP. 988242 für kleine Betriebe mit bescheidenen Ansprüchen in der Ausstattung eine brauchbare Neuerung. Sie ist in ihrer Wirkung mit einer Drehbühne ohne Boden zu vergleichen, bei der die Bildwirkung hauptsächlich in den Hintergrund verlegt ist (Abb. 325). W. Gelmar schreibt darüber[1]): „Diese Bühne ist in Richtung der Diagonalen vom rechten Proszenium nach links hinten, vom linken Proszenium nach rechts hinten geteilt, eine Teilung, die ausgeführt wird durch eine doppelte Gitterwand, drehbar um eine Achse im Schnittpunkt der Diagonalen. Die beiden Gitterrahmen, die auch getrennt beweglich sind, besitzen Vorrichtungen zur schnellen Befestigung von Kulissen, Vorhängen, Versatzstücken, auch beweglichen Bodenflächen. Die doppelte Drehwand, die also von beiden Seiten schnell verkleidbar ist, wird nun einmal in der Richtung der vom Schnittpunkt zum linken Proszenium verlaufenden Diagonale, zum nächsten Bild in die Richtung der anderen, nach dem rechten Bild weisenden Diagonale gestellt. Im ersten Falle setzt sich das Bühnenbild nach rechts hinten fort, während links hinter der Wand, auf der

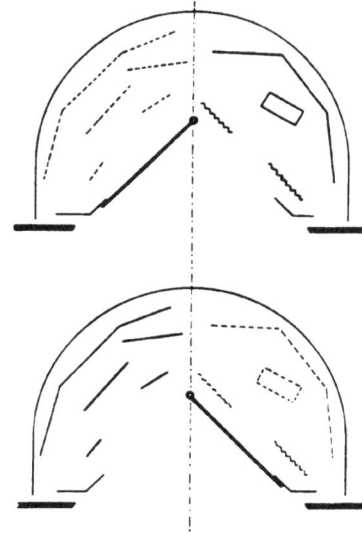

Abb. 325. Diagonal-Bühne;
R. Hartig-Wolfenbüttel

dem Zuschauer abgekehrten Seite das nächste Bühnenbild bereits vorbereitet ist. Zum Szenenwechsel wird die Wand unter Verdunklung in Richtung der anderen Diagonale gedreht. Nach Aufhellung sieht man in dem soeben verschlossenen Bühnenabschnitt das sich nach links hinten erweiternde Bühnenbild und die andere Seite der Wand, die nunmehr rechts einen Bühnenabschnitt verdeckt, in dem jetzt die Verwandlung für das dritte Bild vorgenommen wird. Die Bühnenbilder haben trotz dieser Teilung volle Bühnenbreite und ähneln in ihrer Anlage der auf der Drehbühne üblichen Bauweise. Da die beiden Rahmen der Doppelwand getrennt drehbar sind, besteht die Möglichkeit, sie parallel zum Proszenium oder in andere Winkel zueinander zu drehen. Üblicherweise sind die beiden Rahmen miteinander verkoppelt. In den Zwischenraum fällt jeweils, wenn die Wand in Stellung ist, ein die Umbaugeräusche abdämpfender Vorhang. Die Abgrenzung der Wände kann durch in Richtung der Diagonale zu setzende Rahmen oder nur durch Vorhänge erfolgen, die der bildhaften Ausgestaltung des Gesamtbildes weiteste Möglichkeiten offen lassen."

BILDLICHE HILFSMITTEL

Auch der Bühnenbildner kann schon bei der Anlage seiner Skizzen einen Bildwechsel erleichtern und verkürzen, wenn er mit der Gliederung seiner Bühne und ihren Hilfsmitteln vertraut ist, technische Schwierigkeiten vermeidet und kleine bauliche Vorteile beachtet. So ist z. B. im Städtischen Opernhaus-Hannover in der neuen Einrichtung des „Fliegenden Holländer", der ohne Pausen durchgespielt

---

[1]) Die Diagonal-Bühne: Bühnentechnische Rundschau 1927, Nr. 1, S. 7

Abb. 326. Einheitsbildteil für Sentazimmer und Dalandhaus; „Fliegender Holländer"
2. und 3. Akt. Einrichtung von Fr. Kranich d. J.; Städtisches Opernhaus-Hannover

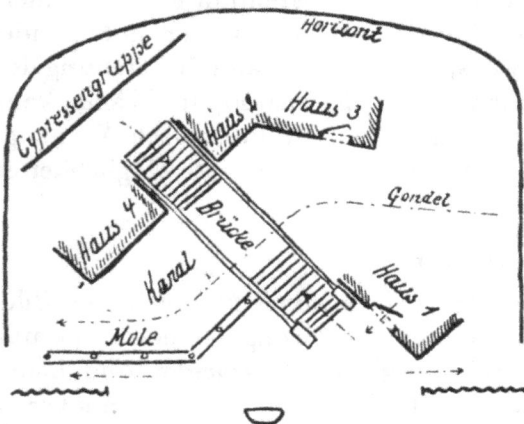

Abb. 327. „Othello". erstes Bild und Bildstellung
mit Grundriß; Einrichtung von A. Linnebach 1915.
Staatliches Schauspielhaus-Dresden

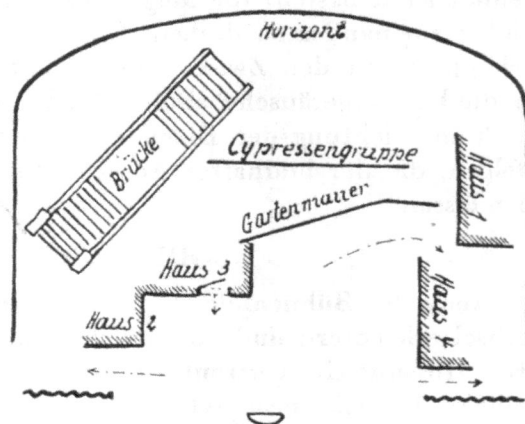

Abb. 328. „Othello", zweites Bild und Bildstellung
mit Grundriß; Einrichtung von A. Linnebach 1915.
Staatliches Schauspielhaus-Dresden

270

Abb. 329. „Othello", erstes Bild; Bühnenbild von Felix Cziossek, 1924.
Landestheater-Stuttgart

Abb. 330. „Othello", zweites Bild; Bühnenbild von Felix Cziossek, 1924.
Landestheater-Stuttgart

Abb. 331. „Walküre", zweiter Akt; Bühnenbild von Th. Schleim-Wiesbaden
und A. Müller-Godesberg; Staatstheater-Wiesbaden

Abb. 332. „Walküre", dritter Akt; Bühnenbild von Th. Schleim-Wiesbaden
und A. Müller-Godesberg; Staatstheater-Wiesbaden

wird, die rechte Hälfte des Sentazimmers auf einem kleinen Wagen aufgebaut, der im dritten Akt[1]) gleichzeitig den Hauseingang auf der linken Seite bildet (Abb. 326). Die Rückwand steht auf der zweiten Versenkung, der Wagen wird nur nach links gefahren und gibt die Aussicht auf das bereits dahinter stehende Dalandschiff frei. In 30 Sekunden ist der Umbau fertig.

„Kombinations-Bildteile", die erst auf der einen, später auf der anderen Seite verwendet werden können, bieten eine weitere Möglichkeit. Dem Zuschauer wird die doppelte Benutzung kaum auffallen, dagegen vereinfachen sie wesentlich die Bühnenbilder. Wird dies schon bewußt bei ihrem Entwurf angewendet, so wird damit beim Auf- und Abbau sowie beim Befördern der Teile viel Zeit und Geld gespart. Eine Einrichtung von A. Linnebach-München aus dem Jahre 1915 für das Staatliche Schauspielhaus-Dresden zu Shakespeares Othello zeigt diese Art[2]). Die Abbildungen 327 und 328 und die dazugehörigen Grundrisse stellen die beiden Straßenbilder dar. Ihre Verschiedenheit wird lediglich durch Verschieben der gleichen Teile erzielt. Vier Häuser, eine Brücke, eine Molenmauer, eine Zypressengruppe und eine Gartenmauer werden benutzt. Alle sind plastisch gebaut und laufen auf Rollen. Beide Bilder haben den Bühnenhimmel als Hintergrund, der deshalb nicht bewegt werden braucht.

Eine andere Art zeigen zwei Bilder (Abb. 329 u. 330) gleichfalls zum Othello von Felix Cziossek im Landestheater-Stuttgart. Aus der Gegenüberstellung ist zu erkennen, daß der Gerüstaufbau und die seitlichen Türwände immer stehen bleiben und nur das Mittelteil ausgewechselt wird. Als Beispiel für zwei Landschaftsbilder mögen der zweite und dritte Akt der Walküre im Staatstheater-Wiesbaden nach dem Entwurf von Th. Schleim-Wiesbaden und A. Müller-Godesberg gelten (Abb. 331 und 332).

Die Einheitsbilder wurden noch weiter vereinfacht: alle Szenen spielen sogar in einem Bild, das in der für die Darstellung vorteilhaftesten Weise zusammengestellt ist. Zwei Beispiele aus dem Jahre 1924 (Abb. 333 u. 334) zeigen je ein freies und ein geschlossenes Bild.

Die Würfelbühne von Hans Fritz bildet eine eigenartige, bis ins kleinste durchdachte Neuerung auf der Grundlage der Einheitsmaße (s. S. 218—20). S. W. Rochowanski sagt darüber[3]): „Der Entwicklungssprung zur Würfelbühne ist groß, durch sie wurde das Gesicht des Theaters vollständig verändert, an die Stelle von Vorhängen und bemalten Fetzen tritt tektonischer Bau. Entscheidend sind die künstlerischen und wirtschaftlichen Vorteile, die sich hier stets die Hände reichen.

Der erste Vorteil ist die Einfachheit des Szenenbaues. Mit den glatten Würfeln und seinen Vervielfachungen, mit den aus Teilungen des Grundwürfels organisch gewonnenen Bogenteilen, wird die Szene von weniger als sonst notwendigen Bühnenarbeitern aufgebaut (Abb. 335). Die Baukörper bestehen aus einem leichten Rahmengefüge, das stabil konstruiert ist und mit einem Gewebe überzogen wird. Je zwei aneinanderstoßende Flächen haben den gleichen Farbenanstrich, so daß jedes Bauglied eine dreifache Verwendbarkeit besitzt. Die Bauglieder passen mit ihren scharfen

---

[1]) s. Abbildung 288
[2]) Bühnentechnische Rundschau 1915, Nr. 2, S. 1/2
[3]) Österreichische Bau- und Werkkunst, 1. Jahrgang, Februar 1925, S. 138

Kanten streng aneinander und die zarten Anstoßkonturen geben dem Ganzen den Reiz einer Handschrift.

Der zweite Vorteil ist die unbegrenzte Verwendbarkeit, der Reichtum der Gestaltungsmöglichkeiten. Das Würfelsystem wird den szenischen Forderungen aller Stücke, den Absichten und Wünschen jedes Regisseurs, jedes Szenengestalters — er mag Reinhard oder Tairoff, Leger oder Prampolini heißen — gerecht, gibt Naturalistik und Abstraktion, jedes Milieu, jede Feinheit in Stimmung und Farbe.

Abb. 333. „Heinrich IV.". Bühnenbild von Felix Cziossek. 1924. Landestheater-Stuttgart

Abb. 334. „Die bezähmte Widerspenstige", Bühnenbild von Felix Cziossek, 1924. Landestheater-Stuttgart

Die Historie aber, das muß betont werden, verliert die unkünstlerische ängstliche Imitation, da sie nicht als solche, sondern in ihrer geistigen Charakteristik ersteht.

Beglückend für jeden schöpferischen Bühnenmenschen ist ein Blick in den Lagerraum der Würfelbühne (Abb. 336). Da liegen Würfel und Bauglieder in allen Farbtönen wohl geordnet, übersichtlich und — überraschenderweise — in höchster Sauberkeit bereit, jeden Traum verwirklichen zu helfen. Jeden Wunsch kann der Regisseur machen, um- und abändern und verwerfen, so oft er will, ohne Neuanschaffungen, ohne Kosten.

274

Darum ist der dritte Vorteil der Würfelbühne die Geldersparnis, der Direktor braucht keine Finanzsitzungen, denn es hängt die Annahme eines Stückes nicht mehr

Abb. 335. Würfel-Bühne; Hans Fritz-Dresden

Abb. 336. Bestandteillager der Würfel-Bühne; Hans Fritz-Dresden

mit dem Ausstattungsbudget zusammen, er kann unbehindert jedem künstlerischen Impuls folgen."

Selbstverständlich kann bei einer derartigen Bauweise mit kleinsten Teilen nicht während der kurzen Zeit ein Bild gewechselt und durch ein ähnliches ersetzt werden.

18*

Dazu gehört unbedingt eine ebenso gegliederte Bühne, die dem Erfinder auch vorschwebt, deren Vorteile jedoch wieder stark verkleinert würden, da auf einer modernen Bühne heute *jede* Bildart leicht zu verwenden ist.

Bei großen Theatern führen maschinelle und bildliche Hilfsmittel allein nicht zum Ziel, weil man dabei immer wieder von der irrigen Voraussetzung ausgeht, die Spielbühne sei der Platz für den Wechsel der Bühnenbilder, und deshalb nur ihr Zerlegen zu verbessern sucht.

LICHTTECHNISCHE HILFSMITTEL

Mit dem Lichtbild-Apparat gewann die Bühnentechnik ein zukunftsreiches Hilfsmittel, das in vielen Fällen ein vollwertiger Ersatz für Bildteile aus Holz und Leinwand sein kann. Es wird zwar auch nur, wie die beiden anderen Arten, auf der Spielbühne angewendet, jedoch sind hierbei die Verhältnisse ganz andere. Durch einen einzigen Handgriff beim Auswechseln zweier Lichtbilder wird ein Bühnenbild verändert, durch das Hochziehen eines Prospektes ganz beseitigt.

Dies Verfahren bis zu seiner Vollkommenheit auszubauen, reizte aus wirtschaftlichen Gründen, weil Baustoffe, Arbeitskraft, Zeit und Geld gespart werden, aus künstlerischen, weil die Weichheit des Lichtbildes durch Farbe und Leinwand kaum darzustellen ist.

Die Apparate für das Nachbilden von Naturerscheinungen und die Darstellung vollständiger Bühnenbilder sind aus den ersten Anfängen der Laterna magica[1]) mit Kalklichtbrenner dauernd verbessert worden; heute sind elektrische Lichtbild-Apparate besonderer Bauart oder schon kinematographische im Betrieb. Hier werden nur die Anwendungsarten, nicht die Apparate selbst behandelt; das geschieht im zweiten Band.

Zum Licht-Bühnenbild gehören: der Apparat, die Wand und ein Objekt.

Die Wand kann jede beliebige helle Fläche sein; sie ist auch zu teilen, indem man mehrere Bogen und einen Prospekt anleuchtet, wenn die Wiedergabe des Objektes nicht scharf eingestellt sein muß. Das Bild läßt sich auch durch einen Gazeschleier

---

[1]) Über die geschichtliche Entwicklung der „Projektion im Bühnenbild" schreibt Dr. C. Niessen-Köln in der Bühnentechnischen Rundschau 1923, Nr. 3, S. 4: „Die von dem Jesuiten *Athanasius Kirchner* erfundene ‚Laterna Magica' wurde schon im 17. Jahrhundert zu Bühneneffekten verwendet. Bei der Faustaufführung von Radziwill in Berlin (1819) wurde der Erdgeist mit einer magischen Laterne dargestellt. Vor der ersten Gesamtaufführung in Weimar (1829) fragt Goethe bei dem Maler Zahn in Berlin an, wer den damals benutzten Apparat geliefert habe. Er schreibt ihm: ‚Radziwill... ließ die Erscheinung des Geistes auf eine phantas-magerische Weise vorstellen, daß nämlich bei verdunkeltem Theater auf eine im Hintergrund aufgestellte Leinwand von hinten her ein erst kleiner, dann sich immer vergrößernder lichter Kopf geworfen wurde, welcher sich immer zu nähern und immer weiter hervorzutreten schien. Dieses Kunststück ward offenbar durch eine Art Laterne magica hervorgebracht.' Bei den Weimarer Inszenierungsplänen in der ersten Hälfte des 2. Jahrzehnts dachte Goethe nach dem Brief an Brühl vom 2. Juni 1819 noch an ein Transparent, eine Kolossalbüste Jupiters, die im Fenster erscheinen sollte. Diesen Standpunkt belegen Goethes Handzeichnungen, die neuerdings von Max Hecker in einer Faustausgabe veröffentlicht sind. Immermann verwandte 1839 bei einem Gastspiel in Elberfeld für die Erdgeisterscheinungen ebenfalls die Laterna magica. Aber jedenfalls war dieser Apparat nicht Allgemeingut der Bühnentechnik. Eckermann spricht allerdings in seiner Faustbearbeitung im Jahre 1834 von einem „Glanz auf den Gebirgen", schreibt aber von dem Regenbogen, der sich aus dem Wassersturz entwickelt: „dürfte schwerlich darzustellen sein". — Auch in den Theaterlexiken von Blum, Dühringer u. a. findet sich nichts über Projektionseffekte. Strindberg fordert in seiner „Dramaturgie" in bahnbrechender Weise die Projektion."

auf einen in größerem Abstand dahinter befindlichen Prospekt oder sogar auf den Bühnenhimmel werfen.

Das Objekt ist entweder eine durchsichtige Platte, ein „*Lichtbild*" oder ein fester Gegenstand, dessen Schatten wiedergegeben wird, ein „*Schattenbild*".

Das *Lichtbild* ist meist eine Hartglas- oder Glimmerplatte von etwa 13 × 13 cm, auf der durch Handmalerei oder Photo das wiederzugebende Bild dargestellt ist. Eine Anordnung von *Richter, Dr. Weil & Co.-Frankfurt a. M.* empfiehlt, je nach Bedarf aus kleinen Glimmerteilchen größere Bilder zusammenzustellen, damit nicht allzuviel Platten angeschafft werden müssen[1]). „Bei der vorliegenden Erfindung wird das jeweils erforderliche Diapositiv genau wie bei körperlichen Dekorationen je nach Geschmack des betreffenden Bühnenbildners aus einzelnen willkürlich wählbaren Einzelheiten zusammengestellt. Als einzelne Bildteile kommen beispielsweise in Betracht: Bäume und Sträucher aller Art, Palmen und tropische Gewächse, Bauteile wie Säulen, Balustraden, Bogen, Ruinen, Mauerreste, Felsen u. a. m. Die Größe dieser kleinen durchscheinenden Bilder oder Bildteile braucht nur einige Zentimeter bis herab zu einigen Millimetern betragen. Als Material ist Glimmer am besten geeignet, obwohl auch noch andere Stoffe brauchbar sind. Die oben genannten Bildgegenstände, wie Bäume oder Bauteile, sind nun z. B. auf Glimmer gemalt und dann ausgeschnitten oder auch erst ausgeschnitten und dann bemalt. Die eigentliche z. B. gläserne Diapositivplatte ist nur getont, etwa für eine Landschaft ist Erde und Himmel in Farbe angelegt.

Diese so geschaffene leere Erdoberfläche im Bild wird nun nach Geschmack und Bedarf mit kleinen Glimmerbildchen besetzt, die mittels Deckglases und Rahmens auf der getonten Diapositivplatte festgehalten werden, genau so wie man Präparate für mikroskopische Untersuchungen anfertigt. Dieses so entstandene zusammengesetzte Diapositiv wird nun genau wie ein gemaltes Diapositiv mittels Projektionsapparates auf die entsprechend vorgerichtete Bühnenwand projiziert."

Das *Schattenbild* ersetzt in vielen Fällen das Lichtbild. Unbemalte Bildteile werden unmittelbar hinter die Schirtingwand gestellt und erzeugen einen Schatten von gleicher Größe, kleinere Ausschnitte aus Pappe oder Sperrholz, die vor dem Apparat angebracht werden, werfen auf den entfernteren, durchsichtigen Prospekt vergrößerte Schatten. Hierbei sind kleine Veränderungen in der Schattenform durch Anfügen oder Weglassen von Teilen möglich. Weiche Formen entstehen durch geeignete Wahl des schattenbildenden Stoffes (Gaze, halbdurchsichtige Seide, dünne Papiere) oder durch Anleuchten der Schatten von der Vorderseite. Durch das gleiche Verfahren kann auch die Schattenfarbe verändert werden.

Das Aufstellen des Apparates und die Richtung der Lichtstrahlen ist auf eine dreifache Art möglich. Die einfachste ist die in der Sehrichtung der Zuschauer, d. h. der Apparat ist entweder in ihrem Rücken selbst oder zwischen ihnen und der Lichtwand aufgestellt. Durch diese Anordnung wird zwar die größte Lichtstärke erreicht, die Darsteller sind aber im Spiel stark beschränkt, da bei falschen Bewegungen ihre Schatten auf die Wand fallen. Werden sie von einem Teil der Strahlen selbst getroffen, so muß diese Lichtwirkung durch stärkere Scheinwerfer wieder aufgehoben werden.

---

[1]) Bühnentechnische Rundschau 1923, Nr. 2

Bei der zweiten und gebräuchlichsten Anordnung steht der Apparat an der Rückwand der Bühne und wirft das Licht gegen die Sehrichtung der Zuschauer auf den dazwischen befindlichen Prospekt, der in diesem Fall aus Schirting besteht, da die Strahlen den Stoff durchdringen müssen. Diese Art erlaubt die freieste Bewegung der Darsteller vor der Wand, die Lichtstärke ist jedoch wesentlich geringer. Sie könnte höchstens durch Anfeuchten des Stoffes vergrößert werden, was aber im hastenden Betrieb nicht immer möglich ist. Ein großer Nachteil besteht darin, daß der Zuschauer die Lichtquelle als hellen Fleck im Bild wahrnimmt.

Abb. 337. Dreiteiliges Lichtbild, A. Richter

Die dritte Möglichkeit ist eine Verbindung der beiden anderen: einige Teile des Bildes werden von vorn, andere von hinten belichtet. Schon vor 1903 wurde sie in *New-York von Dolores de Santa Maria d'Yberri Fitsch* angewendet[1]).

Alle drei Arten lassen verschiedene Abänderungen zu: z. B. können zwei bis drei Apparate gleichzeitig verwendet werden[2]), von denen jeder ein ganzes Bild oder auch nur einen bestimmten Bildteil wiedergibt. Adolf Richter schreibt über die letzte Art[3]):

„Denken wir uns eine helle Landschaft mit einigen dunklen Bäumen; der eine Apparat beleuchtet statt der Flächenbeleuchtung den ganzen Himmel, der zweite wirft die Landschaft auf die Fläche. Nun würden die dunklen Bäume nicht als solche zum Ausdruck kommen; denn diese Dunkelheiten werden durch das blaue Licht des Himmels aufgehoben. Wird aber von der Platte, die in den ersten Apparat eingefügt ist, eine Art Negativ der zweiten Platte (mit der Landschaft) hergestellt, derart, daß auf der ersten Platte die ganze Landschaft, auf der zweiten Platte der ganze Himmel

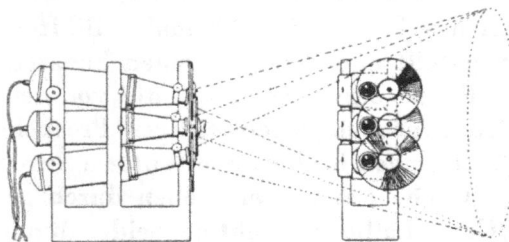

Abb. 338. „Triplex"-Apparat zu A. Richters dreiteiligem Lichtbild

undurchscheinend abgedeckt ist, so entsteht ein ganz anderes Bild. (Die beiden Bilder müssen selbstverständlich miteinander genau übereinstimmen.) Die Wirkung dieser Einrichtung ist folgende: die Landschaft steht in voller Farbigkeit mit tiefen

---

[1]) Das Verfahren ist in der Zeitschrift „Der Bühnentechniker", 1. Jahrgang, Nr. 2, S. 22 flg. genau beschrieben.

[2]) Auf der Piscator-Bühne-Berlin wurden im Dezember 1927 zum erstenmal auf einer Bühne drei Filme gleichzeitig gezeigt mit deutschen, französischen und russischen Schlachtenbildern aus dem Weltkrieg (Rasputin von A. Tolstoi und P. Schtschegolew).

[3]) „Die Anwendung von Doppelprojektionen auf der Bühne", Bühnentechnische Rundschau 1927, Nr. 1

Schatten und hellen Lichtern auf der Leinwand und nun ist es leicht möglich, durch entsprechende Vorsetzscheiben Landschaft und Himmel ganz für sich farbig zu beeinflussen, heller oder dunkler zu tönen, so daß sich alle Übergänge eines anbrechenden Morgens oder verglühenden Abends wiedergeben lassen. Ebenso können vorbeiziehende Wolken, aufsteigende Gewitter u. dgl. mehr oder weniger naturalistisch dargestellt werden. Ein anderes Beispiel: Denken wir uns ein Zimmer mit Bogenfenster; die erste Platte zeigt das Zimmer mit abgedecktem Fenster, die zweite Platte nur das Fenster allein; nun kann das Zimmer zuerst in abendlicher Beleuchtung erscheinen, das Fenster zeigt ein Stück des verglühenden Abendhimmels; es wird langsam dunkler, das Zimmer ist dann wie durch Kerzen erleuchtet, draußen ist es Nacht geworden, dann Mondschein usw. bis zum anbrechenden Morgen oder strahlenden Sonnenschein. Es gibt eine unendliche Reihe von Möglichkeiten, die auf diese

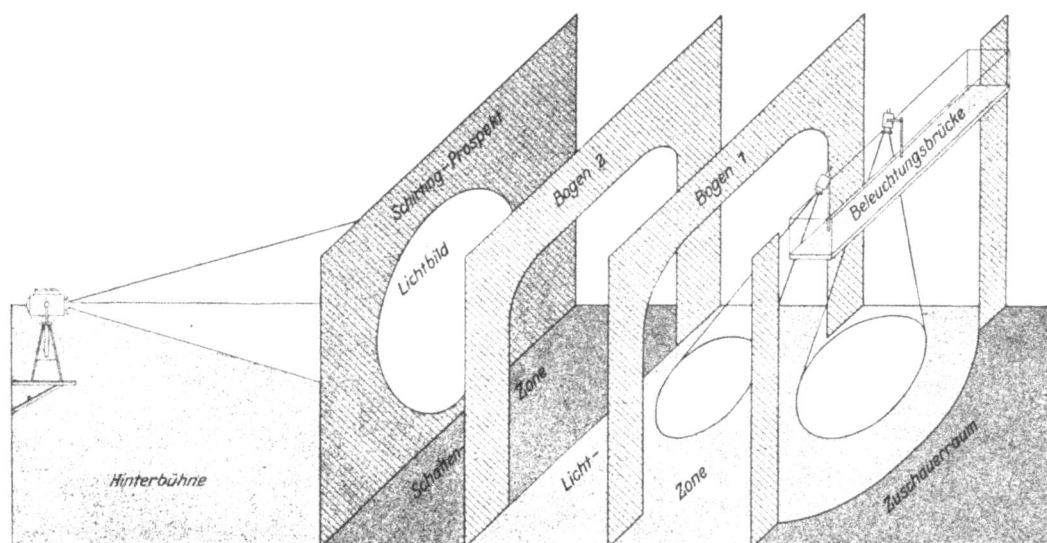

Abb. 339. Licht- und Schattenzone bei Lichtbildprospekten

Weise sich wiedergeben lassen, man denke nur an die Darstellung von Feuer und anderen Erscheinungen; es handelt sich nur darum, die Sache am rechten Ort mit Geschmack anzuwenden. Ich erinnere an die Erscheinung der Walhall in ‚Rheingold‘, aus rosigen Morgennebeln aufleuchtend und immer heller leuchtend bis zur ‚strahlenden Götterburg‘ und deren Verschwinden in Gewitterwolken, um nach dem ‚Gewitterzauber‘ in ‚des Abendrots Strahlen‘ wieder aufzuglühen. Solche Szenen sind wie geschaffen für den Doppelprojektionsapparat. Für den Regenbogen wäre allerdings ein dritter Apparat notwendig. Dies führt zum Zusammenbau von drei Apparaten, mit welchen natürlich entsprechend mehr zu erreichen ist.

Um dann die etwas schwierigere Bedienung ganz sicherzustellen, ordnete ich die Vorsetzscheiben als rotierende auswechselbare Rundscheiben an, die unter sich verbunden und genau übereinstimmend, alle die verschiedenen Übergänge und Farben zeigten, die für die jeweilige Verwandlung notwendig sind. Durch ein Zahnradgetriebe werden die Scheiben nach Bedarf in mehr oder weniger langsame Bewegung versetzt.

Nach einmaliger richtiger Einstellung ist dann ein Irrtum kaum mehr möglich und in Ruhe kann abgewartet werden, bis das Stichwort das Zeichen zur Verwandlung gibt" (Abb. 337).

Den dabei verwendeten Apparat zeigt in schematischer Darstellung die Abbildung 338.

Durch doppeltes Anwenden dieser Triplex-Apparate (wie sie der Erfinder nennt) vor und hinter der Lichtwand läßt sich die Verwandlungsmöglichkeit eines Bildes noch wesentlich steigern.

Eine oft nicht leicht zu erfüllende Bedingung ist die neutrale Schattenzone, die zwischen der vorderen Spiel- und der hinteren Bildfläche einzuschalten ist, damit die Klarheit des Bildes nicht unter der Spielflächenbeleuchtung des Vordergrundes oder unter dem Reflexlicht weiter zurückstehender anderer Beleuchtungsapparate leidet (Abb. 339).

9. KAPITEL

GRUNDARTEN FÜR DEN ORTSWECHSEL
UNZERLEGTER BILDER

Bei der „Theorie des raschen Bildwechsels" im siebenten Kapitel ist die Forderung aufgestellt:

„Das Bühnenbild darf während der Vorstellung nicht zerlegt werden!"

Daraus muß sich die Lösung der hier vorliegenden Aufgabe ergeben. Die vereinfachten Bildformen der alten Bühne und die Hilfsmittel für den vereinfachten Aufbau der Bilder sind nur Vorläufer. Auf Tafel 15 sind alle Möglichkeiten für den Ortswechsel unzerlegter Bilder in den neun Gruppen der reinen Arten, aus denen sich dann die zusammengesetzten ergeben, schematisch zusammengefaßt.

Zur besseren Übersicht ist jede durch eine Zahl bezeichnet, die den neun Kennziffern (KZ 1—9) des Schemas entspricht. Wenn z. B. eine „Drehbühne mit Drehpunkt vor dem Zuschauerraum" (KZ 1) noch „senkrecht zum Zuschauer beweglich" ist (KZ 4) und die ganze Einrichtung außerdem „auf der Hinterbühne versenkt" werden kann (KZ 9), so erhält die Art die *Kenn-Ziffer KZ 149*. Die Reihenfolge der Zusammensetzungen entspricht den so entstehenden Zahlen und ist wieder in doppelte und vielfache unterteilt. Den Kennziffern sind kleine schematische Figuren beigefügt, um die Art leichter hervorzuheben. *Z* bedeutet dabei Lage des Zuschauerraums; die Bewegungsrichtungen sind durch Buchstaben bezeichnet: *D* = Drehen, *S* = Schieben, *V* = Versenken.

DREHBÜHNEN

1) Drehpunkt der Bühne vor dem Zuschauerraum KZ 1

Da das Bühnenbild als Einheit vom Platze bewegt werden sollte und nur der eigentliche Raum der Spielbühne zwischen den vier Wänden zur Verfügung stand, lag es nahe, mehrere Bilder, von denen jedes nur den vorderen Teil der Spielbühne beanspruchte, auf eine bewegliche Scheibe zu bauen und diese beim Bildwechsel um ihren Mittelpunkt zu drehen, bis das nächste Bild in den Ausschnitt des Bühnenrahmens paßte. Die Anordnung hat man *„Drehbühne"* genannt. Der Name wurde bald ein Schlagwort und bildet in Kreisen, die von bühnentechnischen Fragen keine oder wenig Ahnung haben, noch heute den Inbegriff „höherer Bühnenkunst".

Die Bezeichnung *„Drehscheibe"* wird für dreh- und zerlegbare, runde, niedrige Aufbauten angewendet, die nur in ihrem Mittelpunkt eine feste Verbindung mit der Spielbühne haben. *„Drehbühne"* dagegen ist eine drehbare Gesamt-Einrichtung, deren Oberteil in der Bühnenebene liegt, ihre Versenkungen können entweder eingefahren werden oder sind fest eingebaut.

Für die Gruppe KZ 1 lassen sich wieder drei Untergruppen bilden, die nach Größe oder Anzahl der Scheiben unterschieden werden in: *Normalscheiben, Riesen-*

scheiben und *mehrere Drehscheiben.* Die ersten eignen sich für alle Theater, ihre Größe schwankt zwischen 10 und 24 m Durchmesser. Aus ihnen haben sich die eigentlichen Drehbühnen entwickelt; diese Gruppe umfaßt die Kennziffern 1a—f. Die Riesenscheiben lassen sich in bestehenden Häusern nicht anbringen, da ihr Durchmesser mindestens 32 m beträgt. Alle hier aufgeführten Möglichkeiten sind bis jetzt nur in der Theorie vorhanden. (Kennziffer 1 g—i). Die letzte Gruppe besteht aus drei Formen, die für jede Bühne zu verwenden sind und gelegentlich auch eingebaut wurden. 1) Zwei Kreise mit einem Mittelpunkt (KZ 1 k), 2) zwei gleichgroße Kreise (KZ 1 l), 3) ein großer und zwei kleine Kreise (KZ 1 m).

Abb. 340. Schema theatri versabilis (Historia Alberti 1602)

NORMALSCHEIBEN

Der Gedanke, eine Drehscheibe als Grundlage für Bilderaufbauten anzuwenden, tauchte verhältnismäßig früh auf. Die erste nachweisbare Form ist das „Schema theatri versabilis", das Anklänge an das theatrum Marcelli in Rom zeigt und in der Historia Alberti von 1602 beschrieben wird (Abb. 340).

Eine pyramidenförmige Anordnung von sechs Reihen lebender, allegorischer Figuren auf einer Scheibe wurde 1602 zum Einzug von Albert und Isabella in Antwerpen errichtet und stand in einem panoramaähnlichen, dreiviertel offenen, vierstöckigen Aufbau. Sie ist natürlich nicht als Drehbühne im heutigen Sinne zu bezeichnen, zumal jeder bildmäßige Hintergrund fehlte und nur kostümierte Personen darauf saßen; sie mag jedoch als Urform einer kreisförmigen Scheibe für szenische Aufbauten gelten und aus Entwicklungsgründen vorangestellt werden[1].

---

[1]) Ob diese Pyramide überhaupt drehbar war oder nicht, ist bis jetzt noch unentschieden. Aus dem oberen Ring scheint deutlich hervorzugehen, daß die Personen nur auf der vorderen Seite angeordnet sind: drei Figuren sind zu erkennen, die folgenden fehlen rechts und links. Nach einer anderen Auffassung soll die eine Hälfte den Schreckenszustand Belgiens und die andere den fröhlichen darstellen. Hier sind diese Einzelheiten belanglos.

Eine wirkliche Drehbühne mit mehreren Bildern kannte schon 1716 die alt-japanische *Kabuki-Bühne* (Abb. 341). Die Untermaschinerie bestand aus gabel-förmigen, konzentrisch aufgebauten Böcken als Stützen für ringförmige Bretter, auf denen die zahllosen Holzrollen der Drehbühne liefen; sie wurde durch Menschen-kraft in Bewegung gesetzt (Abb. 342).

Abb. 341. Drehscheibe der japanischen Kabuki-Bühne

Abb. 342. Untermaschinerie der Kabuki-Bühne

In der letzten Hälfte des 19. Jahrhunderts hat man das Vorbeidrehen von Bildern am Zuschauer auch bei der als „*Lebensrad*" bezeichneten optischen Spielerei verwendet. In einer mit mehreren Ausschnitten versehenen Papptrommel bewegte sich eine zweite mit durchsichtigen Glas- oder Papierbildern; sie wurden von einer im Mittelpunkt aufgestellten Kerze erleuchtet und beim Drehen den um die Trommel aufgestellten Zuschauern sichtbar.

Eine ähnliche Anordnung, die in England vorgeführt wurde und lebende Bilder darstellte, soll nach eigener Angabe dem Erfinder der deutschen Drehbühne die Anregung gegeben haben[1]).

KZ 1a   *Karl Lautenschläger* hat im Münchener Residenztheater am 29. Mai 1896 in Mozarts „Don Giovanni" zum erstenmal in Deutschland eine Drehscheibe angewendet (Abb. 343). Sie war ein auf Rollen laufender, hölzerner Aufbau von 16 m Durchmesser, der aus 16 Segmenten bestand und auf dem Bühnenboden lag. Diese Neuerung wurde erst begeistert aufgenommen, dann vielfach angegriffen, später

Abb. 343. Erste Drehscheibe von K. Lautenschläger, 1896; Residenztheater-München

jedoch weiter ausgebaut. Sie machte eine Entwicklung bis zu den unglaublichsten Überkonstruktionen durch und verlangte kaum ausführbare Größenmaße von Bühnenhäusern, bis sie endlich wieder in der Form des Urzustandes fast überall den Platz erhielt, der ihr als brauchbares Hilfsmittel für kleine Schauspiele unbedingt zukommt.

Daß die künstlerische Wandlung des Bühnenbildes ganz andere Wege nahm und die Beleuchtungstechnik alle maschinellen Hilfsmittel der alten Bühne verdrängen würde, war bei ihrem Entstehen nicht vorauszusehen und schmälert keineswegs das Verdienst Lautenschlägers, seiner Zeit etwas unerhört Neues und vielseitig Verwendbares gegeben zu haben.

---

[1]) Die Münchener Drehbühne im Kgl. Residenztheater, München 1896, S. 1

284

Heute besitzen die meisten Theater keine fest eingebauten Drehbühnen, sondern ziehen eine zerlegbare Drehscheibe vor[1]), die von Fall zu Fall auf den — natürlich ebenen — Bühnenboden aufgelegt wird. Die Anzahl der Teile schwankt zwischen 4 und 24, der Durchmesser der Scheiben zwischen 10 und 17 m; die Auf-

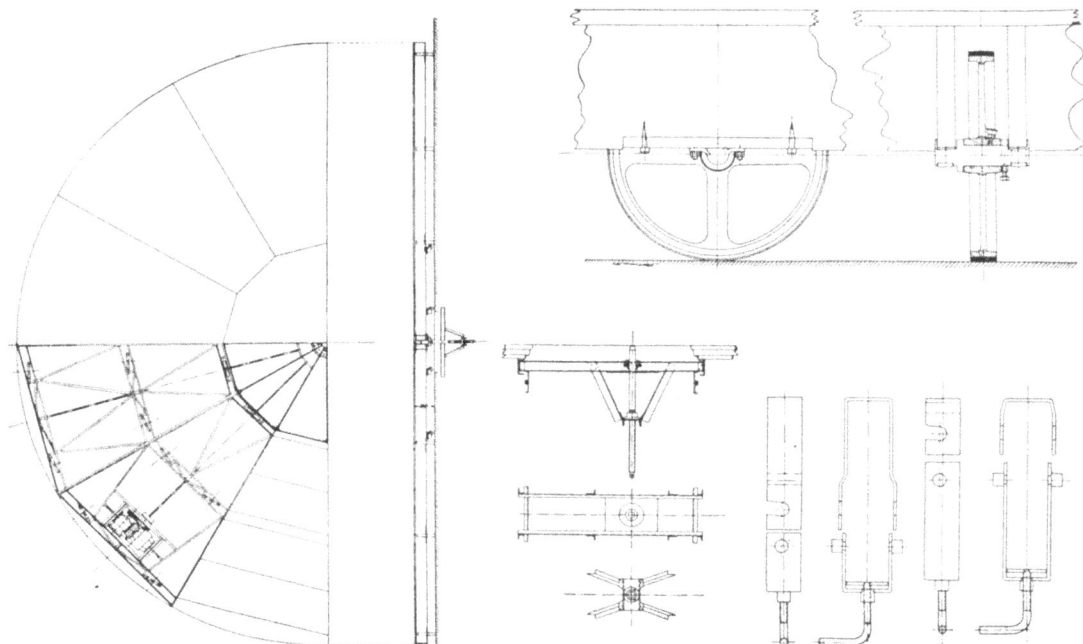

Abb. 344. Zerlegbare Drehscheibe, G. Brandt; Staatliches Schauspielhaus-Dresden

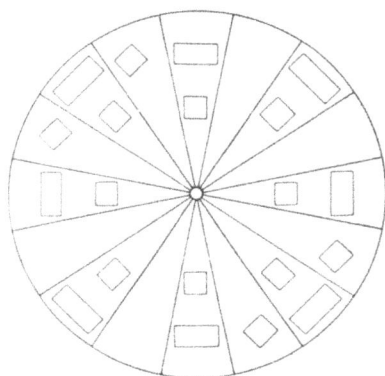

Abb. 345. Zerlegbare Drehscheibe,
W. Dobra; Neues Theater-Leipzig

Abb. 346. Zerlegbare Drehscheibe, W. Unruh;
Nationaltheater-Mannheim

[1]) Berlin-Staatsoper Unter den Linden 2 Scheiben von je 9 m Durchm., Bochum, Braunschweig, Bremen, Chemnitz-Schauspielhaus, Darmstadt, Dresden-Schauspielhaus, Essen-Opernhaus, Freiburg i. B., Gera, Hannover-Schauspielhaus, Kassel, Lübeck, Mainz, Mannheim, München-Residenztheater, Osnabrück, Prag-Neues Deutsches Theater, Wien-Burgtheater.

Abb. 347. Zerlegbare Drehscheibe, Fr. Kranich d. J.;
Städtisches Schauspielhaus-Hannover

Abb. 348. Zusammenklappbare Drehscheibe, Baruch & Co.-Berlin

bauzeit[1]) zwischen 10 Minuten und 4 Stunden (Abb. 344—347). Stehen Hebezeuge zur Verfügung, wird sie geringer. Die Firma *Baruch & Co.-Berlin* hatte eine zusammenklappbare Drehscheibe gebaut, die in Abbildung 348 dargestellt ist. Die Hauptbedingung bei allen ist der rasche Abbau. (Vgl. S. 307, Anmerkung 1).

Die Entwicklung der Drehscheibe zur Drehbühne ist in großen Zügen folgende gewesen: aus dem Holzgestell der ursprünglichen Form wurde bald ein aus eisernen Trägern hergestellter zerlegbarer Rahmen mit Tafeln. Die erste Ausführung erhielt das Nationaltheater-Mannheim.

Der Höhenunterschied zwischen der aufgesetzten Drehscheibe und dem Bühnenboden hinderte oft die Darsteller im Spiel und störte beim Aufbau der Bilder. Deshalb wurde die Scheibe fest eingebaut, bildete so eine Ebene mit dem Rest der Spielbühne und verschmolz mit ihr zur Dreh-„bühne".

Durch ihre auch für die Eisenkonstruktion beibehaltene Segmenteinteilung konnten die damals noch unentbehrlichen Versenkungen nicht verwendet werden. Für das frühere Neue Theater-Berlin wurde daher die Drehbühne mit rechteckigen Ausschnitten versehen, so daß bei entsprechender Stellung wenigstens einige Versenkungen ganz oder teilweise eingefahren werden konnten. Ähnliche Einrichtungen besitzen: Berlin-Staatliches Schillertheater, Deutsches Theater, Großes Schauspielhaus, Lessingtheater, Theater am Nollendorfplatz; Düsseldorf-Schauspielhaus, Essen-Schauspielhaus, Frankfurt a. M.-Schauspielhaus, Hamburg-Deutsches Schauspielhaus, Köln-Schauspielhaus.

KZ 1b

Die Bühnentechniker waren um 1900 auf Versenkungen, Kassettenklappen, Freifahrten und Friese eingeschworen und jedes Bühnenbild wurde nach ihm schablonenmäßig für diese Hilfsmittel gebaut. Eine Drehbühne, die durch die geringste Verschiebung eine

Abb. 349. Versenkungs-Drehbühne, K. Lautenschläger-München

Benutzung der Versenkungen in Frage stellte, mußte sehr bald als verfehlt gelten.

Deshalb ließ Lautenschläger später die gesamte Anlage der Untermaschinerie sich mitdrehen, um Störungen bei den Versenkungen und ihr lästiges Einfahren in die darüberliegende Scheibe zu vermeiden. Damit begann die heute nicht mehr lebensfähige Überkonstruktion (Abb. 349), die eine große Anzahl Firmen ausgeführt hat (Abb. 350/51). Die Form kann von den bescheidenen Größenverhältnissen der Versenkungen der damaligen Zeit nicht übertragen werden auf moderne große Opernhäuser mit hydraulischen Bodenversenkungen von 20 m Länge. Außerdem ist eine Drehbühne mit Versenkungen heute auch bereits durch bessere Hilfsmittel ersetzt. Im Theater am Nollendorfplatz-Berlin ist z. B. die vom Eisenwerk München 1906 eingebaute Versenkungsanlage seit 15 Jahren außer Betrieb, während die Drehbewegung dauernd zum Bildwechsel benutzt wird.

KZ 1c

---

[1]) s. auch Seite 175, Anmerkung 1)

287

Abb. 350. Versenkungs-Drehbühne für das Theater-Belgrad; Maschinenfabrik-Wiesbaden

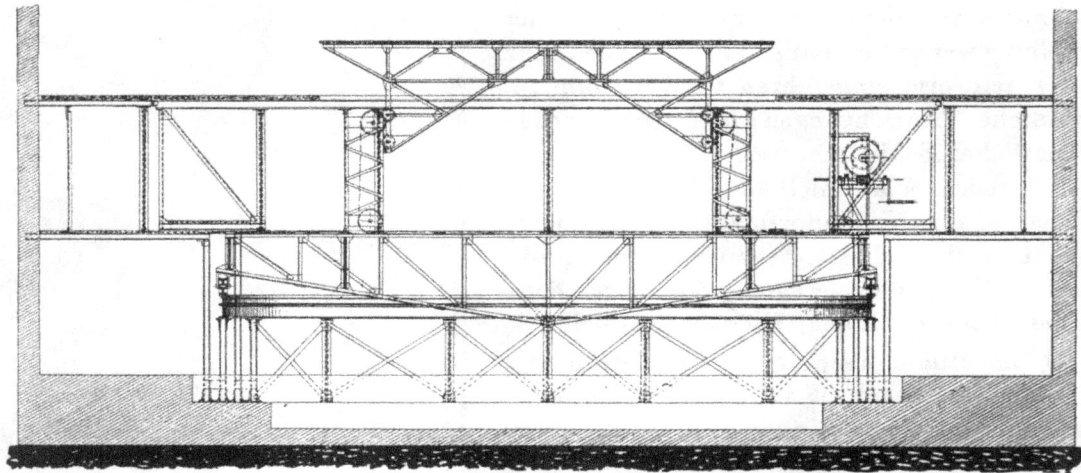

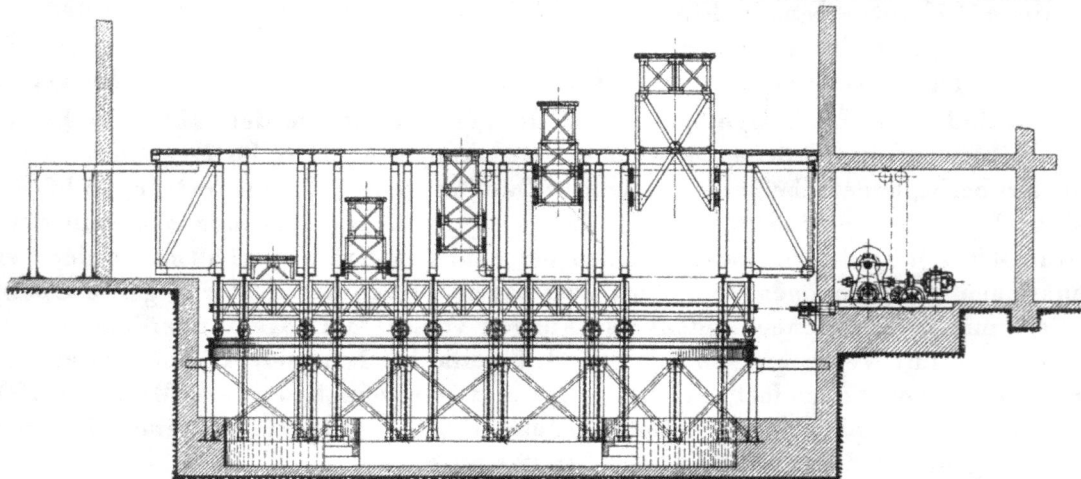

Abb. 351. Versenkungs-Drehbühne, Maschinenfabrik Gebauer-Berlin

288

Max Hasait-Dresden wurde 1922 das DRP. 361 799 auf eine Drehbühne erteilt, die aus einem aus Gitterwerk hergestellten Hohlkörper besteht. Er ist auf einer Ringschiene in der Untermaschinerie drehbar und setzt sich aus streifenförmigen Abschnitten, die einzeln heb- und senkbar sind, zusammen (Abb. 352).

Max Hensel und Gustav Knina bauten in ihrer „*Theaterdrehbühne*" (DRP. 289 191 und 302 623) ein schon von der Asphaleia-Gesellschaft angewendetes Hilfsmittel ein: Teile des Bodens unabhängig von dem übrigen zu heben, senken und schräg zu stellen (Abb. 353).

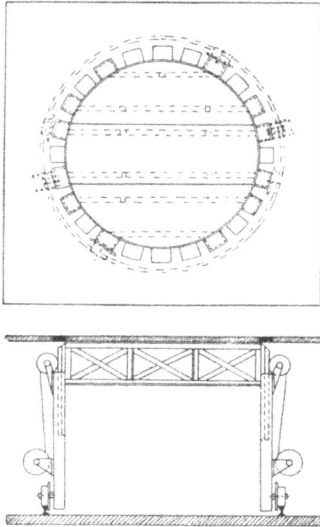

Abb. 352. Versenkungs-Drehbühne,
M. Hasait-Dresden

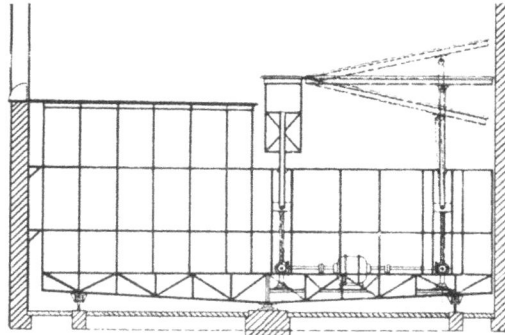

Abb. 353. Versenkungs-Drehbühne,
M. Hensel & G. Knina-Berlin

Abb. 354. Modell der Versenkungs-Drehbühne, Volksbühne am Bülowplatz-Berlin

Im *Theater am Bülowplatz-Berlin* ist von der Drehbühne mit einem Durchmesser von 19,3 m sogar eine ganze Hälfte bis etwa 6 m unter und 2 m über die Nullstellung in gerader oder schräger Richtung verstellbar (Abb. 354).

Bei längerer Anwendung der Drehscheiben und Drehbühnen hatten sich noch weitere, sehr wesentliche Fehler herausgestellt. Man konnte zwar bei genügend großen Bühnen ohne Schwierigkeit zwei Zimmer in jeder gewünschten Form mit rechtwinklig zur Vorbühne stehenden Seitenwänden, vier Zimmer mit radial verlaufenden oder mehrere kleine mit beliebig viel Ecken aufbauen, zwei große Hallen jedoch oder tiefe Landschaftsbilder, die den ganzen Bühnenraum ausfüllten, waren unmöglich unterzubringen.

Für die bessere Wirtschaftlichkeit des Betriebes und für eine Personalersparnis ist durch alle bisher genannten Verbesserungen des Grundgedankens nichts erreicht, da das abgespielte Bühnenbild während der Aufführung meist nicht ohne Lärm beseitigt werden kann und deshalb bei Stücken mit mehreren Bildern eine längere Vorbereitungszeit nötig ist, um vier oder mehr Bilder zugleich aufzubauen.

Von den Gegnern wurde immer wieder der zuerst genannte Fehler besonders gerügt, daß *nicht genügend große* Bilder gleichzeitig stehen konnten. Nur wenige Spielleiter hatten den Vorteil für die Gesamtwirkung erkannt, der in dem Verzicht auf alles unnötige Beiwerk lag. Statt kleine stimmungsvolle Ausschnitte zu zeigen, standen auf den meisten Bühnen jeden Abend und in jedem Akt überladene Säle. Über die „Reitstall-Regisseure" dieser Zeit witzelten die Nachfolger noch lange.

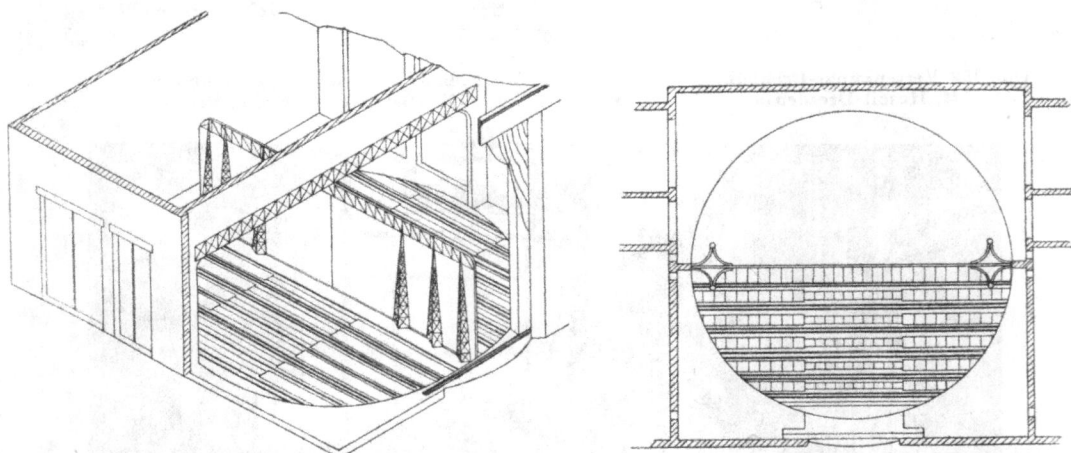

Abb. 355. Versenkungs-Drehbühne mit drehbarem eisernem Vorhang; K. Lautenschläger-München

Um die gerügten Mängel zu beseitigen, erweiterte Lautenschläger seine Scheibe; da er jedoch immer nur in der Drehbewegung die Lösung suchte, fand er keinen anderen Ausweg, als den Drehpunkt nach rückwärts zu verlegen und so Raum in der Tiefe zu gewinnen. Hiermit beginnt die zweite Untergruppe:

RIESENSCHEIBEN

K Z 1 g

Aus dem Nachlaß Lautenschlägers ist seit 1906 bekannt, was er beabsichtigte: die Drehscheibe sollte einen doppelt so großen Durchmesser (32 m) erhalten und aus zwei gleichen, durch einen eisernen Vorhang getrennten Hälften bestehen (Abb. 355). Während auf dem einen Teil gespielt wurde, konnte der andere mit neuen Aufbauten versehen werden. Die Größe der Scheibe ließ je drei Bilder gleichzeitig nebeneinander zu, so daß bei Beginn der Aufführung sechs fertig dastanden.

Diese Form war bei bestehenden Bühnen nicht einzubauen, denn kein Haus verfügte über genügende Breite und Tiefe zwischen den Grundmauern. Da der entstehende mindestens viermal so große Raum eine viel stärkere Gefahr bei einem Brand bildet, verkleinerte ihn Lautenschläger künstlich wieder auf die Hälfte, indem er den erwähnten zweiten eisernen Vorhang an der früheren Stelle der Hausrückwand einfügte. Dort aber hatte die Drehbühne ihren Mittelpunkt und so mußte sich der ganze eiserne Vorhang mitdrehen. — Soweit war Lautenschläger gekommen, als der Tod seinem Suchen nach einer brauchbaren Verbesserung ein Ziel setzte. Am weiteren Ausbau des Gedankens wurde später von verschiedenen Seiten gearbeitet; der zweite drehbare eiserne Vorhang ist nicht mit übernommen.

Die gedachte Riesenscheibe hat außer dem großen Durchmesser den Nachteil, daß die um den Mittelpunkt gelegene Kreisfläche über die gewöhnliche Tiefe einer Bühne hinausgeht und schwer zu verwenden ist. Die nächsten Verbesserungen beschäftigten sich deshalb mit der Frage, wie dieser Teil vorteilhaft ausgenutzt werden kann. Die

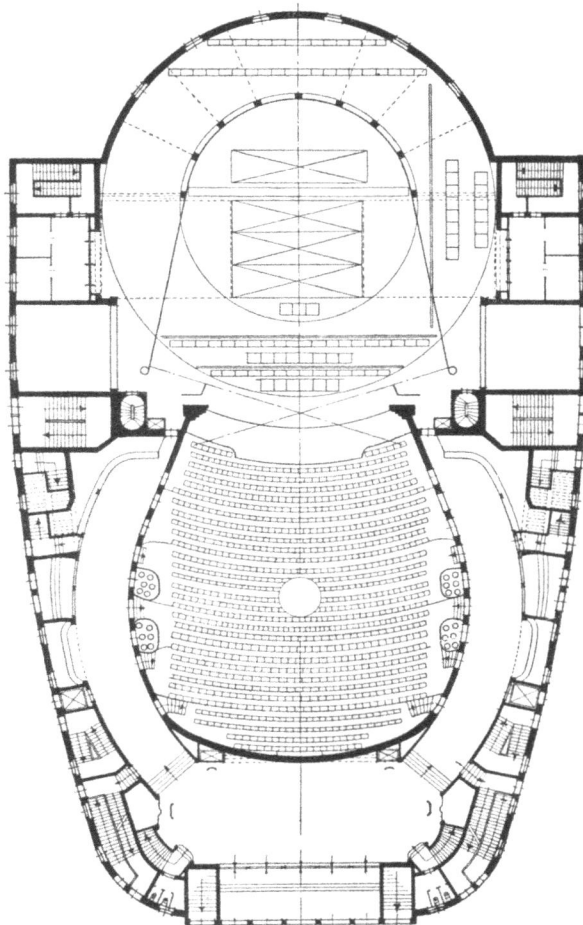

Abb. 356. Ringbühne,
G. Dumont-Berlin; Gesamtanlage

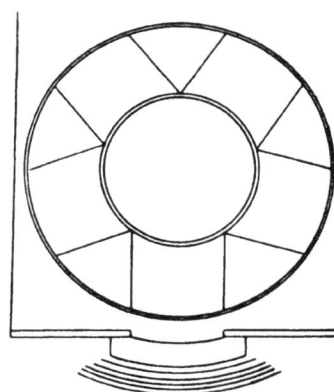

Abb. 357. Ringbühne,
G. Dumont-Berlin; Bildverteilung

erste Möglichkeit, ihn für sich versenkbar einzurichten, wird als Verbindung von KZ 2 mit KZ 9 später bei den doppelten Verbindungen unter KZ 29 besprochen.

Gustav Dumont-Berlin, der Erfinder der „Ringbühne" („G.D.-Bühne", DRP. 304027)[1]) läßt den Mittelkreis die Drehung nicht mehr mitmachen, sondern behandelt ihn als feststehende Bühne; sie kann entweder zu dem tiefsten Bild hinzu-

KZ 1h

---

[1]) Vgl. Bühnentechnische Rundschau 1920, Nr. 10/11. Über die Bezeichnung „Ringbühne" s. S. 296, Anmerkung [1]).

kommen oder es werden Teile für andere Bilder auf ihr bereitgehalten. Diese Anordnung hat allerdings den Nachteil, daß dort aufgestellte Teile eines tiefen Bildes nur durch Versenkungen in die Lager abgebaut werden können (Abb. 356). Die Einteilung des äußeren Kreises für den Aufbau spielt bei seiner Größe keine wesentliche Rolle. Vier große, der mittleren Bühnenhimmelbreite entsprechende Landschaftsbilder können in ihren vorderen plastischen Teilen ebenso wie fünf große Zimmer (Abb. 357) leicht untergebracht werden. Es bleibt außerdem zwischen den Bildern stets genügend Platz für szenische Vorbereitungen, Gerüste, Beleuchtungsapparate, eiliges Umkleiden der Darsteller usw. Drei Bühnenhimmelanlagen für kleine, größere und große Bilder mit 16, 25 und 34 m Bühnentiefe schließen das Bild jeweilig ab; der größte besteht aus einer festen Rabitzwand (Abb. 358).

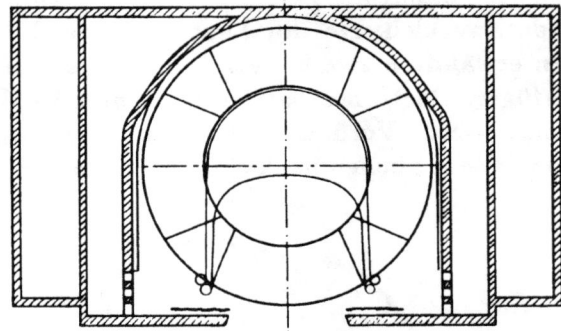

Abb. 358. Ringbühne, G. Dumont-Berlin; Lage der Bühnenhimmel

KZ 1i   *A. Rosenberg d. Ä.-Köln* entwarf in engster Anlehnung an diese Art eine ebenfalls als „Ringbühne" bezeichnete Form (Abb. 359), bei der nur der Durchmesser des drehbaren Ringes noch bedeutend größer und im mittleren Teil ein vollständig ausgebautes Lager für Bildteile, Gerüste usw. vorgesehen ist. Der Bildaufbau läßt sich ungefähr aus Abbildung 360 ersehen. Die Ausnutzung des mittleren Teiles durch Drehbewegung leitet zur nächsten Untergruppe über.

Über Riesenscheiben im allgemeinen sei zusammenfassend gesagt: Sie verlangen den völligen Neubau eines Bühnenhauses, das nach drei Seiten eine bedeutende Erweiterung gegen früher erhält und wurden deshalb noch nicht ausgeführt. Um einen

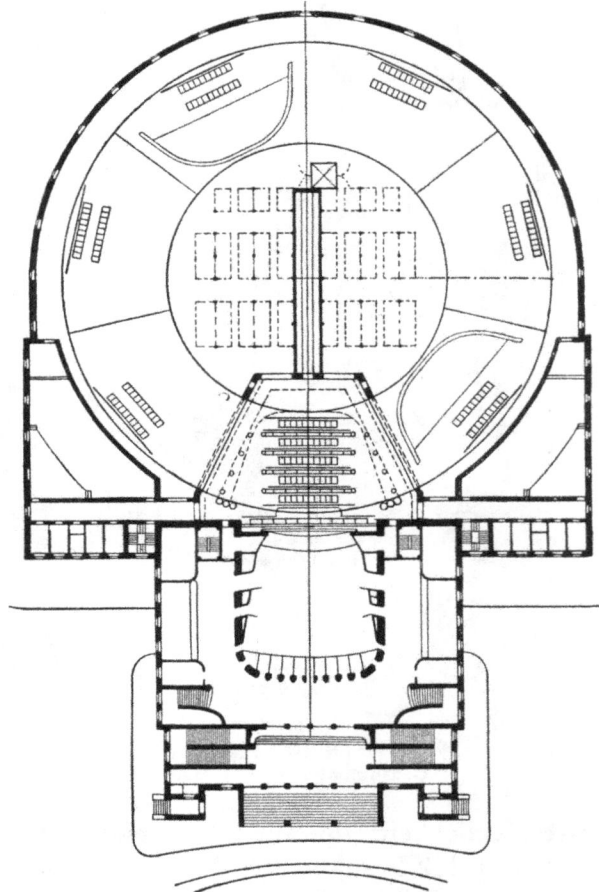

Abb. 359. Ringbühne, A. Rosenberg d. Ä.-Köln/Rh.

Begriff über die Ausdehnung eines solchen Theaters zu bekommen, sind zum Vergleich die Grundmauern des Kölner Opernhauses, für das der Rosenbergsche Entwurf gedacht war, in Abbildung 361 eingezeichnet.

Bei einer Riesenscheibe wäre zwar der Aufbau von acht verschieden großen Bildern stets, ihr Abbau während der Aufführung jedoch nicht immer möglich, da sich die künstlerische Arbeit wieder mit der technischen gleichzeitig in einem Raum

Abb. 360. Bildaufbau bei einer Riesenscheibe

abspielen müßte. Außerdem kommt die übergroße Vorbereitungszeit hinzu, die eine vielleicht nötige Nachmittagsprobe oder -vorstellung auf der Bühne völlig ausschließt. Eine Verminderung des Personals kann nur während der Aufführung selbst eintreten; bei der G. D.-Bühne außerdem nur dann, wenn der größte Bühnenhimmel nicht benutzt wird.

MEHRERE DREHSCHEIBEN

Um bei Riesenscheiben den mittleren Kreis besser zu verwerten oder bei normalen die bestehenden toten Ecken an der Vorbühne ebenfalls wechselweise mit Bildteilen versehen zu können, sollten mehrere Drehscheiben gleichzeitig auf einer Spielbühne angewendet werden.

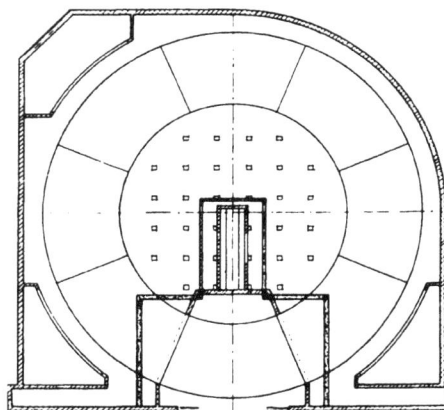

Abb. 361. Vergleich zwischen einer Riesenscheibe und der Bühne des Städtischen Opernhauses-Köln/Rh.

Für die erste Form wird der innere Kreis ebenfalls als Drehscheibe oder -bühne ausgebildet; es entsteht also eine Doppeldrehscheibe. Er ergänzt dann mindestens zwei Bilder des kleinen Bühnenhimmels der Dumontschen Anlage und erlaubt zwei tiefe und vier mittlere Bilder gleichzeitig ohne jeden Bildwechsel vorzubereiten. Durch seine Drehfähigkeit, die unabhängig von der des äußeren Ringes ist, lassen sich besondere Abarten erzielen.   KZ 1k

Zwei gleichgroße Drehscheiben von 11 m Durchmesser und 0,12 m Höhe wurden   KZ 1L
zum erstenmal in der Staatsoper-Wien im Ring des Nibelungen[1]) für die Bühnenbilder

---

[1]) „Rheingold", Januar 1905, „Walküre", Februar 1907

293

Alfred Rollers von A. Bennier angewendet. Auf diesen motorisch angetriebenen Scheiben, deren Ränder in der Mitte der Bühne zusammenstießen, waren plastische Felsen aufgebaut (Abb. 362). Da die Scheiben auf den Bühnenboden gesetzt wurden, versagten sie oft durch den nicht beseitigten Bühnenfall (s. S. 117—124).

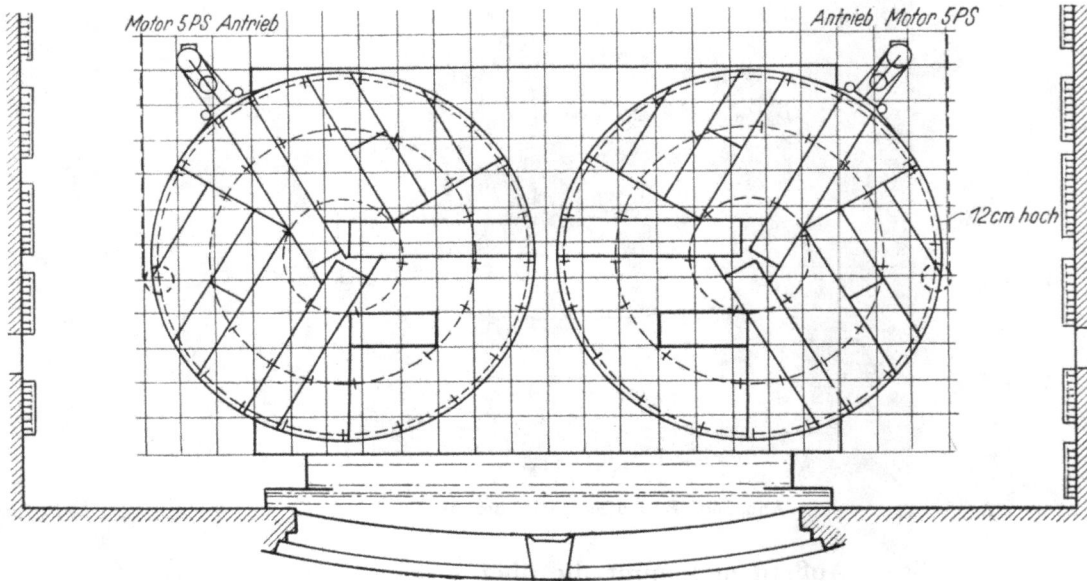

Abb. 362. Zwei Drehscheiben; A. Bennier-Wien

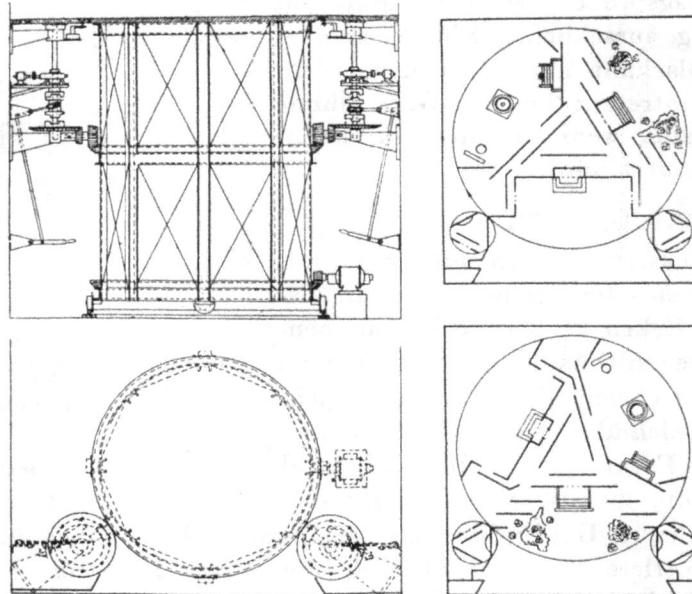

Abb. 363. Drehscheibe mit zwei Zusatzscheiben; M. Hasait-Dresden

KZ 1m   Das von *Max Hasait-Dresden* erworbene DRP. 427450 (Abb. 363) sieht neben einer großen Drehbühne links und rechts zwei kleinere Zusatzscheiben vor, die ebenfalls Bildteile tragen können und entweder die Bewegung der Hauptscheibe zwangsläufig mitmachen oder unabhängig von ihr zu drehen sind. Da sie jedoch fest eingebaut auf die Dauer mehr stören als nützen, hat erst ihre Verbindung mit K Z 4 oder K Z 6 praktische Bedeutung, sobald sie bei Nichtverwendung rasch entfernt werden können (vgl. K Z 146 d, S. 341).

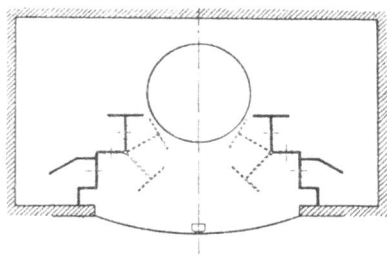

Bisher wurden nur reine Arten der ersten Gruppe behandelt. Verbindungen der Drehscheibe mit Bestandteilen der alten Kulissenbühne kommen auch vor.

Abb. 364. Drehscheibe mit drehbaren T-förmigen Kulissenteilen; H. Krehan-Berlin

Hermann Krehan-Berlin hat den Plan für eine „*Theaterbühne*" veröffentlicht (DRP. 426465 und DRGM. 913230), die eine Drehscheibe mit zwei drehbaren T-förmigen Kulissenteilen verbindet (Abb. 364). Diese zum erstenmal auftauchenden Drehgebilde können als offene Telari bezeichnet werden, denen sie nach Form und Zweck nicht unähnlich sind. Damit sie völlig nach rückwärts zu drehen sind, ist der Durchmesser der Scheibe verhältnismäßig klein; die festen Drehpunkte der Seitenteile gestatten keine günstige Ausnutzung der Bühne. Der weiter als sonst zurückliegende feste Bühnenrahmen erschwert es, außer Hängestücken andere Bildteile in dieser Spielzone anzubringen.

Karl Meinhard und Rudolf Bernauer-Berlin veröffentlichten eine der K Z 1 m ähnliche Anordnung (DRGM. 821411). Links und rechts von der Bühnenöffnung befinden sich Dreiviertel von zwei kleineren Drehscheiben, die an aufgesteckten Eisengerüsten hängende Bildteile tragen können (Abb. 365).

Die dauernde Wiederkehr der gleichen Kreisbogen-Grundformen links und rechts auf der Spielbühne (vgl. K Z 1 m) und die wenige Abwechslung im Gesamteindruck des Bildes ist ein Nachteil; deshalb eignet sich diese Art höchstens für Stilbühnen-Ausstattungen kleiner Häuser.

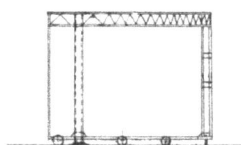

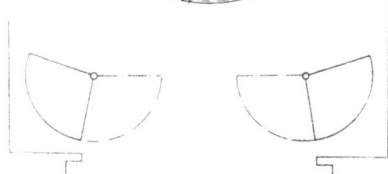

Abb. 365. Drehsegmente; C. Meinhard und R. Bernauer-Berlin

KZ 1 n

KZ 1 o

2) Drehpunkt der Bühne im Zuschauerraum

KZ 2

Alle bisher angeführten Arten der ersten Gruppe haben den Mittelpunkt der Drehbewegung *vor* dem Zuschauerraum. Das Bühnenbild wird dabei mehr oder weniger in Segmentform eingepreßt und steht im Widerspruch zum natürlichen Eindruck eines Wirklichkeitsausschnittes, der sich für den Zuschauer in der Richtung des Blickfeldes nach hinten erweitert. Schon die viereckige Form der Bühnenhäuser mit ihren abgerundeten Bühnenhimmeln läßt oft eine Weite des Gesichtsfeldes vermissen; noch viel mehr ist dies bei derartigen Drehbühnenbildern der Fall.

Um den Nachteil zu beseitigen, muß der Drehpunkt von der Bühne in die Mitte des Zuschauerraumes oder noch weiter vor verlegt werden. Die zweite und dritte Gruppe sind so gebaut.

Die *Segment-Bühne von J. von Kéméndy-Budapest* ist als der vierte Teil einer Ringbühne[1]) aufzufassen. Der Erfinder verzichtet auf die kaum ausführbare ganze Anordnung und begnügt sich mit zwei Segmentwagen links und rechts. Die Form der Bühne ist der Drehbewegung dieser Wagen um den im Zuschauerraum angenommenen Mittelpunkt angepaßt und deshalb auch mit entsprechenden bogenförmigen Versenkungen versehen, deren Länge nach der Hinterbühne zu größer werden. Die Segmentwagen besitzen gleichgroße Ausschnitte, so daß jederzeit in einen auf die Spielbühne gedrehten Wagen von der Untermaschinerie aus eine Versenkung eingefahren werden kann. Die Grundlinie des Bühnenhimmels liegt an der Rückwand auf einem Kreisbogen mit demselben Mittelpunkt (Abb. 366).

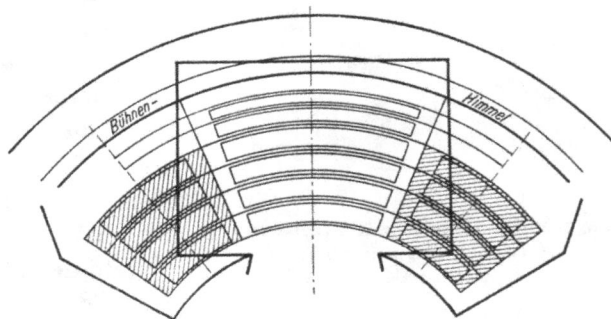

Abb. 366. Segmentbühne; J. v. Kéméndy-Budapest

Zum Vergleich der Größenverhältnisse sind die Grundmauern der Budapester Oper, für die der Bau geplant war, als Viereck eingezeichnet. Wirtschaftlich gilt dafür dasselbe wie für die Riesenscheiben Dumonts und Rosenbergs: lange Vorbereitung der Aufbauten, keine Personalersparnis.

KZ 2b *Prof. Strnad-Wien* verlangt in seiner Raumbühne einen festen Zuschauerraum und um diesen einen beweglichen Ring mit zwölf Bühnen. Näheres darüber siehe unter „Raumbühnen" im zweiten Band.

KZ 2c *Max Raspe-Berlin* besitzt ein Patent (DRP. 349934) auf eine ähnliche, auch wohl kaum ausführbare Anordnung. Sechs, durch feuer- und schallsichere Schotten voneinander getrennte Bühnensegmente sind in einem Ring drehbar. Der Zuschauerraum liegt exzentrisch im Innern des Ringes und ist durch Treppen, die unter den Bühnen münden, von einer großen Vorhalle aus zu erreichen (Abb. 367).

KZ 2d *Walter Gropius*, der Schöpfer des Bauhauses Dessau, hat 1927 für Erwin Piscator-Berlin den Plan eines Theaters entworfen, in dem hinter den Säulen des Zuschauerraums eine breite Fahrbahn angelegt ist. Sie verläuft von der rechten Bühnenseite gleichmäßig ansteigend bis zur Höhe des ersten Ranges, geht hinter ihm wagrecht vorbei und senkt sich auf der linken Seite wieder bis auf Bühnenhöhe. Auf dem so geschlossenen Ring können zwei Bühnenwagen um den Zuschauerraum herum gefahren werden. Die Anlage ist in Verbindung mit K Z 3c und anderen später noch genauer behandelt.

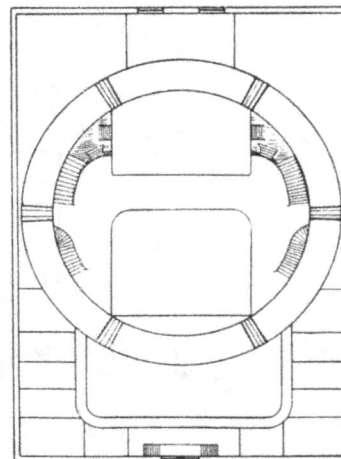

Abb. 367. Ringbühne;
M. Raspe-Berlin

[1]) Die Bezeichnung paßt auf die Arten der zweiten Gruppe besser als auf die von Dumont und Rosenberg geschaffenen Formen der Riesenscheiben der ersten Gruppe; deshalb sind bei späterer Erwähnung stets diese gemeint.

3) Drehbarer Zuschauerraum

Josef Furtenbach d. Ä. hat in seinem Mannhaften Kunstspiegel schon 1663 einen drehbaren Zuschauerraum vorgeschlagen[1]). Er legt vier Bühnen um einen Mittelpunkt konzentrisch nach den Himmelsrichtungen an und sieht im mittleren Ring den Zuschauerraum vor (Abb. 368). Für den Grundgedanken ist es belanglos, ob dabei nur an „wenige um eine Tafel versammelte Fürsten" wie bei Furtenbach oder an viele Personen gedacht ist. Die Bühnen selbst sind noch mit Telari eingerichtet.

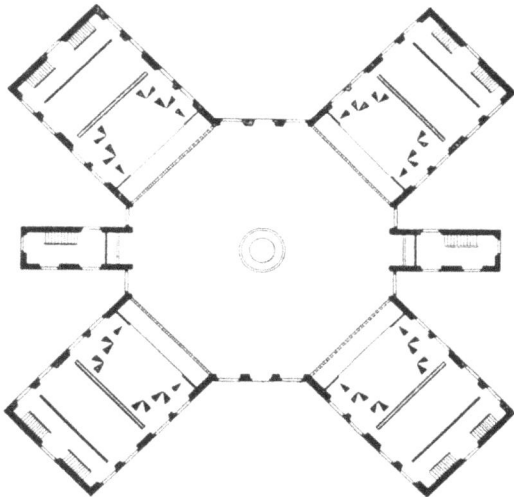

Alfred Bernau-Wien besitzt auf die gleiche erweiterte Form das DRP. 346971. Einen exzentrisch zur Umfassungsmauer liegenden, drehbaren Zuschauerraum umgeben drei kleinere und drei größere feste Bühnenhäuser (Abb. 369).

Walter Gropius hat in dem geplanten, unter KZ 2d bereits erwähnten Neubau auch KZ 3 vorgesehen. Er will nicht den ganzen Zuschauerraum drehen, sondern nur einen Parkettkreis, in dem dann wieder eine runde exzentrisch gelagerte heb- und versenkbare Spielbühne frei bleibt. Hierdurch wird erreicht, daß bei Stellung 1 (Abb. 370) der gesamte Zuschauerraum für eine Rahmenbühne eingestellt und bei Stellung 2 die exzentrische Spielbühne des Parketts zirkusmäßig von den Plätzen des Zuschauerraums umgeben ist. Auch diese Art ist bei den „Raumbühnen" im zweiten Band näher beschrieben.

Abb. 368. Drehbarer Zuschauerraum;
J. Furtenbach d. Ä.-Ulm

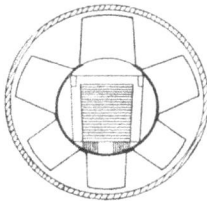

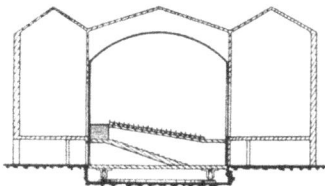

Abb. 369. Drehbarer Zuschauerraum; A. Bernau-Wien

Im Vergleich zur vorigen Gruppe hat KZ 3 unbedingt den Vorteil, daß wenigstens in der technischen Anlage Überkonstruktionen vermieden werden können. Eine oder zwei in üblicher Weise eingerichtete Bühnen genügen als Hauptspielstätte für schwierige Bilder, die

---

[1]) 1905 ist von Christian Morgenstern in der Gedichtsammlung „Palmström" die Idee wieder aufgegriffen worden:

Palmström denkt sich dieses aus:
Ein quadratisch Bühnenhaus
Mit („von Korf" begreift es kaum)
Drehbarem Zuschauerraum.

Viermal wechselt Dichters Welt,
Viermal wirst du umgestellt.
Auf vier Bühnen, tief und breit,
Schaust du bess're Wirklichkeit.

Denn in dieser Quadratur,
Wo per Jahr ein Drama nur,
Wird natürlich jeder Akt
Höchst veristisch angepackt.

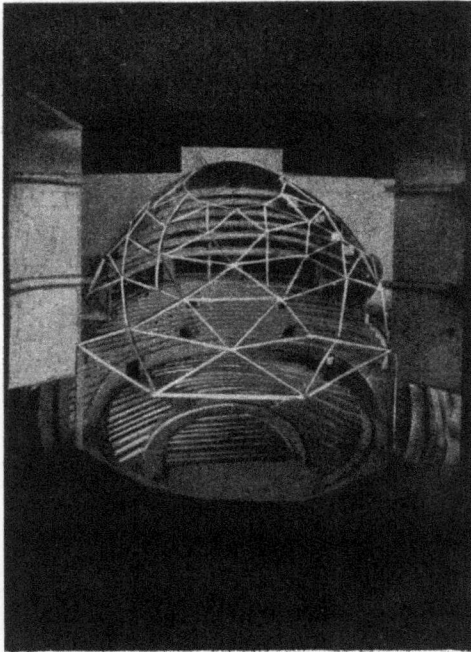

Abb. 370. Drehbarer Zuschauerraum;
W. Gropius-Berlin

übrigen können mehr oder weniger behelfs-mäßig ausgestattet für den Aufbau von Zimmern verwendet werden. Trotzdem darf, wenigstens für deutsche Bühnen[1]) bezweifelt werden, ob es künstlerisch notwendig und wirtschaftlich ratsam wäre, sich für die Verwirklichung einer Form der zweiten oder dritten Gruppe und aller mit ihnen zusammenhängenden Verbindungen einzusetzen. Wenn diese im folgenden mitbehandelt werden, so geschieht es nur aus theoretischen Gründen und der Vollständigkeit wegen.

Der Bau eines Theaters kostete schon im vorigen Jahrhundert bei den noch bescheidenen technischen Anforderungen viele Millionen und blieb immer ein Ereignis. Jeder kluge technische Bühnenleiter wird daher bei der Frage eines Umbaues bestrebt sein, möglichst unter Verwendung des Vorhandenen etwas Vorteilhaftes zu erreichen und dabei nach Arten suchen, die dies zulassen. Auf alle *erweiterten und veränderten* Formen der Drehscheiben und Drehbühnen trifft das keinesfalls zu und ein bestehendes Theater ist damit nicht zweckentsprechend umzubauen. Es würde vielmehr ein vollständiger Neubau entstehen, der in seinen Maßen alle bisherigen Theater weit übertreffen müßte, ohne trotz der vielfach gesteigerten Unkosten wesentliche Vorteile vor anderen zu besitzen, die die Lösung der Frage des raschen Bildwechsels besser und billiger auf rechtwinkliger Grundlage gesucht und gefunden haben.

[1]) Zu einer Festaufführung im Hause d'Annunzios soll nach einem Bericht des Berliner Tageblattes Nr. 434 vom 14. September 1927 ein neues Haus errichtet werden: „Sowohl Bühne wie Zuschauerraum werden von den sonst üblichen Formen abweichen. Die Frage des Wechsels der Bühnenbilder wurde auf die Weise gelöst, daß die Handlung sich auf zwei Bühnen abspielt. Die beiden Bühnen liegen einander gerade gegenüber: auf der einen spielen der erste und dritte, auf der zweiten der zweite Akt. Gemäß dieser Anlage muß das Publikum jeweils nach dem ersten und zweiten Akt auf den *drehbar* gestalteten Sitzen die Front wechseln — ein Zuschauerraum im Sinne Christian Morgensterns. Ein Vorhang kommt bei keinem Aktschluß in Anwendung. Die Dekoration für den ersten und zweiten Akt steht zu Beginn der Vorstellung, der dritte Akt wird während des zweiten im Rücken des Publikums aufgebaut. Die Aufführung beginnt um 4 Uhr nachmittags, wobei die Zeit so berechnet ist, daß der wirkliche Sonnenuntergang als vorgesehener Bühneneffekt verwendet wird. Der dritte Akt spielt ohnehin in der Dämmerung und soll allmählich im Abend untertauchen."

SCHIEBEBÜHNEN

1) Bewegung senkrecht zum Zuschauer

Als Grundform einer Lösung im Rahmen der rechtwinkeligen Bauart und als frühester Versuch, außer dem ersten noch ein zweites Bild vor Beginn der Vorstellung aufzubauen, ist der schon erwähnte *Hinterbühnen-Wagen Carl Brandts* in Darmstadt aus dem Jahre 1857 anzusehen. Er nutzte den einzigen noch verfügbaren Raum, die Hinterbühne, die fast nur als Lager oder bei größeren Opern als Verlängerung der Spielbühne verwendet wurde, besser aus, indem er auf ihr einen 10 × 8 m großen Wagen (s. S. 253—55) von etwa 50 cm Höhe baute, der auf Holzrollen geradeaus gefahren werden konnte und das schwierigste Bild der Aufführung trug (Abb. 371).

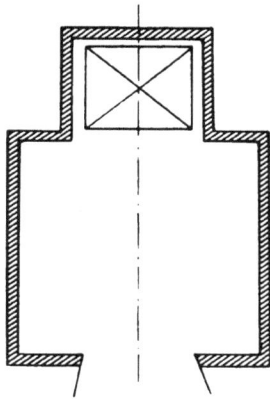

Abb. 371. Hinterbühnen-wagen; K. Brandt-Darmstadt 1857

Im Festspielhaus-Bayreuth war ein gleicher, nur wesentlich größerer für den Aufbau des Walkürenfelsens (s. Abb. 89) noch bis 1924 in Betrieb.

Carl Meinhard und Rudolf Bernauer-Berlin besitzen den DRGM. 821410 auf einen „mehrfach etagierten Bühnenwagen" (Abb. 372, Stellung *a* von vorn, *b* von der Seite, *c* von oben). Seine Teile sind in der Längsrichtung brückenartig ausgebildet, so daß unterhalb eines jeden Geschosses einzelne Bühnenbilder oder verschiedene zu *gleicher* Zeit gezeigt werden können. Die Darsteller gelangen über seitliche Treppen (*a*) auf die verschiedenen Höhen. Die Seitenansicht (*b*) zeigt eine Gittersäule, die einen Ausleger zum Befestigen von Bildteilen trägt, der an die Abbildungen 213 und 325 erinnert. Diese Bauart hat den Vorteil, daß in drei Stockwerken nacheinander oder gleichzeitig gespielt werden kann. Durch Zurückfahren des Bühnenwagens nach der Hinterbühne wird der Bühnenboden wiederum für andere Zwecke sofort freigemacht. Der zweite Boden ist

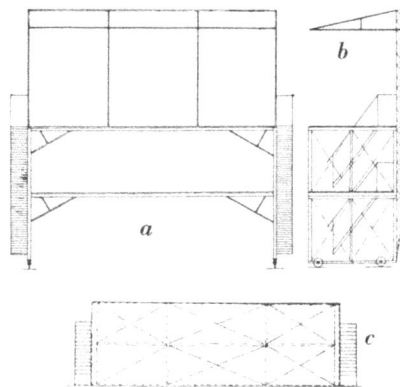

Abb. 372. Zweistöckiger Bühnenwagen; C. Meinhard und R. Bernauer-Berlin

durch Lösen der zusammengesetzten Stützen leicht und schnell abzunehmen, so daß der untere allein zu verwenden ist.

2) Bewegung beliebig zum Zuschauer

In Weiterentwicklung der Karl Brandtschen Form sind heute drehbare Stahlblechwagen von verschiedener Höhe, Größe, Art und Anzahl auf fast allen Bühnen vorhanden (s. S. 221—23). Stehen Nebenräume nicht zur Verfügung, sind sie unentbehrlich, um die Pausen zu verkürzen; Personal wird damit nicht erspart. Im Städtischen Opernhaus-Hannover sind z. B. im zweiten Lohengrin-Akt vier derartige Wagen gleichzeitig in Gebrauch (Abb. 373 und 374).

Abb. 373. „Lohengrin", zweiter Akt; Ansicht des Bühnenbildes von K. Söhnlein.
Städtisches Opernhaus-Hannover

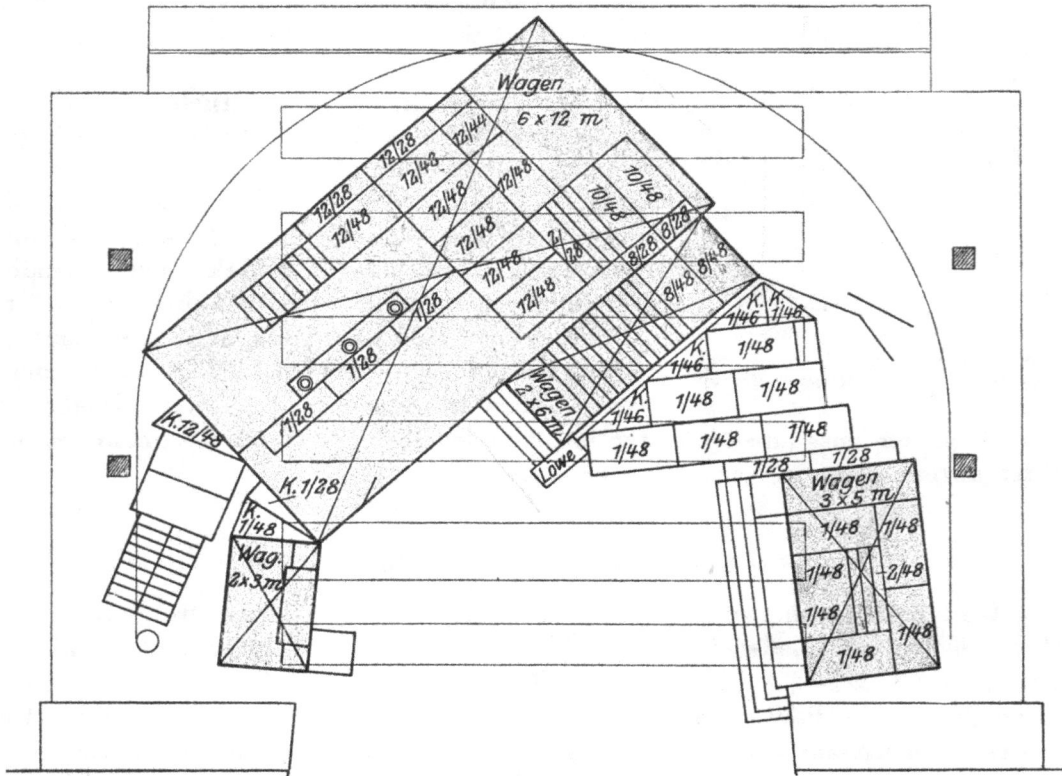

Abb. 374. Bildstellung zur Abbildung 373

Die fahrbaren Plastiken des Festspielhauses-Bayreuth sind ebenso gebaut. Abbildung 375 zeigt sie in den dafür nötigen, besonderen Räumen. Die vierfache Verwendungsmöglichkeit ist für die Landschaftsbilder im Ring des Nibelungen von mir erdacht und erinnert durch die Drehbewegung — allerdings ohne festen Mittelpunkt — etwas an die Arten der ersten Gruppe. Mit großen eisernen Wagen sind kaschierte Felspartien, die in ihrer Gliederung den Spielanweisungen entsprechen, fest verbunden. Die Form der Felsen erlaubt es, dem Zuschauer alle vier Seiten des Wagens zuzukehren, die dabei stets völlig anders aussehen. Um den Unterschied zu zeigen, sind „Walhall", „Bergjoch", „Vor der Halle" und „Rheinufer" abgebildet (Abb. 376 bis 379). In den beigefügten Grundrissen (Abb. 380 bis 383) ist die Stellung der Wagen angegeben.

Solche bewegliche Wagen, die in der Herstellung sehr billig sind, können mit Erfolg dort angewendet werden, wo eine Erweiterung des Hauses in der Bühnenebene möglich ist, eine räumliche nach unten oder oben nicht gewünscht wird und nur geringe Mittel zur Verfügung

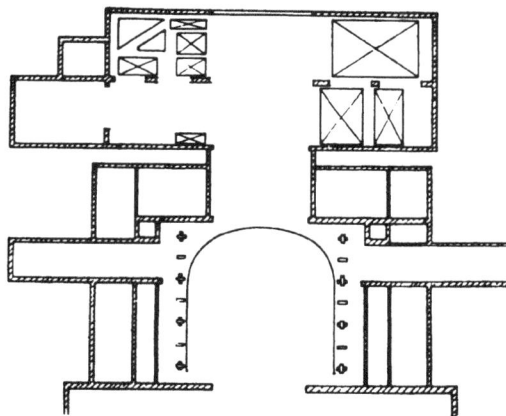

Abb. 375. Abstellräume für 10 Wagen mit plastischen Aufbauten, Fr. Kranich d. J., Festspielhaus-Bayreuth

stehen. Derartige feste, plastische Aufbauten aus einem Stück — wie in Bayreuth — kommen allerdings für Bühnen mit oft wechselndem Spielplan kaum in Frage, da die dazu nötigen Räume schwerlich vorhanden sein dürften.

Die Arten der Gruppe K Z 4 und 5 sind die gebräuchlichsten Hilfsmittel derjenigen Theater, die eine technische Neugestaltung anstreben; auf den fast nie ausreichenden Platz der Spiel- und Hinterbühne allein angewiesen, können sie die Forderung unmöglich erfüllen, die Bilder in den Umbauzeiten *nicht* zu zerlegen. Wird dies verlangt, so muß Raum geschaffen werden: entweder in der Ebene des Bühnenbodens oder nach oben und unten. So entstanden die folgenden Gruppen der seitlichen Schiebe- und später der Versenkbühnen.

3) Bewegung parallel zum Zuschauer

Eine einschneidende Verbesserung brachte die *Reformbühne von Fritz Brandt-Berlin* (Abb. 384). Der Erfinder sagt darüber[1]): „Eine rationelle, völlig genügende Bühnenreform und Einrichtung, welche den raschen Wechsel auch komplizierter Szenerien ermöglicht, glaube ich in der nachstehend geschilderten Reformbühne gefunden zu haben. In der Hauptsache besteht dieselbe in zwei vorn seitlich der Bühne gelegenen Räumen, ähnlich der jetzt allgemein üblichen Hinterbühne, die wie diese von der Hauptbühne durch Schiebetüren oder schalldämpfende Vorhänge abgeschlossen sind. In jedem dieser Räume, wie auch auf der Hinterbühne, befindet sich ein leicht fahrbares Plateau von 17 cm Höhe und einer der Proszeniumsöffnung entsprechenden Breite und 2—3 Bühnengassen sich erstreckenden Länge.

---

[1]) Bühne und Welt. 3. Jahrgang, S. 314

Abb. 376. „Walhall" (Rheingold, 2. u. 4. Bild), Festspielhaus Bayreuth; plastisches
Bühnenbild Fr. Kranich d. J.

Abb. 377. „Bergjoch" (Walküre, 2. Akt), Festspielhaus-Bayreuth; plastisches Bühnenbild
Fr. Kranich d. J.

Abb. 378. „Vor der Halle" (Götterdämmerung, 2. Akt), Festspielhaus Bayreuth; plastisches
Bühnenbild Fr. Kranich d. J.

Abb. 379. „Rheinufer" (Götterdämmerung, 3. Akt), Festspielhaus Bayreuth; plastisches
Bühnenbild Fr. Kranich d. J.

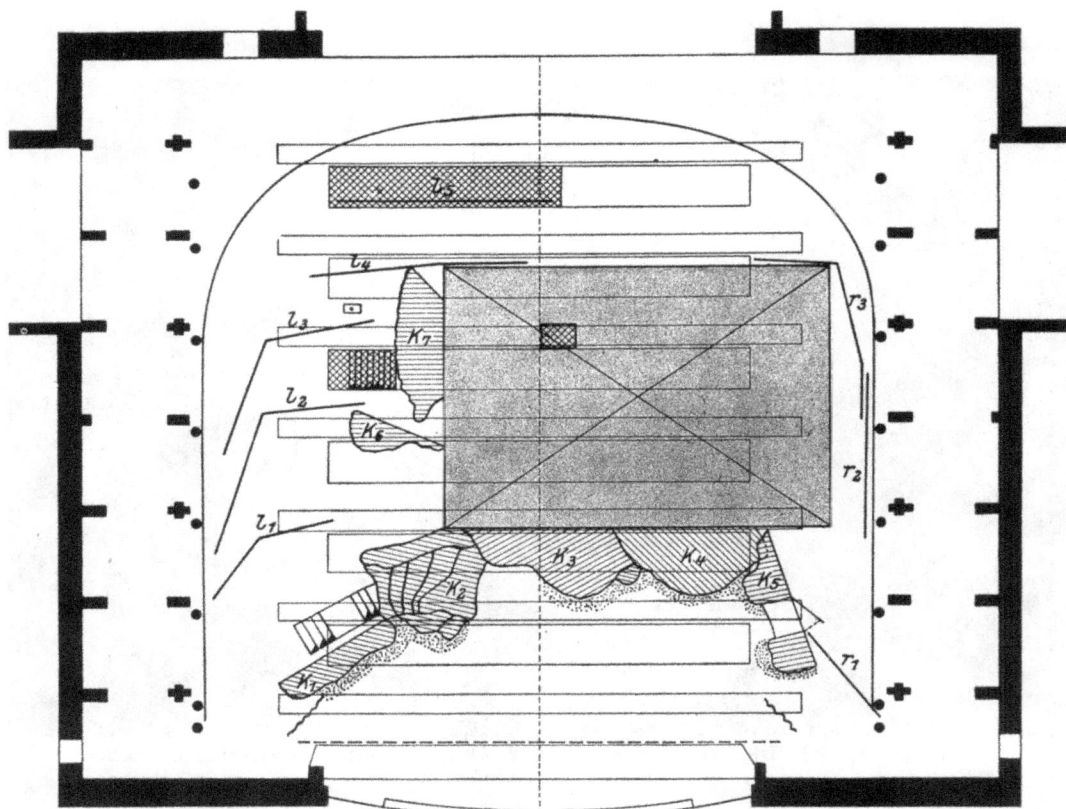

Abb. 380. Bildstellung zur Abbildung 376

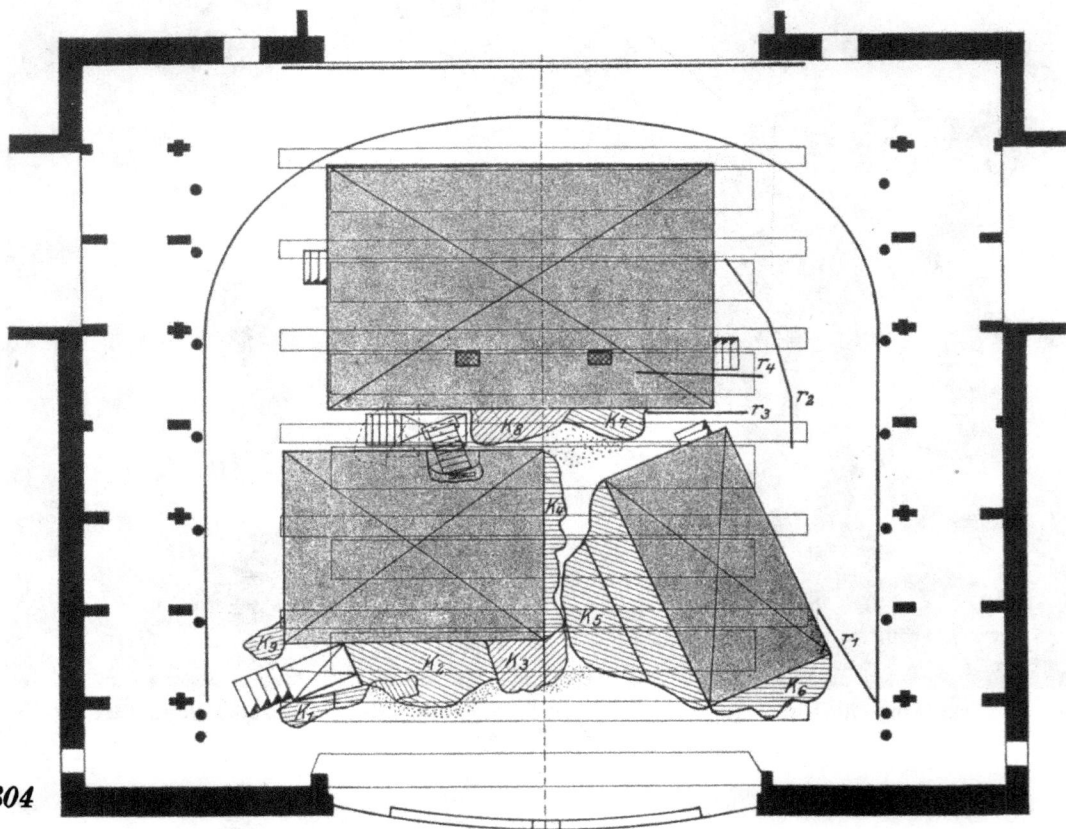

Abb. 381. Bildstellung zur Abbildung 377

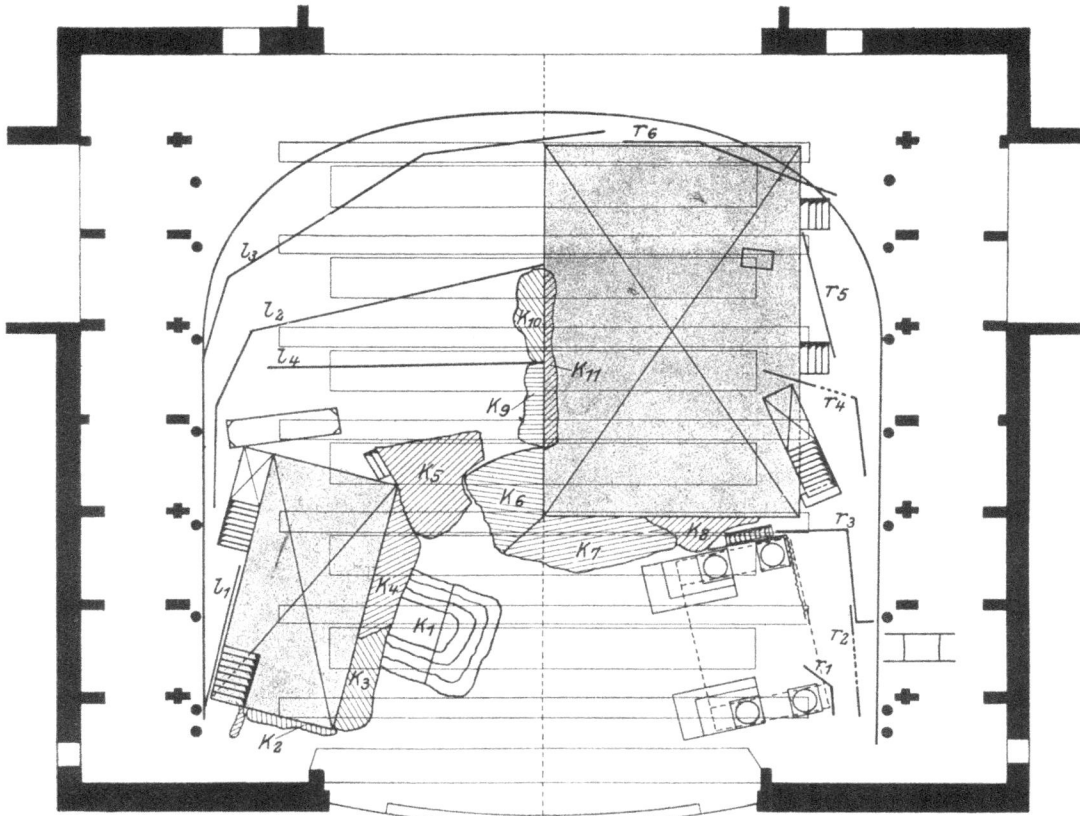
Abb. 382. Bildstellung zur Abbildung 378

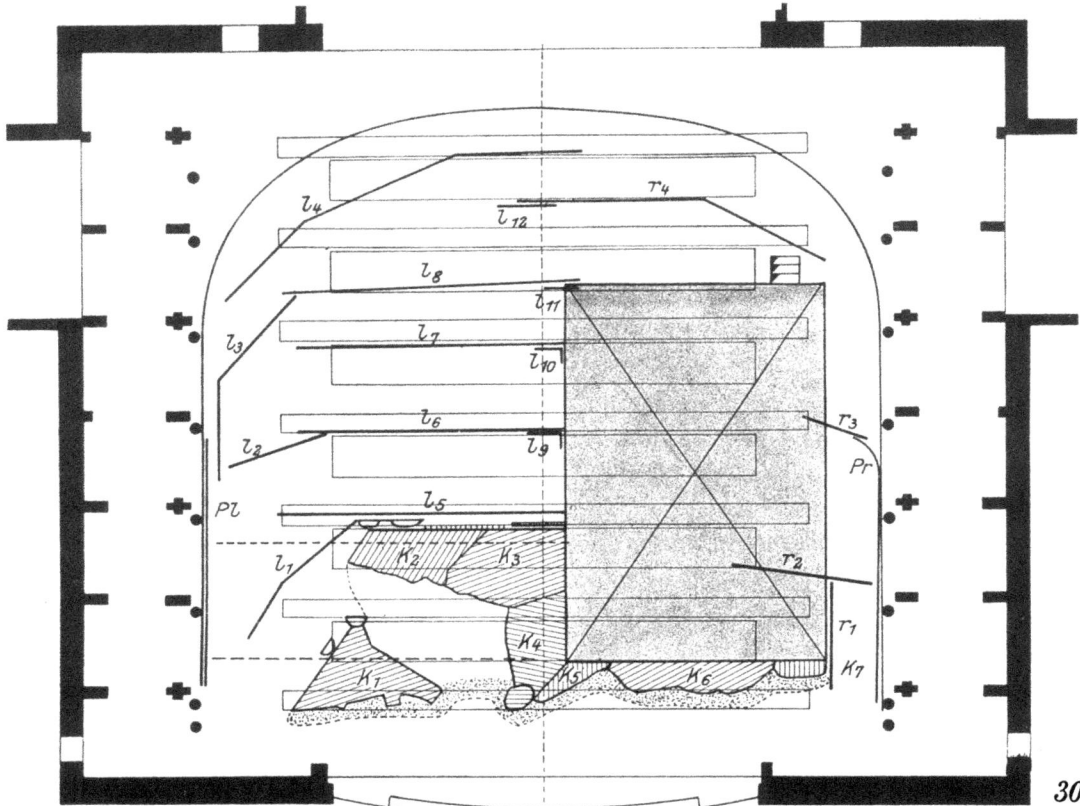

305

Abb. 383. Bildstellung zur Abbildung 379

Die Einrichtung ist derart, daß sowohl ein geschlossenes Zimmer, wie ein praktikabler Bau oder irgendwelche Dekorationen in jeder Form und Gestalt darauf aufgebaut werden und, unabhängig bezüglich der Reihenfolge, nach Belieben auf die Hauptbühne hinter das Proszenium leicht, bequem und rasch gefahren werden können.

Die bisher nötige große Zahl von Arbeitern kann auf eine kleine Schar besonders tüchtiger, geübter Arbeiter, die deshalb besser bezahlt werden können, reduziert werden.

Ein Umwechseln der Dekorationen auf den Wagen kann während der Vorstellung jederzeit in den abgeschlossenen Nebenbühnen ohne Störung in aller Ruhe sorgfältig und vollkommen vorgenommen werden. Geschrei, Gepolter, Überhetzen der Leute fällt fort, und die Vollständigkeit und Richtigkeit der Szenerie kann jederzeit in Ruhe geprüft werden. Auch für das Straßenbild seitlich nötige praktikable Dekorationen, wie Gebäude, Treppen, sind auf die Wagen zu stellen und werden diese dann links und rechts nach Bedürfnis (nicht völlig) auf die Szene gefahren.

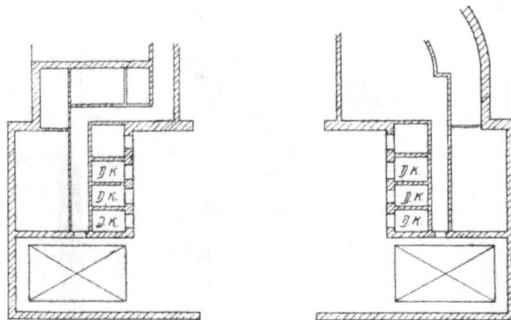

Abb. 384. Reformbühne, Fritz Brandt-Berlin

Es ist durchaus nicht nötig, für diese Wagen neue Dekorationen anzufertigen, sondern es kann jeder vorhandene Fundus wie bisher verwendet werden. Die Hauptbühne mit ihren Vorrichtungen bleibt stets völlig intakt und zur Verwandlung bereit."

Außerdem waren noch nur von der Bühne zugängliche seitliche Kojen für Setzstücke vorgesehen. Dadurch fiel der Aufbau der Bilder mit der Benutzung der Bühne durch die künstlerische Abteilung wieder zeitlich und örtlich zusammen und schloß, wie bei fast allen bereits besprochenen Arten, eine Personalersparnis aus.

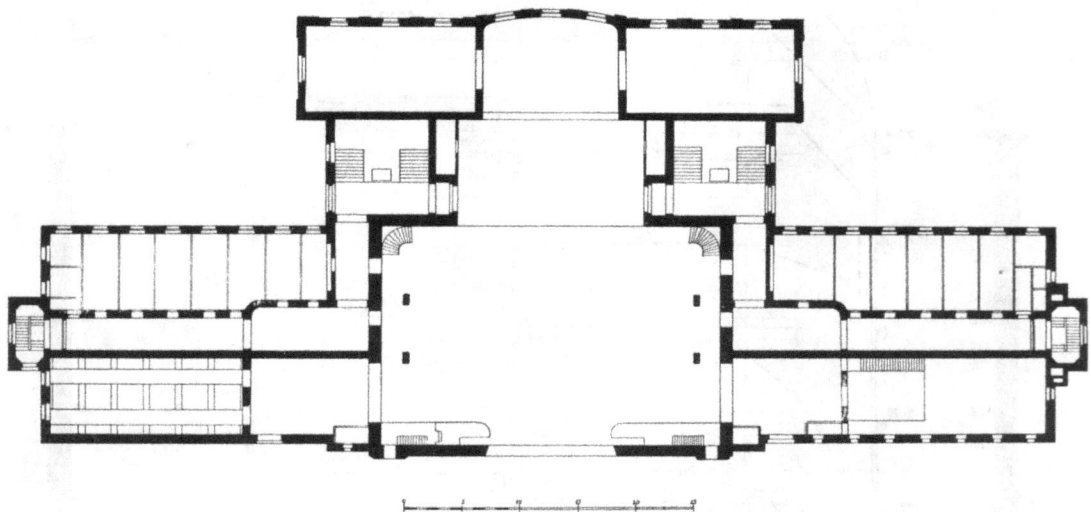

Abb. 385. Staatstheater-Kassel, Bühnenhaus-Grundriß

306

Erst die verbesserte Form, die die Standorte der Wagen durch schalldichte eiserne Vorhänge von dem eigentlichen Bühnenraum trennte und die Kojen ebenfalls dahinter legte, gestattete zum erstenmal ein fabrikmäßig ununterbrochenes Arbeiten und eine Personalverminderung.

Die Einführung der seitlichen Schiebebühne ist ein Wendepunkt in der Bühnentechnik und für die Weiterentwicklung wichtiger als Drehscheibe und Bühnenhimmel. Von berufenster, allgemein anerkannter Seite wird hier festgestellt, daß es auf die Dauer unmöglich ist, nur im Raume der bisherigen Spielbühne allen Anforderungen gerecht zu werden: Brandt hat den Mut gehabt, an der Jahrhunderte alten „geheiligten" Überlieferung des viereckigen Bühnengrundrisses zu rütteln, er hat als ein Posa seines Berufes endlich „Bewegungsfreiheit" verlangt und allen, die gedankenlos an der Arbeit hinter dem Vorhang vorübergehen, zugerufen: „So geht es nicht weiter! Die Bühnentechnik ist zwar nur eine Dienerin der Kunst, aber auch ihr müssen die Grundlagen für eine moderne Arbeitsweise in einwandfreien Räumen geschaffen und zum Vorteil des ganzen Betriebes geregelte Arbeitszeiten festgesetzt werden, damit die dauernden Überstunden und Nachtarbeiten fortfallen"[1]).

Die notwendige Grundrißänderung und -erweiterung des Bühnenraumes wird heute nicht mehr bezweifelt, nachdem viele Theater mit mehr oder weniger Geschick und Verständnis den damit verbundenen Vorteil ausnutzen.

Über Lage, Größe und Ausstattung solcher Räume ist zu sagen: Die Vorderkante der Seitenbühnen muß so nahe wie möglich an der Vorbühne liegen, damit jede sonst nötige Abdeckung vermieden wird und die Seitenwände der Bilder unmittelbar an den Türmen beginnen. Der Wagen muß mindestens 1 bis 2 m breiter als die Vorbühnenöffnung sein und soll bis in die halbe Bühnentiefe gehen. Diese voneinander unabhängigen Wagen müssen durch schalldichte Vorhänge von der Spielbühne getrennt, vollständig untergebracht werden können. Die dazu nötigen Seitenräume[2]) sollen für die Durchfahrt der höchsten Wände 8 bis 10 m hoch sein. Genügend große Lager müssen sich unmittelbar oder durch einen Fahrstuhl erreichbar anschließen.

Alle diese Forderungen sind fast bei keinem Haus mit Seitenbühnen berücksichtigt. Im Staatstheater-Kassel sind die Wagen noch nicht einmal so tief, daß ein vollständiges Zimmer aufgebaut werden kann (Abb. 385). Das Stadttheater-Duisburg

---

[1]) Als ein Beispiel für die durchschnittlichen Arbeitsleistungen bei Bühnen mit alten technischen Einrichtungen diene der Aufsatz von Rudolf Lisatz: „Hundertfünfzig Jahre Bühnentechnik im Wiener Burgtheater", Bühnentechnische Rundschau 1926, Nr. 3, S. 7. Er sagt darin u. a.: „Die Arbeit begann um 7 Uhr früh, dauerte bis Schluß der Bühnenprobe, an die häufig eine Dekorationsprobe anschloß, weil ja jedes Stück für diese Bühne neu war, begann vor der Abendvorstellung wieder und endete mit derselben ... Die Verwandlungen waren derart kompliziert eingerichtet, daß beispielsweise 40 Aushilfskräfte erforderlich waren, um die Verwandlung vom ersten zum zweiten Bilde ‚Wilhelm Tell' in drei Minuten durchzuführen. Nach dem Schiller-Zyklus folgte ‚Faust' erster Teil auf einer auflegbaren, motorisch betriebenen Drehbühne von 16 m Durchmesser inszeniert. Diese Drehbühne aber erwies sich als schwere Störung des Theaterbetriebes, da das Auflegen und Wegräumen trotz Verwendung von 30 Arbeitern 3½ Stunden erforderte, die bei dem herrschenden Probedienst nur während der Nacht zur Verfügung standen. Auf ‚Faust' erster Teil folgten ‚Don Carlos' mit einer Spieldauer von 7 Uhr abends bis ½2 Uhr nachts, trotz Verwendung der Drehbühne und ‚Faust' zweiter Teil, bei welcher Aufführung in zwei Zwischenakten nicht weniger als 80 Hängestücke verhängt werden mußten. Der Gipfelpunkt an plastischer Inszenierung wurde mit Hebbels ‚Nibelungen' zweiter Teil erreicht. Diese Einrichtung war immer mit einer vorangehenden Nachtarbeit, mitunter bis 6 Uhr früh, verbunden."
[2]) Über ihre Einrichtung s. S. 85/86

hat an Stelle der Spielbühne nur *einen* doppeltgroßen Wagen, der Zweidrittel der ganzen Hausbreite beträgt (Abb. 386). Im Stadttheater-Hamburg können die Seitenwagen nur zur Hälfte von der Spielbühne entfernt werden, da das Haus nicht breit

Abb. 386. Stadttheater-Duisburg, Schiebebühne

genug ist (Abb. 387). Der Aufbau von großen Bildern ist daher dort nicht möglich; der Versuch, diesen Nachteil auf andere Weise durch eine Doppelstockbühne auszugleichen, ändert nichts an der Tatsache. Seitenlager fehlen völlig. Das Staatliche Schauspielhaus-Berlin hat nur einen Seitenraum ohne Schallvorhang und Lager

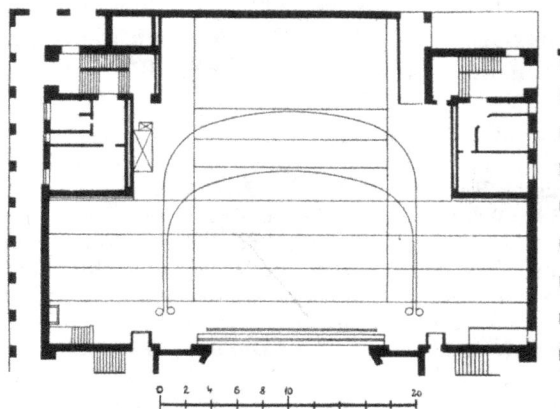

Abb. 387. Stadttheater-Hamburg, Bühnenhaus-Grundriß

zum Abbau der Bilder (Abb. 388). Selbst der Umbau der Staatsoper Unter den Linden-Berlin läßt genügend große Abstellräume bei den Seitenbühnen vermissen, da die neu geschaffene Breite des Hauses dazu nicht mehr ausreichte (Abb. 389).

308

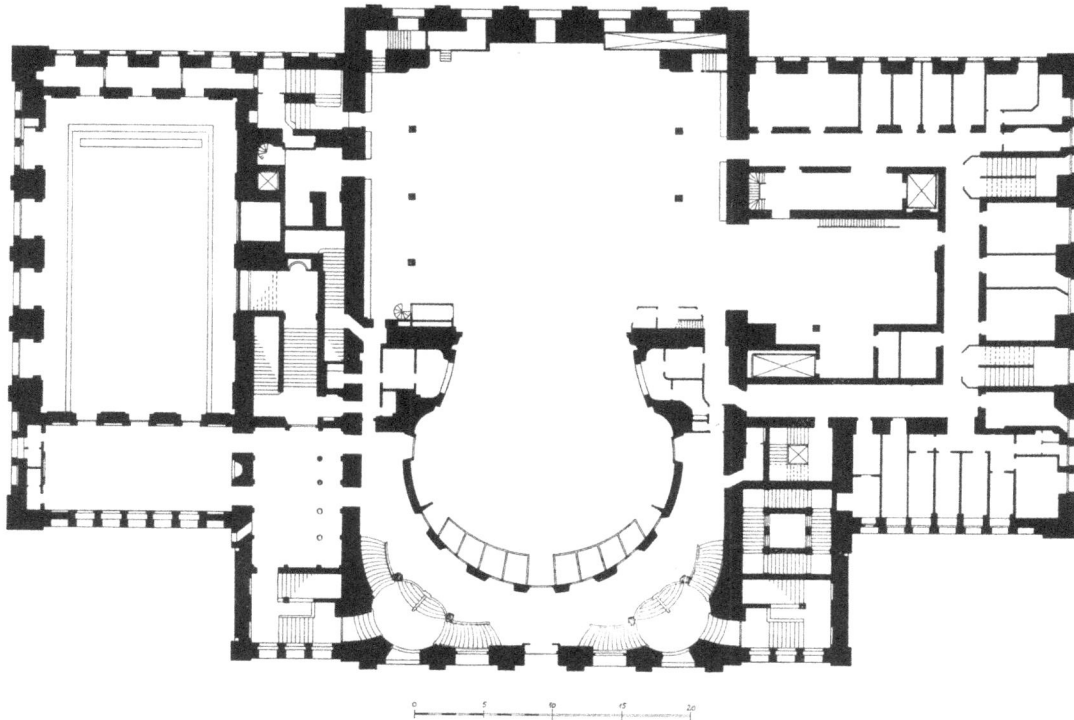

Abb. 388. Staatliches Schauspielhaus-Berlin, Grundriß

Im Opernhaus-Hannover ist eine Umstellung wegen der großen Breite des Hauses von 80 m am leichtesten von allen älteren Theatern durchzuführen, alle Vorbedingungen sind erfüllt, ohne daß eine Grundrißänderung an den Seitenwänden des Hauses vorzunehmen ist (Abb. 390). Es wird nach dem geplanten Umbau (s. Abb. 441) dieselben idealen Raumverhältnisse besitzen, wie das in dieser Beziehung zurzeit leistungsfähigste Haus: die Städtische Oper-Berlin (Abb. 391).

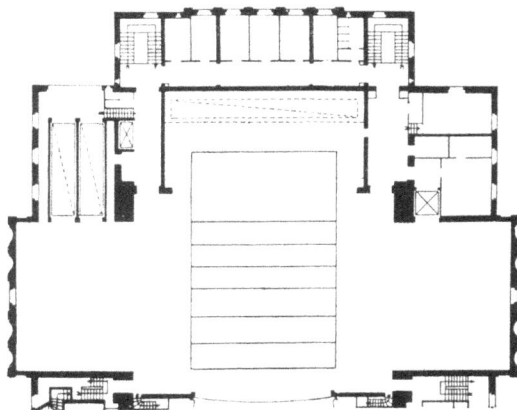

Abb. 389. Staatsoper Unter den Linden-Berlin, Bühnenhaus-Grundriß

Bei allen Theatern, denen eine Hinterbühne zur Verfügung steht, ist die Art fast nur in Verbindung mit K Z 4 oder 5 zu finden; sie wird deshalb später nochmals erwähnt (vgl. K Z 46, a—d S. 324—26).

Die Bewegung parallel zum Zuschauer, die nach K Z 6a eine örtlich begrenzte ist, kann durch Einbau der im 8. Kapitel, S. 268 beschriebenen Laufbänder zu einer dauernden ausgebaut werden und wird dann zu einer besonderen Art des raschen Bildwechsels. Bedeutung gewinnt die Anordnung jedoch erst in Verbindung mit anderen (vgl. K Z 67 d S. 338/39).

K Z 6b

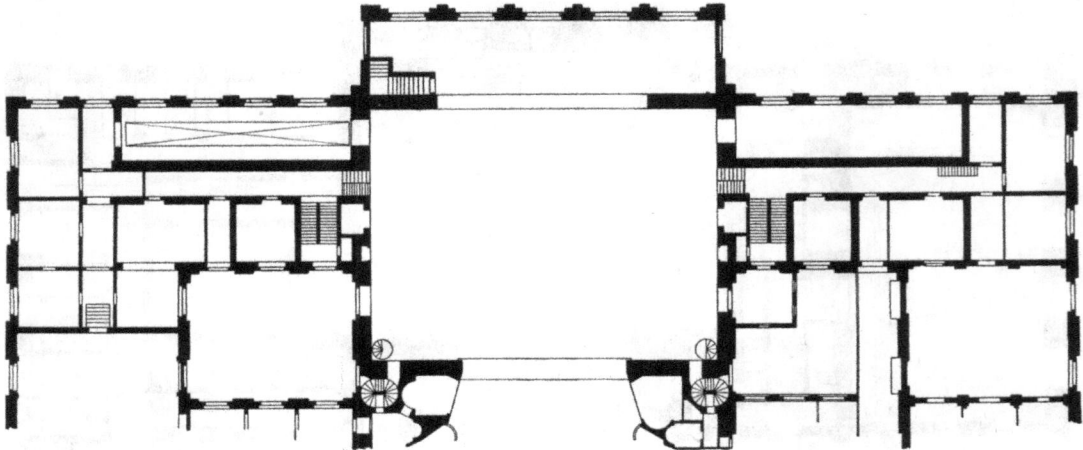

Abb. 390. Städtisches Opernhaus-Hannover, Bühnenhaus-Grundriß

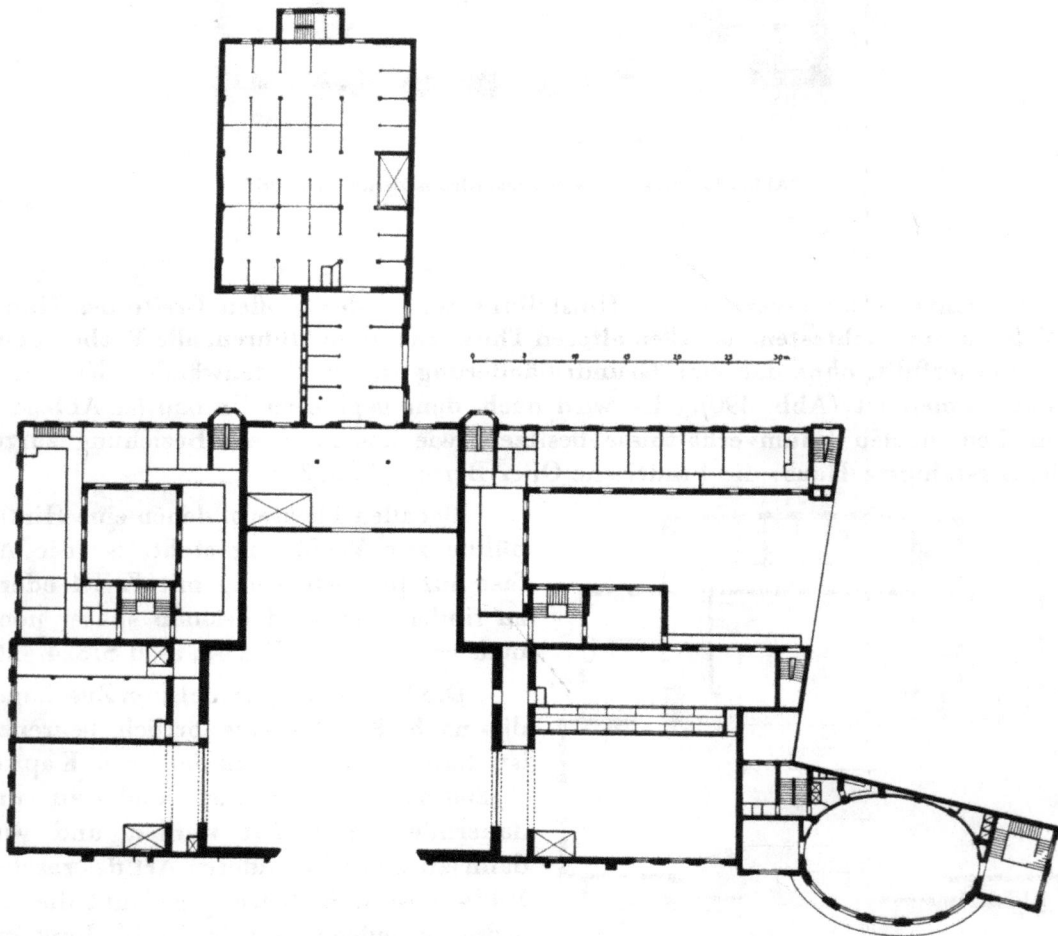

Abb. 391. Städtische Oper-Berlin, Bühnenhaus-Grundriß

310

Abb. 392. „Armida", Bü: nenbild der Zauberinsel von F. Kautzky-Wien 1902; Staatstheater-Wiesbaden

VERSENKBÜHNEN

Bildteile durch Versenken mit anderen auszutauschen, wendete man schon früher hauptsächlich bei Verwandlungen an; doch auch der langsame Übergang von einem Bild in ein anderes wurde gelegentlich auf diese Weise vollzogen. Fr. Kranich d. Ä. hatte z. B. im September 1887 am Landestheater Darmstadt bei der Neueinrichtung des Balletts „Die vier Jahreszeiten"[1]) das Versinken des Winters und das Erscheinen des Frühlings aus der Luft so eingerichtet: Die Winterlandschaft war auf den sechs gekuppelten Versenkungen aufgebaut und verschwand mit allen Darstellern nach unten; das Frühlingsbild stand ebenfalls mit seinen Darstellern auf sechs Gitterträgern, die miteinander durch starke Gerüsttafeln verbunden, 8 m über dem ersten Bild schwebten. Die Gegengewichtsseile der Gitter liefen über eine gemeinsame Trommel, so daß eine gleichmäßige Bewegung gesichert war. Auf ähnliche Weise hat C. A. Schick in Wiesbaden im Mai 1902 die Zauberinsel der „Armida" in Glucks gleichnamiger Oper sich aus dem Meere in den Äther erheben lassen (Abb. 392).

Beide Vorgänge waren an die Bauart der Versenkungsbühne gebunden; die festen, unbeweglichen Friese mußten geschickt verdeckt werden. Deshalb ließen sich diese Verwandlungen auch nicht verallgemeinern, sondern waren nur für bestimmte

---

[1]) Vgl. S. 253—55

311

Zwecke geeignet. Die dauernde Anwendung bei ungeteiltem Boden setzt voraus, daß ein fertig aufgebautes Bild in einer gewissen Höhe unter oder über einem andern bereitgehalten wird und in die entstehende Öffnung gehoben oder gesenkt werden kann, wo es dann entweder unmittelbar in der Spielbühne zu verwenden oder leicht dorthin zu bringen ist. Dafür kommen drei reine Arten in Frage.

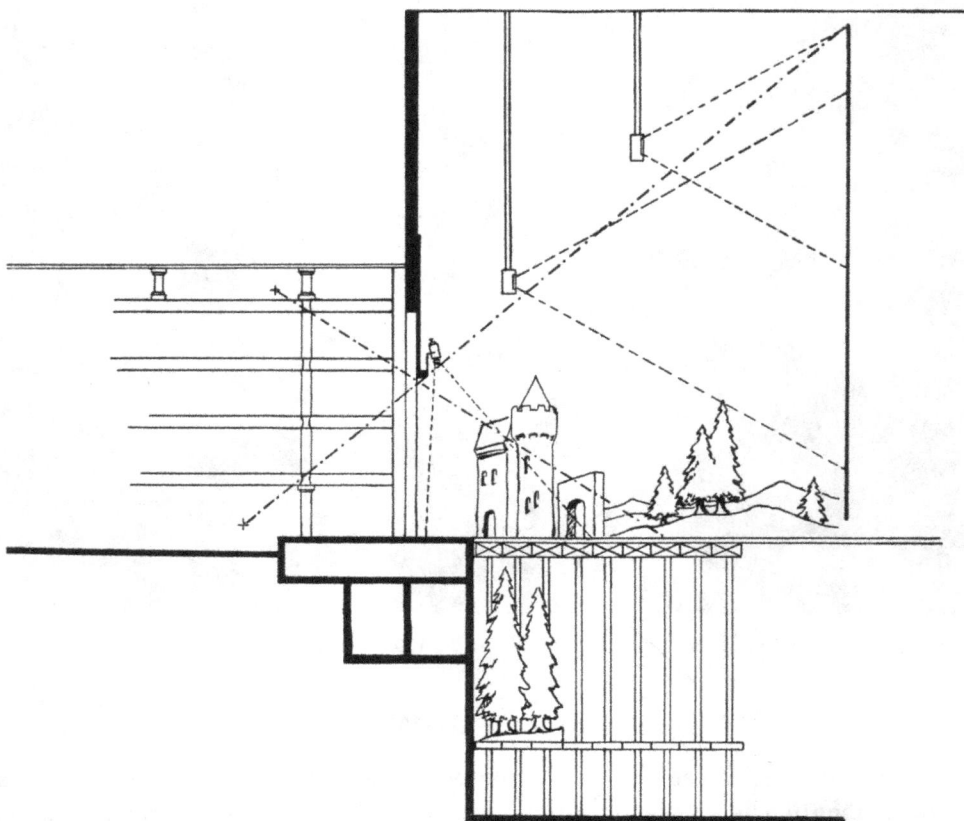

Abb. 393. Einfluß der Doppelstockbühne auf die Höhenstellung der Beleuchtungsbrücke; oberes Bild im Spielfeld

KZ 7

1) Versenkbare Spiel- und Mittelbühne

Diese Gruppe bedingt in einem bestimmten Abstand übereinander eine mehr oder weniger starre Verbindung der beiden Stockwerke und heißt:

DOPPELSTOCKBÜHNE

Ihr unterer Boden eignet sich für Zimmerbilder und alle oben geschlossenen Räume, Hallen, Grotten usw., der obere für Landschaftsbilder (Abb. 393). Bei hochgefahrener Bühne muß die Bodenkonstruktion des oberen Stockwerks, das dann in Höhe der ersten Arbeitsgalerie steht, durch eine bedeutende Senkung des Vorbühnenmantels der Sicht der Zuschauer entzogen werden und engt so das Bild für die oberen Ränge noch mehr ein, als es leider bei Bildern mit Bühnenhimmel an den meisten Rangtheatern schon notwendig ist (Abb. 394). Diese Art ist mehrfach theoretisch

312

behandelt und in den letzten Jahren auch praktisch ausgeführt worden (s. Abb. 124 bis 127).

Schon am 21. Februar 1897 erhielt J. C. Westphal-Hamburg das DRP. 98149 auf eine „geteilte Doppelbühne" (Abb. 395). Sie besteht aus zwei im Abstand von

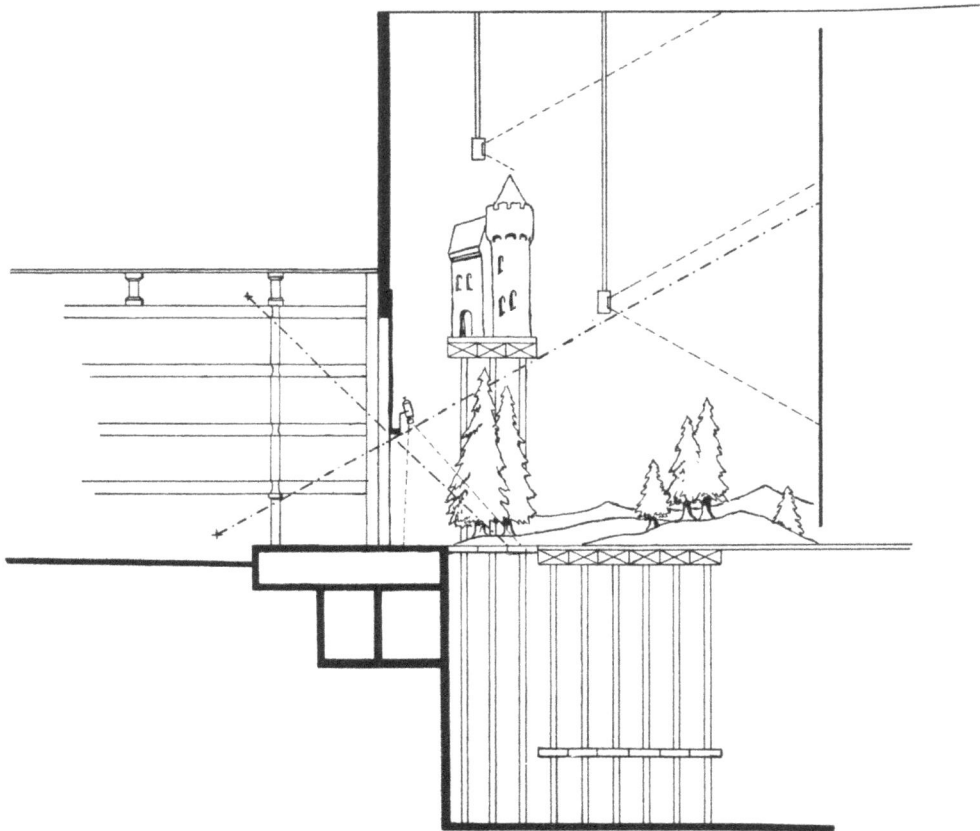

Abb. 394. Einfluß der Doppelstockbühne auf die Höhenstellung der Beleuchtungsbrücke; unteres Bild im Spielfeld

etwa 8 m übereinander starr verbundenen Stockwerken der Spielbühne und zwei von diesen getrennten gleichgroßen der Mittelbühne. Diese Doppelstockwerke hängen in Seilen, die derart über den Schnürboden geführt sind, daß beim Aufwärtsbewegen der vorderen Gruppe die hintere sich senkt. Zu einem tiefen Bühnenbild wird das obere Geschoß der Spielbühne und das untere der Mittelbühne oder umgekehrt gemeinsam benutzt. Während des Spiels soll dann die eine Hälfte der Bildteile in der Unter-, die andere in der Obermaschinerie seitlich entfernt werden. Die scharfe Trennung in Spiel- und Mittelbühne muß bei dem Bau der Bühnenbilder genau beachtet werden, was bei Landschaften nicht immer möglich

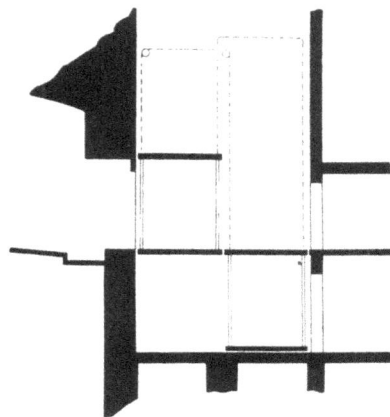

Abb. 395. Geteilte Doppelbühne, J. C. Westphal-Hamburg

313

ist. Diese nie ausgeführte Anordnung ist in der Bauweise bedenklich, da die Gewichte der Aufbauten stets verschieden sind und es sehr leicht vorkommen kann, daß den zwei schweren Bildhälften der vorderen Gruppe fast keine Belastung der hinteren gegenübersteht. Außerdem ist es ungünstig, daß hängende Bildteile nicht abwechselnd vorn oder hinten verwendet werden können.

KZ 7b   *Prof. A. Linnebach-München* hat diese hängende Art zum erstenmal im Schauspielhaus-Chemnitz in eine hydraulische umgewandelt (s. Abb. 124). Eine verbesserte und erweiterte Anlage ist im Stadttheater-Hamburg 1926 (s. Abb. 125/6) und beim Umbau der Staatsoper Unter den Linden - Berlin (s. Abb. 127) 1926/8 entstanden. Auch die vorgesehenen Umbauten der Staatstheater-München dürften voraussichtlich so ausgeführt werden. Kölle & Hensel-Berlin besitzt den DRGM. 1003031 darauf.

KZ 7c   *Max Hasait-Dresden* verlangt in seinem DRP. 362627, um den S. 312 erwähnten Mangel der Doppelstockbühnen auszugleichen, daß der Abstand der beiden Stockwerke voneinander beliebig verstellt werden kann, aber trotzdem eine starre Verbindung beim Heben oder Senken bestehen bleibt, um Unfälle zu verhüten. Er gibt zwei Lösungen an: in Abbildung 396 ruht das obere Geschoß auf ausziehbaren
KZ 7d   Trägern, die auf das untere aufgesetzt sind, in Abbildung 397 dagegen auf Wandarmen, die an der Vorbühnenwand geführt werden. Die zwangsläufige Bewegung ist durch eine Rollenanordnung und Seilbahn erreicht.

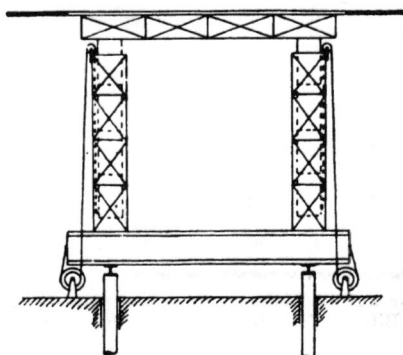

Abb. 396. Doppelstockbühne,
M. Hasait-Dresden; Ausführung mit
ausziehbaren Trägern

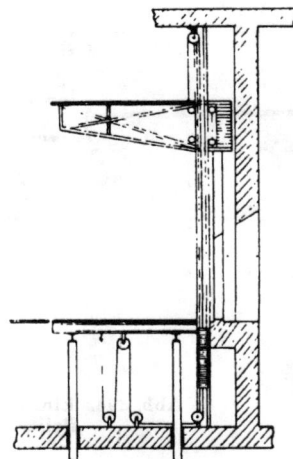

Abb. 397. Doppelstockbühne,
M. Hasait-Dresden;
Ausführung mit Wandarmen

Bei allen Abarten einer Doppelstockbühne können die drei Beleuchtungsbrücken, von denen die beiden letzten der Bewegung des oberen Stockwerks im gleichen Abstand folgen müssen, zeitweise nicht benutzt werden, so daß Ersatzbeleuchtungen für den unteren Boden nötig sind. Das Abbauen eines hochgehobenen Bühnenbildes während des unmittelbar darunter stattfindenden Spiels dürfte wegen des Geräusches nur in den seltensten Fällen möglich sein und bildet außerdem, da Schutzvorrichtungen schwer anzubringen sind, für das Personal eine große Gefahr. Eine Doppelstockbühne kann deshalb nur dann voll ausgenutzt werden, wenn sie in den Seiten- oder Hinterräumen als Beförderungsmittel eine Verbindung der Spielfläche mit einem dreistöckigen Lager links, rechts oder hinten herstellt. Ein mit einem Bühnenbild beladener Wagen wird dann hoch oder tief gefahren und, durch einen schallsicheren eisernen Vorhang von der Spielbühne getrennt, jederzeit unmittelbar in die Lager abgebaut. Gleichzeitig kann über oder unter ihm ein zweites Bild gestellt werden.

2) Versenkbare Seitenbühnen

KZ 8

Um die Aufenthaltsräume für das Personal aus Sicherheitsgründen möglichst in die unteren Stockwerke zu verlegen und die Ankleidezimmer der Darsteller links und rechts in Bühnenhöhe zu lassen, versuchte man, die Aufbauten der Spielbühne bei ihrem Wechsel seitlich nach oben zu nehmen und alle dazu notwendigen technischen Hilfsräume in den obersten Stockwerken unterzubringen.

KZ 8a

Die *Etagen-Schiebe-Bühne von Georg Thulke-Berlin* will dies erreichen (Abb. 398). Die Verbindung der Spielfläche mit den hochgelegenen Standorten der Hilfsbühnen wird durch geeignete Rollen-Gleitbahnen geschaffen, an denen sich die aus Gitterwerk hergestellten Flächen auf- und abbewegen. Die seitlichen Teile des Bühnenbodens, die dabei hinderlich sind, klappen schräg nach unten. Die übernormalhohen Öffnungen in den Seitenwänden, die zu den Standorten der Schiebebühnen führen, werden durch eiserne Vorhänge geschlossen.

Diese Anordnung hat mehr Nachteile als Vorzüge. Beim Befördern der Bildteile von den Stadtlagern zu den sehr hoch gelegenen Vorbereitungsräumen müssen unnötige Höhen überwunden werden und die Arbeit wird dadurch

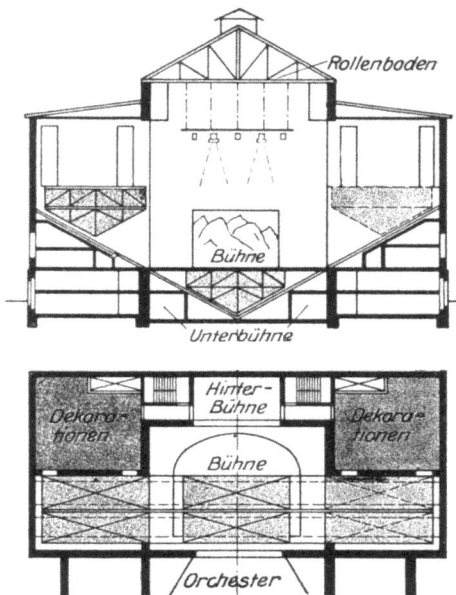

Abb. 398. Etagen-Schiebebühne;
G. Thulke-Berlin

unwirtschaftlich. Die ganze Fläche läßt sich nicht versenken und fahrbare Versenkungen können durch die spitze Bodenform und die schrägen Gleitbahnen nicht eingesetzt werden. An der wichtigsten Stelle des Hauses, links und rechts neben der Spielbühne, entstehen sehr große Hohlräume, die frei bleiben müssen.

Der an sich gute Gedanke, die Aufenthalts- und Ankleideräume nahe bei der Spielbühne zu lassen, kann auch auf andere Art gelöst werden. So liegen z. B. im Staatlichen Schauspielhaus-Dresden die Hilfsbühnen nicht über, sondern unter den Seitenräumen und werden zunächst auf der Spielbühne versenkt, dann nach links und rechts herausgefahren. Da diese Doppelbewegung sich aus den Arten 6 und 8 zusammensetzt, ist sie als KZ 68 bei den zweifachen Verbindungen beschrieben.

Zweckmäßig ist es jedoch in keinem Fall, ein Bild von der Spielbühne, ohne die auf Bühnenhöhe gelegenen Seitenräume zu benutzen, über oder unter diese zu versenken, weil damit und durch das Hin- und Herfahren der Wagen zu viel Leerlauf stattfindet und die Gefahr nicht zu unterschätzen ist, die ein so tiefer, nicht gesicherter Schacht bei raschen Verwandlungen im Dunklen, mit sich bringt.

Es muß ein Unterschied gemacht werden zwischen dem Umbau alter Häuser, die zu solchen Maßnahmen ihrer Bauart wegen zwingen könnten, und Neubauten,

315

die auch für den technischen Betrieb endlich alle praktischen Forderungen erfüllen und nach den Geboten höchster Wirtschaftlichkeit errichtet werden müssen.

KZ9   3) Versenkbare Hinterbühne

Das von den Seitenbühnen Gesagte gilt auch für die Hinterbühne. Sie hat nach Einführen des Himmels mit dem Bild selbst nichts mehr zu tun und ist, wie die neugewonnenen Seitenbühnen, lediglich Vorbereitungsraum. Deshalb ist sie in keiner „reinen Art" zu finden, sondern nur in einigen Verbindungen als Hilfsmittel für Auf- und Abbau. Das Stadttheater-Hamburg besitzt eine solche Anlage (s. Abb. 126).

Über Versenkbühnen im allgemeinen ist zusammenfassend zu sagen: Bilder in der Spiel- und Mittelbühne zu versenken ist nur dann vorteilhaft, wenn eine Möglichkeit vorhanden ist, sie im ganzen wieder unterzubringen, oder wenn an ihre Stelle sofort ein anderes geschlossenes Bild tritt, das entweder von den Seiten, von hinten oder oben kommt und die Öffnung schließt. Muß es aber nach dem Versenken unten abgebaut werden, während oben so lange ein freier Raum bleibt, bis der leere Boden wieder hochgefahren ist, so wird statt Umbauverkürzung das Gegenteil erreicht. Diese Art ist dann unbedingt zu verwerfen, da sie baulich den größten Aufwand verlangt und wirtschaftlich durch das Zusammentreffen der technischen Betriebsräume mit dem künstlerischen Arbeitsfeld keinen Nutzen bedeutet. Dann ist eine Drehscheibe vorzuziehen.

Soll dagegen bei vollständig fehlenden Nebenräumen doch ein Ausweg gefunden werden, schnelle Umbauten zu ermöglichen, so ist die Doppelstockbühne einer Drehbühne immerhin überlegen, weil sich der ganze Spielraum besser ausnutzen läßt und wenigstens *ein* Bild in der Untermaschinerie abzubauen ist, wo es weniger stört, als oben.

Die künstlerischen Vorteile dieser Art treten verhältnismäßig wenig in Erscheinung, da ein senkrechtes Wandelbild seltener vorkommt als ein wagrechtes. Ist das erste der Fall, müssen unbedingt alle Möglichkeiten einer solchen Einrichtung ausgenutzt werden; man darf nicht, wie z. B. 1928 beim Rheingold im Stadttheater-Hamburg nur in einer Andeutung stecken bleiben. Der obere Boden der Doppelstockbühne, auf dem das Walhallbild steht, wird dort in der Verwandlung nach Nibelheim höchstens einen Meter sichtbar gehoben und sofort durch einen schwarzen Vorhang verdeckt. Mit den einfachsten Mitteln ist eine weit bessere Wirkung zu erreichen, wenn am vorderen Rand unter dem oberen Boden ein Gazeschleier angebracht wäre, auf den aus dem Zuschauerraum Lichtbildfelsen geworfen werden, die mit nach oben wandern. Dann bleibt zunächst das bereits dahinter aufgebaute, emporsteigende Nibelheim unsichtbar und die Wanderung der Walhallandschaft mit den Göttern ist bis zur Endstellung, die nicht bemerkt wird, möglich. Durch langsames Aufhellen wird ein weicher Übergang erreicht, die vorderen, wandernden Felsen lösen sich in Nichts auf und Nibelheim schimmert durch. Die Übergangsmusik verträgt eine bildliche Unterstützung sehr wohl, während der Zuschauer durch das unangebrachte, stimmungsraubende Schließen und Öffnen eines schwarzen Vorhanges, der nicht die geringste Beziehung zu dem Bild hat, gestört wird.

316

10. KAPITEL

ZUSAMMENGESETZTE ARTEN FÜR DEN ORTSWECHSEL UNZERLEGTER BILDER

Nach dem ersten Anwenden der Drehbühne und großer Seitenwagen zum Ortswechsel ganzer Bilder stellte sich sehr bald heraus, daß diese reinen Arten in ihrer Urform und allein benutzt nicht genügten, daß vielmehr ihre Weiterentwicklung angestrebt und Verbindungen untereinander versucht werden mußten. Dies ist vielfach geschehen und die wirklich ausführbaren Möglichkeiten sind heute fast erschöpft. Die bekanntesten Versuche werden, nach Kennziffern in der angegebenen Weise geordnet, besprochen und auf ihre Wirtschaftlichkeit geprüft. Soweit es noch andere gibt, die weder in Patentschriften noch sonst erwähnt wurden, sind auch sie in die Aufzählung einbezogen. Bei allen Verbindungen ist eine Doppelanwendung nicht berücksichtigt, z. B. zwei Drehscheiben auf einer Spielebene oder zwei Schiebebühnen links und rechts, da diese Formen bereits bei den reinen Arten mit behandelt sind.

ZWEIFACHE VERBINDUNGEN

1) Drehscheibe und Ringbühne   KZ 12

Alfred Bernau-Wien hat in der schematischen Zeichnung seines DRP. 315 304 (Abb. 399) diese Art angewendet, ohne im Text näher darauf einzugehen. Eine Ringbühne, die an sich als Überkonstruktion anzusehen ist, muß durch die Möglichkeit, mindestens acht Bilder aufzustellen, allen Anforderungen genügen. Außerdem auf ihr noch Drehscheiben anzuordnen, geht weit über das Maß des Notwendigen hinaus. Bei KZ 127 wird das Gesamtpatent näher beschrieben.

Wenn bei einem drehbaren Zuschauerraum (KZ 3) die um ihn angeordneten festen Spielbühnen außerdem mit Drehscheiben (KZ 1) versehen sind, ist dagegen nichts einzuwenden und der Vorwurf einer Überkonstruktion nicht berechtigt, da es sich um einfache technische Einrichtungen handelt. Zu bezweifeln ist allerdings, ob die große Raumverschwendung der ganzen Anlage bei wechselndem Spielplan mit oft nur zwei bis vier Bildern sich auf die Dauer bezahlt macht. Es gilt deshalb auch für diese Verbindung, was bereits bei den einfachen Arten KZ 3 gesagt wurde (s. S. 298).

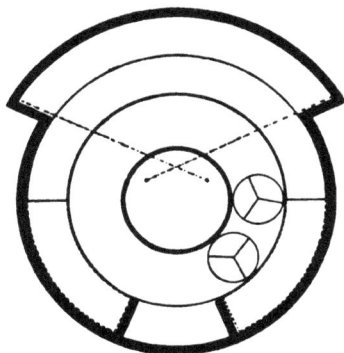

Abb. 399. Drehscheibe und Ringbühne; A. Bernau-Wien

KZ 13

Die Verbindung hat zwei Formen; jede Art wirkt für sich (14a und b, 15a, 16a) oder die Drehscheibe ist in die Schiebebühne fest eingebaut (14b und c, 15b und c, 16b).

KZ 14a Wenn sie von hinten nach vorn bewegt werden soll, muß die Drehscheibe auf der Spiel- und Mittelbühne liegen oder diese überhaupt eine Drehbühne sein. Die Vorteile einer solchen Anordnung sind nicht allzu groß, da vor oder nach Gebrauch die Drehscheibe leer sein muß, also ihr Bildaufbau wieder in die Zeit der Aufführung fällt, was gerade vermieden werden soll. Abwechselndes Anwenden (eine Vorstellung mit Drehscheibe, die andere mit Schiebebühne) dagegen bringt mehr Vorteile, weil wenigstens das hinter der Drehscheibe aufgestellte Bild der Schiebebühne nicht stört.

KZ 14b *Carl Meinhard und Rudolf Bernauer-Berlin* haben das DRP. 372989 auf eine „Einrichtung zum schnellen Szenenwechsel", die sich aus dem DRGM. 821411 und 821410 (s. S. 295 u. 299) zusammensetzt. Sie ist gekennzeichnet durch die in KZ 1m erwähnten, rechten und linken Drehsegmente in Verbindung mit einem brückenartig gebauten Wagen, der mit mehreren übereinanderliegenden Spielböden verbunden auf den Zuschauer zu bewegt werden kann (KZ 4). Unter dem Wagen läuft außerdem eine flache Platt-

Abb. 400. Schiebebühne und Drehsegmente; C. Meinhard und R. Bernauer-Berlin

form KZ 4 in derselben Richtung (Abb. 400). Die Art eignete sich nur für besondere Stilbühnenbilder; ein dauerndes Anwenden der stets gleich großen Baufläche des Stockwerkwagens und der Drehsegmente dürfte kaum in Frage kommen.

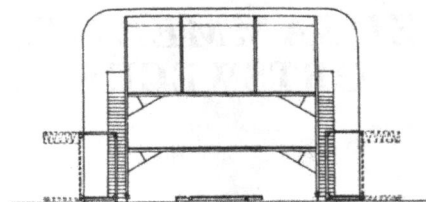

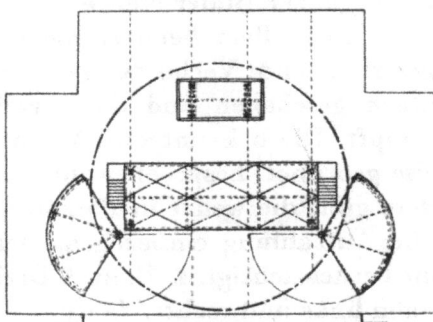

KZ 14c Die *fahrbare* Drehscheibe ist die ideale Verbindung der wichtigsten Arten KZ 1 und KZ 4; sie wird wohl auf allen Bühnen der Zukunft zu finden sein und bietet große künstlerische und wirtschaftliche Vorteile, wenn die Bilder in einem schalldicht verschließbaren Raum außerhalb der Bühne aufgebaut werden können.

Viele kleine Schauspielhäuser, die hauptsächlich auf Schau- und Lustspiele, Operetten und Possen eingestellt sind und deshalb fast durchweg nur Zimmerbilder brauchen, leiden bei den Vormittagsproben unter dem „chronischen Ausstattungsmangel". Für sie ist diese Art die geeignetste und wirtschaftlich billigste. Von zwei bis vier Bühnengehilfen wird während einer „Generalprobe mit vollständigem Bühnenbild" die Abendvorstellung und während der Abendaufführung die Probe für den nächsten Vormittag auf der Hinterbühne oder in einem Seitenraum in Ruhe eingerichtet.

Max Hasait-Dresden besitzt die DRP. 361799, 395680, 497450 und den DRGM. 775404 (Abb. 401/2). Je niedriger ein solcher Wagen gehalten ist, je häufiger ist er zu verwenden; es kann darauf verzichtet werden, die Scheibe auch noch schräg zu stellen, zu heben oder zu senken. Sobald durch derartige Sonderwünsche das Gewicht vervielfacht wird, sind mechanische Zugeinrichtungen nötig oder eine Verbindung mit KZ 7 ist unerläßlich. Das bedeutet jedoch für viele kleinere Bühnen eine wesentliche Mehrausgabe bei zweifelhaftem Nutzen. Die erweiterte Ausführung, die neben der Hauptscheibe noch zwei kleine vorsieht, ist bei KZ 142 besprochen.

Die *Maschinenfabrik-Wiesbaden* hat einen Bühnenwagen mit eingebauter Drehscheibe (Abb. 403) für das Stadttheater-Hagen i. W. geliefert, dessen Antriebsvorrichtung (Abb. 404) zum Patent angemeldet ist; sie sitzt in einer Wagenecke und führt mit *einem* Motor beide Bewegungen aus, so daß bei kleinen Bühnen im günstigsten Fall eine technisch leichte Vorstellung mit 2 bis 4 Bildern, bei der keine größeren Abdeckteile oder Fronten zu wechseln sind, von einem einzigen Bühnengehilfen durchzuführen ist. Nach beendeter Vorstellung können sogar noch alle Bildteile von der Spielbühne auf die Seitenbühne gefahren werden, um der feuerpolizeilichen Vorschrift zu genügen, die für die Nacht einen leeren Bühnenraum verlangt.

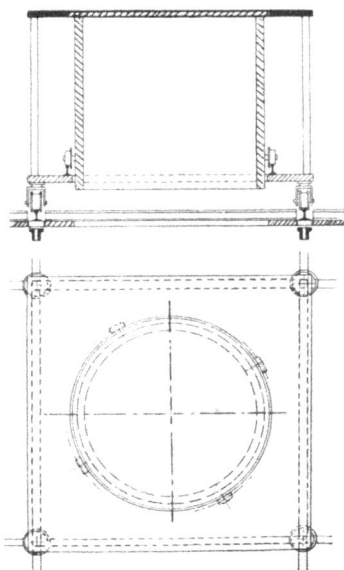

Abb. 401. Fahrbare Drehbühne;
M. Hasait-Dresden

Hier gilt dasselbe, was für KZ 14a gesagt wurde.   KZ 15a

Die in einem nach allen Seiten fahrbaren Wagen   KZ 15b
(KZ 5) eingebaute Drehscheibe (KZ 1) bringt keine Vorteile, sobald für ihre Bewegung nur die Spielebene zur Verfügung steht; sie bewährt sich erst, wenn nur ein Wagen vorhanden ist, der beliebig seitlich oder hinter der Spielbühne abgestellt wird und unter Ausschaltung der Drehscheibe gelegentlich auch für größere Aufbauten in Frage kommt, deren Vorderseite schräg zur Vorbühne stehen soll. Seine Rollenanordnung bietet immerhin Schwierigkeiten; alle müssen sich in jeder Richtung, die inneren aber gleichzeitig im Kreis bewegen können. An ihrer Stelle hat man deshalb Stahlkugeln vorgeschlagen, die in Kugellagern laufen. Es muß nur darauf geachtet werden, daß der Bühnenboden aus möglichst hartem, widerstandsfähigem Holz besteht, um ihr Eindrücken zu vermeiden.

Abb. 402. Anwendung der fahrbaren Drehbühne; M. Hasait-Dresden

KZ 15c   Die vielseitige Verwendung der KZ 5 hat im Städtischen Opernhaus-Hannover eine gelegentliche behelfsmäßige Verbindung von KZ 1 und 5 nötig gemacht, die gewisse Vorteile bietet. An den Ecken der großen rechteckigen Wagen sind Flacheisenaugen angebolzt, durch die eine Achse gesteckt und in der Untermaschinerie befestigt wird. So entsteht ein viereckiger Kreisausschnitt, der sich um jeden beliebigen Punkt dreht und auf dem kleine Bildteile für rasche Verwandlungen auf die

Abb. 403. Bühnenwagen mit Drehscheibe; Maschinenfabrik-Wiesbaden

Abb. 404. Antriebsmaschine des Bühnenwagens; Maschinenfabrik-Wiesbaden

Spielbühne gebracht werden können. Auf diese Art erschien z. B. 1928 im 2. Bild der Oper „Die Frau ohne Schatten" („Fr-o-sch"!) der Spiegel mit den Sklavinnen, stürzte

KZ 16a   im letzten Bild des 2. Aktes das Färberhaus ein, und verwandelte sich die Kirche in
siehe KZ 14a   der Oper „Beatrice" von J. Lilien in die freie Gegend (Abb. 405—7).

KZ 16b   Das für KZ 14c Gesagte gilt hier in doppelter Anwendung links und rechts.

KZ 17—19   Drehscheibe und Versenkbühne

Auch hierbei ist die fest eingebaute und die getrennt wirkende Form möglich; die erste ist bedeutungslos, die zweite hat außer bei KZ 17 nur bei mehrfachen Verbindungen Wert (KZ 147, 149, 167, 169).

320

Abb. 405. „Beatrice" von J. Lilien, erstes Bild; Städtisches Opernhaus-Hannover
Bühnenbild von K. Dannemann-Berlin

Abb. 406. „Beatrice". zweites Bild

Abb. 407. Verwandlung vom ersten zum zweiten Bild „Beatrice"

Abb. 408. Doppelstock-Drehbühne; Prof. A. Linnebach-München

Wo die Seitenräume auf Bühnenhöhe für K Z 16 fehlen, aber Lager im Keller vorhanden sind, die mit der Bühne in Verbindung stehen, bringt eine Doppelstock-Drehbühne einen — wenn auch nicht vollwertigen — Ersatz, da ein Auf- oder Abbau des gehobenen Bildes von und nach den Seitengalerien während des darunter stattfindenden Spieles nicht möglich ist und sich wirtschaftlich in der größeren Zahl der Arbeitskräfte auswirkt. Auch in Bau und Wartung fällt der Vergleich zugunsten der einfachen Form K Z 16 aus, da bei K Z 17 Hydraulik angewendet werden muß.

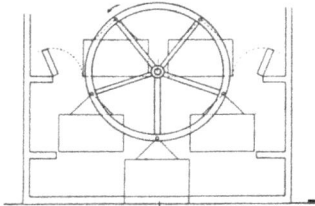

Prof. A. Linnebach-München ist diese Art in Verbindung mit anderen geschützt (Abb. 408).

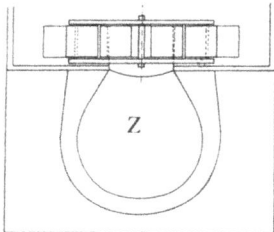

Georg Naldo Felke-Berlin besitzt das DRP. 329525. Er baute fünf geschlossene Hängebühnen in eine russische Schaukel ein, deren Achse etwa in üblicher Höhe des Schnürbodens läge (Abb. 409). Sie sind in Ruhelage mit je zwei Seitengalerien in Verbindung und lassen sich von dort aus mit Bildteilen versehen. Diese Arbeit müßte in einem großen offenen Raum vor sich gehen, während auf der Spielbühne gleichzeitig die Vorstellung stattfindet; das ist praktisch unmöglich und deshalb der Nutzen gleich Null.

KZ 18

Abb. 409. Schaukelbühne; G. Naldo Felke-Berlin

Für diese Anordnung gilt, was von der Doppelstockbühne als brauchbares Beförderungsmittel gesagt wurde (s. S. 314). [KZ 19]

Carl Hutter-Graz begnügt sich in seinem DRP. 370356 nicht mit einer Riesenscheibe der Dumont-Rosenberg-Form, die für 10 Bühnenbilder Platz bietet (Abb. 410), sondern verlangt unter ihr noch eine zweite, deren Teile nach K Z 9 in die Ebene der ersten gehoben werden können (Abb. 411). Diese Anlage hat in jeder Hinsicht solche Ausmaße, daß sie als [KZ 19a]

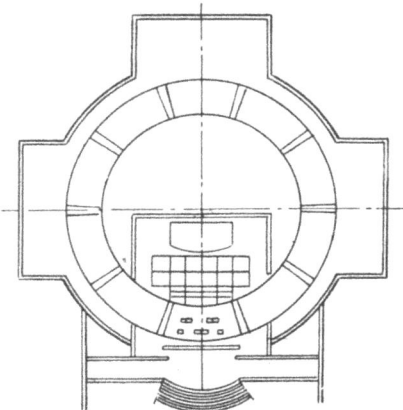

Abb. 410. Doppelstock-Ringbühne, C. Hutter-Graz; Grundriß

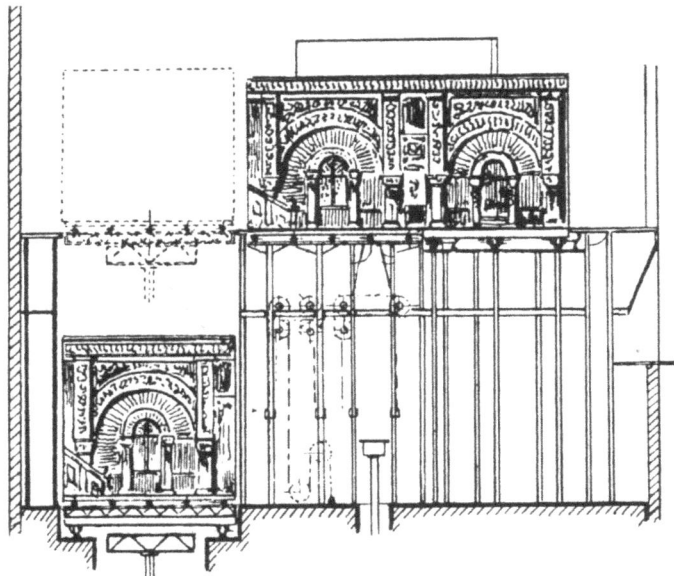

Abb. 411. Doppelstock-Ringbühne, C. Hutter-Graz; Schnitt

Lösungsgedanke der K Z 19, in Wirklichkeit jedoch nur als Überkonstruktion zu bewerten ist (s. auch K Z 149).

KZ 23–26   Die Verbindungen sind wertlos.

KZ 27   Ring- und Versenkbühne

Die Zusammenstellung ist denkbar und wäre für besondere szenische Vorgänge gut zu verwenden; technisch und wirtschaftlich zählt sie jedoch zu den Überkonstruktionen.

KZ 28   Die Verbindung ist wertlos.

KZ 29   Vgl. K Z 19.

KZ 34–39   Da es sich außer dem drehbaren Zuschauerraum (K Z 3) um feststehende Bühnen handelt, sind hier die reinen Arten K Z 4, 5, 7 und 9 mit in Verbindung gebracht. 1 und 2 wurden schon früher besprochen. K Z 6 und 8 scheiden aus, da ihr Baufeld in das der angrenzenden Bühnen übergreift, wenn man nicht auf diese Zwischenbühnen verzichtet und nur die vier Hauptbühnen wie bei Furtenbach (K Z 3 a), S. 297, ausbaut.

KZ 41–43   K Z 41—43 sind mit umgekehrten Kennziffern als K Z 14, 24 und 43 schon vorher behandelt.

                        Wagenbühne

KZ 45   Die Verbindung allseitig beweglicher Wagen (K Z 5), die auf der Hinterbühne aufgestellt werden können (K Z 4), ist zurzeit das Rüstzeug der meisten noch nicht umgestalteten Häuser und wird täglich, wenn auch wirtschaftlich nur mit geringem Erfolg, angewendet (vgl. Abb. 373—383).

KZ 46a   Als Vorläufer sind zwei baulich verschiedene, in der Wirkung jedoch völlig gleiche Bühnenwagen anzusehen, die nur nach zwei Richtungen beweglich sind. Schon 1903 erschien eine als „verschiebbare Theaterbühne" bezeichnete Anordnung von *Bernard Holger Jacobsen-Stockholm* (Abb. 412). Es ist reizvoll festzustellen, wie tief damals die Auffassung über den Zweck einer solchen Einrichtung noch im Naturalismus verstrickt war. Der Verfasser sagt[1]): „Durch diese Anordnung können also Bühnen in beliebiger Anzahl auf den Schienen nebeneinander oder hintereinander angebracht sein und in bestimmter Ordnung gegen den Platz vor der Bühnenöffnung vor- und von demselben

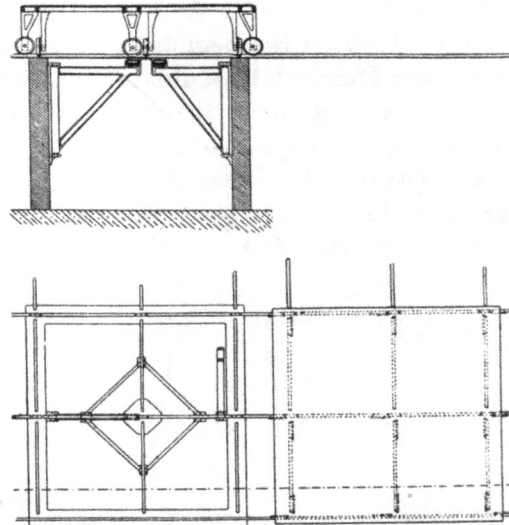

Abb. 412. Zweiseitig bewegliche Bühnenwagen; B. Holger Jacobsen-Stockholm

fortgeschoben werden, wobei die Dekorationen der verschiedenen Akte des Schauspiels auf den einzelnen Bühnen aufgestellt sein können. Um auf der Bühne eine Winterlandschaft mit natürlichem Eis darzustellen, wird die betreffende Bühne in

¹) Der Bühnentechniker, 1. Jahrgang, Nr. 2, S. 20

324

einen Kühlraum eingeschoben, wo sie bleibt, bis sie in das Proszenium vorgeschoben werden soll. Tropische und andere Gewächse können auf einer Bühne gepflanzt werden, die nötigenfalls in ein Treibhaus eingeschoben und darin aufbewahrt wird. Reihen von gemauerten Hausfassaden, von Straßen und Plätzen können ohne Schwierigkeit auf Bühnen der vorliegenden Art angebracht werden usw. Unter der Bühne vor dem Zuschauerraum kann z. B. ein gemauertes Wasserbassin angebracht sein. In diesem Falle muß der Teil der Schienenstränge, welche über dem Bassin liegt, z. B. durch drehbare Stützen gestützt werden, die bei Anwendung des Bassins gegen die Bassinwände hineingedreht werden.“

Die zweite Art ist der „längs- und quer fahrbare Bühnenwagen“ der Firma KZ 46b *Fritsch & Sohn-Dresden-Kötzschenbroda*. Er hat zwei getrennte Radsätze für jede Fahrtrichtung; der eine wird von einer Stelle aus gehoben oder gesenkt. Da diese

Abb. 413. Zweiseitig bewegliche Bühnenwagen; Fritsch & Sohn-Kötzschenbroda

Vorrichtung wie ein Kniehebel wirkt und alle Räder auf durchgehenden Wellen derart aufgekeilt sind, daß zur Parallelführung des Wagens keine Schienen im Bühnenboden benötigt werden, ist die geringe Bauhöhe von 16,6 cm möglich (Abb. 413 und 414).

Die Hauptart KZ 46, die auf Fritz Brandts KZ 46c verbesserte Reformbühne zurückgeht (vgl. KZ 6, S. 301—7), fordert drei im Zusammenhang mit

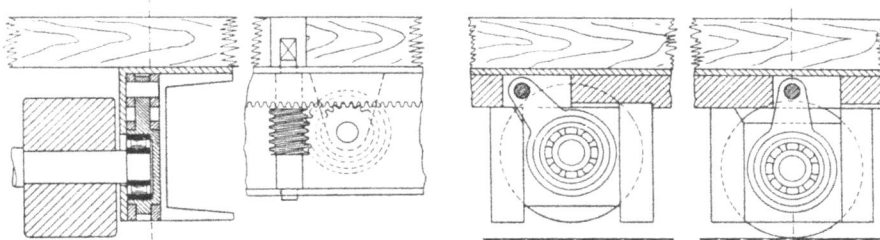

Abb. 414. Rollenanordnung der zweiseitig beweglichen Bühnenwagen; Fritsch & Sohn-Kötzschenbroda

der Spielbühne stehende Vorbereitungsräume von beträchtlicher Größe: links, rechts und hinten. Sie wird in der Bühnenform der Zukunft unbedingt enthalten sein. Als Beispiel ist der Grundriß der Staatsoper am Platz der Republik-Berlin angeführt (Abb. 415).

Auch die Bühne des Nationaltheaters-Sofia ist nach dem Entwurf von M. Hasait- KZ 46d Dresden in dieser Form gebaut. Als besonders bemerkenswert mögen die großen Abstellräume links und recht neben den Seitenbühnen (Abb. 416) erwähnt sein.

Eine bis an die Grenzen des Möglichen erweiterte Form ist von *Max Hasait-Dresden* in seinem DRP. 304 866 vorgeschlagen (Abb. 417). Er empfiehlt eine Anordnung von zwölf Wagen, von denen je vier die Einheit einer Spielbühne darstellen; drei solcher Einheiten liegen nebeneinander und haben auf drei entsprechend großen Hinterbühnen Platz. Die Größe des dazu nötigen Hauses würde das Sechsfache der bisherigen Abmessungen betragen, wobei eine Fläche von doppelter Spielbühnengröße dauernd unbenutzt bleiben muß, um die Wagen bewegen zu können (siehe 7. Kapitel, S. 257, Nr. 4). Sie selbst können nach K Z 4 oder 6 einzeln oder in Gruppen gefahren werden.

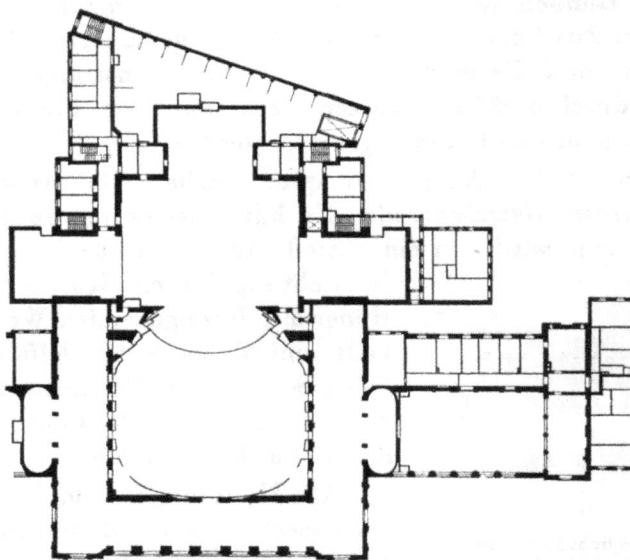

Abb. 415. Staatsoper am Platz der Republik-Berlin; Grundriß

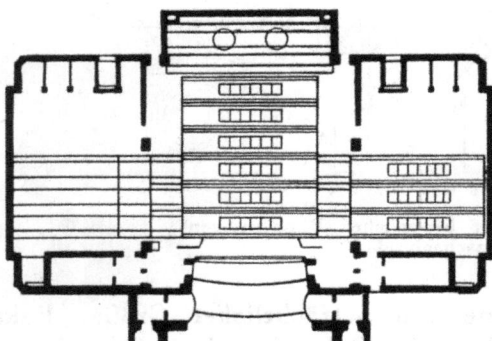

Abb. 416. Nationaltheater-Sofia, Bühnenhaus-Grundriß. Entwurf M. Hasait-Dresden; Ausführung Maschinenfabrik-Augsburg-Nürnberg

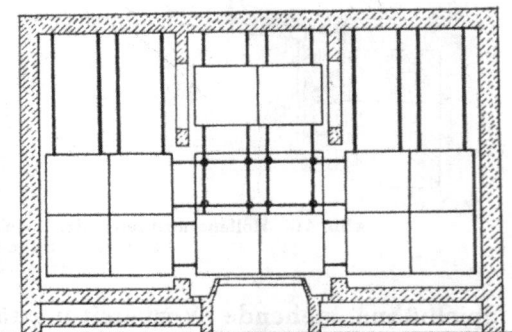

Abb. 417. Zwölf-Wagen-Bühne, M. Hasait-Dresden

Schiebe- und Versenkbühne

KZ 47a *J. Rudolf-Wien* machte mit seiner Einwagen-Bühne im Burgtheater 1895 den ersten Versuch, Möbelstücke und größere Teile eines Bühnenbildes durch Versenken unten abzubauen (Abb. 418). Die beiden Bodenversenkungen gingen mit einem Bild beladen entweder einzeln oder zusammen auf und ab und der als größerer Kran ausgebildete Wagen wurde unabhängig davon mit einem zweiten vorgefahren. Der Nutzen dieser Art war jedoch zu gering und sie wurde deshalb später nicht mehr angewendet.

326

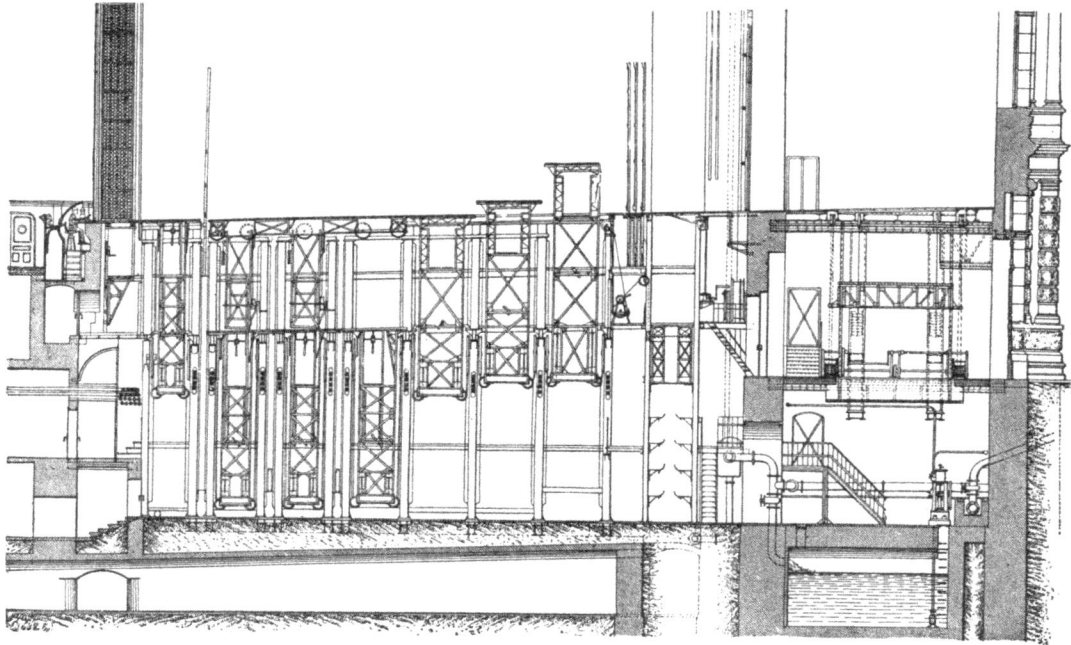

Abb. 418. Einwagen-Bühne Burgtheater-Wien; J. Rudolf-Wien

Abb. 419. Kran-Podium, Staatsoper-Dresden; M. Hasait-Dresden. Seitenansicht

Abb. 420. Kran-Podium, Staatsoper-Dresden; M. Hasait-Dresden. Vorderansicht

Abb. 421. Kran-Podium, Staatsoper-Dresden; M. Hasait-Dresden. Ansicht von unten

328

Das Kranpodium von *Max Hasait-Dresden* (Abb. 419—21) beruht auf derselben Grundlage. Die Patentansprüche 354000 und 362511 sind „dadurch gekennzeichnet, daß der freie Raum zwischen den das Podium tragenden Hebevorrichtungen größer ist als die Länge bzw. Breite der Bühnenwagen und daß ein bewegliches Gleis vorhanden ist, welches nach dem Heben des Podiums die Fortsetzung der auf der Unterbühne oder der Bühne verlegten Schienen bildet."

Die Ausführung in der Staatsoper-Dresden besteht aus vier über die eigentlichen Versenkungen hinausgreifenden gleich großen Bodenstreifen, die als Gitterträger ausgebildet sind und sich wie ein Laufkran bewegen. Sie können einzeln oder verbunden mit Bildteilen beladen in die Spielebene gebracht werden, ohne die darunter befindlichen sieben, ebenfalls mit Aufbauten versehenen Versenkungen zu beanspruchen. Werden sie nicht benutzt, so stehen sie übereinander unter der Mittelbühne bereit. Ein vollständiger Aufbau einer großen, vielaktigen Vorstellung vor ihrem Beginn ist jedoch auch bei dieser Art nicht möglich und eine Personalverminderung ausgeschlossen. Die Wirkungsweise ist aus den Abbildungen 422—424 ersichtlich.

Häuser, die über eine genügend große Hinterbühne und den unter ihr befindlichen freien Raum verfügen, haben von zwei gleich großen Wagen, von denen der eine auf der Hinterbühne, der andere im Geschoß darunter aufgestellt wird, große Vorteile. Der obere kann unmittelbar auf die Spielbühne, der untere auf die gesenkte im Erdgeschoß vorgebracht und von ihr in die Spielebene gehoben werden.

KZ 47c

Die Verbindung allein ist wertlos, da der Ersatz durch K Z 58 oder K Z 68 weit vorteilhafter ist.

KZ 48

Diese Verbindung bildet das etwas schwächere Gegenstück zu K Z 47c. Da die Spielbühne unbedingt versenkbar sein muß, ist es für eine kleinere Bühne zwecklos, außerdem noch eine große hydraulische Anlage auf der Hinterbühne einzubauen.

KZ 49a

Die Drei-Schacht-Bühne von *Herm. Jos. Straßburger-Münster i. W.*, DRGM. 730980, beruht auf dieser Zusammenstellung (Abb. 425). Die Anlage des Bühnenhauses besteht aus einem rechteckigen Raum, der in seiner ganzen Höhe in drei hintereinanderliegende Schächte eingeteilt ist: im ersten befindet sich der Schnürboden, im zweiten und dritten je drei Bühnenböden, die mechanisch gesenkt bzw. gehoben werden sollen und jeden Schacht wieder in drei Räume zerlegen.

KZ 49b

Durch diese Gliederung entstehen zehn Räume von Spielbühnengröße zum Unterbringen von sieben verschiedenen Bildern. Durch eine überaus verwickelte Hebe-, Senk- und Verschiebevorrichtung, die sehr an die unter K Z 67c erwähnte Art erinnert, können nacheinander alle Bilder auf die Spielbühne gebracht werden. Der Gedanke ist als „Überkonstruktion in Reinkultur" zu bezeichnen und es ist unverständlich, weshalb so wertlosen, unausführbaren Spielereien Gebrauchsmusterschutz erteilt wird.

Diese sehr brauchbare Verbindung der allseitig drehbaren Wagen mit seitlicher Unterbringungsmöglichkeit ist leicht zu schaffen, wo Seitenbühnen zur Verfügung stehen. Die drehbaren Seitenwagen sind einer Bewegung nur parallel zur Vorbühne bei weitem vorzuziehen (s. auch K Z 15c).

KZ 56

Ein nach allen Seiten drehbarer Wagen, der in der Spielebene versenkt werden kann, hat nur Zweck, wenn noch weitere Verbindungen hinzukommen.

KZ 57

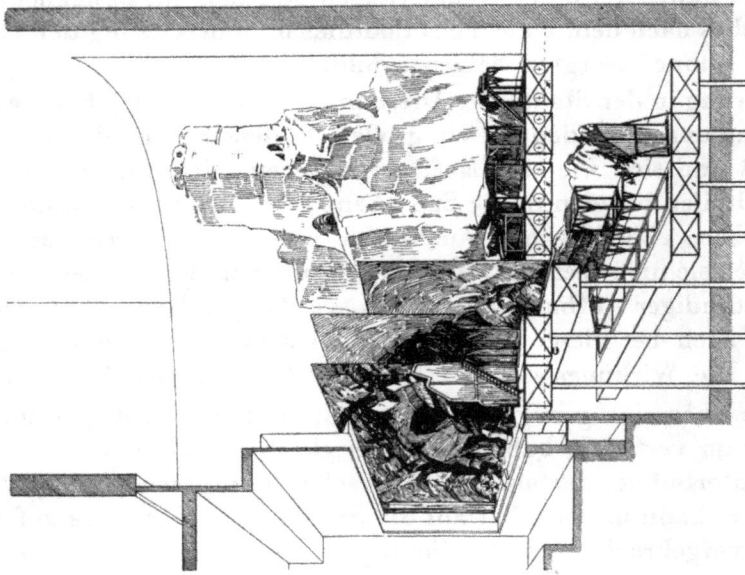

Abb. 423. Wirkungsweise des Kranpodiums M. Hasait-Dresden; „Rheingold", 2. Bild

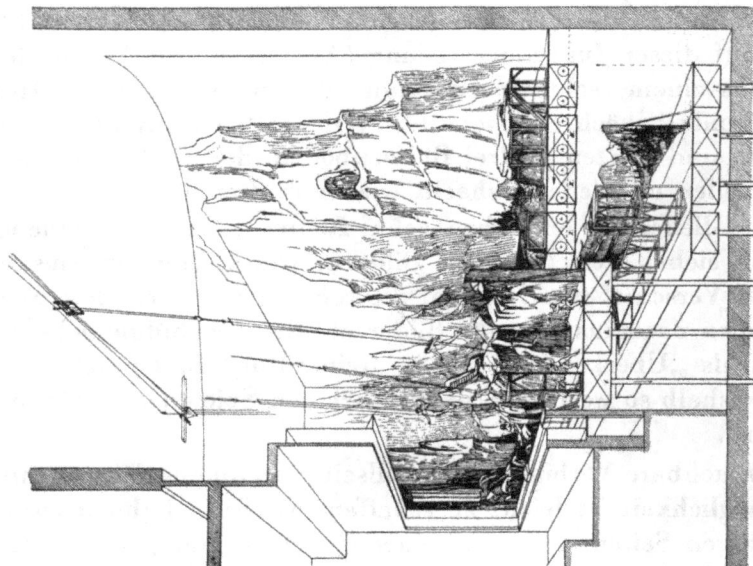

Abb. 422. Wirkungsweise des Kranpodiums M. Hasait-Dresden; „Rheingold", 1. Bild

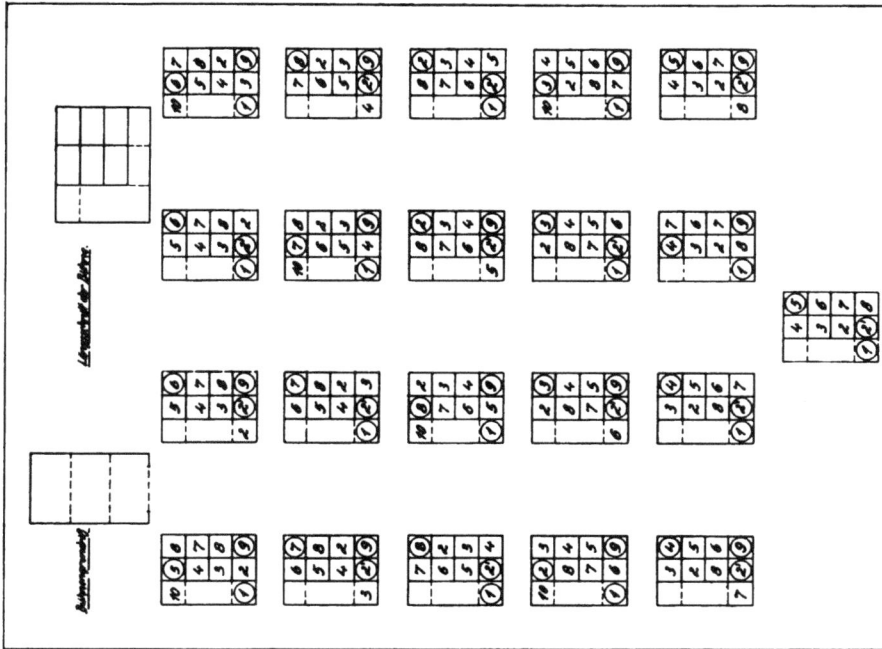

Abb. 425. Drei-Schacht-Bühne, H. J. Straßburger-Münster i. W.

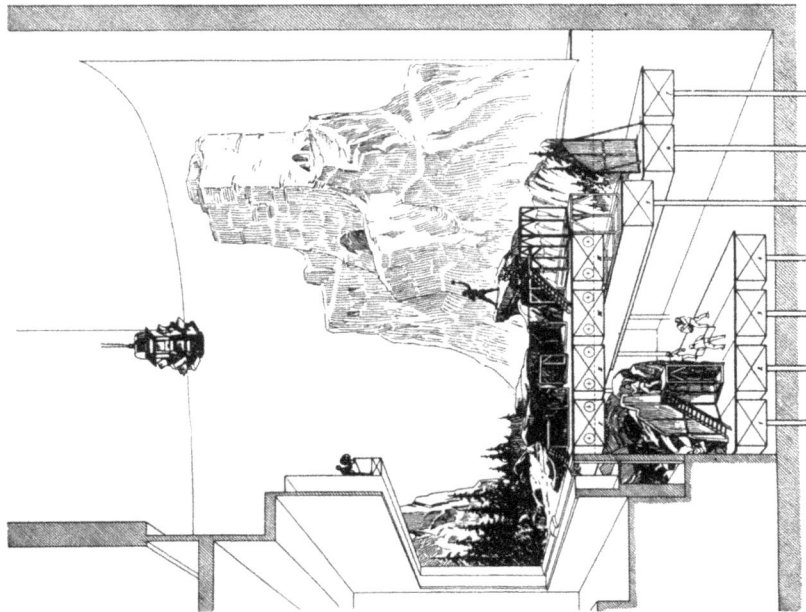

Abb. 424. Wirkungsweise des Kranpodiums M. Hasait-Dresden; „Rheingold", 3. Bild

331

Sind allseitig drehbare Wagen in Seitenräumen (K Z 58) oder auf der Hinterbühne (K Z 59) zu versenken, läßt sich ein Bild rasch beseitigen. Das ist aber ohne weitere Hilfsmittel zu einseitig; wenigstens muß eine Doppelstockbühne ein neues Bild auf die Spielebene bringen. Dann gilt jedoch für diese Form dasselbe, was bei K Z 49a gesagt wurde.

Seitlich schiebbare Wagen, die in der Spielebene versenkt werden, sind nur wertvoll, wenn das Bild vom versenkten oder gehobenen Wagen in besonders günstig

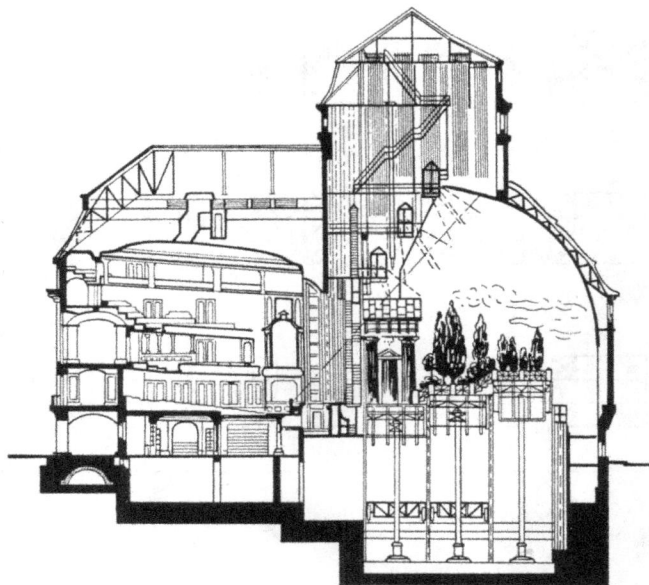

Abb. 426. Seitlich verschiebbare Unterbühnenwagen, Staatliches Schauspielhaus-Dresden; Prof. A. Linnebach-München. Längsschnitt

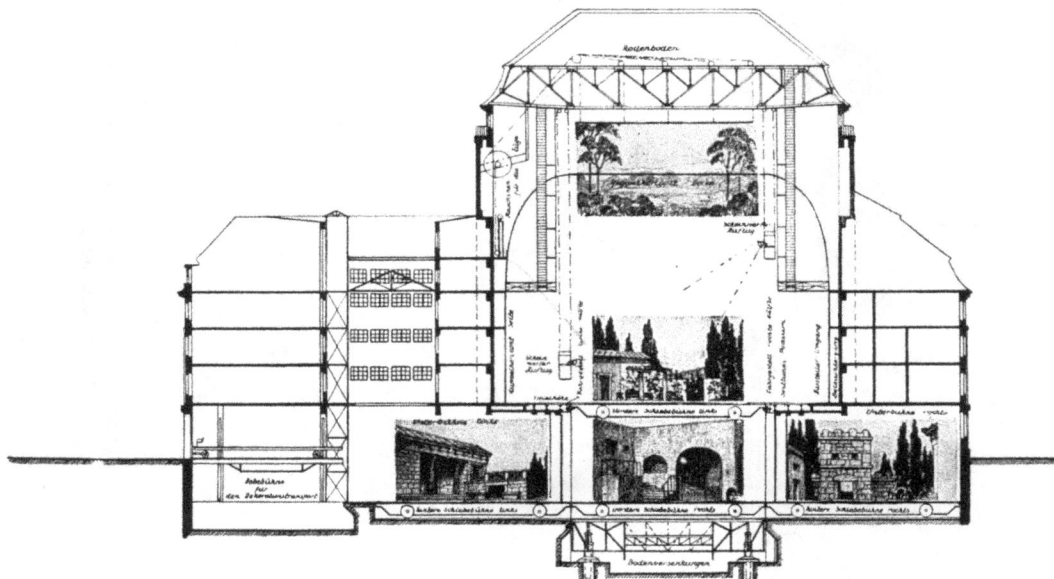

Abb. 427. Querschnitt der seitlich verschiebbaren Unterbühnenwagen

gelegene seitliche Lager der Unter- oder Obermaschinerie abgebaut werden kann. Das Staatliche Schauspielhaus-Dresden (Abb. 426/27) ist so gebaut.

Die Art gewinnt besondere Bedeutung, wenn die Seitenbühnen in zwei Stock- KZ 67b werke angelegt sind und genügend Platz für vier Wagen bieten, die unmittelbar herausgefahren oder durch die versenkte Spielbühne gehoben werden (vgl. K Z 47c). Bei der einfachen hydraulischen Anlage verdoppelt sie alle Vorteile der Reformbühne von Fritz Brandt, ist außerdem den erwähnten Arten an Wirtschaftlichkeit weit überlegen und wesentlich billiger in Anlage und Betrieb.

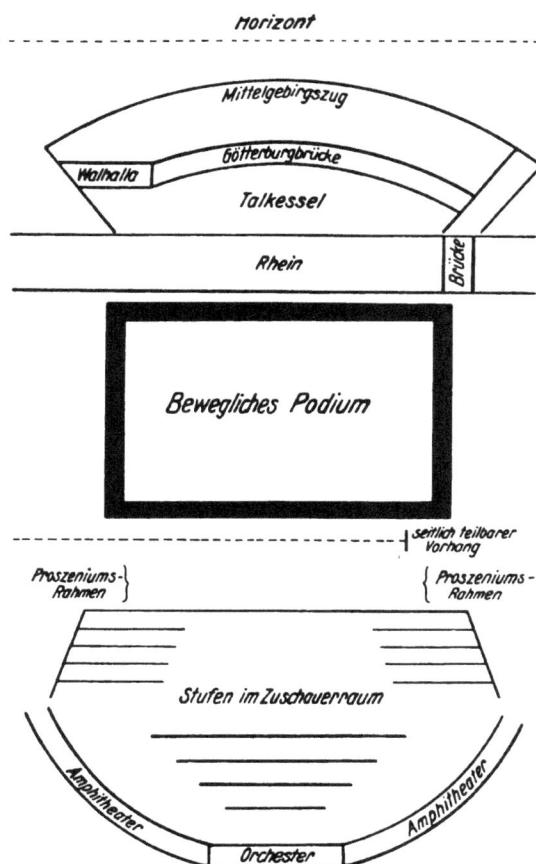

Abb. 428. „Die Wagnerbühne der Zukunft"; Entwurf zu einem neuen Bayreuther Festspielhaus, O. G. Flüggen-München, 1892

O. G. Flüggen-München beschreibt[1]) eine an K Z 49b erinnernde Form, die statt KZ 67c nach oben wie diese, vier Stockwerke tief nach unten in einer Breite von 150 m eingebaut ist. Sie soll für die Aufführungen vom Ring des Nibelungen das nur als Nottheater erbaute Festspielhaus-Bayreuth ersetzen. Gedacht ist ein gewaltiges Naturtheater, dessen Bühnenraum nach den Angaben des Erfinders (Abb. 428) in die Wirklichkeit übertragen, mindestens 200 m Breite haben müßte, um allen Zuschauern ein freies Gesichtsfeld zu bieten. Ein Mittelgebirge bildet den Abschluß vor dem Horizont. Vor ihm fließt der Rhein in natürlicher Breite vorbei. Zwischen ihm und den

---

[1]) „Die Wagnerbühne der Zukunft", eine bühnentechnische Skizze, G. Franzsche k. b. Hofbuchhandlung, München 1892.

Zuschauern liegt die eigentliche Spielbühne, eine etwa 45 × 25 m große versenkbare Bodenfläche, auf der elf plastische Aufbauten aus der Tiefe befördert werden können. Sie sind in diesem „Bergwerk" in drei Schächten nebeneinander, zu vieren übereinander gelagert und werden durch wag- und senkrechtes Verschieben vor jedem Umbau in die der eigentlichen Bühnenöffnung zunächst gelegene Koje gebracht. Der Erfinder schreibt über diese Anlagen:

„Wagner akzeptierte die Unveränderlichkeit der Zuschauerörtlichkeit und stellte die Bedingung: freie Natur bilde Fortsetzung und Abschluß, die veränderliche Örtlichkeit habe sich in allen Fällen genau der Natur anzuschmiegen, so daß für den Zuschauer der Übergang von nachgebildeter Natur zur wirklichen Natur nicht zu unterscheiden ist. Kurz, der Vorschauplatz der Handlung, plastisch der Natur nachgebildet, verjüngt sich nach allen Seiten in die wirkliche Natur und ist im Fundament beweglich nach jeder Richtung. Hinter dem veränderlichen Vorschauplatz, vom Zuschauer aus gedacht, gelangen wir in mäßigem Aufstieg an die Ufer des Rheins und den Rhein, der in Naturbreite vorüberfließt. (Befremdliches in der Anordnung, den Rhein vorüberströmen zu lassen, kann nur der Laie finden; der Fachmann, mit den Mitteln zur Herstellung versehen, wird die naturgetreue Wiedergabe des Flusses in der Länge einer Bühnen-Aussichtsbreite von ca. 2—300 Fuß in kurzer Zeit künstlerisch vollendet zur Versinnlichung gebracht haben.)

Zur Erreichung naturgetreuer Veranschaulichung des ersten Szenenbildes (unter dem Rhein) und des sechzehnten Szenenbildes (Überschwemmung der Gibichungenhalle) sind bedeutende Wassermassen erforderlich und werden diese zweckentsprechend dem Rheinreservoir entnommen. Von dem jenseitigen Ufer aus betrachtet, liegt vor uns wieder in aufsteigender Linie das Panorama eines Talkessels, eingerahmt von Mittelgebirgszügen, auf dessen linksseitiger Höhe für das zweite und vierte Szenenbild der Trilogie die Götterburg Walhalla (auf versenkbarem Podium) praktikabel aufgebaut steht, durch eine im gegebenen Moment erscheinende, im Bogen über den Talkessel gespannte Brücke mit dem rechtsseitigen Mittelgebirgszug verbunden. Sie verschwindet selbstverständlich nach der vierten Szene des Rheingold, resp. nach dem ersten Akt der Trilogie . . .

. . . Jedes Szenenbild ist fertig gebaut und läuft in eisernen Gitterrahmen (12 Abteilungen) durch Dampf getrieben zur bestimmten Zeit an der bestimmten Stelle zur Höhe, zur Seite oder in die Tiefe. Der Wechsel vollzieht sich bei bedungen offener Szene vor den Augen des Publikums, bei Aktschlüssen ist er verdeckt durch den zweiseitig sich öffnenden und schließenden Vorhang hinter dem Proszeniumsrahmen.

Den Zweiflern an der Möglichkeit der Ausführung dieser unterirdischen Riesenmaschinerie diene zur Beruhigung, daß Fachmänner unser Projekt geprüft und ausführbar erklärten. Zur Erläuterung der Szenenbildfolge diene der beigegebene Querdurchschnitt des Versenkungsraumes mit den fertiggestellten Örtlichkeitsbauten vor Beginn der Vorstellung. Die Plazierung der Bilder im Maschinenraum ist in der Reihenfolge zur Funktionierung so geregelt, daß jedes Bild, das dem auf der Oberszene vor dem Publikum spielenden Bilde folgt, zur Auftriebsstelle gerückt ist, resp. der fortschreitenden Handlung zur Disposition steht. Die Trilogie kann also ohne Unterbrechung innerhalb 10 Stunden zur Aufführung gelangen.[1]

---

[1] Bekanntlich spielt die Trilogie ohne Pausen 14 Stunden, 6 Minuten. (Der Verfasser.)

Die Szene präsentiert sich in einer Breitansicht von ca. 150 und einer Höhe von ca. 87 Fuß. Die Rheinszene des ersten Aktes z. B. bildet ein natürlicher Wasserfall in obiger Breite auf Felsriffen en face gegen das Auditorium strömend, in Sammelbecken zwischen Proszeniumsrahmen und Bühne abfließend."

QUERDURCHSCHNITT DES VERSENKUNGSRAUMES

1)

Niveau des	Rhein und Walhalla-Vorgrund	Bühnenpodiums
Hundingshütte		
Brünhildenfelsen	Nibelheim	Siegmunds Tod
Drachenhöhle		Waldschmiede
Siegfrieds Tod	Vor der Gibichshalle	Gibichungenhalle

2)

Walhalla-Vorgrund

Hundingshütte	Nibelheim	Rhein
Brünhildenfelsen		Siegmunds Tod
Drachenhöhle		Waldschmiede
Siegfrieds Tod	Vor der Gibichshalle	Gibichungenhalle

3)

Nibelheim

Hundingshütte		Siegmunds Tod
Brünhildenfelsen		Waldschmiede
Drachenhöhle	Rhein	Gibichungenhalle
	Siegfrieds Tod	Vor der Gibichshalle

4)

Walhalla-Vorgrund

Brünhildenfelsen	Hundingshütte	Siegmunds Tod
Drachenhöhle		Waldschmiede
Rhein	Nibelheim	Gibichungenhalle
	Siegfrieds Tod	Vor der Gibichshalle

5)

Hundingshütte

Brünhildenfelsen		Siegmunds Tod
Drachenhöhle		Waldschmiede
Nibelheim		Gibichungenhalle
Rhein	Siegfrieds Tod	Vor der Gibichshalle

6)

Niveau des	Siegmunds Tod	Bühnenpodiums
Brünhildenfelsen		Waldschmiede
Drachenhöhle		Gibichungenhalle
Nibelheim		Vor der Gibichshalle
Rhein	Hundingshütte	Siegfrieds Tod

7) Brünhildenfelsen

		Waldschmiede
Drachenhöhle		Gibichungenhalle
Nibelheim	Siegmunds Tod	Vor der Gibichshalle
Rhein	Hundingshütte	Siegfrieds Tod

8) Waldschmiede

Brünhildenfelsen		
	Drachenhöhle	Gibichungenhalle
Nibelheim	Siegmunds Tod	Vor der Gibichshalle
Rhein	Hundingshütte	Siegfrieds Tod

9) Drachenhöhle

Brünhildenfelsen		Waldschmiede
		Gibichungenhalle
Nibelheim	Siegmunds Tod	Vor der Gibichshalle
Rhein	Hundingshütte	Siegfrieds Tod

10) Brünhildenfelsen

		Gibichungenhalle
Drachenhöhle		Vor der Gibichshalle
Nibelheim	Waldschmiede	Siegfrieds Tod
Rhein	Siegmunds Tod	Hundingshütte

11) Brünhildenfelsen

		Gibichungenhalle
Drachenhöhle		Vor der Gibichshalle
Nibelheim	Waldschmiede	Siegfrieds Tod
Rhein	Siegmunds Tod	Hundingshütte

12)

Niveau des	Gibichungenhalle	Bühnenpodiums
Brünhildenfelsen		
Drachenhöhle		Vor der Gibichshalle
Nibelheim	Waldschmiede	Siegfrieds Tod
Rhein	Siegmunds Tod	Hundingshütte

13) Brünhildenfelsen

		Vor der Gibichshalle
Drachenhöhle	Gibichungenhalle	Siegfrieds Tod
Nibelheim	Waldschmiede	
Rhein	Siegmunds Tod	Hundingshütte

14) Vor der Gibichshalle

		Siegfrieds Tod
Brünhildenfelsen	Gibichungenhalle	
Drachenhöhle	Waldschmiede	Hundingshütte
Nibelheim	Rhein	Siegmunds Tod

15) Siegfrieds Tod

Vor der Gibichshalle		
Brünhildenfelsen	Gibichungenhalle	
Drachenhöhle	Waldschmiede	Hundingshütte
Nibelheim	Rhein	Siegmunds Tod

16) Gibichungenhalle

Vor der Gibichshalle		Siegfrieds Tod
Brünhildenfelsen		
Drachenhöhle	Waldschmiede	Hundingshütte
Nibelheim	Rhein	Siegmunds Tod

Flügges „Fachmänner" müssen wahrscheinlich aus Fasolts und Fafners Geschlecht stammen, um einen Bau auszuführen, der eine Ausschachtung von rund 150 m Länge, 30 m Breite und 120 m Tiefe, also 540000 cbm verlangte und in dem 13 freitragende, 120 m versenkbare Wagen von 45 × 30 m vorhanden sein müßten. Daß dieser Erfinder nicht auf den viel näherliegenden Gedanken kam, seine 13 Wagen als Eisenbahnzug vor den Zuschauern hin- und herzufahren, statt in die Tiefe zu gehen, beweist, wie richtig doch die im bühnentechnischen Betrieb oft zu hörende Redensart ist: „Warum denn einfach, wenn es umständlich auch geht."

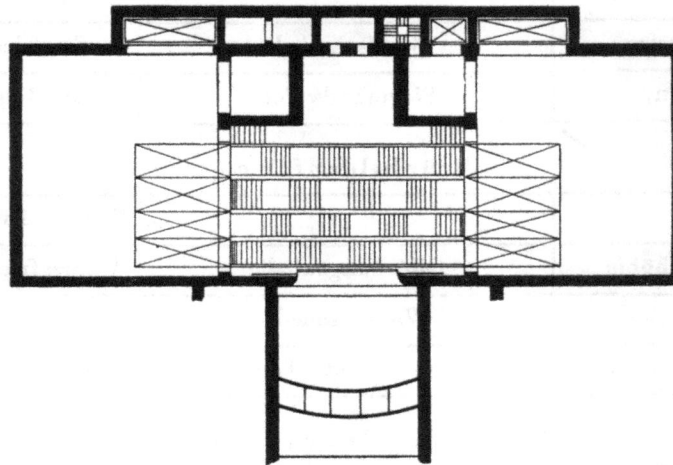

Abb. 429. Bandbühne, Julius Richter-Berlin

KZ 67d   Die Bandbühne

von *Julius Richter-Berlin* benutzt KZ 67 als Grundlage (Abb. 429). In einer noch nicht veröffentlichten Erklärung schreibt er darüber: „Für die Piscatorsche Inszenierung „Abenteuer des braven Soldaten Schwejk" wurden Versuche mit dem laufenden Band angestellt, die durch Anwenden von Film und Projektion zu überraschenden Ergebnissen führten. Die Erfahrungen und weitere Bemühungen, das laufende Band praktisch für die Bühne zu verwenden, führten mich zu dem Problem der Bandbühne. Auf der Abbildung 429 sind die Anordnungen der vier Bänder und die erforderlichen Betriebsräume zu sehen. Das erste und zweite Band ist je 2,50 m, das dritte und vierte je 3 m breit. Die Länge eines jeden Bandes beträgt 26 m, verteilt auf 10 m Spielfläche und 8 m Vorbereitungsraum nach beiden Seiten. Jedes Band kann bis 4 m über und 4 m unter den Bühnenboden gefahren und außerdem links und rechts schräg gestellt werden. Die Geschwindigkeit des Bandes ist verschieden einstellbar, die Bewegungsrichtung beliebig. Zwischen jedem laufenden Band liegt ein schmales, feststehendes von 50 cm Breite, das für das Spiel der Darsteller als Ruhepunkt erforderlich ist. Der Vorbereitungsraum jedes Bandes wird durch seitlich feststehende Schleierabdeckungen nach dem alten System der Gasseneinteilung abgeschlossen. Jede Gasse erhält eine Filmwand, einen weißen und einen schwarzen Schleier sowie eine bewegliche Beleuchtungsbrücke."

Auf S. 129 wurde nachgewiesen, daß der Einbau fester Personenversenkungen sich nicht mehr mit der verlangten Wirtschaftlichkeit eines Betriebes verträgt, da sie nur bei 4,2% aller Bühnenbilder vorkommen. Die Untersuchung, wie oft die Bandbühne benutzt werden kann, ergibt einen noch ungünstigeren Prozentsatz. Das Spiel der Darsteller in Gehbewegung zählt zu den absonderlichsten Ausnahmen; die gezwungene Anwendung der Laufbänder aber würde sich sehr bald überleben. Es lohnt also keineswegs, darauf eine Bühnenform aufzubauen, die außerdem gegen den hier aufgestellten Grundsatz verstößt: die Spielbühne ist kein Vorbereitungs-raum für die Technik! Um ein fertiges Bühnenbild von der Seitenbühne auf die Spielebene zu befördern, sind Anordnungen nach K Z 67a vorteilhafter und billiger. Der *vorübergehende* Einbau eines endlosen Bandes für einen *besonderen* Zweck kann sich immerhin lohnen.

K Z 68

Bei einer linken und rechten Doppelstockbühne (K Z 8) ist die Verbindung mit K Z 6 möglich, wenn aus einem bestimmten Grund von dem Versenken der Spielbühne nach K Z 7 abgesehen werden soll; sonst ist bei vorhandenen Seiten-räumen in zwei Stockwerken durch K Z 67 derselbe Vorteil mit halben Mitteln zu erzielen.

Vgl. K Z 19.

K Z 69

MEHRFACHE VERBINDUNGEN

Bisher wurden alle zweifachen Verbindungen besprochen, bei denen neue Gesichtspunkte auftraten, die den „reinen" Arten noch fehlten. Ohne Einschränkung erwiesen sich in beiden Gruppen als wertvoll: K Z 1, 4, 6 und 7 sowie die sich daraus ergebenden:

K Z 14 und 16 (die auf 3 Hilfsbühnen fahrbare Drehscheibe),
K Z 46   (der auf 3 Hilfsbühnen fahrbare Wagen),
K Z 47 und 67 (der in der Spielebene versenkbare Wagen).

Die wieder aus ihnen zusammengesetzten Arten haben ebenfalls bleibenden Wert. Um Wiederholungen zu vermeiden, erübrigt es sich, auf alle mehrfachen Zu-sammenstellungen einzugehen; es sind nur noch die in der Literatur erwähnten angeführt und solche, die wirklich Bedeutung besitzen.

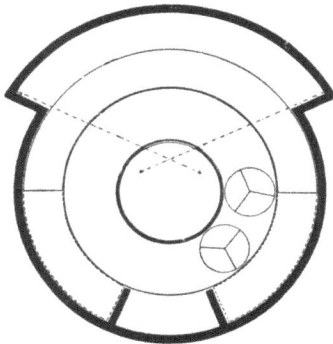

Abb. 430. Drehscheibe und Ringbühne,
A. Bernau-Wien. Fünf Segmenträume

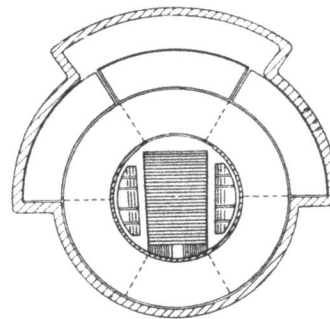

Abb. 431. Drei Segmenträume
der Ringbühne von A. Bernau-Wien

Alfred Bernau-Wien hat eine *doppelte Ringbühne* in seinem DRP. 315304 an- K Z 126 geordnet. Die innere besteht aus 6 Teilen, von denen jeder als Spielbühne, sogar mit 2 Drehscheiben nebeneinander, ähnlich wie K Z 1o, benutzt werden kann. Der äußere Ring bildet die Vertiefung der Spielbühne; er hat 5 Standorte für 3 Schiebe-bühnen (Abb. 430), wovon immer 2 als tote Räume die Unwirtschaftlichkeit des an sich kaum ausführbaren Baues nur noch erhöhen (s. Forderung 5, S. 257). Um dem abzuhelfen, bringt der Erfinder noch eine zweite Anordnung (Abb. 431) mit nur 3 äußeren Segmenträumen und ersetzt die fehlende Beweglichkeit der 3 Wagen

dadurch, daß der mittlere versenkt und die seitlichen über ihn hinweg in die Spiel-
bühnenstellung gefahren werden. Die bei diesem Patent sonst günstigste Bühnen-
himmel-Anordnung mit dem Mittelpunkt des Kreises im Zuschauerraum ist nach
Länge, Höhe und Belichtungsmöglichkeit jedoch sehr ungünstig. In die schematische Zeichnung der Patentschrift (s. Abb. 430) sind die Sehlinien der vordersten
Sitzreihe eingezeichnet. Legt man ausführbare Maße zugrunde: Vorbühnenbreite
12 m, -höhe 8 m, Abstand der ersten Sitzreihe 7 m, innerer Ring 13 m breit (eine
Drehscheibe muß mindestens auf einem Segment eine Zimmertiefe von 6 m aufnehmen können!), äußerer Ring und Hinterbühne je 9 m breit, dann muß der Bühnenhimmel mindestens 75 m lang und 43 m hoch sein; der dazu passende Schnürboden
erfordert eine Höhe von 54 m (siehe Berechnung S. 82). Das sind Maße, die wirtschaftlich nicht mehr zu verantworten sind und die Kosten für richtiges Ausleuchten
einer solchen Fläche würden in keinem Verhältnis zur Tageseinnahme stehen.

K Z 146   Die Verbindung einer Drehbewegung (K Z 1) mit seitlichen Schiebebühnen
(K Z 4) und einem Hinterbühnenwagen (K Z 6) kann ausgeführt werden als:

    a) fest eingebaute Drehscheibe oder -bühne und davon unabhängige Wagen,
    b) rückwärts und nach beiden Seiten fahrbare Drehscheibe,
    c) rückwärts und einseitlich fahrbare Drehscheibe,
    d) mehrere fahrbare Drehscheiben.

Brauchbar im Sinne der Lehrsätze des siebenten Kapitels sind nur die Ausführungen b—d.

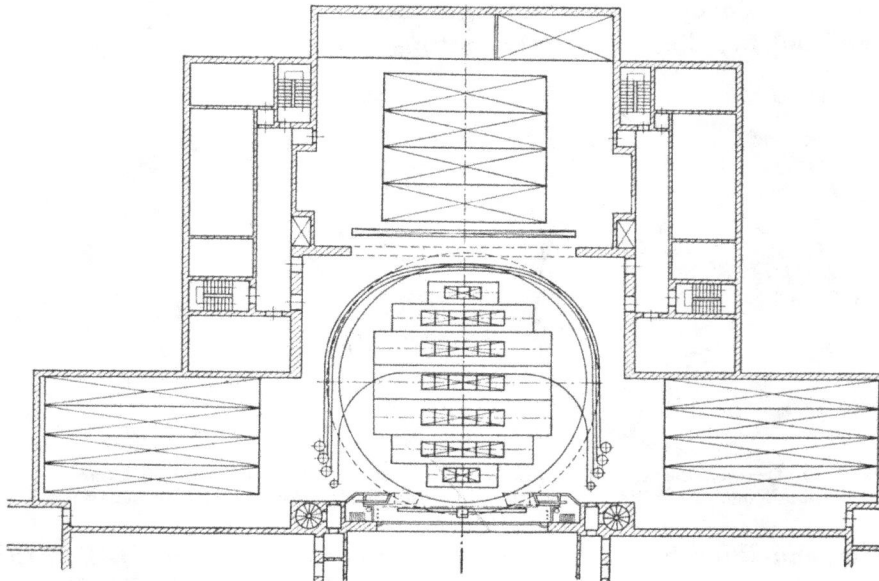

Abb. 432. Entwurf einer Bühnenanlage für den Umbau des Neuen Theaters-Leipzig;
W. Dobra-Leipzig

K Z 146a   *W. Dobra-Leipzig* hat für den Umbau des Neuen Theaters in Leipzig eine fest
eingebaute Drehbühne (Abb. 432) vorgesehen, mit hoch- und tieffahrenden hydraulischen Bodenversenkungen und in diese elektrisch betriebene Tischversenkungen eingebaut (K Z 1c). Zwei Seiten- und ein Hinterbühnenwagen (K Z 46) fahren über

340

die Scheibe hinweg, sind der Länge nach vierfach unterteilt und seitlich schräg zu stellen. Der große Vorteil von K Z 46: die Trennung der künstlerischen und technischen Arbeit wird durch den festen Einbau der Drehbühne größtenteils wieder aufgehoben, so daß diese Verbindung für wirtschaftliche Arbeitsweise keine neuen Gesichtspunkte bringt.

Eine Drehscheibe ohne Versenkungsanlage (K Z 1), die nach den Patenten von *M. Hasait*[1]) *und der Maschinenfabrik-Wiesbaden* in Seiten- und Hinterbühnenwagen (K Z 4 und 6) eingebaut ist, bringt viel mehr Vorteile als die vorhergehende Art. KZ 146b

Sie kann jederzeit von der Spielbühne mit den aufgebauten Bildern in die Hilfsräume gefahren und dort ab- oder umgebaut werden.

Für das Städtische Schauspielhaus-Hannover, dessen ungünstige Lage einen Ausbau nur nach der rechten Seite zuläßt, ist von mir eine Bühnenform (Abb. 433) vorgesehen, die aus einem Hinterbühnenwagen mit eingebauter Drehscheibe (K Z 16) und drei Seitenwagen besteht, die wieder aus kleineren zusammengesetzt sind. Die Bühne liegt im Erdgeschoß, und da für das Unterbringen der Wagen ein großer einstöckiger Hallenanbau genügt, macht sich allein durch Personalersparnis die Änderung bezahlt. KZ 146c

Max Hasait-Dresden hat nach demselben Grundsatz in dem DRP. 427450 (Abb. 434) außer der großen Drehscheibe zwei kleine Hilfsscheiben nach K Z 1 in einen nach K Z 4 und 6 fahrbaren Wagen eingebaut, um damit auch den letzten Rest von Bildaufbau beim Wechseln zu beseitigen (s. S. 294.) KZ 146d

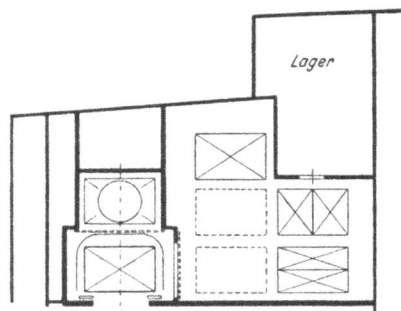

Abb. 433. Entwurf einer Bühne mit drei rechten Seitenwagen für den Umbau des Städtischen Schauspielhauses-Hannover, Fr. Kranich d. J.-Hannover

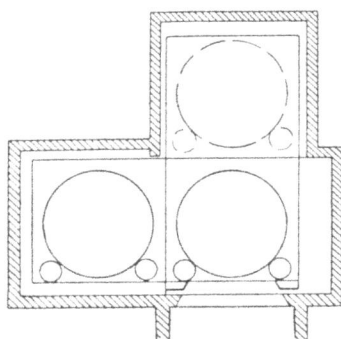

Abb. 434. Fahrbare Drehscheibe mit zwei Hilfsscheiben. M. Hasait-Dresden

Über alle Unterarten von K Z 146 ist zusammenfassend zu sagen: Die Spielleiter reiner Schauspielbühnen oder solcher Häuser, in denen Opern und Schauspiele abwechselnd gegeben werden, sind gezwungen, täglich auf der Spielbühne zu proben. Dazu werden die Bühnenbildstellungen aus Zeit- und Personalmangel meist nur „markiert" und die dazu nötigen Teile auf- und abgebaut. Für die Darsteller ist ein nur angedeutetes Bild stimmungsraubend und erschwert ihre Tätigkeit, für das technische Personal bedeutet der Auf- und Abbau Zeitverlust in der Tagesarbeit. Beide Übelstände werden durch die Bühnenform 145b—d vermieden. In vielen Fällen, bei kleinen Schauspielen fast immer, können von der ersten Probe ab die Bilder in den richtigen Abmessungen aus den wirklichen Teilen zusammengesetzt werden und bis zur Aufführung aufgebaut bleiben, Änderungen sind täglich leicht zu treffen. Das technische Personal kann in der Probezeit auf den Hilfsbühnen die Abendvorstellung sorgfältig vorbereiten und muß nicht untätig warten, bis es zu einem Umbau gebraucht wird. Schon aus diesen Gründen wird „*die nach hinten,*

---

[1]) DRP 427450

341

rechts oder links fahrbare, niedrige Drehscheibe" sicherlich der Hauptbestandteil der kommenden Bühnenform sein. Die Frage, ob es vorteilhaft ist, in einen, zwei oder drei Seiten- und Hinterwagen solche Drehscheiben einzubauen, wird bei den „Technischen Idealbühnen" im zweiten Band beantwortet. Die Versenkbarkeit der Spielbühne und der Gebrauch von Einsatzversenkungen sind für die Beurteilung nicht ohne Bedeutung.

KZ 149   *Carl Hutter-Graz* hat in seinem DRP. 370356 auch Wagen (Abb. 435) vorgesehen, die auf der unteren Drehscheibe aufgebaut, durch die Versenkung der Hinterbühne hochgehoben und dann in der Spielebene vorgefahren werden sollen.

Die Wirtschaftlichkeit der drei Verbindungen ist bei KZ 19a S. 323/24 bereits besprochen.

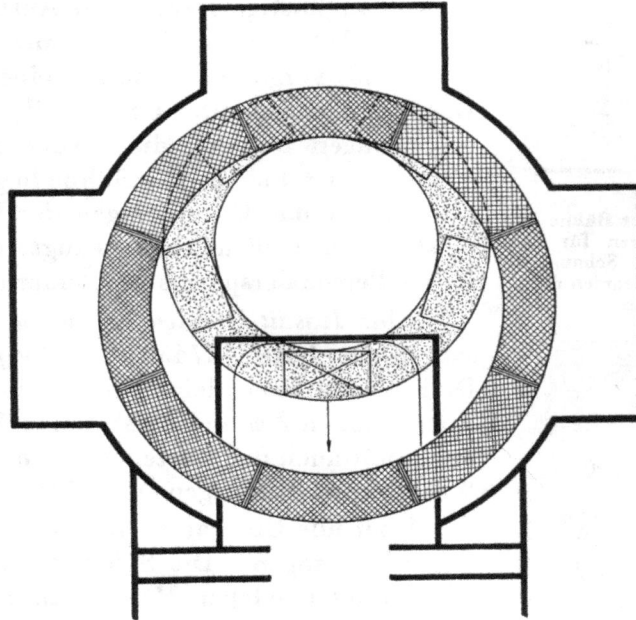

Abb. 435. Doppelstock-Ringbühne,
C. Hutter-Graz

KZ 236   *Professor P. Kanold-Hannover* hat eine Art erdacht, die für Festaufführungen o. dgl. Beachtung verdient. Er vereinigt Furtenbachs drehbaren Zuschauerraum (KZ 3a) mit der Segment-Drehbühne von Kémédy (KZ 2a und 6) sowie eine Spielbühne mit einem Naturtheater (Abb. 436/37). Ein auf einer Drehscheibe gebauter Zuschauerraum (KZ 3) kann nach drei Himmelsrichtungen, der Handlung entsprechend, an offenen Landschaftsbildern vorbeigedreht werden. Außerdem ist es möglich, ein *festes* Bühnenhaus mit zwei segmentartig angeschlossenen Seitenbühnen als Spielfläche zu benutzen, das für Zimmer- und Saalbilder bestimmt ist und bei schlechtem Wetter Ersatz für die „Natur" bietet. Die Bildteile können im Kellergeschoß des immerhin recht weitläufigen Gebäudes gut untergebracht werden; eiserne Vorhänge trennen die Seitenbühnen von der Spielbühne, wodurch ein wirtschaftliches Arbeiten gewährleistet ist.

342

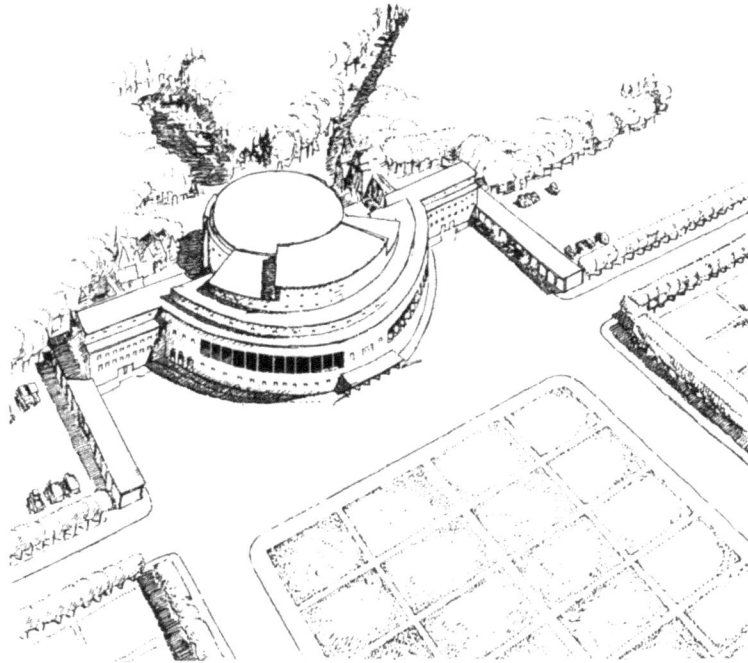

Abb. 436. Beweglicher Zuschauerraum zwischen Naturtheater und
Segmentbühne; Prof. P. Kanold-Hannover. Ansicht

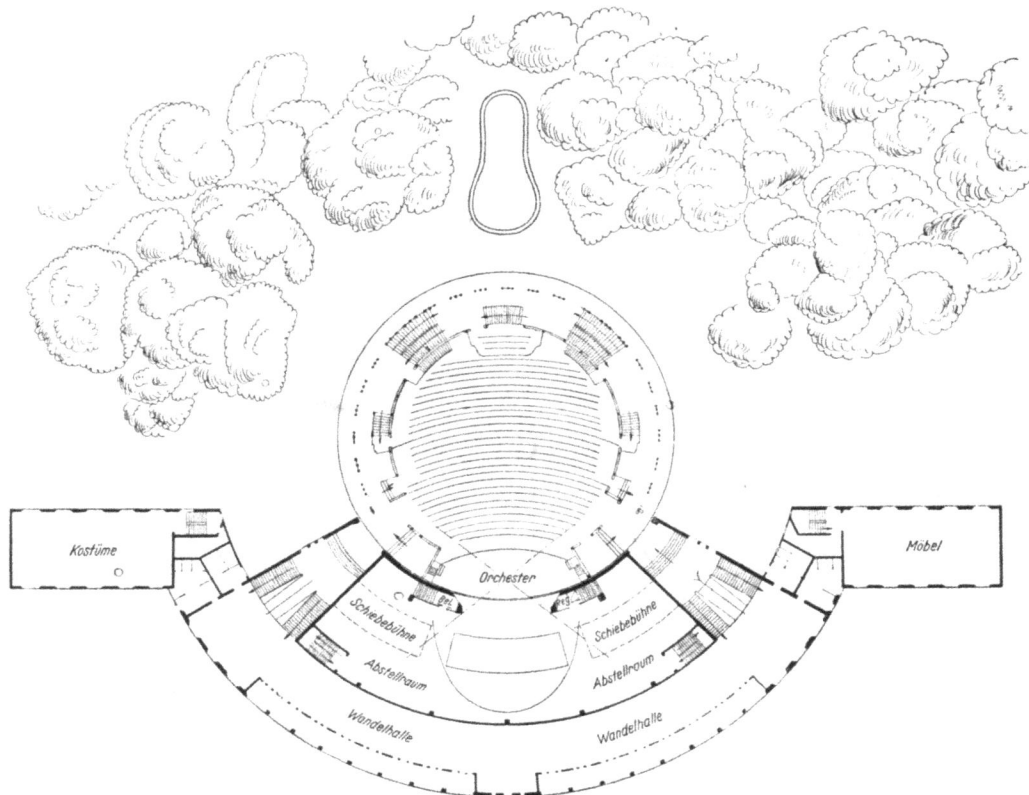

Abb. 437. Grundriß zur Abbildung 436

M. Hasait-Dresden hat sein DRP. 427450 (K Z 146b) auch in der Spielbühne versenkbar gebaut und darauf das DRP. 395680 erhalten mit dem Patentanspruch: „Drehbühne, die wagrecht oder senkrecht oder in beiden Richtungen derart beweglich ist, daß die in der Bühnenöffnung sichtbare Drehbühne gegen eine oder mehrere andere Drehbühnen oder undrehbare Podien auswechselbar ist."

Der Wunsch, die fahrbare Drehscheibe in der Untermaschinerie auf- und abbauen zu können, ist unbedingt berechtigt, nur dürfte es vorteilhafter sein, den jeweiligen Höhenwechsel außerhalb der Spielbühne vorzunehmen.

G. Linnebach-Berlin bringt in seinem DRP. a. 377889 als Hauptbestandteil eine doppelte Bodenanordnung. „Unterhalb der je für sich heb- und senkbaren Podien, die in Querstreifen das Hauptpodium bilden, ist ein heb- und senkbares Unterpodium in einem in der Längsachse der Bühne verfahrbaren Gerüst (Gestell) so angeordnet, daß es in Ausschnitte der erstgenannten Podien oder zwischen je zwei derselben eingebracht werden kann."

Die außerdem vorgesehenen drei Schiebebühnen haben dieser Vorrichtung entsprechende Öffnungen und sind nach K Z 4, 5 oder 6 fahrbar. Der Erfinder teilt dabei, wie aus der Abbildung 438 ersichtlich ist, die Spiel- und Mittelbühne in drei gleiche Teile.

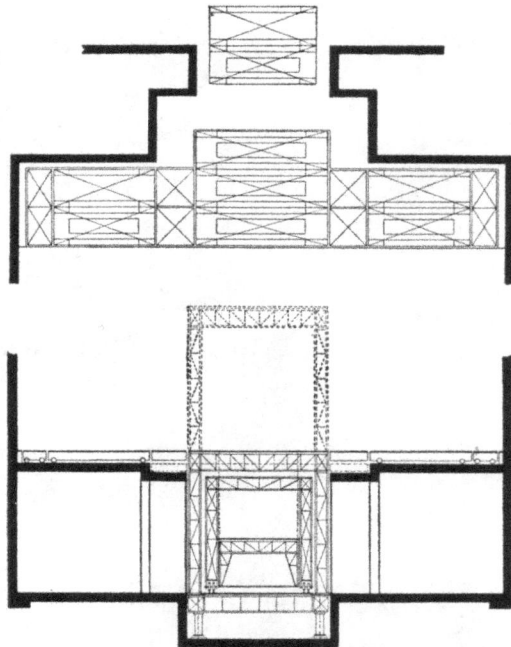

Abb. 438. Bühnenanlage mit dreifachem Boden und Schiebebühnen. G. Linnebach-Berlin

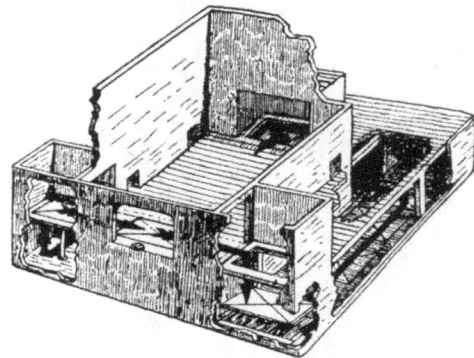

Abb. 439. Kreislauf-Wagenbühne. P. Aravantinos-Berlin und G. Brandt-Dresden. Ansicht

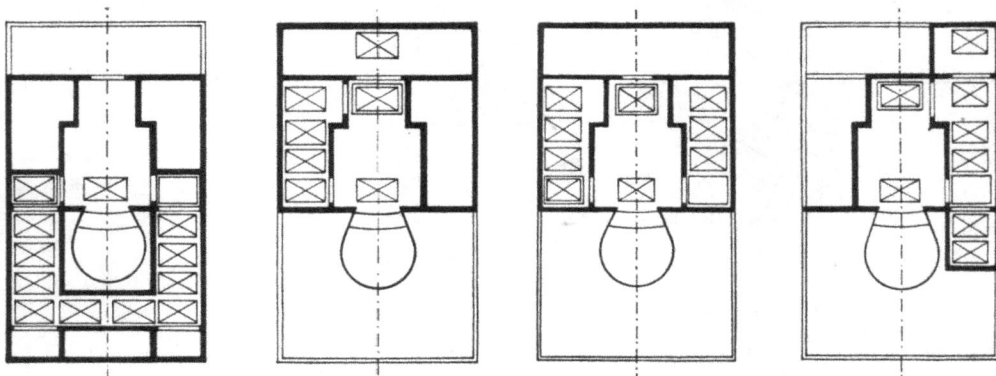

Abb. 440. Vier verschiedene Ausführungen der Kreislauf-Wagenbühne

Jedes hat in der Mitte eine Tischversenkungsöffnung und an den Enden die auf
S. 137 beschriebenen doppelten Kassettenklappen, die paarweise zusammengenommen
genau so groß sind wie eine Tischversenkung. Er tritt mit dieser Bühnenform bewußt für die Bauweise ein, die auf dem Zerlegen der Bilder in ihre Teile beruht
und belastet so die Spielbühne unnötig mit maschinellen Einrichtungen.

P. Aravantinos-Berlin und G. Brandt-Dresden besitzen das DRP. 325344 auf
eine Kreislauf-Wagenbühne beliebiger Anordnung. Diese Bühnenform besteht aus
einer Reihe gleich großer Wagen als Bildträger, die wie ein Eisenbahnzug um den
Bühnen- oder Zuschauerraum herumgeführt und nach Bedarf einzeln auf die Spielbühne gebracht werden. Die Bewegungsebene kann dabei entweder nur auf Wagenhöhe, ein Stockwerk tiefer oder
höher liegen; wenn Raum zur
Verfügung steht, befindet sie
sich auch in allen drei Lagen.
Die dazu nötigen Fahrstühle sind
an den für Seiten- und Hinterbühnen üblichen Stellen vorgesehen. Aus den Abbildungen
439/440 gehen die verschiedenen
Bauarten hervor.

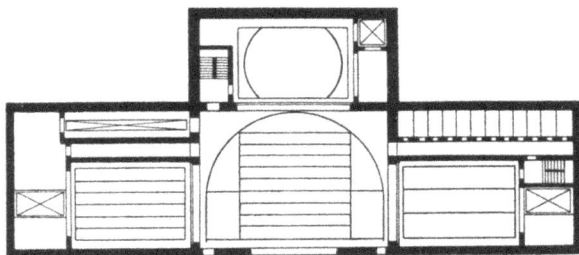

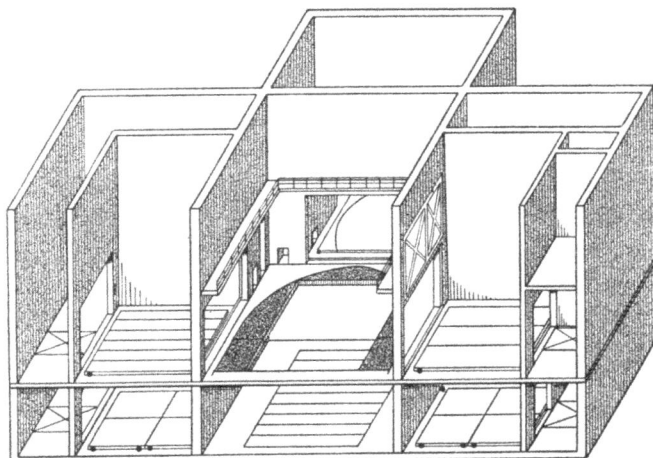

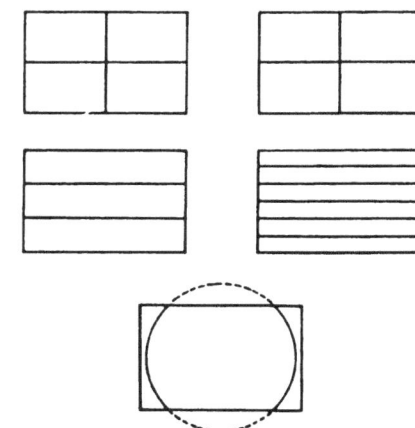

Abb. 441. Entwurf einer Sechs-Wagenbühne für den Umbau
des Städtischen Opernhauses-Hannover; Fr. Kranich d. J.-
Hannover

Abb. 442. Wagen-Unterteilung der Sechs-
Wagen-Bühne von Friedrich Kranich d. J.-
Hannover

Durch die reichliche Anzahl Wagen sind mehrere Ausweichräume von beträchtlicher Größe nötig, und es wird manchmal vorkommen, daß Wagen nur zum Abstellen benutzt werden und „fahrbare Lagerräume" bilden, was vielleicht die Über-
sichtlichkeit des Betriebes erschweren kann. Mit höchstens sieben Wagen müßte sich
deshalb auch die nötige Wirtschaftlichkeit erzielen lassen.

Für den Umbau des Städtischen-Opernhauses Hannover habe ich nach den im
7. Kapitel aufgestellten Grundsätzen eine Bühnenform vorgeschlagen, die alle Vorzüge der „reinen" Arten vereinigt und ihre Nachteile vermeidet (Abb. 441).

„Das Arbeitsfeld der technischen Leitung ist *nicht* die Spielbühne!" Deshalb liegen alle Vorbereitungsräume für den Aufbau der Bilder seitlich oder hinter ihr in zwei Stockwerken übereinander, so daß 6 Räume zur Aufnahme von niedrigen Wagen entstehen, die, sobald die schallsicheren Trennungswände vom eigentlichen Bühnenhaus geöffnet sind, elektromotorisch oder von Hand in wenigen Sekunden dorthin gebracht werden. Um dies bei den 3 Wagen des unteren Stockwerkes ebenfalls zu ermöglichen, sind die 6 Vorbereitungsräume paarweise als 3 große Fahrstühle ausgebildet, die nach Art der Doppelstockbühnen je 2 übereinander befindliche Wagen gleichzeitig heben. Damit wird erreicht, daß der Wagenwechsel *nur auf Bühnenhöhe* stattfindet, ihr Boden also dabei stets geschlossen bleibt. Die große Gefahr für Darsteller und Personal, die den Versenk- und Doppelstockbühnen beim raschen Wechsel der Bilder nach oben oder unten anhaftet, fällt so völlig fort.

Die Bodeneinteilung der Spiel- und Mittelbühne entspricht der auf S. 130/31 angeführten. Die 6 Wagen haben dieselben Maße wie die Bodenversenkungen, so daß sie mit ihnen gehoben oder versenkt werden können; auch die „Kran"-Versenkungen (s. S. 155) lassen sich durch entsprechende Öffnungen einführen.

Da oft auch kleinere Wagenteile genügen, ist bei den seitlichen, die nach K Z 4, 5 oder 6 fahrbar sind, eine Unterteilung (Abb. 442) vorgesehen. In die Wagen der Hinterbühne und des darunterliegenden Raumes sind Drehscheiben mit Öffnungen für Personenversenkungen eingebaut.

So reichhaltig auch die im neunten und zehnten Kapitel erörterten Hilfsmittel für den Ortswechsel unzerlegter Bilder scheinen: eine wirklich brauchbare, technisch vollendete Bühne, die allen Anforderungen genügt, ist bis jetzt nirgends vorhanden und die dazu gemachten Vorschläge sind noch nicht praktisch erprobt. Auch die großen Bühnenhaus-Erneuerungen der letzten Jahre in Chemnitz, Hamburg und Berlin stellen noch keine Lösungen dar, sondern sind nur Verbesserungsversuche für raschen Umbau, von denen man bereits erkannt hat, daß sie verallgemeinert, unter mittelmäßiger Leitung und bei ungeübtem Personal mehr Nachteile als Vorteile bringen.

Die in der Einleitung gestellte Frage:

„Ist der technische Bühnenbetrieb in seiner gegenwärtigen Form noch haltbar, und welche Maßnahmen sind zu seiner technischen und wirtschaftlichen Weiterentwicklung zu empfehlen?"

muß nunmehr dahin beantwortet werden, daß unbedingt bei allen Häusern eine *grundlegende Änderung* der Arbeitsweise im Sinne des unzerlegten Bühnenbildwechsels vorgenommen werden muß, um auch auf technischem Gebiet wirtschaftliches Arbeiten zu ermöglichen. Zwei wichtige Neuerungen sind hierbei noch von Bedeutung: die Raumbühne (Band 2, 1. Kap.) und die Beleuchtung, einschließlich der Verwendungsnotwendigkeit des Films (2.—4. Kap.). Wenn die Lehrsätze und Ausführungen des neunten und zehnten Kapitels dazu berücksichtigt werden, ist das Ziel dieser „Bühnentechnik der Gegenwart" erreicht: *durch Gliederung des Stoffes, Darlegen der Fehler und praktische Vorschläge den Weg gewiesen zu haben für eine*

„technische Idealbühne".

TAFELN

347

TEXTBILDER

351

LITERATURVERZEICHNIS

Alterdinger, J.: Handbuch für Theatermalerei und Bühnenbau. Mit 18 Originalzeichnungen. München, o. J.

Bab, Julius: Das Theater der Gegenwart. Geschichte der dramatischen Bühne seit 1870. Mit 78 Abbildungen. Leipzig 1928

Bayer, Josef: Das neue K. K. Hofburgtheater als Bauwerk mit seinem Skulpturen- und Bilderschmuck. Wien, 1894

Biermann, Franz Benedikt: Die Pläne für Reform des Theaterbaues bei Karl Friedrich Schinkel und Gottfried Semper. Mit 70 Abbildungen. Schriften der Gesellschaft für Theatergeschichte, Band 38, Berlin, 1928

Broberg, Gunnar und Hedvall, Yngoe: En modern Teaters tekniska Resurser (Die technischen Möglichkeiten eines modernen Theaters). Stockholm, 1927

Dimmler, H.: Baukastenbühne, Modell 1926. Bühnentechnische Bibliothek der Volksbühne, 5. Heft. München, 1927

Doebber, Adolph: Lauchstädt und Weimar; eine theaterbaugeschichtliche Studie. Berlin, 1908

Frank, Rudolf: Das moderne Theater (Wege zum Wissen, Band 88). Berlin, 1927

Freund, C.: Die Churfürstlichen Schloß- und Hoftheater. Karlsruhe, 1924

Fürst, Walter René und Hume, Samuel J.: XXth Century Stage Decoration. London, 1928

Furtenbach, Joseph d. Ältere: Mannhafter Kunstspiegel. Ulm, 1663

Gaehde, Christian: Das Theater vom Altertum bis zur Gegenwart. Mit 17 Abbildungen. 3. Auflage, Leipzig, 1921

Genée, Rudolf: Geschichte der Bühneneinrichtungen. Spemanns Goldenes Buch des Theaters, S. 486f. Stuttgart, 1912

Gogh, Otto Wichers v.: Festschrift zur Eröffnung des neuen Stadttheaters in Zürich. Zürich, 1891

Golther, Wolfgang: Bayreuth (Das Theater, Band II). Berlin, 1904

Gino Gori: Scenografia: la tradizione e la rivoluzione contemporanea. Roma 1927

Grube, Max: Praxis des Bühnenwesens. Spemanns Goldenes Buch des Theaters: S. 469f. Stuttgart, 1912

Günther, Johannes: Vom Werden und Wesen der Bühne. Mit 16 Bildtafeln. Dessau, 1925

Gwinner, Robert: Das neue Königliche Opernhaus in Budapest. Wien, 1885

Hagemann, Carl: Die Kunst der Bühne. 6. Auflage; Stuttgart, 1921

Hammitzsch, Martin: Der moderne Theaterbau. Der Anfang der modernen Theaterbaukunst. Ihre Entwicklung und Betätigung zur Zeit der Renaissance, des Barock und des Rokoko. Mit 142 Illustrationen und 228 Anmerkungen (Beiträge zur Bauwissenschaft, Heft 8) Berlin, 1906

Hammitzsch, Martin: Der Theaterbau; von den frühesten Zeiten bis zur Gegenwart. Bühne und Welt, Jahrgang 14, 1911/12; S. 581—598

Jenny, Hermann: Hinter den Kulissen. Erläuterungen und Erklärungen zum technischen Betrieb des Theaters nach langjähriger Praxis. München, 1924

Kapp, Julius: 185 Jahre Staatstheater. Festschrift zur Wiedereröffnung des (Berliner) Opernhauses. Berlin, 1928

Knispel, Hermann: Das Großherzogliche Hoftheater zu Darmstadt von 1810—1910. Darmstadt, 1910

Kranich, Friedrich: Wird auf den heutigen Bühnen technisch rationell gearbeitet? Die Vierte Wand; Heft 14/15, S. 59—63. Magdeburg, 1927

Krünitz, Johann Georg: Enzyklopädie, Band 182, S. 682—726; dazu Band 140/1, Stichwort Schauspielhaus

Kruse, Georg Richard: Bayreuth, Gesammelte Aufsätze von Richard Wagner. Reclams Universal-Bibliothek Nr. 5686. Leipzig, o. J.

Kutscher, Artur: Das Salzburger Barocktheater. Mit 36 Bildtafeln. München, 1924

Lautenschläger, Karl: Die Münchener Drehbühne im Kgl. Residenztheater. München, 1896

Lautenschläger, Karl: Technische Bühneneinrichtungen der Neuzeit. Süddeutsche Bauzeitung Nr. 7. München, 16. 2. 1907

Legband, Paul: Das Deutsche Theater in Berlin. München, 1909

Limmer, Emil: Hinter den Kulissen der Dresdener Hoftheater. Berlin, 1902

Linnebach, Adolf: Die Bühne des Neuen Kgl. Schauspielhauses Dresden. Festschrift zur Eröffnung, S. 57—70; Dresden, 1913. Außerdem: Neue Theater-Zeitschrift 1913, Nr. 37/38. Berlin

Littmann, M.: Das Prinzregententheater in München. Denkschrift zur Eröffnung. München, 1901

Lothar, Rudolph: Das Wiener Burgtheater. (Das Theater, Band VIII.) Berlin, 1904

Melitz, Leo: Führer durch die Opern. Berlin, 1922

Merbach, Paul Alfred: Die Entwicklung der Bühnentechnik; ein theatergeschichtlicher Versuch. Braunschweiger G-N-C-Monatshefte 1920, Juli- bis Oktoberheft; S. 271—77, 314—22, 373 bis 82, 407—29

Metzendorf, G.: Umbau des Schauspielhauses Essen. Die Baugilde, 10. Jahrgang, Nr. 3. Berlin, 1928

Moritz, Karl: Neue Theaterkultur. Vom modernen Theaterbau. Flugblätter für künstlerische Kultur mit 3 Tafeln und 7 Textabbildungen, Jahrgang I, Nr. 3. Stuttgart, 1906

Moynet, Georges: La Machinerie Théâtrale. Trucs et Décors. Explication raisonnée de tous les moyens employés pour produire les illusions théâtrales. Paris, o. J.

Neithardt: Das Nationaltheater. Baugeschichtliches zur Entwicklung der Bayerischen Staatsoper. Mit Abbildungen. 150 Jahre Bay. Nat. Th. München, 1928, S. 31—43

Nestriepke, Siegfried: Das Theater im Wandel der Zeiten. Berlin, 1928

Pagenstecher, Karl: Das Wiesbadener Theater einst und jetzt. Westermanns Monatshefte, 49. Jahrgang, S. 103—123. Braunschweig, 1904

Paulsen, Friedrich: Deutsche Theaterbaumeister. Bühne und Welt, 12. Jahrgang, S. 637f. Berlin, 1909

Petersen, Julius: Schiller und die Bühne; ein Beitrag zur Literatur- und Theatergeschichte der klassischen Zeit. (Palæstra 32.) Berlin, 1904

Petersen, Julius: Das deutsche Nationaltheater. (Fünf Vorträge.) Mit 44 Abbildungen im Text und 8 Tafeln. Leipzig, 1919

Pietsch, Ludwig: Das neue Schauspielhaus und der Mozartsaal am Nollendorfplatz, Berlin. Berlin, o. J.

Planer, Ernst: Moderne Bühnenkunst. Die künstlerischen und praktischen Aufgaben sowie die soziale Frage des Theaters. Arnsberg, 1911

Rahlfs, H.: Die Städtischen Bühnen zu Hannover und ihre Vorläufer in wirtschaftlicher und sozialer Hinsicht. Hannover, 1928

Renz, Friedrich: Denkschrift zur Eröffnung des städtischen Volkstheaters und Festhauses zu Worms. Mainz, 1889

Rey, P. Wilhelm Adolf: Bauliche Einrichtungen und Größenverhältnisse eines modernen Theaters. Mit 8 Anlagen nebst 4 Plänen. Vortrag über das Thema: „Wie groß muß unser Lübecker Stadttheater werden?" Lübeck, 1906

Römer, B. v.: Neues aus dem Bühnenbau. (System Linnebach.) Wissen und Fortschritt, Heft 9, S. 294—97. Zürich, 1927

Rosenberg, Albert: Die Bühneneinrichtung des neuen Kölner Stadttheaters, Köln a. Rh., 1903

Rosendahl, Erich: Geschichte der Hoftheater in Hannover und Braunschweig. (Niedersächsische Hausbücherei, Band 1.) Hannover, 1927

Sachs, E. O.-London: Modern opera houses and theatres. 3 Bände. London, 1896/97

Satori-Neumann, Bruno Th.: Die Frühzeit des Weimarischen Hoftheaters unter Goethes Leitung (1791—98). Schriften der Gesellschaft für Theatergeschichte, Band 31. Berlin, 1922

Semper, Manfred: Handbuch der Architektur, V., 6, 5, Theater. Berlin, 1904

Sexton, R. W. and Betts, B. F.: American Theatres of Today. Illustradet with Plans, Sections and Photographs of exterior and interior Details of modern Motion Picture and Legitimate Theatres Throughout the United States. New York, 1927

Sommerfeld, Kurt: Die Bühneneinrichtungen des Mannheimer Nationaltheaters unter Dalbergs Leitung 1778—1803. Schriften der Gesellschaft für Theatergeschichte, Band 36. Berlin, 1927

Springer, Willy: Das Gesicht des Deutschen Theaters. Oldenburg i. O., 1927

Scherl, August: Berlin hat kein Theaterpublikum! Vorschläge zur Beseitigung der Mißstände unseres Theaterwesens. Berlin, 1898, S. 36—44

Stahl, H.: Das Staatstheater in Wiesbaden nach dem Wiederaufbau. Die Deutsche Bühne, 16. Jahrgang, Nr. 18/19, S. 227—32. Berlin, 1924

Stein, Philipp: Goethe als Theaterleiter. (Das Theater, Band XII.) Berlin, 1904

Stieglitz, Christian Ludwig: Enzyklopädie der bürgerlichen Baukunst; Teil 4: Theaterbauten. Leipzig, 1797.

Streit, A.: Das Theater. Untersuchungen über das Theater-Bauwerk bei den klassischen und modernen Völkern. Wien, 1903

Thoma, Rudolf: Das neue Stadttheater zu Freiburg i. B. Festschrift zur Eröffnung. Freiburg i. B., 1910

Tietze, Heinz: Der Um- und Erweiterungsbau der Staatsoper Berlin Unter den Linden; 1926—1928. Neue Baukunst, 4. Jahrgang, Nr. 11. Berlin, 1928. Dazu: Deutsches Bauwesen, Januar 1927 und Dezember 1928, sowie: Zeitschrift für Bauwesen, Juli 1928

Tornius, Valerian: Goethes Theaterleitung und die bildende Kunst. Jahrbuch des freien Deutschen Hochstifts, S. 191 f. Frankfurt a. M., 1912

Vincenti, Karl von: Das neue Burgtheater in Wien. Die Kunst für Alle; IV. Jahrgang, Heft 3, S. 33—41. München, 1888

Walzel, Oskar: Neue Bühnentechnik im Dienste Shakespeares. (Dresdener Schauspielhaus, System Linnebach.) Jahrbuch der Deutschen Shakespeare-Gesellschaft 1914, S. 74—87. Berlin, 1914

Weddingen, Otto: Geschichte der Theater Deutschlands in hundert Abhandlungen dargestellt nebst einem einleitenden Rückblick zur Geschichte der dramatischen Dichtkunst und Schauspielkunst, Band I und II. Berlin, 1904—6

Wedemeyer, Alfred: Die moderne Bühne. Ihre Entwicklung und der Einfluß der Bühnenbildkunst auf die Entwicklung der Bühnentechnik. 2 Bände. Dissertation, Technische Hochschule; Berlin, 1916 und 1923

Weichberger, Alexander: Goethe und das Komödienhaus in Weimar 1779—1825. Ein Beitrag zur Theaterbaugeschichte. Theatergeschichtliche Forschungen, Band 39. Leipzig, 1928

Winter, Ludwig: Vor und hinter den Kulissen. Darmstadt, 1925

Wurm-Arnkreuz, Alois von: Architekt Ferdinand Fellner und seine Bedeutung für den modernen Theaterbau. (Mit einem Porträt Fellners, 75 Bildertafeln und 38 Textabbildungen.) Wien, 1919

Zabel, Eugen: Moderne Bühnenkunst, mit 49 Abbildungen. (Velhagen und Klasings Volksbücher Nr. 31) Bielefeld, 1911

Zucker, Paul: Theater und Lichtspielhäuser. Berlin, 1926

————————

Berlin: Das Große Schauspielhaus. Zur Eröffnung des Hauses, 1920

Bremen: Bremer Stadttheater; Jahrbuch für die Spielzeit 1927/28

Chemnitz: Festschrift zur Eröffnung des Städtischen Schauspielhauses, 1925

Dessau: „Die Bühne im Bauhaus." (Bauhausbücher Nr. 4.) München, 1924

Hamburg: Zur Eröffnung des Hamburger Stadttheaters, 1926. (Festschrift der Intendanz.) Jahrhundertfeier des Hamburger Stadttheaters 1827—1927

Hannover: 75 Jahre Opernhaus (1852—1927)

Köln/Rh.: 25 Jahre Opernhaus (1902—1927), hrsg. von S. Simchowitz, 1927; besonders S. 51–54

Lübeck: Zur Eröffnung des neuen Stadttheaters, 1908 (Festschrift)

Magdeburg: Festschrift zum 50jährigen Jubiläum des Magdeburger Stadttheaters 1876—1926

Neustrelitz: Das neue Landestheater in Neustrelitz, 1928

Stuttgart: Jahrbuch der Württembergischen Landestheater, 1928

Wiesbaden: Wiesbadener Festspiele 1902. Sonderheft der Zeitschrift: „Berliner Leben", V. Jahrgang. Berlin, 1902

————————

Die Deutsche Theaterausstellung Magdeburg 1927. Eine Schilderung ihrer Entstehung und ihres Verlaufes. Herausgegeben von der Mitteldeutschen Ausstellungsgesellschaft m. b. H., Magdeburg, 1928

Katalog-Programm-Almanach der Internationalen Ausstellung neuer Theatertechnik. Wien, 1924

Polizeiverordnung über die bauliche Anlage, die innere Einrichtung und den Betrieb von Theatern, öffentlichen Versammlungsräumen und Zirkusanlagen. Berlin, 1927

Verdeutschungsvorschläge für das Bühnenwesen; herausgegeben im Auftrag des Deutschen Bühnenvereins. Berlin, 1915

Archiv für Theatergeschichte. I. und II. Band. Berlin, 1904 und 1905. (Die Bibliographie enthält gelegentliche bühnentechnische Hinweise.)

Der Bühnentechniker. Wien, 1903. Fachblatt für Bühnenbau, Einrichtung und Beleuchtung, Maschinen- und Ausstattungswesen, Inszenierung, Kostümkunde, Theaterbau etc. etc. Fortsetzung seit 1917:

Bühnentechnische Rundschau. Organ des Verbandes Deutscher Bühnen-Ingenieure und Bühnentechniker. Schriftleitung Stuttgart

Bühne und Welt, Zeitschrift für Theaterwesen, Literatur und Musik, 1898—1913; Berlin

Die Szene. Blätter für Bühnenkunst. Herausgegeben von der Vereinigung künstlerischer Bühnenvorstände. Erscheint seit 1910

Die Vierte Wand. Organ der Deutschen Theaterausstellung Magdeburg. Herausgegeben von der Mitteldeutschen Ausstellungs-Gesellschaft m. b. H. Magdeburg, 1926—1927

SCHLAGWÖRTER

Berichtigung

Seite 25, Fußnote ²): Nach H. Teweles „Theater und Publikum" Prag 1927, S. 92 soll der Fundus
  von 1876 „noch heute, nur teilweise aufgefrischt und wenig verändert" sich in Prag befinden
„ 60, Zeile 6 von unten: statt Versatzstücke = Setzstücke
„ 230, Zeile 14 von oben: die Patentnummer von G. Pohlenz-München heißt 344475
„ 236, Zeile 1 von oben hinter Reißverschluß: DRP. 325390

www.ingramcontent.com/pod-product-compliance
Lightning Source LLC
Chambersburg PA
CBHW070157240326
41458CB00127B/6088